Technik der tiefen Temperaturen

Von

Dr. J. A. van Lammeren
Eindhoven

Mit 116 Abbildungen

Berlin
Verlag von Julius Springer
1941

Softcover reprint of the hardcover 1st edition 1941

ISBN-13: 978-3-642-98457-0 e-ISBN-13: 978-3-642-99271-1
DOI:10.1007/978-3-642-99271-1

Vorwort.

Seitdem OLSZEWSKI und WROBLEWSKI, nach den ersten orientierenden Versuchen PICTETs und CAILLETETs, den Weg gezeigt haben, wie man mit Hilfe von statisch siedendem Sauerstoff, Stickstoff oder Luft zu Räumen einheitlicher und konstanter tiefer Temperatur gelangt, ist die Technik der tiefen Temperaturen durch die Arbeit vieler hervorragender Physiker, unter denen KAMERLINGH ONNES wohl einer der ersten war, weit vorgedrungen. Einerseits durch die Verflüssigung von Wasserstoff und Helium, und schließlich durch Heranziehung der Methode der adiabatischen Entmagnetisierung, wodurch immer wieder tiefer liegende Temperaturgebiete erschlossen wurden. Andererseits dadurch, daß man lernte, bei den erreichten Temperaturen eine Reihe auch der schwierigsten physikalischen Experimente auszuführen. Es hat sich dabei eine sehr spezielle Technik entwickelt, und ich begrüße es sehr, daß mein früherer Mitarbeiter, Dr. VAN LAMMEREN, es unternommen hat, eine zusammenfassende Übersicht über deren Methoden darzustellen. Hoffentlich wird diese Arbeit dazu beitragen, die experimentelle Weitererschließung dieses schönen Forschungsgebietes zu fördern.

Leiden, den 15. Dezember 1940.

W. H. KEESOM.

Die vorliegende Arbeit beabsichtigt, eine Übersicht zu geben über die technisch-physikalischen Methoden der Erzeugung und Konstanthaltung tiefer Temperaturen im Kältelaboratorium mit Einschluß der — eigentlich außerhalb dieses Rahmens, weil außerhalb der direkten Interessen des Kältelaboratoriums stehenden — Weiterentwicklung der Luftverflüssigungsverfahren. Im Gegensatz zu dem, was der Titel vielleicht vermuten läßt, bleibt also derjenige Zweig der Technik unberücksichtigt, den man gewöhnlich mit dem Worte „Kühltechnik“ zusammenfaßt. Während bei dieser Technik das rein technische Element vor dem physikalischen stärker hervortritt, ist das Umgekehrte bei dem in diesem Buch behandelten Stoff der Fall: insoweit als sich die Anwendung der tieferen Temperaturen auf das Gebiet der Experimentalphysik beschränkte — bei flüssiger Luft ist dies seit langem nicht mehr der Fall — drückt diese Tatsache den Methoden und der technischen Gestaltung der Apparate ihr Gepräge auf, was sich z. B. deutlich aus dem

Vergleich der Ausführung einer Heliumverflüssigungsanlage mit der eines modernen Luftverflüssigers zeigt, oder aus den Versuchen, den Nutzeffekt dieses letzteren zu einem möglichst hohen Werte zu steigern, während man sich bei der Heliumverflüssigung mit einer vierprozentigen Nutzleistung begnügt. Es werden daher sicher zahlreiche neue Probleme auftreten, wenn die Anwendung tiefer Temperaturen auf industriellem Gebiet auf die des flüssigen Wasserstoffs und noch tiefer gelegene ausgedehnt wird. Wann dies der Fall sein wird, läßt sich kaum vorhersagen. Nun ist aber diese Frage, die von mehr praktisch Orientierten bisweilen gestellt wird, nicht von großer Wichtigkeit: das Streben nach Erreichung stets tieferer Temperaturen muß an erster Stelle nur als ein Streben nach der Möglichkeit der Erweiterung und Vertiefung naturwissenschaftlicher Erkenntnisse angesehen werden, als eine Arbeit im Dienste der Naturforschung. Selbstverständlich wäre, ebenso wie dies bei vielen Ergebnissen der naturwissenschaftlichen Forschung der Fall ist, jede neue Anwendung der Wissenschaft von den tiefen Temperaturen auf praktische Probleme nur zu begrüßen. So nimmt heutzutage die Luftzerlegungsindustrie in der Volkswirtschaft bereits eine sehr bedeutende Stelle ein.

Damit auch der in die Kältetechnik Nichteingeweihte das Studium der Technik der tiefen Temperaturen mit Erfolg aufnehmen kann, sind in diesem Buch die Grundsätze der Thermodynamik und der Theorie des Magnetismus (diese letzteren in Zusammenhang mit der Erzeugung tiefer Temperaturen mittels Entmagnetisierung magnetisierter Salze) als Grundlagen der Verfahren zur Temperaturerniedrigung der Beschreibung derselben vorangestellt. Der Eingeweihte betrachte diese Arbeit als eine zusammenfassende Übersicht über dasjenige, was auf dem Gebiete der Erreichung tiefer Temperaturen geleistet wurde, wobei das Schrifttum ermöglicht, die verschiedenen Probleme eingehender zu studieren.

Ich fühle mich verpflichtet, denjenigen zu danken, die zu dem Zustandekommen dieser Arbeit in ihrer heutigen Form beigetragen haben, insbesondere meinem verehrten Lehrer, Herrn Prof. Dr. W. H. Keesom, der mir überdies die Unterlagen für einen beträchtlichen Teil der Abbildungen zur Verfügung stellte. Herrn Prof. Dr. G. Holst möchte ich danken für das Interesse an dem Zustandekommen des Buches. Auch den Herren Dr. W. Köhler und J. F. Kokshoorn bin ich für ihre Hilfe sehr verbunden.

Der Verlagsbuchhandlung Julius Springer verdanke ich die typographisch ausgezeichnete Ausführung des Buches, sowie die rasche Abwicklung der Drucklegung.

Eindhoven, April 1941.

Dr. J. A. van Lammeren.

Inhaltsverzeichnis.

Drittes Kapitel.

Die Luftverflüssigung.

Viertes Kapitel.

Flüssiger Wasserstoff.

Fünftes Kapitel.

Flüssiges Helium.

Sechstes Kapitel.

Desorption als kälteerzeugender Vorgang.

Siebentes Kapitel.

Adiabatische Entmagnetisierung.

Achtes Kapitel.

Kryostatentechnik.

Einführung.

Mit den Versuchen von MONGE und CLOUET am Ende des 18. Jahrhunderts hat in der Geschichte der Experimentalphysik eine Periode angefangen, deren Abschluß erst kurze Zeit zurückliegt. Sie umfaßt das Gebiet der Physik, in dem man sich die Verwandlung eines jeden Gases in seine flüssige und feste Formart zur Aufgabe gestellt hat. Anfangs handelte es sich darum, die Hypothese zu prüfen, daß alle Stoffe hinsichtlich des Vorhandenseins dreier Aggregatzustände ähnliche Beschaffenheit haben müssen. In späterer Zeit jedoch wurde nicht die Verflüssigung bzw. Erstarrung an sich das eigentliche Ziel der hier angestellten Versuche, sondern man sah in der Verflüssigung eines Gases ein Mittel, um niedrige Temperaturen zu erzielen, deren große Bedeutung für die Entwicklung der naturwissenschaftlichen Untersuchungen zur Anerkennung gelangte. Die Temperatur spielt nämlich eine so wichtige Rolle in fast der ganzen Physik, daß es verständlich wird, weshalb man immer dahin gestrebt hat, das für experimentelle Arbeit zur Verfügung stehende Temperaturgebiet zu erweitern, nicht zumindest in Richtung auf Erzielung tieferer Temperaturen.

Am Ende des 17. Jahrhunderts brachte AMONTONS den Begriff eines absoluten Nullpunktes der Temperatur auf; AMONTONS sprach von einem Wärmestoff, den er sich aus kleinen Teilchen zusammengesetzt dachte, und die Teilchengeschwindigkeit war ein Maß für die Temperatur des Körpers, der diesen Stoff enthielt. Aus Versuchen folgerte er, daß es eine untere Temperaturgrenze geben müßte, bei der die Geschwindigkeit der Wärmestoffteilchen absolut Null geworden wäre. Diese Grenze müßte ungefähr bei — 240° C liegen. Durch die Arbeit GAY LUSSACs (1820), der systematisch den Temperatureinfluß auf das Verhalten eines Gases untersuchte, wurde die Lage des absoluten Nullpunktes schon viel genauer bestimmt. Aus der bei normaler Temperatur gefundenen Gesetzmäßigkeit $\frac{p\,v}{1+\alpha t} = konst.$ konnte man folgern, daß durch Abkühlung eines Gases bis zu $t = -\frac{1}{\alpha} = -273^\circ$ C der Druck oder das Volumen bis zu Null abnehmen würde. α ist der bereits von CHARLES und von DALTON (1800) als universell erkannte Spannungskoeffizient. Jetzt ist die Temperatur des absoluten Nullpunktes auf den Wert —273,15° C festgelegt [1].

Unterhalb der Temperatur schmelzenden Eises gibt es also ein Gebiet, welches sich über 273 CELSIUS-Grade erstreckt, während man sich oberhalb dieser Temperatur sozusagen willkürlich hohe Werte denken kann.

Ohne weiteres könnte man der Meinung sein, daß es technisch nicht schwierig sei, bis 273° unterhalb des Eispunktes zu gelangen: die Temperatur 273° oberhalb Null erhält man ja schon mit einfachen Hilfsmitteln. Daß dieser Gedanke gleichwohl nicht richtig ist, möge aus folgender Betrachtung klar werden.

Im Jahre 1848 wurde von J. J. THOMSON (Lord KELVIN) eine Temperaturskala eingeführt, deren Nullpunkt der absolute Nullpunkt ist, die sog. „absolute Temperaturskala". Nicht lange nachher hat die kinetische Gastheorie, eine Wissenschaft, die am Anfange der zweiten Hälfte des 19. Jahrhunderts ihre Entwicklung erlebte, zeigen können, daß diese KELVIN-Temperatur eine wirklich physikalische Bedeutung hat, wodurch sie sich von den Temperaturandeutungen unterschied, deren man sich bis zum damaligen Zeitpunkte bediente: CELSIUS- oder FAHRENHEIT-Temperatur. Diese Temperaturskalen erhielten so einen ganz willkürlichen Charakter, was auch logisch ist: weshalb sollte die Temperatur schmelzenden Eises gerade Null sein? Das hat doch gar keine Bedeutung.

Die kinetische Gastheorie lehrt uns — und das entscheidet die angestellte Überlegung —, daß es in der Natur nicht ankommt auf Temperaturdifferenzen, die man in jeder Skala ausdrücken könnte, sondern auf die Verhältnisse absoluter Temperaturen. Die absolute Temperatur bedeutet nämlich ein direktes Maß der Molekularenergie. Zum Beispiel ist die kinetische Energie (Translationsenergie) jedes Moleküls eines einatomigen Gases gleich der absoluten Temperatur, multipliziert mit $^3/_2\, k$, wenn k die universelle BOLTZMANNsche Konstante ist. Das Abkühlen eines Körpers ist also nichts anderes, als daß den Molekülen kinetische Energie entzogen wird. Man kann sich vorstellen, daß die Energiemenge, die man auf irgend eine Weise entzieht, z. B. dadurch, daß man die Moleküle gegen eine sich bewegende Wand (elastisch) stoßen läßt, wie es im Falle der Expansion eines Gases unter einem Kolben geschieht, ein bestimmter Bruchteil der Gesamtenergie des Moleküls ist, also mit ihr größer und kleiner wird. Wenn man dies beachtet, wird es klar sein, weshalb eine Temperaturerniedrigung auf z. B. 250° unter dem Gefrierpunkt technisch viel schwieriger zu erreichen ist als eine Temperaturerhöhung auf 250° oberhalb dieses Punktes. Ist doch im ersten Falle „die" Temperatur ungefähr um den Faktor 10 erniedrigt, im zweiten Falle aber nur um den Faktor 2 erhöht.

Es zeigt sich also das Temperaturgebiet nach den tieferen Temperaturen hin ebenfalls unbegrenzt; denn wenn nur von Temperatur*verhältnissen* die Rede sein kann, ist das Verhältnis irgendeiner willkürlich tiefen Temperatur zu der Temperatur Null immer unendlich groß. Die Sachlage läßt sich sehr übersichtlich mittels einer logarithmischen Temperaturskala, in der es dann auf Differenzen ankommt, darstellen. Diese Skala erstreckt sich von $-\infty$ bis $+\infty$.

Aus dem Gesagten geht jetzt auch deutlich hervor, weshalb es praktischen Wert hat, das Untersuchungsgebiet nach tieferen Temperaturen hin zu erweitern. Man hat ja dann bei bestimmten Temperaturverhältnissen kleinere Temperaturdifferenzen, was ein Kleinerwerden der „Abmessungen" der Prozesse zur Folge hat. Doch viel größere Wichtigkeit hat die Erweiterung des Temperaturgebietes nach tieferen Temperaturen hin vom naturwissenschaftlichen Standpunkt aus: Die Forschung wird immer tiefere Temperaturen erfordern. Es handelt sich ja um die Kenntnis der Struktur der Teilchen, die zusammen die Materie aufbauen, und es ist öfter die wilde thermische Bewegung, welche die charakteristischen Äußerungen einer bestimmten Konstitution des Moleküls überschattet. In diesem Falle kann nur eine Untersuchung bei derartig niedrigen Temperaturen, bei denen die thermische Bewegung in den Hintergrund gerät, Erfolge zeitigen. Je nachdem man die Temperatur erniedrigen kann, bietet sich die Möglichkeit, tiefer zur Feinstruktur des Moleküls durchzudringen.

Es ist interessant zu verfolgen, wie man im Laufe der Zeit dadurch zu niedrigeren Temperaturen gekommen ist, daß man ein immer schwieriger zu kondensierendes Gas verflüssigte. Mit jedem neu kondensierten Gase sank die bisher erreichte niedrigste Temperatur sprungweise; dann konnte diese Temperatur über ein gewisses Gebiet stetig erniedrigt werden, indem man die Flüssigkeit unter fortgesetzt kleinerem Druck verdampfen ließ, bis man an die Grenze der Pumpenleistung gekommen war. Dieses Verfahren konnte bis einschließlich zum Helium, welches am schwierigsten zu verdichten ist, angewandt werden. Wollte man an den absoluten Nullpunkt näher herankommen, so mußte man sich nach einem anderen Mittel umsehen. Die Methode wurde gefunden: Sie erniedrigte die Temperatur plötzlich um nicht weniger als den Faktor 100!

Es mag jetzt ein kurzer historischer Überblick über die Entwicklung der Technik zur Erzeugung niedriger Temperaturen folgen [2].

Monge und Clouet waren am Ende des 18. Jahrhunderts die ersten, die ein Gas in seine flüssige Modifikation verwandelten. Indem sie Schwefeldioxyd komprimierten und durch eine Spirale führten, die in eine Kältemischung aus Eis und Salz getaucht war (es war das die einzige damals bekannte Methode zur Erzielung von Temperaturen, die tiefer lagen als die von der Natur „aus sich selbst" vermittelten), blieb dieses als Flüssigkeit in der Spirale zurück. Bei —10° C war die Dampfspannung 0,9 at. Also auch ohne Kompression müßte es möglich gewesen sein, Verflüssigung zu erreichen, falls nur die Kältemischung bis zu dieser Temperatur gekühlt hatte.

Im Jahre 1782 versuchte van Marum, das Boyle-Mariottesche Gesetz (Druck mal Volumen ist konstant bei konstanter Temperatur) für Ammoniakgas zu prüfen. Bei einem gewissen, ziemlich hohen Druck stimmte es überhaupt nicht mehr: es hatte sich im Gasraum eine Flüssigkeit gebildet! Von einer kritischen Temperatur und einem kritischen Druck, welche den für die Verdichtung eines Gases maßgebenden kritischen Zustand bestimmen, wußte man in dieser Zeit noch nichts. Erst viel später (1860) brachte ANDREWS die Lösung dieser Schwierigkeit, obgleich CAGNIARD DE LA TOUR schon ungefähr im Jahre 1821 die Verdampfung bei Volumenvergrößerung entdeckt hatte, so daß dieser Forscher gewissermaßen als ein Vorläufer von ANDREWS betrachtet werden darf. Aus der gleichen Zeit datiert auch die fundamentale Arbeit GAY LUSSACs, deren Ergebnis jetzt als das Gesetz von BOYLE und GAY LUSSAC bekannt ist: Das Produkt aus Druck und Volumen ist der absoluten Temperatur proportional. Daß verschiedene Gase denselben Ausdehnungskoeffizienten haben, war schon seit einiger Zeit aus den DALTONschen Versuchen bekannt.

Das Jahr 1823 brachte eine neue Phase in der Entwicklung der Experimentaltechnik, und zwar durch die bahnbrechende Arbeit FARADAYs (1791—1867), des Pioniers der Verflüssigungstechnik. Als FARADAY einmal Chlorhydrat in einem geschlossenen Raum erhitzte, so daß das Chlor, das sich entwickelte, sich unter hohem Druck befand, bemerkte er plötzlich eine Flüssigkeitsbildung auf den nicht erhitzten Teilen der Glaswand. Diese zufällige Entdeckung veranlaßte FARADAY, mit einer Anzahl Gase systematisch denselben Versuch auszuführen. Zu diesem Zwecke benutzte er eine geschlossene, gebogene Glasröhre, deren beide Enden nach unten gerichtet waren. Auf der einen Seite befand sich das chemische Präparat, aus dem sich bei Erhitzung das Gas entwickelte. Auf diese Weise bildeten sich schon rasch H_2S, SO_2, NO und CO_2 in flüssigem Zustand am anderen Ende des Glasrohres. Weil jedoch mehrere Gase in ihrem Aggregatzustand verharrten, setzte FARADAY das Auffangende des Rohres in eine Mischung von fester Kohlensäure und Äther. Diese Kältemischung war inzwischen von THILORIER (1834) als solche entdeckt worden; er hatte nämlich gefunden, daß Kohlensäure einfach durch Kompression bei Zimmertemperatur verflüssigt werden konnte. Durch Abpumpen der Kältemischung erhielt FARADAY die Temperatur —110° C, was zur Folge hatte, daß aufs neue verschiedene Gase, u. a. Äthylen, verflüssigt werden konnten.

Trotz der systematischen Versuche FARADAYs setzten eine Anzahl Gase der Umwandlung in eine andere Formart unüberwindlichen Widerstand entgegen. Das veranlaßte dazu, diese Gase „permanente“ Gase zu nennen. Hierzu gehörten O_2, N_2, CO, H_2 und CH_4. Sogar bei 50 at Druck und der Temperatur —110° C war von Verflüssigung keine Rede. Viele Forscher haben sich daran versucht, meistens durch Anwendung sehr hoher Drucke. NATTERER, der im Jahre 1844 diese Gase mit Drucken bis zu 100 at ohne Erfolg komprimierte, hatte etwa 10 Jahre später den

Druck bis zu 3000 at gesteigert. Ein merkwürdiger Versuch wurde 1843 von AIMÉ angestellt, der eine Kompression von O_2 und N_2 dadurch herbeiführte, daß er diese Gase in dazu geeigneten biegsamen Behältern ins Meer untertauchte, bis zu 2000 m unter der Oberfläche. Daß alle diese Versuche keinen Erfolg haben konnten, wurde erst aus den grundlegenden Versuchen ANDREWS' klar. Man kann wohl sagen, daß durch die Versuche ANDREWS' im Jahre 1863 die Technik der Verflüssigung von Gasen in neue Bahnen geleitet wurde. Er hat ausführlich untersucht, wie die Kohlensäure sich verhält, wenn sie bei konstanter Temperatur komprimiert wird. Oberhalb 31° C ist auch dieses Gas als „permanent" zu bezeichnen, denn dann trat sogar bei den höchsten Drucken auch hier keine Flüssigkeitsbildung auf. Die Verflüssigung eines Gases hatte sich als eine Temperaturfrage herausgestellt!

Der erste, der sich im Bewußtsein dieser Tatsache mit den permanenten Gasen befaßte, war CAILLETET (1877). Er fing an, die Experimente ANDREWS' zu verfolgen und ganz zufällig bot die dazu gebaute Anordnung unmittelbar die Möglichkeit, einen Weg für die Verflüssigung der permanenten Gase zu weisen: Durch das Zerspringen eines Rohres wurde plötzlich der Druck in einer Kapillare, in der sich Äthylen unter hohem Druck befand, aufgehoben. Dies verursachte eine Nebelbildung. Anfänglich dachte CAILLETET an eine Verunreinigung durch Wasserdampf, jedoch bei Wiederholung des Expansionsversuches, der nunmehr zweckmäßig mit sehr reinem Gas angestellt wurde, trat die Erscheinung wieder auf. Es war also ein wesentlicher Abkühlungseffekt, den CAILLETET beobachtet hatte. Er studierte die Theorie und sah, daß wirklich bei Expansion eines Gases eine Abkühlung, deren Größe sogar zu berechnen war, erwartet werden mußte. Mit Hilfe einer hydraulischen Presse komprimierte er das Gas in einem dickwandigen Glasrohr und ließ dann plötzlich den Druck absinken. Mit dieser Versuchsweise beobachtete CAILLETET beim Arbeiten mit Sauerstoff einen Nebel, der jedoch bald wieder verschwand. Sogar beim Wasserstoff glaubte er eine Nebelbildung gesehen zu haben; nachträglich muß dies wohl als eine Täuschung bezeichnet werden, da es durch Expansion allein nicht möglich ist, Wasserstoff von Zimmertemperatur ab bis unterhalb der dem Enddruck entsprechenden Sättigungstemperatur abzukühlen. Man sprach von einer „dynamischen" Verflüssigung.

Wie es oft bei der Entdeckung mehr oder weniger Aufsehen erregender Tatsachen vorgekommen ist, wurde dasselbe Ergebnis gleichzeitig von anderer Seite gefunden. Zusammen mit der an die französische Akademie der Wissenschaften gerichteten Mitteilung CAILLETETs, in der er das Ergebnis seiner Versuche mit den permanenten Gasen zusammenfaßte, traf dort ein Bericht PICTETs ein. Dieser Forscher ging jedoch nach einem ganz anderen Verfahren zu Werke. PICTET wandte die sog. Kaskadenmethode an, nach der er die Temperatur stufenweise folgendermaßen erniedrigte: Die erste Stufe war die Verflüssigung des SO_2, das bei 0° C unter weniger als 2 at Druck bereits flüssig wird. Mit Hilfe der flüssigen schwefeligen Säure konnte Kohlensäure leicht verflüssigt und verfestigt werden. Die Temperatur ist dann bereits auf — 70° C gesunken. Indem man die Kohlensäure, die unter Atmosphärendruck unmittelbar fest wird, weiter abpumpte, war es möglich, die Temperatur — 130° C zu erreichen. Mit NO anstatt CO_2 wurde sogar die Temperatur — 140° C erhalten. In dieses Bad stellte PICTET ein Rohr mit Sauerstoff, den er aus chlorsaurem Kalium hergestellt hatte, so daß der Sauerstoff sich sofort unter hohem Druck entwickelte. Bei 50 at Druck trat Verflüssigung ein. Die Äußerungen PICTETs bezüglich Dampfspannung und Farbe der Flüssigkeit sind wohl mit einer etwas zu großen Begeisterung verfaßt: sie treffen nicht ganz zu. Nichtsdestoweniger hatte er Erfolg mit einem Verfahren, das noch lange Zeit nachher zur Verflüssigung von Sauerstoff und Stickstoff angewandt worden ist.

1883 veröffentlichten OLSZEWSKI und WROBLEWSKI das Ergebnis ihrer Versuche, in denen sie die Verfahren von CAILLETET und PICTET kombiniert hatten. Sie ließen komprimierten Sauerstoff sich ausdehnen in einem Piezometer, das sich in einem Bad aus flüssigem Äthylen befand, welches unter reduziertem Druck verdampfte und dadurch die Temperatur — 136° C erlangte. Auf diese Weise glückte es, eine etwas größere Menge Sauerstoff als Flüssigkeit zu gewinnen; diese Flüssigkeit verdampfte jedoch rasch wieder. Einige Jahre später war die Wärmeisolierung so weit verbessert, während man zugleich die Temperatur des Äthylenbades durch größere Pumpenkapazität auf — 152° C zu bringen vermochte, daß Sauerstoff in größeren Mengen als Flüssigkeit gesammelt werden konnte. Dieser Erfolg brachte eine Menge neuer Möglichkeiten mit sich. Indem man Sauerstoff unter reduziertem Druck verdampfen ließ, konnte man die Temperatur leicht so weit erniedrigen, daß andere permanente Gase, wie z. B. Stickstoff, Kohlenmonoxyd, Methan (und auch Luft) sich ohne weiteres unter atmosphärischem Druck verflüssigten. Die beiden ersten Gase konnte man überdies auch in festem Zustand erhalten, wenn man nur den Dampfdruck genügend weit herabsetzte. Auch hier gibt es in der Literatur wiederum eine Prioritätsfrage zwischen den beiden genannten Forschern und DEWAR, der zu derselben Zeit mit seinen Versuchen Erfolg hatte. Die damals erreichte niedrigste Temperatur war die des festen Stickstoffs, der unter einem sehr tiefen Druck verdampfte; sie betrug — 225° C.

Die Kaskadenmethode wurde an verschiedenen Stellen verwendet. PICTET baute in Berlin eine Vorrichtung, in der die hintereinanderfolgenden Kreise von Kohlensäure (— 80° C), Stickoxydul (— 135° C) und Luft (— 191° C) durchlaufen wurden. Im Jahre 1882 fing der Leidener Professor KAMERLINGH ONNES bei der Einrichtung seines Laboratoriums mit dem Bau einer Kaskadenanlage an, welche jedoch in mehreren Hinsichten von der ursprünglichen PICTETschen Konstruktion abwich. Die erste Stufe in der Temperaturerniedrigung wurde durch Chlormethyl, die zweite durch Äthylen bewerkstelligt, während sich im dritten Kreise Sauerstoff befand. Mit dieser Vorrichtung verfügte KAMERLINGH ONNES im Jahre 1894 über ein permanentes Sauerstoffbad. Die Verflüssigung von Luft konnte jetzt keine Schwierigkeiten mehr bieten. Es war nur eine Frage von Reinigung (Wasserdampf- und Kohlensäureabscheidung) und einer Kompression bis zu 15 at. Ein Luftverflüssiger wurde als vierte Stufe der Kaskadenanlage zugefügt.

Die Luftverflüssigung nach dieser Kaskadenmethode war von Anfang an offenbar sehr verwickelt. Im Jahre 1896 wurde von VON LINDE ein von ihr ganz verschiedenes Verfahren veröffentlicht, das besonders dazu geeignet war, Luft in größeren Mengen zu verflüssigen. Diese Methode gründet sich auf den JOULE-THOMSONschen Effekt in Verbindung mit dem Gegenstromprinzip. Was das Erreichen von Temperaturen angeht, die niedriger sind als die der flüssigen Luft, so hat sowohl für die Industrie wie für die Entwicklung der Kältetechnik im Laboratorium das Prinzip von VON LINDE sehr große Bedeutung erlangt. Neben VON LINDE traten jetzt in der Kältetechnik Männer wie HAMPSON, WEINHOLD und andere hervor. HAMPSON baute gleichzeitig mit VON LINDE, jedoch von ihm unabhängig, einen Apparat nach demselben Prinzip, wobei er jedoch mit höheren Drucken arbeitete.

Ein bedeutender Schritt vorwärts in der Technik der tiefen Temperaturen ist die Erfindung des doppelwandigen Vakuumglases (jetzt allgemein bekannt in der Form einer „Thermosflasche") von DEWAR und WEINHOLD. Von dieser Zeit ab war es möglich, in einfacher Weise ein Flüssigkeitsbad konstanter Temperatur zu verwirklichen. Man brauchte jetzt keine dicken Isoliermäntel um die abzukühlenden Räume anzubringen, während man überdies die Möglichkeit hatte zu sehen, was im Flüssigkeitsbade vor sich ging.

Bis dahin (1895) hatte man also alle permanenten Gase (denen inzwischen dieser Name nicht mehr zukam), außer dem Wasserstoff, in den flüssigen Zustand bringen können. Das Jahr vorher hatte noch ein neues Gas der Reihe der ex-permanenten Gase hinzugefügt, und zwar das Helium, welches von RAMSAY und auch von KAYSER auf unserer Erde gefunden wurde, nachdem es im Sonnenspektrum schon im Jahre 1868 entdeckt worden war (daher der Name).

Der erste, der einigermaßen mit Wasserstoff Erfolg hatte, war OLSZEWSKI im Jahre 1895.

Durch die plötzliche Expansion einer vorgekühlten Wasserstoffmenge — zur Vorkühlung ließ man Stickstoff unter vermindertem Druck verdampfen — konnte er eine flüchtige Kondensation bewirken. Mehr Erfolg hatte, einige Jahre später, DEWAR, der durch Ausnutzung des JOULE-THOMSON-Effektes und des Regeneratorprinzips (der VON LINDEschen Methode also) etwa 20 cm³ Flüssigkeit erhielt. Auch KAMERLINGH ONNES befaßte sich in dieser Zeit mit der Wasserstoffverdichtung. Nachdem die Kaskadenanlage fertig geworden war, fing er an, einen Verflüssiger für Wasserstoff zu entwickeln, wobei er schließlich auch zum LINDE-Verfahren kam. Es gelang ihm im Jahre 1905, $^1/_4$ l flüssigen Wasserstoff zu gewinnen; im Jahre 1906 war die Menge schon 3 l geworden. Es dauerte nicht lange, bis der Wasserstoffkreislauf als fünfter Kreis im Kryogen-Laboratorium in Betrieb gestellt werden konnte. Es ergaben sich anfangs noch viele Schwierigkeiten infolge der Verunreinigungen im Gase, welche immer Verstopfungen in der Spirale verursachten; nachdem jedoch eine Sondervorrichtung für die Reinigung des Wasserstoffs fertiggestellt war, ging alles glatt von statten.

Schließlich war Helium das einzige Gas, das noch nicht in flüssigem Zustand erhalten worden war. Es ist also nicht erstaunlich, daß dieses Ziel jetzt das Ideal aller Forscher wurde, die sich mit der Verflüssigung von Gasen befaßten. Zu diesem Zweck stellten DEWAR und OLSZEWSKI Versuche an im Jahre 1901 bzw. 1905, jedoch ohne Erfolg. Man fing schon an zu bezweifeln, ob es mit den damals zur Verfügung stehenden Hilfsmitteln überhaupt möglich wäre, das Helium zu verdichten. Nach vielen vorläufigen Versuchen — besonders Isothermenmessungen, aus denen man bezüglich der kritischen Größen etwas erfahren konnte — gelang es KAMERLINGH ONNES am 10. Juli 1908. Mit der größten Kraftanstrengung der Personen, welche hieran mitarbeiteten und Belastung der Apparatur bis aufs äußerste, konnte das Ergebnis zweifelsfrei festgestellt werden. Die Erinnerung an diesen denkwürdigen Tag in der Geschichte der Gasverflüssigung und besonders des Leidener Laboratoriums, jetzt Kamerlingh Onnes-Laboratorium genannt, wird festgehalten durch einen Stein, der an der Stelle, wo die Heliumanlage sich auch heutzutage noch befindet, in die Mauer eingelassen wurde (s. Abb. 62).

Mit diesem Tage wurde ein Abschnitt in der Geschichte der Experimentalphysik abgeschlossen.

Was die Vorgeschichte der Heliumverflüssigung anlangt, so verweisen wir auf das betreffende Kapitel. Wir werden deshalb hier nicht weiter auf diese Sache eingehen. Mit der Verflüssigung des Heliums hatte man die Temperatur 4° K erreicht. Einige Jahre später (1911) waren die Konstruktion und die Kapazität des Verflüssigers in dem Grade verbessert, daß flüssiges Helium in einen Meßkryostaten überhebert werden konnte, so daß jetzt Messungen bei Temperaturen des flüssigen Heliums möglich waren. Im Jahre 1921 erreichte KAMERLINGH ONNES durch Abpumpen des Heliumbades eine Temperatur, welche nur noch 0,8° vom absoluten Nullpunkt entfernt war. Das Helium blieb noch immer flüssig, obgleich der Dampfdruck nur 0,2 mm betrug, aus welcher Tatsache ONNES den Schluß zog, daß die Tripelpunkttemperatur noch unterhalb 0,9° K liegen mußte. Später erwies sich, daß, falls Helium einen Tripelpunkt besitzen würde, dieser wohl dem absoluten Nullpunkt sehr nahe liegen müßte. Nichtsdestoweniger wurde das flüssige Helium in den festen Zustand gebracht, denn es gelang KEESOM, durch Druckerhöhung auf die Flüssigkeit einen Gegenstand einzufrieren. Das war im Jahre 1926. Durch Vervollkommnung der Technik, die es ermöglichte, den Druck oberhalb des Flüssigkeitsbades auf nur 0,0036 mm zu reduzieren, vermochte KEESOM die Temperatur auf 0,71° K zu senken. Mit dieser Temperatur war man wohl an eine vorläufige Grenze gekommen, angesichts der gewaltig gesteigerten Pumpenkapazität und Wärmeisolierung des Bades.

Vor etwa 7 Jahren wurde die Aufmerksamkeit der physikalischen Welt wiederum auf das Kamerlingh Onnes-Laboratorium in Leiden gelenkt, und zwar durch den Aufsehen erregenden Bericht von DE HAAS und Mitarbeitern, daß die niedrigste erreichte Temperatur jetzt nur noch 0,27° K vom Nullpunkt entfernt war! Zu gleicher Zeit und hiervon unabhängig veröffentlichte auch GIAUQUE in Amerika Mitteilungen über dieselben Versuche. Die Methode, um zu dieser großen Temperaturerniedrigung (Verhältnis!) zu gelangen, war in der Kältetechnik ganz neu, obgleich im Prinzip schon mehrere Jahre vorher (1926/27) von GIAUQUE, wie auch von DEBYE, in einer Veröffentlichung die Möglichkeit erwähnt und die entsprechenden Versuche angeregt worden waren. Das Verfahren beruht auf der adiabatischen Entmagnetisierung magnetisierter Salze. Kapitel VII gibt darüber nähere Auskunft. War jetzt die Temperatur in bezug auf die bis damals erreichte äußerste Leistung um ungefähr den Faktor 3 erniedrigt worden, so meldete man nicht lange nach dem ersten Bericht als niedrigste Temperatur schon 0,004° K! Das war im April 1935.

Hier endet die Vergangenheit und die Zukunft fängt an. Mit diesem neuen Temperaturgebiet bahnt sich zweifelsohne ein sehr viel umfassenderes und dadurch äußerst interessantes Arbeitsfeld an, von dem sich noch nicht übersehen läßt, welche gewiß äußerst wichtigen und merkwürdigen Erscheinungen es in sich schließt. Man wird die Naturkenntnis bedeutend erweitern können, sobald erst das Experimentieren bei diesen niedrigen Temperaturen möglich ist. Das ist nur noch eine Frage erfinderischer Technik. Man überlege einmal, was die letztgenannte Temperatur im Hinblick auf die niedrigste Temperatur KEESOMs bedeutet: Es ist gerade so, als ob man, während bisher z. B. bis 150° K experimentiert werden konnte, plötzlich bis zu 1° K gelangen kann. Hat man nun nicht die Grenze des Möglichen erreicht?

Als Abschluß dieser Einführung möge noch ein kurzer Hinweis darauf folgen, was die vorliegende Darstellung bietet.

Im *ersten* Kapitel sind die thermodynamischen Grundsätze behandelt, auf denen die Technik zur Erzielung niedriger Temperaturen beruht. Diese Kenntnis ist unentbehrlich, wenn man etwas tiefer in die Kältetechnik und ihre Voraussetzungen eindringen will.

Das *zweite* Kapitel enthält die Beschreibung der Wirkungsweise und die Berechnung des Gegenströmers.

Im *dritten* Kapitel werden die Grundlagen der Luftverflüssigung, wie sie jetzt vor sich geht, behandelt. Für sämtliche Verfahren wird der Nutzeffekt berechnet, und die erhaltenen Ergebnisse werden miteinander verglichen.

Das sich anschließende *vierte* Kapitel behandelt die Wasserstoffverflüssigung, die folgende Stufe der Temperaturerniedrigung. Es werden einige Typen von Verflüssigern, auch kleinere, die man sich selbst leicht herstellen kann, beschrieben.

Das *fünfte* Kapitel befaßt sich mit der Verflüssigung des Heliums; es wird durch eine historische Übersicht eingeleitet. Das Verhalten des Heliums als Flüssigkeit (Helium I und Helium II) und verschiedene darauf bezügliche Versuche werden behandelt, und weiter findet das feste Helium ebenfalls Berücksichtigung.

Das *sechste* Kapitel bringt ein neueres Verfahren zur Erzielung von Temperaturen des flüssigen Heliums, die Methode SIMONs, welche auf der Abkühlung eines Gases infolge Desorption von Kohle beruht. Die verschiedenen Vor- und Nachteile des SIMONschen Verfahrens werden besprochen.

Im Kapitel *sieben* sehen wir, wie es ermöglicht wurde, Temperaturen zu erzeugen, die, verglichen mit der durch die klassische Methode erreichten niedrigsten Temperatur, mit einem gewaltigen Sprunge (Verhältnis!) dem Nullpunkt näher gekommen sind.

Zur Orientierung wird zuerst mit Einschränkungen die Theorie des Magnetismus besprochen und nachher die Thermodynamik der Entmagnetisierung behandelt. Schließlich findet man an Ort und Stelle mehrere Einzelheiten zur Beleuchtung der Möglichkeiten und Schwierigkeiten, die mit der willkommenen Erscheinung und der Verwendung des magnetokalorischen Effekts verbunden sind. Wir haben versucht, diese Einzelheiten, die eigentlich eine gründlichere Fachkenntnis erfordern, in einer möglichst allgemein verständlichen Darstellung zu erläutern.

Kapitel *acht* führt uns durch das Leidener Kältelaboratorium. Es gibt einen Eindruck von den allgemeinen Methoden, die in einem Kältelaboratorium angewandt werden und behandelt ausführlich die Konstruktion der Kryostaten, in denen Bäder fester und gleichmäßiger Temperatur erzeugt werden.

Das Buch schließt mit einem Schrifttumsverzeichnis zu genauerer Unterweisung. Die Textnummern verweisen auf die ihnen entsprechenden Schrifttumsangaben des betreffenden Kapitels im Verzeichnis. Selbstverständlich ist dieses bei weitem nicht vollständig. In den angegebenen Veröffentlichungen kann der interessierte Leser jedoch weitere Hinweise auf einschlägiges Schrifttum finden.

Als allgemeine Übersicht über das Gebiet der Verflüssigungstechnik nennen wir einen Artikel von W. MEISSNER im Handbuch der Physik von GEIGER-SCHEEL, Bd. 11, S. 272, und weiter den Beitrag von H. LENZ im Handbuch der Experimentalphysik von WIEN-HARMS, Bd. 9, 1, S. 47 [3].

Erstes Kapitel.

Thermodynamik.

Um sich ein gutes Bild von der Technik der niedrigen Temperaturen machen zu können, ist eine Kenntnis verschiedener thermodynamischer Begriffe und Methoden unentbehrlich, da schließlich diese ganze Technik auf Thermodynamik gegründet ist. Wir werden deshalb in diesem Kapitel in begrenztem Umfange die Wärmelehre besprechen, insofern sie für das Verständnis des später zu behandelnden Stoffes notwendig ist. Die Grundsätze seien hier kurz in Erinnerung gebracht [1].

1. Die Zustandsgleichung.

a) Boyle-Gay Lussacsche Zustandsgleichung.

Diese lautet:

$$p\,v = R\,T. \tag{1}$$

Das erste Glied dieser Gleichung hat die Dimension einer Energie, so daß also R in erg je Grad ausgedrückt werden kann, wenn p in Dyn/cm² und v in cm³ ausgedrückt wird. Man findet dann: $R = 8{,}316 \cdot 10^7$ erg/° = 1,986 cal/°. Die Gaskonstante je kg eines Gases ist also $\frac{8{,}316}{M} \cdot 10^{10}$ erg/°, wenn M das Molekulargewicht bezeichnet.

Gl. (1) ist die Zustandsgleichung des idealen Gases. Im p-v-Diagramm werden die Isothermen, d. h. Linien konstanter Temperatur, durch gleichseitige Hyperbeln dargestellt (Abb. 1).

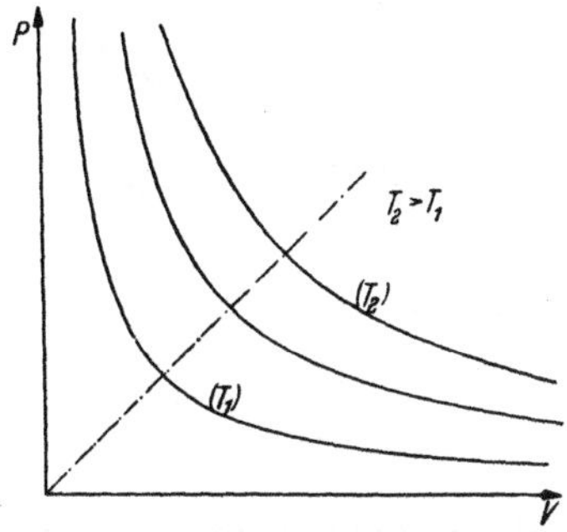

Abb. 1. Isothermen im p-v-Diagramm eines idealen Gases.

b) van der Waalssche Zustandsgleichung.

Sehr bekannt ist das p-v-Diagramm eines reellen Gases im Sättigungsgebiet, dargestellt in Abb. 2. Links vom Koexistenzgebiet gibt es nur die flüssige Phase, rechts nur die Dampfphase. Diese beiden Aggregatzustände gehen über dem heterogenen Gebiete stetig ineinander über. Man trifft hier also ein Gebiet an, wo man von einem Gase mit der Dichte einer Flüssigkeit, oder von einer Flüssigkeit mit der Dichte eines Gases sprechen kann; einen Meniskus wird man jedoch oberhalb der kritischen Temperatur nicht hervorrufen können.

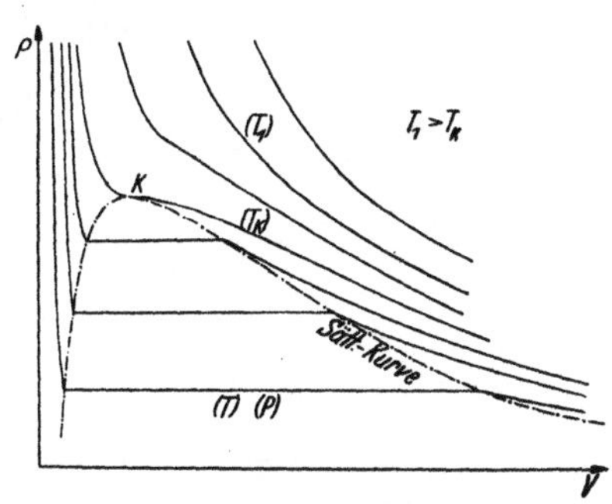

Abb. 2. Isothermen im p-v-Diagramm eines wirklichen Gases.

Der Zusammenhang zwischen Druck und Temperatur wird da, wo Phasengleichgewicht existiert, von der Dampfspannungskurve gegeben, die oben im kritischen Punkt K endet (s. Abb. 3). Auf der Seite der niedrigen Drucke endet sie meistens im Tripelpunkt, d. h. in dem Punkte, wo Dampf, Flüssigkeit und fester Stoff miteinander im thermodynamischen Gleichgewicht sind. Hier kommen also auch Schmelz- und Sublimationskurven zusammen.

Die Dampfspannungslinie ist die Projektion der Grenzlinie auf die p-T-Fläche, wenn man das Zustandsdiagramm nicht in zwei (p und v), sondern in drei Abmessungen konstruiert. Man muß sich dabei die

T-Achse senkrecht auf der Abbildungsfläche denken, so daß also jede Isotherme parallel zur Fläche der Figur liegt. Diese Figur ist eigentlich die Projektion der Durchschnitte der „Zustandsoberfläche" mit den Flächen $T = konst.$ Die Grenzkurve dieser Oberfläche wird auf die p-T-Fläche als eine einzige Kurve (also nicht als eine Schlinge), die im kritischen Punkt endet, projiziert. Diese Projektion ist nun die Dampfspannungskurve.

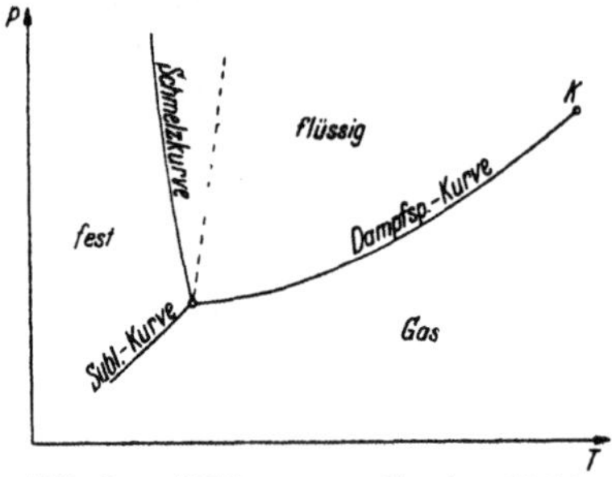

Abb. 3. p-T-Diagramm für das Gleichgewicht zwischen gasförmigem, flüssigem und festem Zustand.

Mit Ausnahme des rechten Stückes innerhalb der Grenzlinie werden die Isothermen mit einer ziemlich großen Genauigkeit durch die VAN DER WAALSsche Zustandsgleichung wiedergegeben. Diese Gleichung

$$\left(p + \frac{a}{v^2}\right)(v - b) = R\,T \qquad (2)$$

enthält in den Korrektionsgliedern die zwei VAN DER WAALSschen Konstanten, die beziehungsweise die intermolekularen Kräfte und das Eigenvolumen der Moleküle wiedergeben.

Wenn T gleich der kritischen Temperatur ist, fallen die drei Wurzeln $v = \mathrm{f}(p)$ der Gleichung für die Isotherme zusammen, und zwar im kritischen Punkt. Dies gibt folgenden Zusammenhang zwischen den Koeffizienten a, b und den kritischen Größen p_k, v_k und T_k:

$$v_k = 3\,b, \quad p_k = \frac{a}{27\,b^2} \quad \text{und} \quad T_k = \frac{8\,a}{27\,R\,b} \qquad (3)$$

Man kann auch schreiben:

$$a = 3\,p_k\,v_k^2 \quad \text{und} \quad b = \frac{v_k}{3} \qquad (4)$$

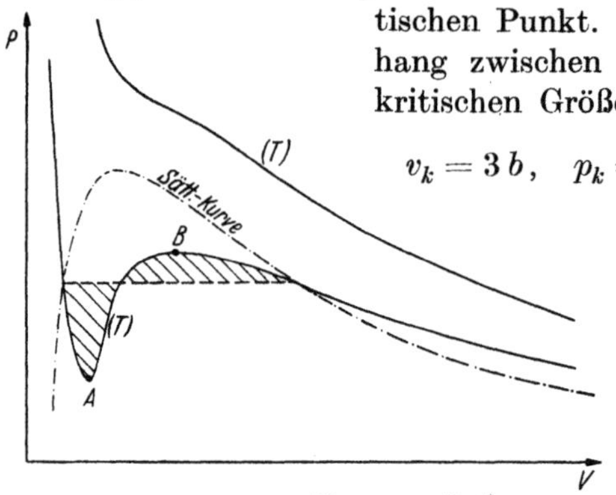

Abb. 4. Die VAN DER WAALSsche Isotherme.

Innerhalb des Koexistenzgebietes verläuft eine isothermische Kompression nicht nach der VAN DER WAALSschen Isotherme, sondern längs einer Horizontalen $p = konst.$, deren Lage dieser Isotherme gegenüber aus thermodynamischen Betrachtungen festgelegt werden kann (s. Abb. 4).

c) KAMERLINGH ONNESsche Zustandsgleichung; korrespondierende Zustände.

Die Werte der VAN DER WAALSschen Konstanten werden für jedes Gas verschieden sein. Führt man jedoch als Einheit für jeden Zustandsparameter den kritischen Wert ein, d. h. drückt man v durch v_k aus usw., indem man für die kritischen Größen die Werte aus (3) einsetzt, so sieht man, daß in der Zustandsgleichung die Konstanten a und b verschwinden; man erhält eine universelle Zustandsgleichung. Diese ist die sog. „reduzierte Zustandsgleichung".

Eine Folge dieser Darstellung ist: Nimmt man von zwei verschiedenen Gasen dieselbe Menge — in Grammol ausgedrückt —, so können sich diese Mengen in „übereinstimmenden Zuständen" befinden, d. h. sie können zu gleicher Zeit denselben Druck, dasselbe Volumen und dieselbe Temperatur haben, diese Größen in den kritischen Werten ausgedrückt. Das ist das sog. „Gesetz der übereinstimmenden Zustände", das in der Praxis ziemlich gut bestätigt ist. Betrachtet man das Verhalten einzelner Gase genauer, so ergibt sich, daß man noch bestimmte Gruppen unterscheiden kann, und zwar so, daß für jede Gruppe allein eine besondere reduzierte Zustandsgleichung der Wirklichkeit näher kommt als eine für sämtliche Gase gültige. Wie man a priori erwarten darf, wird die VAN DER WAALSsche Gleichung nicht sämtliche Einzelheiten der experimentellen Isotherme beschreiben. Hierzu ist die theoretische Grundlage zu einfach. Deshalb ist neben vielen anderen Gleichungen, die verschiedene Forscher aufgestellt haben, von KAMERLINGH ONNES eine Zustandsgleichung auf mehr praktische Grundlage gestellt worden, eine Zustandsgleichung, in der eine Anzahl (größer als 2) Koeffizienten — die sog. „Virialkoeffizienten" — empirisch festgestellt werden müssen. Die Zustandsgleichung KAMERLINGH ONNES' lautet:

$$p\,v = A_a + \frac{B_a}{v} + \frac{C_a}{v^2} + \frac{D_a}{v^4} + \frac{E_a}{v^6} + \frac{F_a}{v^8} = R\,T\left(1 + \frac{B}{v} + \frac{C}{v^2} + \cdots\right) \quad (5)$$

worin A_a, B_a usw. Virialkoeffizienten sind, deren jeder für sich wieder als Polynom in $1/T$ dargestellt werden kann. Die sukzessiven Glieder werden im allgemeinen immer kleiner; sie sind aus Isothermenmessungen zu bestimmen. Das erste Glied A_a ist gleich $R\,T$, die folgenden sind aber in verwickelter Weise von der Temperatur abhängig. Der zweite Virialkoeffizient B z. B. nimmt nach niedrigeren Temperaturen stetig ab. Bei einer gewissen Temperatur hat er den Wert Null und wird dann immer zunehmend negativ. Diese Temperatur wird die „BOYLE-Temperatur" für das betreffende Gas genannt; es verhält sich hier wie ein ideales Gas, wenigstens so lange, als die Dichte nicht zu groß ist, da sonst die nächsten Virialkoeffizienten ihren Einfluß geltend machen.

Selbstverständlich kann man Gl. (5) auch in reduzierter Form schreiben. Wenn man in (5) für p, v und T einsetzt $\overline{p}\,p_k$, $\overline{v}\,v_k$ und $\overline{T}\,T_k$, so daß $\overline{p}$, $\overline{v}$ und $\overline{T}$ den Druck usw., in kritischen Werten bestimmt, darstellen, so findet man für die reduzierte Zustandsgleichung:

$$\overline{p}\,\overline{v} = K\,\overline{T}\left\{1 + \overline{B}\,\frac{K}{\overline{v}} + \overline{C}\,\frac{K}{\overline{v}^2} + \cdots\right\},$$

worin K die Größe $\frac{R\,T_k}{p_k\,v_k}$ bedeutet, die für jedes Gas denselben Wert hat innerhalb des Rahmens des Gesetzes der übereinstimmenden Zustände. Die Virialkoeffizienten in dieser Gleichung, $\overline{B}$ usw., sind nun Universalkoeffizienten. Aus ihnen lassen sich jetzt die Koeffizienten für jedes Gas mit Hilfe der Beziehungen:

$$B = \frac{R\,T_k}{p_k}\,\overline{B}, \quad C = \frac{R^2\,T_k^2}{p_k^2}\,\overline{C} \text{ usw.} \tag{6}$$

herleiten [2].

Um eine Vorstellung von der Größe der Virialkoeffizienten zu erhalten, sei noch die Entwicklung des zweiten Virialkoeffizienten $\overline{B}$ der „mittleren reduzierten empirischen Zustandsgleichung von Kamerlingh Onnes“ erwähnt. Diese lautet:

$$10^3 \cdot \overline{B} = 117{,}8 - \frac{228{,}0}{\overline{T}} - \frac{172{,}9}{\overline{T}^2} - \frac{72{,}7}{\overline{T}^4} - \frac{3{,}17}{\overline{T}^6}\,.$$

Die Größe $\overline{B}$ hat keine Dimension, dagegen B die Dimension eines Volumens und wird meistens in cm^3 ausgedrückt.

2. Hauptsätze der Thermodynamik; erster Hauptsatz.

Man kann in der Thermodynamik zwei — natürlich rein empirische — Hauptsätze unterscheiden, denen sämtliche Zustandsänderungen untergeordnet sind. Der erste ist das Gesetz der Erhaltung der Energie, in dem ausgedrückt wird, daß Wärme eine Energieform ist und daß keine Energie bei einer Zustandsänderung im ganzen gewonnen wird oder verloren geht. Dieses Gesetz wird mathematisch durch die Gleichung

$$\mathrm{d}Q = \mathrm{d}U + \mathrm{d}A \tag{7}$$

ausgedrückt, die besagt, daß die einem System zugeführte Wärme $\mathrm{d}Q$ durch Zunahme innerer Energie $\mathrm{d}U$ und geleisteter Arbeit $\mathrm{d}A$ verbraucht wird. Aus diesem Gesetze können schon sehr viele Schlußfolgerungen gezogen werden. Wir werden sehen, wohin die Formel führt im Fall eines Gases, dessen Zustand von den Parametern p, v und T abhängt. Die innere Energie U, welche aus intramolekularer und intermolekularer Energie besteht, wird in ganz bestimmter Weise abhängig sein von den Parametern, mit denen man den Zustand des Gases beschreiben kann, vorausgesetzt, daß das Gas stets in einem Gleichgewichtszustande harrt, der Prozeß also langsam verläuft.

Denken wir uns den Zustand des Gases durch v und T dargestellt, so daß auch die innere Energie dadurch bestimmt wird, so können wir für eine Zustandsänderung, bei der U sich um $\mathrm{d}U$ ändert, schreiben:

$$\mathrm{d}U = \left(\frac{\partial U}{\partial T}\right)_v \mathrm{d}T + \left(\frac{\partial U}{\partial v}\right)_T \mathrm{d}v, \tag{8}$$

worin also die partiellen Differentialquotienten bekannt sind, weil wir uns U als eine bekannte Funktion von v und T denken. Die Arbeit $\mathrm{d}A$, die von einem Gase geleistet wird, kann sehr leicht in p und v ausgedrückt werden. Hierzu denken wir uns das Gas unter einem Kolben befindlich, auf den von außen der Druck p ausgeübt wird (der Kolben ist im Gleichgewicht). Die vom Gase geleistete Arbeit ist offenbar $p\,\mathrm{d}v$. Der erste Hauptsatz läßt sich dann wie folgt schreiben:

$$\mathrm{d}Q = \left(\frac{\partial U}{\partial T}\right)_v \mathrm{d}T + \left\{\left(\frac{\partial U}{\partial v}\right)_T + p\right\} \mathrm{d}v. \tag{9}$$

Aus dieser Beziehung können wir nun einige Schlußfolgerungen ziehen.

a) Spezifische Wärme.

Bleibt das Volumen bei einer Zustandsänderung konstant, so wird die Temperatur bei Energiezufuhr steigen. Das geschieht nach (9) so, daß

$$\mathrm{d}Q = \left(\frac{\partial U}{\partial T}\right)_v \mathrm{d}T$$

wird. Die Größe $(\partial U/\partial T)_v$ nennen wir die „spezifische Wärme bei konstantem Volumen", bezeichnet mit C_v; sie bezieht sich auf 1 Grammol. Wir können Gl. (9) jetzt folgendermaßen schreiben:

$$\mathrm{d}Q = C_v \mathrm{d}T + l\,\mathrm{d}v. \tag{10}$$

l ist eine latente Wärme, d. h. eine Wärmemenge, die das Volumen vergrößert, indem die Temperatur konstant bleibt (daher „latent").

Wählt man p und T als unabhängige Variabelen, so wird Gl. (10):

$$\mathrm{d}Q = \left\{C_v + l\left(\frac{\partial v}{\partial T}\right)_p\right\} \mathrm{d}T + l\left(\frac{\partial v}{\partial p}\right)_T \mathrm{d}p. \tag{11}$$

Wir schreiben nun:

$$C_p = C_v + l\left(\frac{\partial v}{\partial T}\right)_p, \tag{12}$$

während wir C_p die „spezifische Wärme bei konstantem Druck" nennen. Für ein ideales Gas kann aus der Zustandsgleichung gefolgert werden, daß $\left(\frac{\partial v}{\partial T}\right)_p = \frac{R}{p}$ wird, während $l = p$ ist, weil die innere Energie nicht volumen- sondern nur temperaturabhängig ist. In einem idealen Gas üben ja die Moleküle keine Kräfte aufeinander aus und es gibt also keine intermolekulare Energie, die vom Volumen abhängen würde. Die Energie besteht nur aus kinetischer Energie, die eine Funktion der Temperatur ist. [Daß $\left(\frac{\partial U}{\partial v}\right)_T = 0$ ist, ist eine Schlußfolgerung aus dem zweiten Hauptsatz im Zusammenhange mit der Form der Zustandsgleichung (1), wie wir S. 24 sehen werden]. Wir finden also für ein ideales Gas:

$$C_p - C_v = R. \tag{13}$$

Für reelle Gase in verdünntem Zustand hat sich dieses Ergebnis sehr gut bestätigt. Die kinetische Gastheorie lehrt, daß C_v, und folglich auch C_p, von der Temperatur unabhängig ist.

b) Kompressionsarbeit.

Wir wollen nun die Arbeit berechnen, die für die Kompression eines Mols eines idealen Gases erforderlich ist. Die Kompression kann unter verschiedenen Umständen vor sich gehen. Wir können z. B. während des Vorganges die Temperatur konstant halten. Nach dem ersten Hauptsatze wird Wärme aus dem Gase frei, und zwar nach Gl. (10), worin $l = p$, die Menge $\mathrm{d}Q = p\,\mathrm{d}v$. Bei Kompression ist $\mathrm{d}v$ immer negativ, und hieraus folgt ein negativer Wert von $\mathrm{d}Q$, was bedeutet, daß Wärme abgeführt wird.

Die Kompressionsarbeit kann leicht berechnet werden. Sie ist

$$-\int_{p_1}^{p_2} p\,\mathrm{d}v_T.$$

Aus der Zustandsgleichung (1) ersehen wir, daß wir schreiben können:

$$\mathrm{d}v_T = -\frac{R\,T}{p^2}\,\mathrm{d}p.$$

Das Integral lautet also:

$$R\,T\int_{p_1}^{p_2} \frac{\mathrm{d}p}{p}.$$

Die isothermische Kompressionsarbeit beträgt daher je Grammolekül:

$$R\,T \ln\frac{p_2}{p_1}. \tag{14}$$

Sie hängt also nicht ab von der Druckdifferenz, sondern vom Druckverhältnis vor und nach der Kompression, woraus gefolgert werden kann, daß für eine Kompression von 100 auf 500 at nicht mehr Arbeit nötig ist als für eine solche von 1 auf 5 at für dieselbe Gasmenge. Bei einem reellen Gase, für das $\mathrm{d}v$ nicht mehr so einfach durch $\mathrm{d}p$ ausgedrückt werden kann, trifft das nicht mehr ganz zu, besonders nicht bei höheren Drucken. Es ist ziemlich verwickelt, für ein reelles Gas die Kompressionsarbeit aus der Zustandsgleichung zu berechnen. In der Praxis bedient man sich daher gewisser Diagramme, die ein für allemal aus thermischen und kalorischen Messungen erhalten worden sind.

Wir haben soeben bereits die Bemerkung gemacht, daß die Kompression eines Gases verschiedenartig vor sich gehen kann. Eine andere Möglichkeit ist die Kompression in einem Gefäße, das wärmeisolierende Wände besitzt, so daß keine Wärme zu- oder abgeführt werden kann. Einen derartigen Prozeß, während dessen also kein Wärmeaustausch mit der Umgebung stattfindet, nennt man einen „adiabatischen" Vorgang. Er wird durch die Gleichung

$$\mathrm{d}Q = 0 = \mathrm{d}U + \mathrm{d}A$$

beschrieben.

Wir wollen nun sehen, wie die adiabatische Kompression eines idealen Gases verläuft.

Die Gleichung

$$0 = C_v\,\mathrm{d}T + p\,\mathrm{d}v \tag{15}$$

gibt die Temperaturänderung $\mathrm{d}T$ an, welche bei einer adiabatischen Volumenänderung $\mathrm{d}v$ auftritt. Es ergibt sich, daß bei Kompression ($\mathrm{d}v$ negativ) die Temperatur steigt.

Aus dem BOYLE-GAY LUSSACschen Gesetz folgt:

$$p\,\mathrm{d}v + v\,\mathrm{d}p = R\,\mathrm{d}T.$$

Nach (15) ist also:

$$C_v\,(p\,\mathrm{d}v + v\,\mathrm{d}p) + R\,p\,\mathrm{d}v = 0,$$

und da $R = C_p - C_v$, wird also

$$C_p \frac{\mathrm{d}v}{v} + C_v \frac{\mathrm{d}p}{p} = 0.$$

Die Integration dieser Gleichung gibt

$$p\,v^{C_p/C_v} = \mathit{konstant} = c, \tag{16}$$

bekannt unter dem Namen „POISSONsche Gleichung". Aus dieser Gleichung ist also ersichtlich, wie sich z. B. der Druck ändert, wenn das für Wärmezufuhr isolierte, ideale Gas zusammengepreßt wird oder expandiert. Nun können wir auch die Kompressionsarbeit berechnen. Diese ist abermals $-\int\limits_{p_1}^{p_2} p\,\mathrm{d}v$.

Nach Gl. (16) ist $v = \frac{c^{1/\varkappa}}{p^{1/\varkappa}}$, wenn statt C_p/C_v jetzt $\varkappa$ geschrieben wird.

Wegen $\mathrm{d}v = -\frac{c^{1/\varkappa}}{\varkappa}\,p^{-1/\varkappa-1}\,\mathrm{d}p$ wird das Integral:

$$\frac{c^{1/\varkappa}}{\varkappa}\int\limits_{p_1}^{p_2} p^{-1/\varkappa}\,\mathrm{d}p = \frac{c^{1/\varkappa}}{\varkappa-1}\cdot\left(p_2^{\,1-1/\varkappa} - p_1^{\,1-1/\varkappa}\right) = \frac{R\,T_1}{\varkappa-1}\left\{\left(\frac{p_2}{p_1}\right)^{1-1/\varkappa} - 1\right\} \tag{17}$$

p_1 und T_1 beziehen sich auf den Anfangszustand; p_2 ist der Enddruck. Die Kompressionsarbeit hängt ebenfalls vom Druckverhältnis und nicht von der Druckdifferenz ab.

Wenn wir nun auch die zugehörige Temperaturänderung ableiten wollen, so drücken wir die POISSONsche Gleichung in den Variabelen p und T aus, indem wir v aus den Gleichungen

$$p\,v^{\varkappa} = c \text{ und } p\,v = R\,T$$

beseitigen.

Wir finden

$$p^{1-1/\varkappa} = c^*\,T. \tag{16*}$$

Das Temperaturverhältnis vor und nach der Kompression von p_1 bis zu p_2 ist also:

$$\frac{T_2}{T_1} = \left(\frac{p_2}{p_1}\right)^{1-1/\varkappa} = \left(\frac{p_2}{p_1}\right)^{R/C_p} \tag{18}$$

Wir haben nun die beiden äußersten Fälle betrachtet, und zwar die isothermische und die adiabatische Kompression, die beide der Gleichung „$p\,v^n = \mathit{konst.}$" genügen, wobei an die Stelle von n zu setzen ist 1 bzw. $\varkappa$. Jede andere Kompression kann durch dieselbe Gleichung dargestellt werden, in der n dann einen Wert hat, der zwischen 1 und $\varkappa$ liegt.

Zum Schlusse wollen wir hier noch die Berechnung der benötigten Kompressionsarbeit hinzufügen, wenn man ein Gas mit Hilfe eines

Kompressors zusammenpreßt, der Gas niedrigen Druckes ansaugt und komprimiertes Gas abführt. Diese Arbeit kann man leicht dem Arbeitsdiagramm des Kompressors entnehmen. Abb. 5 gibt dieses Diagramm wieder. In der Figur ist der Druck im Zylinder vertikal, das Volumen des Gases unter dem Sauger horizontal aufgetragen. Die Eintrittsklappe bleibt, anfangend mit $v = 0$, bis hin zu $v = v_1$ geöffnet. Dann folgt die Kompression, bis bei $v = v_2$ die Austrittsklappe geöffnet wird und bis $v = 0$ offen bleibt (schädliches Volumen wird vernachlässigt). Die Arbeit A, die dem Sauger für jeden Kolbenhub zugeführt werden muß, kann mit $\oint p\,\mathrm{d}v$ angegeben werden. Sie ist gleich dem Inhalt des im Diagramm dargestellten Kreislaufes. Die erforderliche Arbeit ist offenbar:

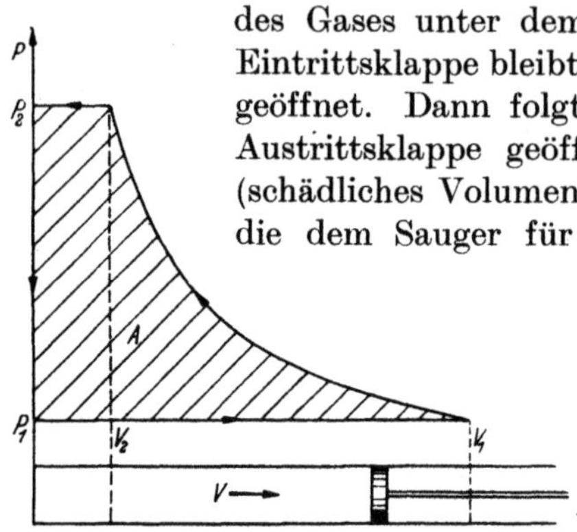

Abb. 5. Arbeitsdiagramm eines Kompressors.

$$\int_{v_2}^{v_1} p\,\mathrm{d}v + p_2 v_2 - p_1 v_1 = \int_{p_1}^{p_2} v\,\mathrm{d}p. \quad (19)$$

c) Carnotscher Kreislauf.

Aus einer einfachen mathematischen Betrachtung kann man ersehen, daß eine Adiabate im p-v-Diagramm steiler verläuft als eine Isotherme, da $C_p/C_v > 1$. In der Abb. 6 sind zwei Adiabaten zwischen zwei Isothermen bei T_a und T_b gezeichnet: $T_b < T_a$. Es entsteht also ein Kreislauf, der bekannte Carnot-Kreislauf. Dieser spielt in der Thermodynamik eine sehr wichtige Rolle, und wir werden uns daher etwas eingehender mit ihm befassen. Nehmen wir an, daß der Carnot-Kreisprozeß von 1 Mol eines idealen Gases durchlaufen wird.

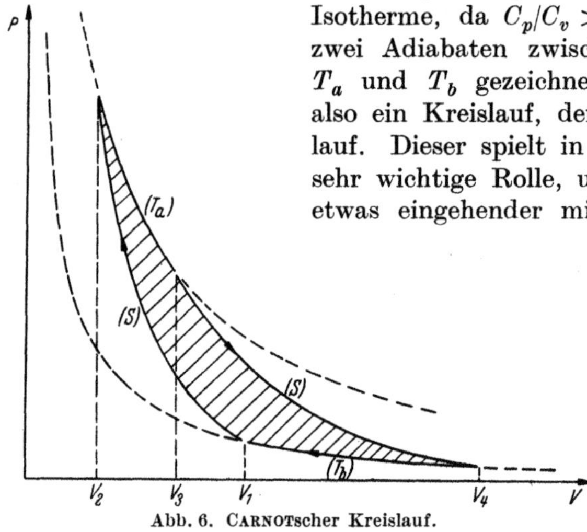

Abb. 6. Carnotscher Kreislauf.

Aus dem ersten Hauptsatze folgt, daß bei isothermischer Kompression Wärme abfließt, da Arbeit auf das Gas aufgewandt wird; dagegen wird bei isothermischer Expansion Wärme aufgenommen. Wie wir gesehen haben, ist

$$\mathrm{d}Q = p\,\mathrm{d}v = \frac{R\,T}{v}\,\mathrm{d}v.$$

Das können wir jetzt auf die beiden isothermischen Prozesse des Kreislaufes anwenden. Das Gas wird vom Volumen v_1 auf das Volumen v_2

adiabatisch komprimiert, worauf es sich wieder zu v_3 isothermisch ausdehnt. Bei dieser isothermischen Expansion beträgt die aufgenommene Wärme:

$$\int_{v_2}^{v_3} p\,\mathrm{d}v = R\,T_a \ln\frac{v_3}{v_2} = Q_a. \tag{20}$$

Ebenso ist die abgegebene Wärme bei der Volumenänderung von v_4 bis zu v_1:

$$R\,T_b \ln\frac{v_4}{v_1} = Q_b. \tag{20*}$$

Aus dem POISSONschen Gesetz geht hervor, daß $\frac{v_2}{v_1} = \frac{v_3}{v_4}$. Dies zeigt sich deutlich, wenn man die POISSONsche Gleichung mittels der Zustandsgrößen v und T ausdrückt. Aus $p\,v = R\,T$ und $p\,v^\varkappa = c$ folgt:

$$T\,v^{\varkappa - 1} = konst. \tag{16**}$$

Für die Volumina v_1 und v_2 auf den Adiabaten gilt also:

$$\left(\frac{v_1}{v_2}\right)^{\varkappa - 1} \approx \frac{T_a}{T_b}.$$

Da für $\left(\frac{v_4}{v_3}\right)^{\varkappa - 1}$ dieselbe Beziehung gilt, wird $\frac{v_1}{v_2} = \frac{v_4}{v_3}$.

Die beiden Wärmemengen Q_a und Q_b verhalten sich also wie die absoluten Temperaturen, bei denen sie aufgenommen bzw. abgegeben werden. Die Wärmemenge, dividiert durch diese absolute Temperatur, also Q_a/T_a oder Q_b/T_b, nennt man die „reduzierte Wärmemenge". Längs der Adiabaten wird keine Wärme aufgenommen oder abgegeben, so daß offenbar bei dem CARNOTschen Kreisprozeß eines idealen Gases die algebraische Summe dieser reduzierten Wärmemengen Null ist.

Wenn das Gas bei der höchsten Temperatur sich ausdehnt, so wird Arbeit vom Gase geleistet (Kreislauf rechtsum); erfolgt die Ausdehnung des Gases bei der niedrigsten Temperatur, so muß Arbeit auf das Gas aufgewandt werden (Kreislauf linksum). Im ersten Falle wird während der Ausdehnung bei der höchsten Temperatur Wärme aufgenommen, indem während der isothermischen Kompression Wärme abfließt. Diese letzte Wärmemenge ist jedoch kleiner, wie wir schon sahen. Die Differenz soll, nach dem ersten Hauptsatz, der Gesamtarbeit, also der Flächengröße des Kreislaufdiagramms, identisch gleich sein, mit anderer Bezeichnung:

$$|Q_a| - |Q_b| = \left|\oint p\,\mathrm{d}v\right|.$$

Man kann jetzt von einem Nutzeffekt des Kreislaufes sprechen, worunter zu verstehen ist das Verhältnis der Arbeit, die nach außen abgegeben wird, zu derjenigen, die das Gas in der Form von Wärme bei der höchsten Temperatur aufnimmt. Der Nutzeffekt ist also

$$e = \frac{\left|\oint p\,\mathrm{d}v\right|}{|Q_a|} = \frac{|Q_a| - |Q_b|}{|Q_a|} = \frac{T_a - T_b}{T_a} \tag{21}$$

und hängt augenscheinlich nur von den beiden Temperaturen und nicht von der Lage der Adiabaten ab.

Man kann nachweisen, daß der Nutzeffekt des CARNOT-Kreislaufes größer ist als derjenige eines willkürlichen Kreisvorgangs, der als höchste und tiefste Temperatur ebenfalls T_a und T_b hat (s. darüber Ziff. 7).

Wir haben damit einige Schlußfolgerungen aus dem ersten Hauptsatz gezogen. Wir wollen uns vorläufig mit diesen Betrachtungen begnügen, da im weiteren Inhalte vom ersten Hauptsatz noch oft die Rede sein wird.

3. Hauptsätze der Thermodynamik; zweiter Hauptsatz; Entropie.

Wir kommen jetzt zu dem für die Thermodynamik nicht weniger wesentlichen zweiten Hauptsatz, welcher zuerst von CARNOT im Jahre 1824 ausgesprochen worden ist, allerdings in noch ziemlich unbestimmter Form. Der zweite Hauptsatz läßt sich so ausdrücken: Es ist unmöglich, Wärme von einem kälteren auf einen wärmeren Körper zu übertragen, ohne daß in anderen Körpern, mit Einschluß der etwa benutzten Hilfsmittel, Änderungen gegenüber dem Anfangszustande zurückbleiben (in dieser Form genannt: *Grundsatz von* CLAUSIUS). Dieser Hauptsatz ist beziehungslos zum ersten Hauptsatz, da schließlich überhaupt keine Energiezunahme oder -abnahme beim Wärmeübergang stattzufinden braucht. Er hat etwas damit gemeinsam, wenn man „der Wärme" eine Art potentieller Energie beilegt, die dann mit der Temperatur eng zusammenhängt.

Die mathematische Formulierung des zweiten Hauptsatzes läßt sich nicht ohne weiteres angeben.

Dazu müssen wir auf den CARNOT-Kreislauf zurückgreifen. Mit Hilfe des CLAUSIUSschen Prinzips kann man zeigen, daß der Nutzeffekt des CARNOT-Kreislaufes von der Art des arbeitenden Körpers unabhängig ist. Bei der Berechnung des Nutzeffektes wurde ein ideales Gas vorausgesetzt, weil sich bei einem solchen die Wärmemengen sehr einfach berechnen lassen. Es kann jedoch bewiesen werden (den Beweis führen wir hier nicht), daß die Wahl des idealen Gases nichts Wesentliches ist. Aus (21) geht dann hervor, daß für jeden Körper, welcher einen CARNOTschen Kreisprozeß durchläuft, die Beziehung gilt:

$$\frac{|Q_a|}{T_a} = \frac{|Q_b|}{T_b}, \tag{22}$$

anders ausgedrückt, daß die Summe der reduzierten Wärmemengen gleich Null ist.

Das ist eine sehr wichtige Folgerung, in welcher der zweite Hauptsatz schon zum Ausdruck kommt.

Man kann jedoch weitergehen. Es zeigt sich, daß das Ergebnis auf jeden willkürlichen Kreisvorgang angewandt werden darf. Man kann sich nämlich jeden Kreislauf in einem Diagramm als Grenze einer gebrochenen Linie denken, die sich zusammensetzt aus kleinen adiabatischen und isothermischen Zustandsänderungen, und diese Zustandsänderungen sind paarweise derart zu kombinieren, daß eine Anzahl CARNOT-Kreisläufe entstehen (s. Abb. 7). Die algebraische Summe der längs aller kleinen Teilisothermen aufgenommenen Wärmemengen wird in dem Grenzfalle gleich der Wärmeaufnahme in dem ganzen Kreislauf sein. Da nun für jeden in die Figur eingetragenen Kreisprozeßteil die beiden reduzierten Wärmemengen einander aufheben, wird für das Ganze gelten:

$$\oint \frac{dQ}{T} = 0. \tag{23}$$

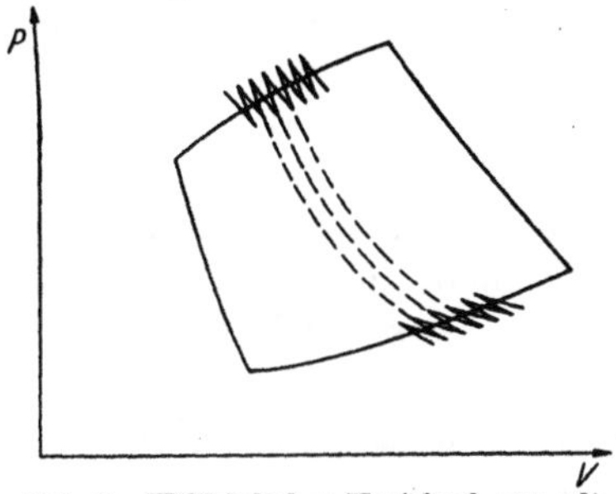

Abb. 7. Willkürlicher Kreislauf, aus adiabatischen und isothermischen Zustandsänderungen erhalten.

Mit dieser Gleichung nun sind wir zu einer mathematischen Formulierung des zweiten Hauptsatzes gelangt.

Aus (23) läßt sich die sehr wichtige Schlußfolgerung ziehen: *Das Differential unter dem Integralzeichen ist das Totaldifferential* dS *einer Größe* S, *welche die „Entropie" genannt wird*; also:

$$\frac{dQ}{T} = dS. \tag{24}$$

Das bedeutet, daß man mit der Entropie eine *Zustandsfunktion* gefunden hat, also eine Funktion nur der Zustandsparameter; die Entropie ist davon unabhängig, wie der Zustand erreicht wurde. Sie ist offenbar bis auf eine Konstante festgelegt. Man kann also von vornherein nur von Entropiedifferenzen zweier Zustände sprechen (s. übrigens Ziff. 5c).

Als Beispiel berechnen wir die Entropie eines idealen Gases. Der erste Hauptsatz läßt sich mit Hilfe von (24) so schreiben:

$$T\,dS = dU + p\,dv. \tag{25}$$

In unserem Beispiel wird dann:

$$T\,dS = C_v\,dT + p\,dv,$$

oder

$$dS = C_v \frac{dT}{T} + \frac{p}{T}\,dv = C_v \frac{dT}{T} + \frac{R}{v}\,dv.$$

Da für das ideale Gas C_v temperaturunabhängig ist, folgt:

$$S = C_v \ln T + R \ln v + konst. \tag{26}$$

Die Entropie liegt eindeutig fest, wenn man einen bestimmten Nullpunkt für sie annimmt, was in der Praxis immer geschieht.

Mit der Gl. (23) ist jedoch noch nicht der Schluß unserer Betrachtung betreffs des zweiten Hauptsatzes erreicht. Man kommt nur dann zu dieser Beziehung, wenn man den Kreisvorgang einer Einschränkung unterzieht, die darin besteht, daß die Zustandsänderungen umkehrbar sind. So entsteht die Frage: Wie liegen die Verhältnisse, falls das nicht mehr der Fall ist, wenn wir es also mit sog. „nichtumkehrbaren Zustandsänderungen" im Kreisprozeß zu tun haben?

4. Nichtumkehrbare Zustandsänderungen; vollständige mathematische Formulierung des zweiten Hauptsatzes.

Wird ein System, das nicht im thermodynamischen Gleichgewicht verharrt — wir denken z. B. an einen warmen Körper in einer Umgebung niedrigerer Temperatur —, sich selbst überlassen, dann wird es im Laufe der Zeit in ein Gleichgewicht seines Wärmezustandes geraten. Das System erfährt eine Zustandsänderung, die spontan vor sich geht und nicht aus sich selbst heraus in entgegengesetzter Richtung verlaufen kann. Aus der Tatsache, daß der Vorgang aus sich selbst stattfindet, geht hervor, daß das System Zustände fehlenden Gleichgewichts durchläuft: In einem Gleichgewichtszustande würde die Zustandsänderung ja zu Ende sein. Jede Zustandsänderung, welche mit endlicher Geschwindigkeit vor sich geht, bedeutet ein solches Hinstreben zu einem Gleichgewicht; deshalb ist sie immer unumkehrbar. Ein umkehrbarer Vorgang ist als unendlich langsame Änderung als ein nur angenähert realisierbarer Grenzfall zu betrachten. Er kommt, streng genommen, in der Natur niemals vor.

Man sei jedoch nicht der Meinung, daß ein unumkehrbarer Vorgang durch Herabsetzung der Geschwindigkeit im Grenzfall immer zur Umkehrbarkeit gebracht werden kann. Die unumkehrbaren Vorgänge lassen sich in zwei Gruppen einteilen: 1. Unter die quasi-unumkehrbaren könnte man diejenigen Prozesse rechnen, die bei unendlich kleiner Geschwindigkeit umkehrbar werden, und zwar dadurch, daß endliche Intensitätsparametergefälle (Δp, ΔT, ...) Null werden. Die Herabsetzung der Geschwindigkeit geschieht wesentlich mittels einer energetischen Kopplung an ein äußeres System, das die Parametergefälle kompensieren und sogar überkompensieren kann (Verschaffelt [3]), so daß der Vorgang sich in entgegengesetzter Richtung zwingen läßt. 2. Wesentlich unumkehrbar sind diejenigen Vorgänge, die auf keine Weise reversibel gemacht werden können. Dies ist der Fall, wenn eine Kopplung an die Umgebung fehlt. Durch innere Ursachen kann auch hier die Geschwindigkeit herabgesetzt werden; die hierdurch erfolgte Wärmetönung bleibt jedoch innerhalb des Systems.

Wie man sieht, liegt ein wesentlicher Unterschied zwischen beiden Arten in der mit dem Vorgange verbundenen Energietönung nach außen. Ein anschauliches Beispiel bildet die Expansion eines idealen Gases mit und ohne Leistung äußerer Arbeit (letztere ist die Joule-Expansion), beide isothermisch zwischen *demselben* Anfangs- und Endzustand. Erstere ist bei der Geschwindigkeit Null umkehrbar; bei der letzteren kann die Geschwindigkeit auf Null gebracht werden, z. B. dadurch, daß man das Gas sich ausdehnen läßt unter einem Sauger, der sich mit großer Reibung in einem im Vakuum angeordneten und dadurch auch thermisch isolierten Zylinder bewegt. Die Reibungswärme wird von dem Gase aufgenommen. Für die erste Expansion ist $\int \mathrm{d}Q \neq 0$, für letztere $\int \mathrm{d}Q = 0$.

Kehren wir jetzt zu der am Ende der Ziff. 3 gestellten Frage zurück. Es leuchtet ein, warum die Möglichkeit oder Unmöglichkeit der Umkehrung eines Teiles des Kreisprozesses sich in dem Ergebnis der Wärmeübertragung auf das System äußert, wenn dieses wieder in seinen ursprünglichen Zustand zurückgekehrt ist; mit anderen Worten, warum man erwarten soll, daß die Beziehung $\oint \frac{\mathrm{d}Q}{T} = 0$ nicht mehr zutrifft.

Nun kann man die Richtung der Ungleichheit, die an die Stelle der Gleichheit (23) tritt, ableiten mit Hilfe des „THOMSONschen Prinzips", welches aussagt, daß es unmöglich ist, eine Wärmemenge, die einem Körper entzogen wird, ganz in Arbeit zu verwandeln, ohne daß zu gleicher Zeit in anderen Körpern Änderungen gegenüber dem Anfangszustand zurückbleiben. Dieses Prinzip ist eine Schlußfolgerung aus dem CLAUSIUSschen Prinzip. Wir wollen die Herleitung nicht ausführlich angeben, sondern uns auf das Ergebnis beschränken. Man findet, daß die Summe der reduzierten Wärmemengen längs eines Kreislaufes, in den nichtumkehrbare Änderungen eingehen, immer negativ sein muß; anders ausgedrückt:

$$\oint \frac{\mathrm{d}Q}{T} < 0 . \tag{23*}$$

Überdies folgt aus dem THOMSONschen Prinzip, daß diese Ungleichheit die Nichtumkehrbarkeit einschließt, oder mit anderen Worten, daß die Umkehrbarkeit mit der Beziehung (23) unzertrennlich verknüpft ist.

Zusammen mit (23) bildet (23*) den zweiten Hauptsatz in seiner vollständigen Form. Er läßt sich so aussprechen: Längs eines willkürlichen Kreislaufes, dem ein beliebiger Körper unterzogen wird, ist die algebraische Summe der reduzierten Wärmemengen gleich Null, wenn der Kreislauf vollständig umkehrbar ist; diese Summe ist jedoch negativ, sobald dabei irgendein nichtumkehrbarer Teilprozeß vorkommt.

Zum Schluß müssen wir darauf hinweisen, daß auch bei ganz oder teilweise unumkehrbaren Kreisvorgängen immer $\oint \mathrm{d}S = 0$ sein muß (S ist ja eine Zustandsgröße). Die Gleichheit (24) wird in dem nichtumkehrbaren Teilvorgang nicht mehr zutreffen.

5. Schlußfolgerungen aus dem zweiten Hauptsatz.

a) Allgemein.

Sehr zahlreich sind die Schlüsse, die aus dem zweiten Hauptsatz gezogen werden können. In den Formeln macht sich der zweite Hauptsatz dadurch bemerkbar, daß das Differential der Entropie ein vollständiges Differential ist. Nachstehend geben wir ein Beispiel.

Gl. (9) können wir folgendermaßen schreiben:

$$\frac{\mathrm{d}Q}{T} = \frac{1}{T}\left(\frac{\partial U}{\partial T}\right)_v \mathrm{d}T + \frac{1}{T}\left\{\left(\frac{\partial U}{\partial v}\right)_T + p\right\}\mathrm{d}v .$$

Soll diese Größe ein vollständiges Differential sein, so muß

$$\frac{\partial}{\partial v}\left\{\frac{1}{T}\left(\frac{\partial U}{\partial T}\right)_v\right\} = \frac{\partial}{\partial T}\left[\frac{1}{T}\left\{\left(\frac{\partial U}{\partial v}\right)_T + p\right\}\right]$$

werden. Hieraus ergibt sich:

$$\frac{1}{T}\left\{\left(\frac{\partial U}{\partial v}\right)_T + p\right\} = \left(\frac{\partial p}{\partial T}\right)_v . \tag{27}$$

Die Behauptung in Ziff. 2, S. 15, daß für ein ideales Gas mit der Zustandsgleichung $pv = RT$ die innere Energie nicht volumenabhängig sei, können wir hieraus sofort bestätigen. Das zweite Glied wird ja nun $R/v = p/T$; infolgedessen ist $(\partial U/\partial v)_T = 0$. Insofern die Ergebnisse in Ziff. 2 hierauf gegründet sind, geht also auch der zweite Hauptsatz in sie ein.

b) Arbeit beim nichtumkehrbaren Vorgang.

Aus (23*) kann eine wichtige Schlußfolgerung gezogen werden. Wir betrachten einen Kreislauf, in dem zwei Zustände A und B vorkommen, derart, daß der Zustand des Systems nichtumkehrbar adiabatisch von A nach B verläuft, jedoch umkehrbar von B nach A.

Nach (23*) können wir nun schreiben:

$$\int_A^B \frac{\mathrm{d}Q}{T} + \int_B^A \frac{\mathrm{d}Q}{T} < 0 .$$

Da sich das zweite Integral im ersten Glied auf eine umkehrbare Zustandsänderung bezieht, kann man nach (24) die Ungleichheit folgendermaßen schreiben:

$$\int_A^B \frac{\mathrm{d}Q}{T} + S_A - S_B < 0 ,$$

und weil für die adiabatische Änderung von A→B das Integral Null ist, wird also $S_B > S_A$.

Bei der ersten, nichtumkehrbaren, adiabatischen Zustandsänderung hat die Entropie, obgleich $\mathrm{d}Q$ hierbei immer Null war, zugenommen. Die Gleichheit $\mathrm{d}S = \mathrm{d}Q/T$ kann also nicht mehr zutreffen in dem Falle, wo die Zustandsänderung nicht umkehrbar ist. Auch für nichtadiabatische Zustandsänderungen ist sie nicht richtig. Die Gl. (24) muß durch die Ungleichheit

$$\mathrm{d}S > \frac{\mathrm{d}Q}{T} \tag{24*}$$

ersetzt werden.

Bei den nichtumkehrbaren Zustandsänderungen ist die Entropieänderung immer größer als der Betrag, welcher der Summe der reduzierten Wärmemengen entspricht. Eine Folge hiervon ist, daß auch der für eine bestimmte Zustandsänderung erforderliche Arbeitsaufwand größer ist im Falle eines nichtumkehrbaren Vorganges gegenüber dem Fall eines umkehrbaren Prozesses und ebenso, daß die Arbeitsleistung, von der irgend ein Wärmevorgang — z. B. der in einer Dampfmaschine — begleitet ist, durch Irreversibilität immer verringert wird. Dies geht aus (24) hervor, indem wir schreiben:

$$\mathrm{d}S = \frac{\mathrm{d}Q}{T} + \mathrm{d}S_{\text{irr.}}; \quad \text{nun ist:} \quad \mathrm{d}A = \mathrm{d}Q - \mathrm{d}U,$$

also:

$$\mathrm{d}A_{\text{irr.}} = T\,\mathrm{d}S - \mathrm{d}U - T\,\mathrm{d}S_{\text{irr.}} = \mathrm{d}A_{\text{rev.}} - T\,\mathrm{d}S_{\text{irr.}}.$$

Die Irreversibilität erfordert immer eine Arbeitsvermehrung $T\,\mathrm{d}S_{\text{irr.}}$, wenn Arbeit aufgewendet ($\mathrm{d}A$ negativ), und eine Arbeitsverringerung, wenn Arbeit geleistet wird ($\mathrm{d}A$ positiv).

c) Physikalische Deutung des Entropiebegriffes.

Im Zusammenhange mit der Definition der nichtumkehrbaren Zustandsänderung sehen wir: Die Entropie eines Systems, das seinem Gleichgewichte zustrebt, während es ganz sich selbst überlassen wird, nimmt derart zu, daß im Gleichgewichte die Entropie einen Höchstwert hat*.

Der Entropiebegriff erhält eine mehr physikalisch definierte Bedeutung in der statistischen Gastheorie. In dieser Wissenschaft denkt man sich den Stoff (das Gas) aus so vielen Teilchen aufgebaut, daß man statistisch berechnen kann, wie die Geschwindigkeits- und Lageverteilung zwischen den Molekülen ist. Einen bestimmten makroskopischen Zustand (also eine bestimmte Verteilung) kann man sich mikroskopisch verschiedenartig verwirklicht denken, weil die individuellen Moleküle auswechselbar sind. Nun sagt man, die Wahrscheinlichkeit, daß eine solche Verteilung existiert, sei proportional der Anzahl Möglichkeiten, um diesen Zustand zu verwirklichen. Ist ein Gas, das nicht im Gleichgewicht war, schließlich ins Gleichgewicht gekommen, so bedeutet dies, daß ein weniger wahrscheinlicher Zustand in einen mehr wahrscheinlichen übergegangen ist. Die Existenzwahrscheinlichkeit hat zugenommen, die Entropie ebenfalls. Hieraus ersieht man, wie es möglich ist, daß Entropie und Wahrscheinlichkeit durch eine bestimmte Beziehung miteinander verbunden sind. Der Entropiebegriff erhält auf diese Weise eine mehr physikalische Bedeutung und tritt nun als Zustandsgröße auf.

6. Die absolute Temperaturskala.

Selbstverständlich ist es möglich, Temperaturen zu unterscheiden mit Hilfe eines jeden Körpers, der unter Einfluß einer Temperatur-

* So kommt Clausius z. B. zu der Schlußfolgerung, daß die Entropie des Weltalls (abgeschlossenes System!) immer einem Maximalwert zustrebt. Sie hat den Maximalwert noch nicht erreicht, so lange noch Zustandsänderungen im Universum stattfinden.

änderung irgend eine äußerliche Änderung zeigt. Um Temperaturen eindeutig festlegen zu können, muß jedoch der thermometrische Körper einer Anzahl Bedingungen, wie Herstellbarkeit, Umkehrbarkeit der Änderung usw. entsprechen. Weiter muß er natürlich auch praktisch geeignet sein. Durch diese Bedingungen werden zweckmäßig als thermometrische Körper verwendet z. B. Quecksilber, Silber, Toluol u. a., deren thermische Volumenänderung man als Maß für die Temperaturänderung benutzt. Bei Platin und anderen Metallen benutzt man die Änderung der elektrischen Leitfähigkeit mit der Temperatur. Weiter hat man die thermische Volumen- oder Druckänderung von Gasen, die Kontaktpotentiale bestimmter Metallkombinationen usw. zur Verfügung. Mit Hilfe jeder dieser Erscheinungen kann man eine Temperaturskala definieren. Vom theoretischen Standpunkt aus gesehen, besitzt keine dieser Skalen einen Vorzug vor den anderen. Ein Beispiel haben wir in der Celsius-Skala, welche auf der thermischen Ausdehnung des Quecksilbers beruht. Diese Skala besitzt zwei Festpunkte, den Siedepunkt des Wassers und den Schmelzpunkt von Eis.

Wodurch ist nun die absolute Temperaturskala Lord Kelvins bestimmt? Kelvin definiert das Verhältnis zweier Temperaturen als das Verhältnis zweier Wärmemengen, welche von einem einen Carnotschen Prozeß zwischen beiden Temperaturen durchlaufenden thermodynamischen Körper aufgenommen bzw. abgegeben werden. Da nun nach dem Clausiusschen Prinzip das Verhältnis dieser Wärmemengen unabhängig von der Art des arbeitenden Körpers ist, kann man von einer *absoluten* thermodynamischen Temperaturskala sprechen.

Die Wärmemengen sind leicht zu berechnen, wenn man als thermometrischen Körper ein ideales Gas wählt. Es zeigt sich, daß in der Zustandsgleichung eines solchen Gases die Temperatur T genau die Rolle der thermodynamischen Temperatur spielt. Man findet bei einem idealen Gase das in Formel (20) zum Ausdruck gebrachte Ergebnis. Wenn man in der Praxis also über ein ideales Gas verfügte, wäre es ohne weiteres möglich, absolute Temperaturen zu messen, indem man nur das Produkt aus p und v mißt. Um die Gradteilung festzulegen, braucht man nur einen Festpunkt anzunehmen. Gibt man der Temperaturdifferenz zwischen schmelzendem Eis und siedendem Wasser den Wert 100 abs. Grad, dann fällt die Gradteilung mit derjenigen der Celsius-Skala praktisch zusammen. Die absolute Temperatur wird in „Grad Kelvin“ ausgedrückt (° K).

7. Thermodynamische Funktionen und Diagramme.

Bevor wir uns mit der Thermodynamik der Verfahren befassen, mit denen tiefe Temperaturen erzielt werden, wollen wir zuerst noch auf eine Anzahl charakteristischer thermodynamischer Funktionen und Diagramme eingehen.

a) Das T-S-Diagramm.

I. Allgemein. Wir haben bereits gesehen, was die Funktionen U und S bedeuten; für ein ideales Gas haben wir die Entropie S berechnet [Formel (26)]. Ein viel angewandtes Diagramm ist dasjenige, in dem die Entropie als Funktion der Temperatur dargestellt ist. Für ein ideales Gas ist das sehr einfach. Hält man das Volumen konstant, so hängt S logarithmisch mit der Temperatur zusammen. Sog. „Isochoren" im T-S-Diagramm werden also von logarithmischen Kurven dargestellt.

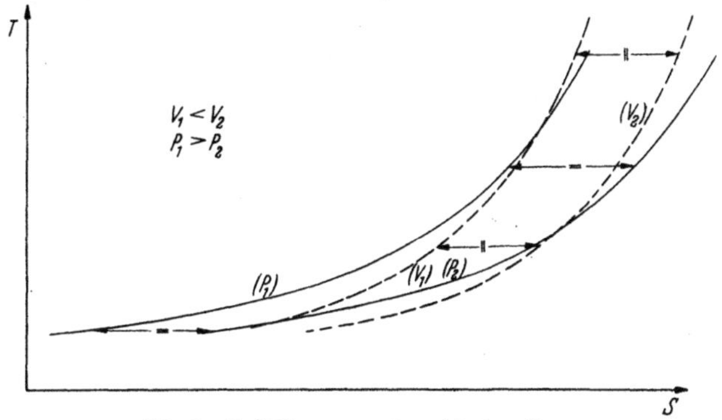

Abb. 8. T-S-Diagramm eines idealen Gases.

Auch die Isobaren sind ähnliche Kurven (s. Abb. 8), was leicht aus (26) bestätigt werden kann, wenn man RT/p an die Stelle von v setzt. Wir sehen, daß

$$\left(\frac{\partial S}{\partial T}\right)_v = \frac{C_v}{T} \quad \text{und} \quad \left(\frac{\partial S}{\partial T}\right)_p = \frac{C_p}{T} \tag{28}$$

ist, woraus hervorgeht, daß die Neigung der Berührungslinie der Kurven gegen die S-Achse der Temperatur proportional ist. Für dieselbe Temperatur verläuft die Isochore steiler als die Isobare.

Das T-S-Diagramm der Abb. 9 gibt das Sättigungsgebiet eines reellen Gases. Hierin sieht man eine Grenzkurve, die das heterogene Gebiet begrenzt. Innerhalb dieser Grenzkurve laufen die Isobaren horizontal, da während des Verdampfens die Temperatur konstant bleibt. Rechts von der Grenzkurve liegt das Dampfgebiet. Hier sind die Isobaren wieder ungefähr logarithmische Linien. Die kritische Isobare berührt die Grenzkurve im Höchstpunkt. Dies ist der kritische Punkt K. Die van der Waalssche Isobare im Sättigungsgebiet wird von der gestrichelten Linie dargestellt. Die Punkte A und B entsprechen denen der Abb. 4. Im Diagramm sind weiter noch Isochoren sowie sog. „Isenthalpen" gezeichnet (s. unter d).

Daß die sog. „spezifische Wärme des gesättigten Dampfes" negativ ist, ist aus dem T-S-Diagramm ersichtlich. Diese spezifische Wärme bedeutet die Wärmemenge, die zugeführt werden muß, damit der gesättigte Dampf um einen Temperaturgrad steigt, während der Dampf gesättigt bleibt, so daß man also zu gleicher Zeit das Volumen verkleinern muß. Die spezifische Wärme ist gleich

$$C = \frac{dQ}{dT} = T\frac{dS}{dT} \tag{28*}$$

und da dS/dT für den gesättigten Dampf augenscheinlich negativ ist *, ist also die spezifische Wärme auch negativ.

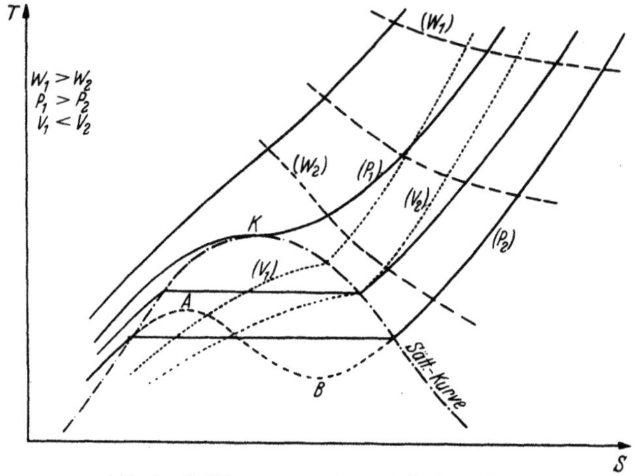

Abb. 9. T-S-Diagramm eines wirklichen Gases.

II. Der Carnotsche Kreislauf im T-S-Diagramm. Der Carnotsche Kreislauf wird im T-S-Diagramm durch ein Rechteck dargestellt. Aus dieser Veranschaulichung ist sofort ersichtlich, daß hier ein Kreislauf vorliegt mit dem größten Nutzeffekt unter allen denjenigen Prozessen, die zwischen denselben beiden äußersten Temperaturen verlaufen. Das kann man aus der Abb. 10 leicht ersehen. Der Nutzeffekt eines willkürlichen Kreislaufes ist durch das Verhältnis der geleisteten Arbeit zur aufgenommenen Wärmemenge definiert. Für eine umkehrbare Änderung zwischen zwei Zuständen A und B wird die aufgenommene Wärmemenge $Q = \int T\,dS$ augenscheinlich dargestellt durch den Inhalt der Fläche zwischen der vom Zustandspunkt durchlaufenen Kurve, der S-Achse und den beiden zu den Zuständen A und B gehörenden Ordi-

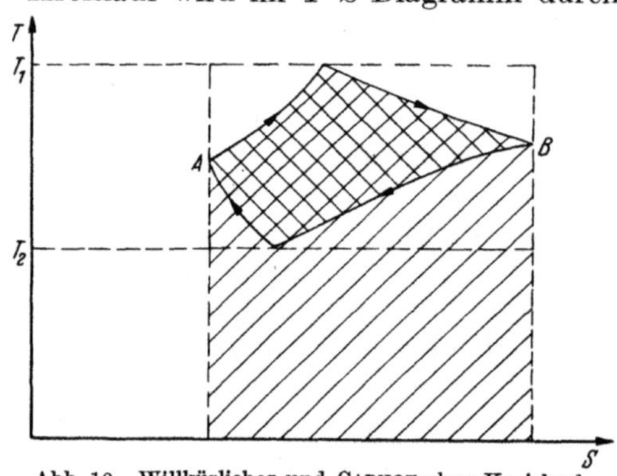

Abb. 10. Willkürlicher und Carnotscher Kreislauf im T-S-Diagramm.

* Bei einigen Substanzen trifft dies nicht zu.

naten. Die aufgenommene Wärme wird also vom Flächeninhalt unterhalb der oberen Kurve zwischen A und B, die abgegebene Menge vom Flächeninhalt unterhalb der unteren Kurve zwischen A und B angegeben (der Vorgang verläuft in der Pfeilrichtung). Die Differenz ist genau die umschlossene Oberfläche, deren Größe also die geleistete Arbeit angibt. Es ist leicht einzusehen, daß das genannte Verhältnis am größten ist, wenn der Kreislauf von einem Rechteck zwischen den vorgeschriebenen Temperaturen T_1 und T_2 dargestellt wird.

III. Aufbau des *T*-*S*-Diagramms. An Hand des T-S-Diagramms werden in den Kapiteln III, IV und V einige Berechnungen bezüglich der Luft-, Wasserstoff- und der Heliumverflüssigung ausgeführt. Wir werden deshalb dem T-S-Diagramm eines reellen Gases einige Aufmerksamkeit widmen und zeigen, wie ein derartiges Diagramm aus thermischen Messungen zusammengesetzt wird. Dazu werden wir die Betrachtungen KEESOMs und HOUTHOFFs, die eine Anzahl dieser Diagramme für Wasserstoff, Helium u. a. konstruierten, nachstehend behandeln [4]. In den betreffenden Kapiteln finden sich Beispiele eines solchen T-S-Diagramms.

Die Grenzlinie. Für die Entropiedifferenz zweier Punkte auf der Grenzlinie können wir nach (28*) schreiben:

$$S_1'' - S_0'' = \int_{T_0}^{T_1} \frac{C_s}{T} \, \mathrm{d}T\,, \tag{29}$$

worin C_s die spezifische Wärme, die Grenzlinie entlang — d. h. die des gesättigten Dampfes oder der Flüssigkeit — bedeutet. Wenn diese spezifische Wärme als Funktion der Temperatur bekannt ist, kann man also die Entropie, von einem gewissen Nullpunkt ausgehend, für jeden Punkt berechnen. Die Integration geschieht in der Praxis immer graphisch oder numerisch. Wenn man über Daten bezüglich der Verdampfungswärmen der Flüssigkeit bei verschiedenen Temperaturen verfügt, ist nur die Kenntnis der spezifischen Wärme, entweder des gesättigten Dampfes oder der gesättigten Flüssigkeit, erforderlich. Man hat noch die Beziehung:

$$S' - S'' = \frac{r}{T}\,, \tag{30}$$

worin S' und S'' die Entropie des gesättigten Dampfes bzw. der gesättigten Flüssigkeit und r die Verdampfungswärme bezeichnet. Dies ergibt sich sofort aus (24).

Linien konstanten Volumens werden folgendermaßen konstruiert: Aus Dichtemessungen des gesättigten Dampfes sind die Volumina der Punkte auf der Grenzlinie bekannt. Von ihnen ausgehend kann man mit Hilfe der Gleichung

$$S_1 - S' = \int_{T'}^{T_1} \frac{C_v}{T} \, \mathrm{d}T \tag{29*}$$

zu den Isochoren gelangen. Hierin sind S' und T' die Entropie bzw. Temperatur des Punktes auf der Grenzlinie, von dem man ausgeht.

Man muß offenbar die spezifische Wärme bis an das Sättigungsgebiet kennen.

Denkt man sich die spezifische Wärme unabhängig von der Temperatur, dann sind die Isochoren logarithmische Linien.

Für die Konstruktion von Isochoren, deren Anfangspunkt nicht gut festliegt, geben KEESOM und HOUTHOFF folgendes Verfahren an: Man geht aus von einer schon konstruierten Isochore (Vol. v_0) und berechnet die Punkte einer anderen Isochore bei den entsprechenden Temperaturen mit Hilfe der Gleichung:

$$S_v - S_{v_0} = \int_{v_0}^{v} \left(\frac{\partial S}{\partial v}\right)_T \mathrm{d}v .$$

Die Größe $(\partial S/\partial v)_T$ kann aus der Zustandsgleichung auf folgende Weise berechnet werden:

Ersetzt man $\mathrm{d}Q$ in (9) durch $T\,\mathrm{d}S$, dann ergibt sich hieraus sofort

$$\left(\frac{\partial S}{\partial v}\right)_T = \frac{\left(\frac{\partial U}{\partial v}\right)_T + p}{T}$$

und dies ist nach (27) gleich $(\partial p/\partial T)_v$. Das Ergebnis wird:

$$S_v - S_{v_0} = \int_{v_0}^{v} \left(\frac{\partial p}{\partial T}\right)_v \mathrm{d}v . \tag{31}$$

Aus der Zustandsgleichung kann also die Entropiedifferenz berechnet werden, indem man Werte von $(\partial p/\partial T)_v$ aus Messungen der Zustandsgleichung berechnet und graphisch integriert.

Linien konstanten Druckes. Im heterogenen Gebiete des T-S-Diagramms können diese sofort eingetragen werden, wenn die Dampfspannungskurve bekannt ist. Für das Gebiet außerhalb der Grenzlinie kann man wieder von einem Punkt auf der Grenzlinie ausgehen und eine ähnliche Integration wie (29*) ausführen, jedoch nun mit C_p. Es geschieht aber öfter, daß von C_p zu wenig experimentelle Daten bekannt sind, so daß man anders vorgehen muß. Man könnte sich z. B. die Tatsache zunutze machen, daß $(\partial p/\partial T)_v$ nahezu temperaturunabhängig ist (für ein ideales Gas ist diese Größe ja $p/T = R/v$). Wenn man nun für jedes T diese Größe kennt, kann man auf jeder Linie $v = konst.$, die schon konstruiert ist, Punkte für bestimmte Drucke anbringen, z. B. von einem Punkte der Grenzkurve ausgehend. Indem man die Punkte für übereinstimmende Drucke auf den verschiedenen Isochoren verbindet, erhält man die Isobaren.

Die Größen, die man für die Konstruktion von Isochoren und Isobaren im T-S-Diagramm braucht, sind also folgende:

1. Die Dampfspannungskurve.
2. Die Verdampfungswärme.
3. Die spezifische Wärme der gesättigten Flüssigkeit.

4. Die Dichte von gesättigtem Dampf und Flüssigkeit, d. h. die Grenzkurve im p-v-Diagramm.

5. Die spezifische Wärme C_v als Funktion der Temperatur bei verschiedenen Rauminhalten und unter Umständen C_p.

6. Werte von $(\partial p/\partial T)_v$.

b) Die freie Energie.

Aus der inneren Energie U und der Entropie S hat man eine neue thermodynamische Funktion, die freie Energie F, folgendermaßen gebildet:

$$F = U - TS. \tag{32}$$

Die freie Energie ist dadurch gekennzeichnet, daß die Arbeit, die von einem System bei einer willkürlichen umkehrbaren isothermischen Zustandsänderung geleistet wird, gleich der Abnahme der freien Energie ist, wie bei einer adiabatischen Zustandsänderung diese Arbeit der Abnahme der inneren Energie gleich ist.

Aus (7), (24) und (32) folgt:

$$\mathrm{d}F = -\mathrm{d}A - S\,\mathrm{d}T, \tag{33}$$

woraus die Behauptung sofort bestätigt wird.

Mit Hilfe von (33) können wir die freie Energie F noch etwas anders ausdrücken. Nach (33) ist nämlich (da wir für $\mathrm{d}A$ auch $p\,\mathrm{d}v$ schreiben können):

$$S = -\left(\frac{\partial F}{\partial T}\right)_v, \tag{34}$$

also

$$F = U + T\left(\frac{\partial F}{\partial T}\right)_v. \tag{35}$$

c) Das thermische Potential.

Eine andere thermodynamische Funktion ist das thermische Potential G, das durch die Gleichung definiert wird:

$$G = U - TS + pv. \tag{36}$$

Diese Funktion tritt öfter bei Gleichgewichtsproblemen auf. So ergibt sich z. B., daß bei Gleichgewicht von Flüssigkeit und Dampf die thermischen Potentiale der beiden Aggregatzustände einander gleich sind. Aus (36) folgt:

$$\mathrm{d}G = \mathrm{d}U - T\,\mathrm{d}S - S\,\mathrm{d}T + p\,\mathrm{d}v + v\,\mathrm{d}p,$$

und nach (25) ist:

$$\mathrm{d}G = -S\,\mathrm{d}T + v\,\mathrm{d}p, \quad \text{oder} \quad \left(\frac{\partial G}{\partial T}\right)_p = -S.$$

Man kann also G auch in der Form schreiben:

$$G = U + pv + T\left(\frac{\partial G}{\partial T}\right)_p. \tag{37}$$

Wir sahen schon, daß die Entropie — und dies gilt ebenfalls für die innere Energie — eine Größe ist, die bis auf eine additive Konstante bestimmt ist. Wenn wir von Entropiedifferenzen sprechen, so bietet uns dies jedoch keine Schwierigkeiten. Anders wird es für die Größen F und G, in welche die Entropie nach Multiplikation mit der Temperatur eingeht. Für nichtisothermische Prozesse können hier Schwierigkeiten entstehen. Diese veranlaßten NERNST, die Frage der Entropiekonstante näher zu studieren (s. Ziff. 11).

d) Die Enthalpie.

Eine weitere, in der Theorie der Technik der niedrigen Temperaturen sehr wichtige thermodynamische Funktion ist die sog. „Drosselfunktion" „Enthalpie" oder „Wärmeinhalt für konstanten Druck" W. Sie wird definiert durch:

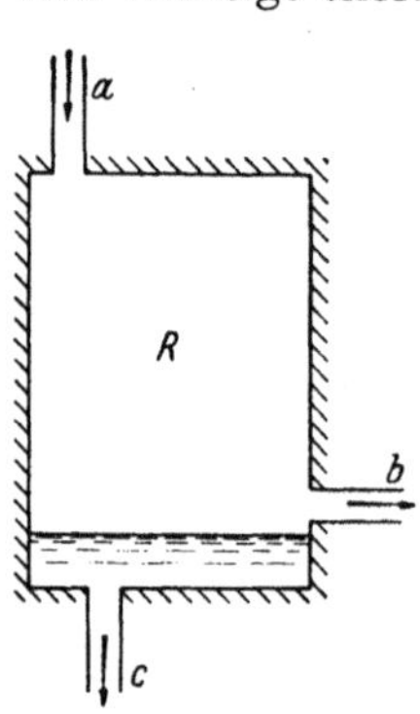

Abb. 11.

$$W = U + pv. \tag{38}$$

Diese Funktion tritt auf bei den gleich zu behandelnden Drosselversuchen, daher der Name „Drosselfunktion". Aus (38) geht hervor:

$$dW = dU + p\,dv + v\,dp \quad \text{oder} \quad dW = T\,dS + v\,dp. \tag{39}$$

Führen wir unter Voraussetzung der Umkehrbarkeit einem Körper bei konstantem Druck eine Wärmemenge zu, dann ändert sich die Funktion W um den Betrag dieser Wärmemenge. Daher rührt die Benennung „Wärmeinhalt für konstanten Druck".

I. Isenthalpischer Vorgang. Der Wärmeinhalt W hat die Eigenschaft, daß er im stationären Zustande konstant bleibt in solchen adiabatischen Prozessen, bei denen gewisse Mengen eines oder mehrerer Stoffe stetig ab- und zugeführt werden.

Um dies einzusehen, wollen wir einen gegen Wärmezufuhr isolierten Raum R betrachten (s. Abb. 11), in dem sich ein stationärer Prozeß vollzieht mit den Stoffen a, b, c ..., welche ständig in den Mengen g_a bzw. g_b, g_c ... je Zeiteinheit ab- und zugeführt werden.

Auf das in R befindliche System wird Arbeit nur aufgewendet durch das Einbringen der Stoffe; das System leistet Arbeit dadurch, daß an anderen Stellen Stoffe ausgetrieben werden. Die Gesamtarbeit beträgt:

$$A = \sum_{a,b,c..} g_a \cdot p_a \cdot v_a,$$

worin $g_a\,v_a$ die Volumenänderung je Zeiteinheit ist und p_a der Druck, mit welchem der Stoff zu- oder abgeführt wird. (Die sich auf die zugeführten Stoffe beziehenden Glieder in der Summe haben das negative Vorzeichen).

Weil der Prozeß adiabatisch vor sich geht, sagt der erste Hauptsatz aus, daß

$$0 = \sum g_a U_a + \sum g_a p_a v_a$$

ist, was sich jetzt so schreiben läßt:

$$\sum g_a W_a = 0 .$$

Anders ausgedrückt: Der Gesamtwärmeinhalt des Systems in R wird im stationären Zustande konstant bleiben.

Es mögen nun einige Diagramme betrachtet werden, in denen die Enthalpie enthalten ist.

II. Das W-S-Diagramm. Aus der Definition (38) geht hervor, daß die Enthalpie dieselbe a priori unbestimmte Konstante enthält wie die innere Energie. Man nimmt deshalb auch einen Nullpunkt der Enthalpie an.

Für ein ideales Gas ist

$$W = \int_0^T \mathrm{d}U + p v = C_v T + R T = C_p T , \tag{40}$$

falls wir die innere Energie beim Nullpunkt gleich Null annehmen. Für eine isobarische Zustandsänderung ist also:

$$\mathrm{d}W = T \,\mathrm{d}S = \frac{W}{C_p} \mathrm{d}S .$$

Hieraus ergibt sich

$$S = C_p \ln W + \mathit{konst.} . \tag{41}$$

Im W-S-Diagramm, auch MOLLIER-Diagramm genannt, weil es von MOLLIER (1904) in die technische Thermodynamik eingeführt wurde, sind die Isobaren also logarithmische Kurven. Die Isotherme ist nach (40) mit der Isenthalpe ($W = \mathit{konst.}$) identisch.

Das W-S-Diagramm für ein reelles Gas ist leicht aus dem T-S-Diagramm abzuleiten (Abb. 9) mit Hilfe der Gleichung $(\partial W/\partial S)_p = T$, die ohne weiteres aus (39) folgt.

In Abb. 9 ist im heterogenen Gebiet die theoretische Isobare (VAN DER WAALS) punktiert gezeichnet. An zwei Stellen ist $(\partial T/\partial S)_p = 0$; hier entstehen also im W-S-Diagramm zwei Wendepunkte A und B. Auf diese Weise sieht man, daß das W-S-Diagramm eine Gestalt annimmt, wie sie in Abb. 12 dargestellt ist. Die reelle Isobare im Koexistenzgebiet ist die gerade Linie, welche im Flüssigkeits- und Dampfpunkt die theoretische Isobare berührt, da an diesen beiden Stellen die Temperatur T, also $(\partial W/\partial S)_p$, dieselbe ist und das thermische Potential G für beide Zustände gleich sein muß (s. S. 31). Letzteres bedeutet geometrisch, daß die Stücke, die von der W-Achse durch die beiden Berührungslinien an der Isobare in den koexistierenden Punkten abgeschnitten werden, gleiche Länge haben müssen. Es ist $G = W - TS$, und da die Neigung der Berührungslinie gleich T ist, stellen die erwähnten Stücke offenbar diese Größe dar. Man sieht also: Die Gleichgewichtsbedingungen erfordern, daß die Phasen im Gleichgewicht auf der Doppelberührungslinie liegen. Auch hier entsprechen die Punkte A und B denjenigen der Abb. 4.

III. Das *W*-*T*-Diagramm. Dieses Diagramm spielt eine sehr wichtige Rolle in der Thermodynamik der Gasverflüssigung. Für ein ideales Gas

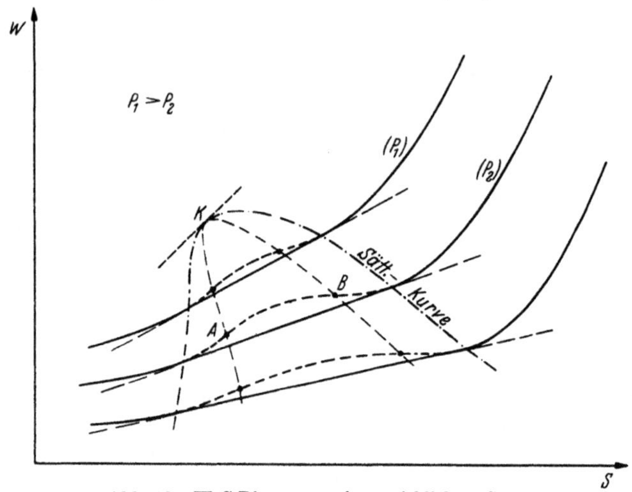

Abb. 12. *W*-*S*-Diagramm eines wirklichen Gases.

besteht die *W*-*T*-Isobare aus einer geraden Linie, deren Neigung zur *T*-Achse gleich C_p ist. Dies geht sofort aus (40) hervor. Für reelle Gase

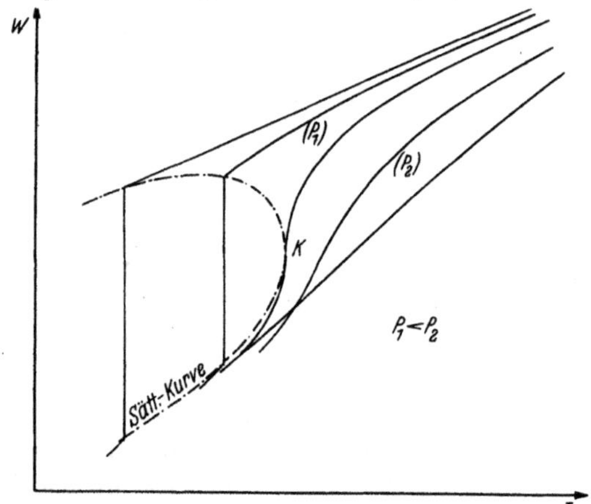

Abb. 13. *W*-*T*-Diagramm eines wirklichen Gases.

ist das Diagramm in Abb. 13 gezeichnet. Auch hier muß die Neigung der Berührungslinie an jeder Stelle einer Isobare gleich C_p sein. Dies ergibt die Gleichung [s. (11), (12) und (39)]:

$$\mathrm{d}W = \mathrm{d}Q + v\,\mathrm{d}p = C_p\,\mathrm{d}T + \left\{ l\left(\frac{\partial v}{\partial p}\right)_T + v \right\} \mathrm{d}p\,. \tag{42}$$

Demzufolge ist $(\partial W/\partial T)_p = C_p$. Für ein reelles Gas, doch nicht in der Nähe des Sättigungsgebietes, sind die Isobaren also nahezu gerade Linien, da die spezifische Wärme im allgemeinen fast unabhängig von der Temperatur ist. Für ein ideales Gas würden die Isobaren zusammenfallen. Innerhalb der Grenzkurve sind die Isobaren vertikale Linien, da hier die Temperatur zu gleicher Zeit konstant bleiben muß. Der kritische Punkt K ist der Berührungspunkt der Grenzkurve mit der Vertikalen bei der kritischen Temperatur.

Es kommt vor, daß Isobaren sich schneiden; hierauf wollen wir später noch zurückkommen.

Das W-T-Diagramm werden wir bei der Betrachtung der Gasverflüssigung sehr oft benutzen; siehe z. B. Abb. 28.

IV. Isenthalpen im T-S-Diagramm. Anstatt des W-T-Diagramms wird für die Beschreibung der Kälteprozesse auch oft das schon genannte T-S-Diagramm benutzt, in das dann Linien konstanter Enthalpie, die sog. „Isenthalpen", eingetragen werden (s. Abb. 9). Von KEESOM und HOUTHOFF sind diese Isenthalpen, die für ein ideales Gas der S-Achse parallele Geraden sein würden, auf folgende Weise konstruiert worden.

Man geht aus von der Beziehung:

$$W = \int T\,\mathrm{d}S + \int v\,\mathrm{d}p. \qquad (39^*)$$

Zuerst ist es notwendig, die Enthalpie von gesättigtem Dampf und Flüssigkeit zu kennen. Diese findet man durch Integration der T-S- und p-v-Kurve von dem Punkt aus, wo man die Enthalpie gleich Null wählt. Ist dies für die gesättigte Flüssigkeit geschehen, so kennt man die Enthalpie des gesättigten Dampfes für jede Temperatur durch die Beziehung:

$$W' = W'' + r,$$

worin r die Verdampfungswärme bedeutet.

Nun kann man die Enthalpie für das übrige Gebiet im Diagramm berechnen, indem man Gl. (39*) integriert, z. B. längs der schon konstruierten Isobaren [wobei also nur das erste Glied von (39*) in Betracht kommt] oder längs der Isochoren, bei denen das zweite Integral gleich $v\,(p_2 - p_1)$ wird (die Indizes 1 und 2 beziehen sich auf die Integrationsgrenzen).

Die Konstruktion der Isenthalpen im T-S-Diagramm beschränkt sich also auf das Integrieren von $T\,\mathrm{d}S$, ausgehend von einem Punkte der Grenzkurve. Wie man zu der Konstruktion des soeben genannten W-T-Diagramms kommt, bedarf nach dieser Betrachtung keiner näheren Erläuterung.

Man kann mit Hilfe des T-S-Diagramms, in dem auch die Isenthalpen gezeichnet sind, ganz bequem die später oft zu berechnende Kompressionsarbeit ablesen. Wir sahen [Gl. (19)], daß diese Arbeit gleich

$\int_{p_1}^{p_2} v \, \mathrm{d}p$ ist. Nach (39) läßt sich dafür $\int_1^2 (\mathrm{d}W - T\,\mathrm{d}S)$ schreiben, so daß wir finden:

$$A = W_2 - W_1 - \int_1^2 T\,\mathrm{d}S, \tag{43}$$

oder im Falle einer isothermischen Kompression

$$A = W_2 - W_1 + T(S_1 - S_2), \tag{43*}$$

worin der Index 2 sich auf den Endzustand bezieht und der Index 1 auf den Anfangszustand. Die Größe des Integrals ist durch Planimetrierung zu ermitteln.

8. Vorgänge, die eine Temperaturerniedrigung zur Folge haben.

Wir gehen jetzt über zu der thermodynamischen Behandlung von Vorgängen, welche von einer Temperaturerniedrigung begleitet sind.

Im allgemeinen können die Prozesse zu einer Temperaturerniedrigung führen, die unter Wärmeabsorption verlaufen.

a) Verdampfung.

Ein erstes Beispiel ist die Verdampfung einer Flüssigkeit. Sobald man den Dampfdruck oberhalb einer Flüssigkeit bis unter den Gleichgewichtsdruck senkt, wird Flüssigkeit verdampfen. Falls diese gegen Wärmezufuhr aus der Umgebung isoliert ist, wird die für die Verdampfung erforderliche Wärme der Flüssigkeit selbst entzogen, so daß die Flüssigkeitstemperatur sinkt. Gaskinetisch kann man sich das so deuten, daß bei Erniedrigung des Dampfdruckes im Mittel die schnellsten Moleküle der Flüssigkeit aus dieser hinausfliegen, was zur Folge hat, daß die mittlere kinetische Energie der Flüssigkeitsmoleküle, d. h. die Temperatur der Flüssigkeit, sinkt. Die Temperaturabnahme geht so weit, bis die Temperatur sich dem Druck oberhalb der Flüssigkeit — dieser Druck wird u. a. von der Pumpenleistung bestimmt — angepaßt hat. Nach diesem Prinzip arbeitet eine Kältemaschine, in der z. B. Ammoniak oder Kohlensäure das arbeitende Element bilden. Nach der Verdampfung wird das Gas durch Kompression wieder verflüssigt, so daß ein Kreislauf beschrieben wird.

b) Adiabatische Expansion eines Gases unter Leistung äußerer Arbeit.

Wir sahen schon, daß, falls ein gegen Wärmezufuhr isoliertes Gas Arbeit leistet, die Temperatur sinkt. Diese Erscheinung ist eine unmittelbare Folge des ersten Hauptsatzes. Die Arbeit kann nur auf Kosten der inneren Energie geleistet werden. Gaskinetisch läßt sich das so veranschaulichen.

Man denke sich das Gas in einem Zylinder, worin ein Kolben sich bewegen kann. Ein Molekül, das gegen den Kolben elastisch stößt, wird mit einer kleineren Geschwindigkeit zurückkehren, wenn der Kolben sich nach außen bewegt, so daß die mittlere kinetische Energie der Gasmoleküle kleiner wird. Für ein reelles Gas, bei dem die Moleküle Kräfte aufeinander ausüben, kommt noch die Wirkung der Vergrößerung der mittleren potentiellen Energie zufolge des größeren mittleren Abstandes hinzu. Die Vermehrung der potentiellen Energie kann nur auf Kosten der kinetischen Energie zustandekommen.

Die Temperaturerniedrigung gibt der Ausdruck $(\partial T/\partial p)_S$ wieder. Wir müssen sie in den Zustandsgrößen p, v und T ausdrücken. Weil $\mathrm{d}Q=0$ ist, folgt sofort aus (11) und (12):

$$\left(\frac{\partial T}{\partial p}\right)_S = -\frac{l}{C_p}\left(\frac{\partial v}{\partial p}\right)_T,$$

worin

$$l = \left(\frac{\partial U}{\partial v}\right)_T + p$$

ist. Nach (27) hat man:

$$\left(\frac{\partial U}{\partial v}\right)_T + p = T\left(\frac{\partial p}{\partial T}\right)_v (= l), \tag{27*}$$

so daß wir also finden:

$$\left(\frac{\partial T}{\partial p}\right)_S = -\frac{T}{C_p}\left(\frac{\partial p}{\partial T}\right)_v\left(\frac{\partial v}{\partial p}\right)_T = \frac{T}{C_p}\left(\frac{\partial v}{\partial T}\right)_p. \tag{44}$$

Man kann den letzten Differentialquotienten aus der Zustandsgleichung berechnen. Für ein ideales Gas ist das Ergebnis einfach R/p. Wenn wir diese Größe einsetzen und dann Gl. (44) integrieren, so erhalten wir die in Gl. (18) ausgedrückte Beziehung. Die totale Temperaturerniedrigung beträgt also im Fall eines idealen Gases

$$T_1 - T_2 = T_1\left\{\left(\frac{p_2}{p_1}\right)^{1-1/\varkappa} - 1\right\}, \tag{45}$$

wenn p_1 und p_2 den Anfangs- bzw. Enddruck bedeuten; T_1 ist die Anfangstemperatur und $\varkappa = C_p/C_v$.

Dieser Vorgang ist den übrigen Kälteprozessen in der Technik der tiefen Temperaturen weit überlegen zufolge seiner großen Kälteleistung, die hier nicht nur wegen des nichtidealen Verhaltens des Gases zustande kommt.

Wir werden später sehen, daß diese adiabatische Expansion unter Leistung äußerer Arbeit in der Technik der Gasverflüssigung tatsächlich angewandt wird. Darum ist es interessant, über den sog. Wirkungsgrad der zur Verwirklichung des Vorgangs benutzten Expansionsmaschine, d. h. über das Verhältnis der Kälteleistung zu der aufzuwendenden Kompressionsarbeit, noch etwas zu sagen.

Wenn wir voraussetzen, daß das expandierte (ideale) Gas isobarisch aufgewärmt wird bis zu der Anfangstemperatur, so läßt sich die Kälteleistung als $C_p(T_1 - T_2)$ schreiben. Für ein bestimmtes Druckverhältnis, also Temperaturverhältnis, ist sie größer, je nachdem die Eintrittstemperatur höher ist.

Die isothermische Kompressionsarbeit ist $R\,T_1 \ln \frac{p_1}{p_2}$, oder nach Gl. (18) $C_p T_1 \ln \frac{T_1}{T_2}$.

Nun gibt die Expansionsmaschine einen Teil dieser Arbeit zurück, und zwar nach Gl. (19) $\int\limits_{p_2}^{p_1} v\,\mathrm{d}p$. Nach der POISSONschen Gleichung (16) ist dieses Integral gleich

$$c^{1/\varkappa}\int\limits_{p_2}^{p_1} p^{-1/\varkappa}\,\mathrm{d}p = \frac{c^{1/\varkappa}}{1-1/\varkappa}\,p_2^{\,1-1/\varkappa}\left\{\left(\frac{p_1}{p_2}\right)^{1-1/\varkappa} - 1\right\},$$

oder nach Gl. (18)

$$= \frac{R\,T_2}{1-1/\varkappa}\left(\frac{T_1}{T_2} - 1\right) = C_p\,(T_1 - T_2)\,.$$

Der Wirkungsgrad E läßt sich also folgendermaßen schreiben:

$$E = \frac{C_p\,(T_1 - T_2)}{C_p\,T_1 \ln \frac{T_1}{T_2} - C_p\,(T_1 - T_2)} = \frac{\frac{T_1}{T_2} - 1}{\frac{T_1}{T_2}\ln\frac{T_1}{T_2} - \frac{T_1}{T_2} + 1}\,.$$

Im Grenzfalle einer unendlich kleinen Drucksenkung $\left(\frac{T_1}{T_2} = 1\right)$ ist $E = 1$. Je nachdem das Verhältnis der Drucke vor bzw. nach der Expansion größer wird, nimmt der Wirkungsgrad nach dem Ausdruck $\frac{x-1}{x\ln x - x + 1}$ ab, worin $x = \frac{T_1}{T_2}$ oder $\left(\frac{p_1}{p_2}\right)^{R/C_p}$.

c) Die JOULEschen Versuche.

JOULE hat einen Versuch angestellt, um zu prüfen, ob eine Temperaturänderung auftritt, wenn man ein Gas adiabatisch sich ausdehnen läßt, ohne daß es äußere Arbeit leistet. Dazu ließ er das Gas in einen leeren Raum (Vakuum) hineinströmen. Zwei durch eine Hahnröhre miteinander verbundene Glasballone, von denen der eine mit dem Gase gefüllt und der andere evakuiert war, wurden in einem Kalorimeter angeordnet, um die Temperaturänderung messen zu können. Nach Öffnung des Hahns beobachtete JOULE keine Temperaturabnahme. Später hat man jedoch eine geringe Temperaturänderung (den JOULEschen Effekt) feststellen können.

Da bei diesem Versuche das Gas im Mittel keine Arbeit leistet und die Expansion praktisch adiabatisch verläuft, weil sie sehr rasch vor sich geht, muß nach dem ersten Hauptsatz die gesamte innere Energie konstant bleiben, d. h. $\mathrm{d}U = 0$ oder

$$\left(\frac{\partial U}{\partial T}\right)_v \mathrm{d}T + \left(\frac{\partial U}{\partial v}\right)_T \mathrm{d}v = 0,$$

und also nach (27*)

$$C_v\,\mathrm{d}T + \left\{T\left(\frac{\partial p}{\partial T}\right)_v - p\right\}\mathrm{d}v = 0\,.$$

Für ein ideales Gas verschwindet das zweite Glied; in diesem Falle muß dT Null sein. Ein ideales Gas wird also keine Temperaturabnahme zeigen.

Augenscheinlich wird der JOULEsche Effekt vom Ausdruck $(\partial T/\partial v)_U$ dargestellt. Aus der letzten Gleichung geht hervor:

$$\left(\frac{\partial T}{\partial v}\right)_U = -\frac{T\left(\frac{\partial p}{\partial T}\right)_v - p}{C_v}. \tag{46}$$

Berechnet man den Differentialquotienten $(\partial p/\partial T)_v$ aus der VAN DER WAALSschen Zustandsgleichung, so ergibt sich:

$$\left(\frac{\partial T}{\partial v}\right)_U = -\frac{1}{C_v}\frac{a}{v^2}.$$

Im Rahmen der Gültigkeit dieser Zustandsgleichung ist also der JOULEsche Effekt immer negativ, d. h. eine JOULEsche Expansion gibt immer zu einer Temperaturerniedrigung Anlaß [5]. Durch die Vergrößerung des mittleren Abstandes der Moleküle vermehrt sich die potentielle Energie der Anziehungskräfte, und das erfolgt auf Kosten der kinetischen Energie, weil der Prozeß adiabatisch verläuft. Daher sinkt die Temperatur.

d) Die JOULE-THOMSONschen Versuche.

Diese für die Kältetechnik sehr wichtigen Versuche datieren vom Jahre 1854. THOMSON prüfte das Verhalten der Temperatur, indem er ein Gas auf eine eigenartige Weise sich adiabatisch ausdehnen ließ. Er zwang das Gas, durch einen porösen Pfropfen hindurchzuströmen. In diesem Pfropfen wurde das Gas gehemmt, so daß hier also ein Druckgefälle auftrat. Da dieser Prozeß, im Gegensatz zu dem unter (b) genannten, wesentlich nichtumkehrbar ist, ebenso wie beim JOULEschen Versuch, ist er also kein isentropischer, sondern, wie wir sehen werden, ein isenthalpischer Vorgang.

Der Druck und die Temperatur werden in ausreichender Entfernung vor und hinter dem Pfropfen im stationären Gasstrom abgelesen. Die Druckdifferenz kann man durch passende Wahl der Stromgeschwindigkeit regeln. Für dieses Expansionsverfahren ist charakteristisch, daß sich, obwohl der Prozeß nicht umkehrbar ist, die äußere Arbeit leicht berechnen läßt. Nehmen wir an, daß vor dem Pfropfen der Druck p_1 herrscht und hier eine gewisse Menge des Gases (z. B. 1 Mol) das Volumen v_1 hat; hinter dem Pfropfen sind diese Größen p_2 und v_2. Die Arbeit, die vor dem Pfropfen auf das Gas aufgewandt wird, hat für die vorausgesetzte Gasmenge den Wert $p_1 \cdot v_1$; die Arbeit, welche das Gas hinter dem Pfropfen leistet, ist $p_2 \cdot v_2$. Nach dem ersten Hauptsatz haben wir also:

$$0 = U_2 - U_1 + p_2 v_2 - p_1 v_1 = W_2 - W_1, \tag{47}$$

wenn U_1 und U_2 die innere Energie des Gases vor bzw. hinter dem Pfropfen bedeuten. Wir sehen also, daß die Enthalpie $W = U + p\,v$

beim sog. „Drosseln“ konstant bleibt; daher wird W die „Drosselfunktion“ genannt. Mit diesem Ergebnis kann die Temperaturänderung bei gegebener Druckdifferenz berechnet werden. Die erwähnte Temperaturänderung nennt man den „Joule-Thomson-Effekt“.

Die Drosselung ist wegen ihrer leichten praktischen Ausführbarkeit ein wesentlicher Kunstgriff in der Technik zur Erzielung tiefer Temperaturen geworden; als solcher wurde er im Jahre 1895 von Linde gewertet. Wir wollen uns noch ausführlicher mit dem Joule-Thomson-Effekt beschäftigen.

Die Tatsache der Möglichkeit einer genauen Berechnung des Joule-Thomson-Effektes, obwohl der Drosselvorgang nicht umkehrbar ist, rührt daher, daß man die äußere Arbeit genau kennt. In der Gleichung $\Delta Q = \Delta U + \Delta A$ (worin die Δ die Differenzen der Größen im Anfangs- und Endzustande darstellen) ist ΔQ $(=0)$, sowie im vorliegenden Falle ΔA, bekannt und damit auch ΔU. Wenn man nun die innere Energie U als Funktion von p und T kennt, läßt sich also bei gegebenem Enddruck die Temperatur vorherbestimmen.

Der Drosseleffekt ist definiert durch den Ausdruck $(\partial T/\partial p)_W$. Wir finden ihn wieder mit Hilfe der Gl. (39).

Nach (39) ist

$$\mathrm{d}W = \left\{T\left(\frac{\partial S}{\partial p}\right)_T + v\right\}\mathrm{d}p + T\left(\frac{\partial S}{\partial T}\right)_p \mathrm{d}T.$$

Nach (11), (12) und (24) hat man:

$$\mathrm{d}S = C_p \frac{\mathrm{d}T}{T} + \frac{l}{T}\left(\frac{\partial v}{\partial p}\right)_T \mathrm{d}p,$$

also

$$\left.\begin{aligned}\left(\frac{\partial S}{\partial p}\right)_T &= \frac{l}{T}\left(\frac{\partial v}{\partial p}\right)_T\\ \left(\frac{\partial S}{\partial T}\right)_p &= \frac{C_p}{T},\end{aligned}\right\} \tag{48}$$

woraus folgt

$$\left(\frac{\partial T}{\partial p}\right)_W = -\frac{T\left(\frac{\partial S}{\partial p}\right)_T + v}{T\left(\frac{\partial S}{\partial T}\right)_p} = -\frac{l\left(\frac{\partial v}{\partial p}\right)_T + v}{C_p},$$

nach (27*) also

$$= -\frac{T\left(\frac{\partial p}{\partial T}\right)_v\left(\frac{\partial v}{\partial p}\right)_T + v}{C_p} = \frac{T\left(\frac{\partial v}{\partial T}\right)_p - v}{C_p}. \tag{49}$$

Aus dieser Formel geht hervor, daß für ein ideales Gas der Joule-Thomson-Effekt Null ist, d. h. daß ein ideales Gas beim Drosseln keine Temperaturänderung erfährt. Das ist zu erwarten, weil hier, im Gegensatz zu der unter (b) genannten Expansion, der Effekt der sich bewegenden Wand nicht vorhanden ist. Nur in einem nichtidealen Gase kann eine Temperaturerniedrigung zustande kommen, und zwar lediglich durch Vergrößerung des mittleren Abstandes der Moleküle. Deshalb wird für ein derartiges Gas die Temperaturabnahme jedoch bedeutend kleiner sein als im Falle (b). In diesem Sinne stimmt der Vorgang mit der JOULEschen Expansion überein.

Es gibt gleichwohl einen Unterschied zwischen der Drosselung und der JOULEschen Expansion, weil im ersten Falle äußere Arbeit geleistet werden kann zufolge der Änderung der Größe pv, die für ein nichtideales Gas druckabhängig ist als Folge der intermolekularen Kräfte und des Eigenvolumens der Moleküle im Rahmen der VAN DER WAALSschen Zustandsgleichung. Unter bestimmten Umständen entsteht wegen dieser Arbeitsleistung ein thermischer Effekt, der sogar dem der JOULEschen Volumenvergrößerung entgegengesetzt ist [6].

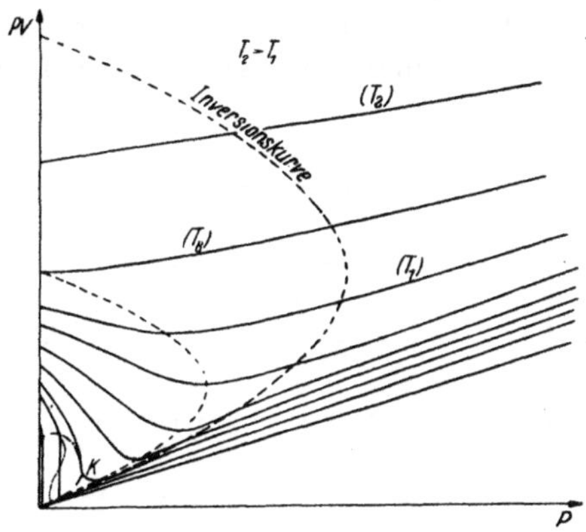

Abb. 14. pv-p-Diagramm eines wirklichen Gases mit Inversionskurve.

Die Verhältnisse lassen sich leicht mittels der VAN DER WAALSschen Zustandsgleichung, die jetzt am besten in einem pv-p-Diagramm dargestellt wird, übersehen. Die Isothermen in diesem Diagramm haben die aus Abb. 14 ersichtliche Gestalt. Wenn die Temperatur tiefer ist als eine gewisse Temperatur, die sog. „BOYLE-Temperatur", weisen sie ein Minimum auf. Unterhalb des zu diesem Minimum gehörenden Druckes macht sich beim Komprimieren die Anziehung der Moleküle bemerkbar. Oberhalb dieses Druckes überwiegt jedoch beim Komprimieren das Eigenvolumen der Moleküle, das zu Vergrößerung von pv Anlaß gibt. Wenn man die Größe $(\partial pv/\partial p)_T$ aus der VAN DER WAALSschen Zustandsgleichung ermittelt, zeigt sich, daß die Punkte des Minimums der Isotherme eine Parabel liefern, welche die pv-Achse im „BOYLE-Punkt" schneidet. An dieser Stelle hat die Isotherme bei $p = 0$ eine horizontale Tangente, d. h. das Gas verhält sich bei endlichen Drucken ideal. Daher rührt der Name „BOYLE-Punkt". Hier heben sich die Einflüsse der Anziehungskräfte bzw. des Molekularvolumens gerade auf. Es zeigt sich, daß diese Temperatur, multipliziert mit R, gleich dem Verhältnis a/b der VAN DER WAALSschen Konstanten ist [7].

Aus dem pv-p-Diagramm geht also hervor, daß innerhalb der BOYLE-Parabel bei Drucksenkung die Größe $p \cdot v$ zunimmt. In dem THOMSONschen Versuche führt dieser Effekt zu einer positiven Arbeitsleistung, d. h. er vergrößert die Temperaturerniedrigung. Außerhalb der Parabel jedoch nimmt $p \cdot v$ bei Drucksenkung ab, d. h. es wird eine gewisse Arbeitsmenge aufgewandt. Dies gibt zu einem Temperatureffekt Anlaß, der den JOULEschen Temperatureffekt mehr oder weniger aufhebt. Das ist die Ursache, weshalb der JOULE-THOMSON-Effekt im Gegensatz zum JOULEschen Effekt auch für ein nichtideales Gas Null sein kann.

Die Bedingungen lassen sich leicht berechnen. Der JOULE-THOMSON-Effekt ist gleich Null, wenn $T\,(\partial v/\partial T)_p = v$ ist, also für

$$v^2 RT - v^3\left(p + \frac{a}{v^2}\right) + 2a\,(v - b) = 0,$$

oder

$$(p\,v)^2 - \frac{2a}{b}\,p\,v + 3\,a\,p = 0.$$

Im pv-p-Diagramm (s. Abb. 14) ist diese Kurve offenbar auch eine Parabel; man nennt sie die „Inversionskurve". Die Ordinate des Schnittpunktes der Inversionskurve mit der pv-Achse ist gleich $\frac{2a}{b}$ (der zweite Schnittpunkt liegt im Ursprung). Man kann für $p = 0$ die pv-Achse auch als eine Temperaturachse betrachten*, denn für $p = 0$ ist $pv = RT$. Die Temperatur, für die $RT = \frac{2a}{b}$ ist, nennt man die „Inversionstemperatur" (für $p = 0$). Diese läßt sich mit Hilfe der Gl. (4) leicht in den kritischen Größen ausdrücken. Man findet $T_{\text{inv}} = 6{,}75\ T_{\text{k}}$. Augenscheinlich ist die Inversionstemperatur das Doppelte der BOYLE-Temperatur.

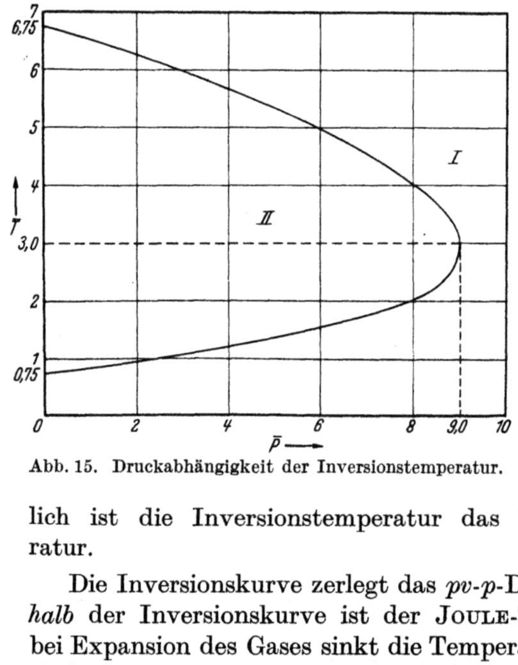

Abb. 15. Druckabhängigkeit der Inversionstemperatur.

Die Inversionskurve zerlegt das pv-p-Diagramm in zwei Teile: *Innerhalb* der Inversionskurve ist der JOULE-THOMSON-Effekt positiv, d. h. bei Expansion des Gases sinkt die Temperatur. Die Bedingungen hierfür sind also: 1. Man muß unterhalb der Inversionstemperatur arbeiten; 2. der Druck darf einen gewissen, von der Temperatur abhängigen Wert nicht überschreiten. *An* der Inversionskurve wird der JOULEsche Effekt gerade aufgehoben von dem thermischen Effekt der Änderung von $p \cdot v$, die als die Arbeit gedeutet werden kann, die notwendig ist, um das Gas isothermisch durch den Pfropfen hindurchzupressen. *Außerhalb* der Inversionskurve steigt die Temperatur bei Entspannung.

* Für $pv = 0$ trifft dies nicht zu, weil die VAN DER WAALSschen Isothermen für $T < \frac{a}{4Rb}$ [$\overline{T} < \frac{27}{32}$; $\overline{T} = \frac{27}{32}$ gehört zu der Isotherme, deren Punkt A (s. Abb. 4) eben auf der v-Achse liegt] nicht nur die pv-Achse im Punkte $pv = RT$ durchschneiden, sondern auch durch den Anfangspunkt gehen.

Man sieht aus der Abbildung, daß man unterhalb eines gewissen Druckes bei jedem Druck zwei Temperaturen angeben kann, bei denen der Drosseleffekt das Vorzeichen wechselt: Oberhalb der höchsten Temperatur ist der Effekt negativ und führt daher zu Temperaturerhöhung; bei tieferen Temperaturen wird er positiv, während er bei einer noch niedrigeren Temperatur wieder negativ wird. Abb. 15 gibt die Inversionskurve im T-p-Diagramm wieder, welches sich auf die reduzierten Größen bezieht *.

Aus dem Gesagten ist ersichtlich, daß im W-T-Diagramm zwei Isobaren sich schneiden können. Die Drosselung wird ja in diesem Diagramm von einer zur T-Achse parallelen Geraden dargestellt. In dem Gebiete, wo der Drosseleffekt positiv ist, wird eine solche horizontale Linie geschnitten werden von Isobaren, deren zugehörige Drucke von rechts nach links abnehmen (ebenso wie die Temperatur); wo der Joule-Thomson-Effekt negativ wird, ist die Richtung der entsprechenden Drucke genau entgegengesetzt. Es ist also möglich, daß die Isobaren sich schneiden. Abb. 13 zeigt ein solches Beispiel.

Was mittels Formel (49) berechnet worden ist, nennt man den „differentialen" Joule-Thomson-Effekt zur Unterscheidung von dem „integralen" Effekt, der die totale Temperaturänderung bei einer endlichen Druckdifferenz angibt. Das letztere ist also nichts anderes als das Integral des obenstehenden Ausdrucks über ein gegebenes Druckgebiet.

Die Größe des Joule-Thomson-Effektes ist natürlich leicht zu berechnen, wenn die Zustandsgleichung und die spezifische Wärme C_p bekannt sind. Die Zustandsgleichung muß gleichwohl sehr genau bekannt sein, damit man zuverlässige Daten erhält [8]. Deshalb ist es empfehlenswert, den Effekt aus direkten Messungen zu bestimmen.

9. Der isothermische Drosseleffekt.

Unter dem sog. „isothermischen Drosseleffekt" versteht Meissner die Änderung der Enthalpie eines Gases, die auftritt, wenn man das Gas bei fester Temperatur sich ausdehnen läßt. Es wird sich später zeigen, daß dieser Effekt bei der Berechnung der Kälteleistung der Verdichtungsgeräte auftritt. Offenbar wird der so definierte isothermische Drosseleffekt durch den Ausdruck $(\partial W/\partial p)_T$ bestimmt. Dieser läßt sich aus (27), (39) und (48) berechnen.

---

* Daß die Inversionskurve im $\overline{T}$-$\overline{p}$-Diagramm die $\overline{T}$-Achse nicht im Anfangspunkt, sondern im Punkte $\overline{T} = 0{,}75$ schneidet, erklärt sich aus der Tatsache, daß ein Schnittpunkt außerhalb des Anfangspunktes der im pv-p-Diagramm durch den Anfangspunkt gehenden Isothermen (s. Fußnote auf S. 42) mit der Inversionskurve erst für (reduzierte) Temperaturen höher als 0,75 auftritt. Die zu $\overline{T} = 0{,}75$ gehörige Isotherme berührt eben die Inversionskurve.

Man hat

$$\left.\begin{aligned}\left(\frac{\partial W}{\partial p}\right)_T &= T\left(\frac{\partial S}{\partial p}\right)_T + v = l\left(\frac{\partial v}{\partial p}\right)_T + v\\ &= T\left(\frac{\partial p}{\partial T}\right)_v\left(\frac{\partial v}{\partial p}\right)_T + v\\ &= -T\left(\frac{\partial v}{\partial T}\right)_p + v = -T^2\frac{\partial}{\partial T}\left(\frac{v}{T}\right)_p\end{aligned}\right\} \tag{50}$$

Den Zusammenhang zwischen dem JOULE-THOMSON-Effekt [s. Gl. (49)] und dem isothermischen Drosseleffekt liefert die Beziehung:

$$\left(\frac{\partial T}{\partial p}\right)_W = -\frac{1}{C_p}\left(\frac{\partial W}{\partial p}\right)_T. \tag{51}$$

Die differentialen Effekte sind also einander proportional.

Für ein ideales Gas ist also auch der isothermische Drosseleffekt Null, für ein nichtideales Gas jedoch nicht. Wir wollen für das letztere den Drosseleffekt berechnen, als Anwendungsbeispiel aber dabei die Zustandsgleichung von KAMERLINGH ONNES benutzen. Es ist:

$$p\,v = RT\left(1 + \frac{B}{v} + \frac{C}{v^2} + \cdots\right). \tag{5}$$

Wir führen einige Näherungen ein, um die Berechnung einfacher zu gestalten. Betrachten wir nur zwei Virialglieder, so können wir in erster Annäherung schreiben:

$$v = \frac{R\,T}{p}\left(1 + \frac{Bp}{R\,T}\right),$$

oder

$$\frac{1}{v} = \frac{p}{R\,T}\left(1 - \frac{Bp}{R\,T}\right).$$

Wir setzen jetzt diesen Ausdruck in das zweite Virialglied von (5) ein, während wir die Beziehung $1/v = p/RT$ beim dritten Virialgliede verwenden. Dann ergibt sich schließlich

$$p\,v = RT\left\{1 + \frac{Bp}{R\,T} - \frac{p^2}{R^2T^2}(B^2 - C)\right\}$$

und hieraus

$$-T^2\frac{\partial}{\partial T}\left(\frac{v}{T}\right)_p = B - \frac{2(B^2 - C)}{RT}\,p.$$

Dieser Ausdruck stellt den differentialen isothermischen Drosseleffekt dar. Der integrale Effekt wird einfach durch eine Integration erhalten:

$$\Delta W = B\,\Delta p - \frac{(B^2 - C)\,\Delta p^2}{RT}. \tag{52}$$

Wir sehen, daß der Drosseleffekt um so größer ist, je stärker das Gas vom idealen Zustand abweicht. In erster Näherung ist er der Druckdifferenz Δp proportional.

Während der JOULE-THOMSON-Effekt im W-T-Diagramm durch den Abstand der Schnittpunkte zweier Isobaren mit einer Parallelen zur T-Achse dargestellt wird, bestimmt sich die Größe des isothermischen

Drosseleffektes als Abstand der Schnittpunkte mit einer zur W-Achse parallelen Geraden.

10. Der theoretisch minimale Arbeitsaufwand für die Verflüssigung eines Gases.

Im Zusammenhange mit dem in den nächsten Kapiteln zu bestimmenden Arbeitsaufwand für die Verflüssigung einiger Gase wollen wir jetzt berechnen, welche Arbeit genügt, wenn sich das Gas auf umkehrbarem Wege verflüssigen ließe. In der Praxis, in der man es hauptsächlich mit nichtumkehrbaren Vorgängen zu tun hat — z. B. infolge des Auftretens von Temperaturgradienten in den Gegenstromvorrichtungen und anderwärts und wegen der Anwendung des unumkehrbaren Joule-Thomson-Effektes —, wird der Arbeitsaufwand immer größer sein. Daher kann man vom „Nutzeffekt" des Verflüssigers sprechen, das ist das Verhältnis des Arbeitsaufwands im Falle des umkehrbaren Vorganges zur wirklichen Arbeit.

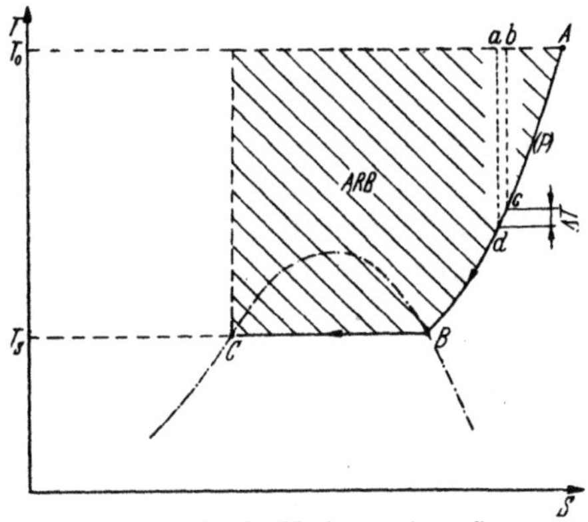

Abb. 16. Die Verflüssigung eines Gases im T-S-Diagramm.

Wir können eine gewisse Gasmenge verflüssigen, indem wir ihr z. B. bei konstantem Druck Wärme entziehen. Im T-S-Diagramm (s. Abb. 16) läuft der Zustandspunkt dann von A ausgehend längs der Isobare bis B, wo der Dampf gesättigt ist und weiterhin nach C, wo nur die Flüssigkeitsphase existiert. Die Wärme, welche wir dem Gas entziehen, führen wir einem Wärmebehälter zu, der die feste Temperatur T_0 (z. B. Zimmertemperatur) hat. Am besten können wir zu diesem Zweck einen Hilfskörper benutzen, der einen Carnot-Kreislauf zwischen der Temperatur T des Gases und T_0 umkehrbar durchläuft (Kreislauf a-b-c-d). Damit das Gas (mit der Temperatur T) isobarisch eine Temperaturerniedrigung $-\Delta T$ erfährt, muß eine Wärmemenge $\Delta Q = C_p \Delta T$ entzogen werden. Diese Wärme wird, vermehrt um die dem Hilfskörper zugeführte Arbeit, in den Wärmebehälter übergeführt. Die vom Hilfskörper hierzu aufgenommene Arbeit beträgt (s. Ziff. 2):

$$-C_p \Delta T \left(\frac{T_0}{T} - 1\right).$$

Die Arbeit, die benötigt wird, um das Gas in gesättigten Dampf überzuführen (A→B), ist also:

$$-\int_{T_0}^{T_S} C_p \left(\frac{T_0}{T} - 1\right) dT. \tag{53}$$

Damit dieser Dampf ganz verflüssigt werde (B→C), muß noch eine Wärmemenge entzogen werden, die der Verdampfungswärme r gleich ist. Hierzu ist offenbar die Arbeit

$$r\left(\frac{T_0}{T_s}-1\right) \tag{54}$$

notwendig, worin T_s den Siedepunkt bedeutet.

Die Gesamtarbeit A ist die Summe von (53) und (54), für die man auch schreiben kann:

$$A=-Q+T_0\int_A^C\frac{dQ}{T}=-Q+T_0\,(S_A-S_C), \tag{55}$$

wenn Q die im ganzen entzogene Wärme bedeutet. Weil der Druck im Anfangs- und Endzustand derselbe ist, ist die entzogene Wärme gleich der Enthalpiedifferenz W_A-W_C beider Zustände [s. (39)], so daß wir schließlich für den ganzen Arbeitsaufwand finden:

$$A=W_C-W_A+T_0\,(S_A-S_C). \tag{56}$$

Wenn man in (55) für Q den Wert $\int_A^C T\,dS$ einsetzt, wird es klar, daß der Arbeitsaufwand A von der schraffierten Fläche in Abb. 16 dargestellt wird. In der obigen Berechnung wurde angenommen, daß das Gas unter konstantem Druck zur Flüssigkeit verdichtet wurde, und auf diese Weise wurde die Arbeit A gefunden. Es ist leicht nachzuweisen, daß das Ergebnis unabhängig davon ist, wie der Prozeß vom Zustand A nach dem Zustande C verläuft, so daß mit A die Arbeit gefunden ist, welche für jeden willkürlichen umkehrbaren Verdichtungsvorgang benötigt wird. Der Beweis läßt sich wie folgt führen. Nehmen wir an, es seien zwischen A und C zwei umkehrbare Prozesse möglich, die beide eine verschiedene, dem Hilfskörper zuzuführende Arbeit erfordern. Man kann den Vorgang, der die größte Arbeitsmenge erfordert, in entgegengesetzter Richtung verlaufen lassen (er ist ja umkehrbar), also von C nach A, wobei dann die für diesen Prozeß charakteristische Arbeit vom Hilfskörper geleistet wird. Wenn beide Prozesse (von A nach C und von C nach A) abgelaufen sind, hat man einen Arbeitsüberschuß erhalten, der nur dem Wärmebehälter entzogen sein kann, was mit dem Kelvinschen Prinzip im Widerspruch steht. Folglich muß die benötigte Arbeit unabhängig davon sein, wie der Prozeß von A nach C vor sich geht.

11. Das Nernst-Theorem.

Zum Schluß dieses Kapitels sei noch eine Bemerkung gemacht bezüglich der Frage, ob der absolute Nullpunkt erreicht werden kann, ob es also möglich ist, mittels irgend eines Prozesses die Temperatur eines Körpers streng auf Null zu bringen. Dieser Frage sollte eigentlich die nicht weniger wichtige Frage voraufgehen: Was hat man unter der Temperatur $T=0$ in der Praxis zu verstehen, wo der Zustand $T=0$

kein energieloser Zustand zu sein braucht? Es bleibt nur übrig, den absoluten Nullpunkt als einen idealisierten Zustand eines idealen Körpers aufzufassen, dessen innere Energie nur aus kinetischer Energie besteht. Der Zustand, bei dem diese Energie streng Null ist, entspricht also nur einem theoretischen Nullpunkte. In diesem Sinne ist die Temperatur $T=0$ eine unendlich niedrige Temperatur, und man würde eine unendlich niedrige Temperatur ebensowenig verwirklichen können wie eine unendlich hohe Temperatur.

Wie liegt die Sache thermodynamisch? Die Tatsache, daß man mit dem Erreichen des absoluten Nullpunktes die Möglichkeit eines CARNOTschen Prozesses mit dem Nutzeffekt 1 hätte, so daß also eine Wärmemenge vollständig in Arbeit verwandelt werden könnte, was dem KELVINschen Prinzip widerspricht, kann nicht als Argument zum Beweise der Unerreichbarkeit dienen, weil man es hier mit einem Grenzfalle zu tun hat. In diesem Sinne ist die Unerreichbarkeit des absoluten Nullpunktes keine Folgerung aus dem zweiten Hauptsatze.

Wenn man sich mit der Frage der Erreichbarkeit des Nullpunktes beschäftigt, so hat man sich das Verhalten der Materie „in der Nähe" dieses Nullpunktes klar zu machen und man muß bestrebt sein, Gesetzmäßigkeiten aufzufinden, die unter Umständen auf eine Theorie gegründet sind, in der Hoffnung, diese Gesetzmäßigkeiten bis zum Nullpunkt extrapolieren zu dürfen. Man soll sich die Frage vorlegen, wie die „Grenzbedingungen" theoretisch lauten und inwiefern die zur Verfügung stehenden experimentellen Unterlagen den Erwartungen entsprechen. Hiermit gelangt man zu demjenigen Gebiete der Thermodynamik, das sich aus Untersuchungen von NERNST entwickelt hat, deren Ergebnis in dem nach ihm genannten Theorem zusammengefaßt ist [9]. Wie das Theorem lautet, und auf welche Weise es mit dem vorliegenden Problem zusammenhängt, soll jetzt beschrieben werden [10].

Man hat sich gefragt, wie die Affinität einer chemischen Reaktion physikalisch eindeutig zu definieren sein würde. Es wäre u. a. an die Reaktionswärme zu denken, doch eine derartige Definition ist ohne weiteres nicht richtig. Die Affinität muß verschiedenen Bedingungen entsprechen, sie muß z. B. stets positiv sein, den Charakter eines Potentials besitzen und im Gleichgewicht Null sein. VAN 'T HOFF kam auf den Gedanken, die Abnahme $(-\Delta F)$, welche die freie Energie bei einer Reaktion erfährt, als Maßstab für die Affinität zu betrachten. Tatsächlich zeigt sich, daß diese Funktion imstande ist, die gestellten Forderungen zu erfüllen, falls es sich um isochorisch-isothermische Vorgänge handelt [s. Gl. (33)]. Für nichtisochorische läßt sich anstatt der Abnahme der freien Energie die Funktion $-\Delta F-\Delta A$ (in welcher ΔA die geleistete Arbeit darstellt) verwenden, die ja ganz allgemein für eine umkehrbare isothermische Änderung und folglich für eine virtuelle Änderung aus dem Gleichgewichtszustande Null ist. Für isobarisch-isothermische

Vorgänge geht diese Funktion in $-\Delta G$ [G ist das thermische Potential, siehe Gl. (36)] über.

In Ziff. 7 wiesen wir schon auf die Schwierigkeit der Unbestimmtheit der Entropiekonstante in den Funktionen F und G hin. Jetzt zeigt sich also, daß die Affinität von der Wahl dieser Entropiekonstante abhängt. Der Versuch, diese Schwierigkeit zu beseitigen, führte NERNST zu der Entwicklung seines Theorems. Er ging von experimentellen Ergebnissen über die Affinität aus. Die Affinität läßt sich in Größen ausdrücken, die durch thermische Messungen bestimmt werden können. Auf diese Weise kam NERNST zu einem Problem, das nicht auf chemische Reaktionen beschränkt geblieben ist, sondern zu einem Theorem auswuchs, das vielleicht als ein allgemeines Naturgesetz betrachtet werden kann. Vom Standpunkte der Frage nach der eindeutigen Festlegung der Affinität aus (und also der Entropie) versteht man den Zusammenhang mit der Erforschung des Verhaltens thermodynamischer Prozesse bei Temperaturen, die sich dem absoluten Nullpunkte nähern und im Grenzfalle mit ihm zusammenfallen.

NERNST betrachtet nur kondensierte Systeme, also Systeme, in denen ausschließlich feste oder flüssige Stoffe auftreten, so daß die äußere Arbeit vernachlässigt werden darf. Wenn man die Affinität $-\Delta F = \mathfrak{A}$ nennt und Q die Änderung der inneren Energie $(-\Delta U)$, die gleich der Reaktionswärme ist, weil die äußere Arbeit vernachlässigt werden kann, so kann man nach Gl. (35) schreiben:

$$\mathfrak{A} = Q + T\frac{\partial \mathfrak{A}}{\partial T}\,. \tag{57}$$

Jetzt ist ein experimentelles Ergebnis zu beachten. Man hat festgestellt, daß die Affinität $\mathfrak{A}$ und die Reaktionswärme Q mehr und mehr einander gleich werden, je näher die Temperatur dem absoluten Nullpunkt kommt, und zwar so, daß beide im Nullpunkt zusammenfallen können. Wenn wir (57) in der Form

$$\frac{\partial \mathfrak{A}}{\partial T} = \frac{\mathfrak{A} - Q}{T} \tag{58}$$

schreiben, so bedeutet das eben Gesagte, daß das zweite Glied bei $T = 0$ unbestimmt geworden ist. Wir können $\partial\mathfrak{A}/\partial T$ im Nullpunkt $(\partial\mathfrak{A}/\partial T)_0$ nur bestimmen durch eine Differentiation von Zähler und Nenner:

$$\left(\frac{\partial \mathfrak{A}}{\partial T}\right)_0 = \frac{\left(\frac{\partial \mathfrak{A}}{\partial T}\right)_0 - \left(\frac{\partial Q}{\partial T}\right)_0}{1}\,.$$

Hieraus geht hervor, daß, wenn $(\partial\mathfrak{A}/\partial T)_0$ endlich bleibt, $(\partial Q/\partial T)_0$ Null sein muß, anders ausgedrückt, die Reaktionswärme bei niedrigeren Temperaturen nähert sich allmählich einem konstanten Werte. Über die Größe von $(\partial\mathfrak{A}/\partial T)_0$ läßt sich von vornherein nichts sagen; aber hier bringt das NERNSTsche Theorem Aufklärung. NERNST postuliert, daß bei $T=0$ auch $(\partial\mathfrak{A}/\partial T)_0=0$ sein muß. Dies bedeutet, daß die Kurven der Affinität und der Reaktionswärme als Funktion der Temperatur sich im Nullpunkte berühren müssen. Das ist also die Voraussetzung, die NERNST macht. Aus (58) geht nun hervor, daß

$$\left(\frac{\mathfrak{A}-Q}{T}\right)_0=0$$

ist. Wir werden zeigen, daß diese Größe eben die Integrationskonstante der Affinität ist.

Wenn man Gl. (57) integriert, findet man für $\mathfrak{A}$ den Ausdruck

$$\mathfrak{A}=-T\int_0^T\frac{Q}{T^2}\,\mathrm{d}T+c\,T,$$

worin c die Integrationskonstante bedeutet. Weil das Integral divergiert, schreiben wir es wie folgt:

$$\mathfrak{A}=Q_0-T\int_0^T\frac{Q-Q_0}{T^2}\,\mathrm{d}T+c\,T.$$

Dieses Integral ist konvergent, weil $\left\{\frac{\partial(Q-Q_0)}{\partial T}\right\}_0=0$ ist. Wenn man diese Gleichung durch T dividiert, sieht man, daß für $T=0$

$$c=\left(\frac{\mathfrak{A}-Q}{T}\right)_0$$

ist, womit die Behauptung bestätigt ist. *Die Affinität liegt nun eindeutig fest.*

Aus der letzten Gleichung geht hervor, daß wir die Affinität berechnen können, wenn die Reaktionswärme Q, welche kalorimetrisch zu bestimmen ist, in Abhängigkeit von der Temperatur bekannt ist.

Aus dem NERNSTschen Theorem läßt sich unmittelbar eine Schlußfolgerung ziehen, nämlich

$$\left(\frac{\partial\mathfrak{A}}{\partial T}\right)_0=\left\{\frac{\partial(F_1-F_2)}{\partial T}\right\}_0=S_1^0-S_2^0=0.$$

(Die Indizes 1 und 2 beziehen sich auf den Zustand vor und nach der Reaktion.) Das bedeutet, *daß beim absoluten Nullpunkt bei einer Reaktion die Entropie immer konstant bleiben muß.*

PLANCK geht noch einen Schritt weiter und postuliert

$$\left(\frac{\partial F_1}{\partial T}\right)_0=\left(\frac{\partial F_2}{\partial T}\right)_0=S_0=0. \tag{59}$$

Die Entropiekonstante ist gleich Null. Man kann nunmehr die Entropie ohne weiteres mit $\int_0^T\frac{C}{T}\,\mathrm{d}T$ angeben. Eine Folge hiervon ist, daß die spezifische Wärme bei $T=0$ sich dem Werte Null genähert haben muß, was tatsächlich experimentell bestätigt worden ist. Auch die Quantentheorie führt zu diesem Ergebnis: Ein Gesetz DEBYEs lautet, daß für feste Körper C_v proportional T^3 ist.

NERNST hat untersucht, ob seiner Hypothese nicht ein allgemeineres Prinzip, entsprechend den beiden Hauptsätzen, zugrunde läge. Dieses allgemeine Prinzip sieht er in folgender Richtung: „Es ist unmöglich, einen in endlichen Dimensionen verlaufenden thermodynamischen Prozeß zu finden, mit dem man den absoluten Nullpunkt erreichen könnte, so daß die Temperatur streng Null sein würde." Inwiefern dieser Fassung mehr oder weniger Allgemeinheit zukommt als die ursprüngliche, ist eine Frage, mit der viele Physiker sich befaßt haben [10]. Ebenso ist die Frage weiter verfolgt worden, ob das Theorem in einer der beiden Formulierungen vielleicht aus dem zweiten Hauptsatz hervorgehen würde in Zusammenhang mit der Erfahrungstatsache, daß der Abfall der spezifischen Wärmen bei niedrigen Temperaturen proportional der dritten Potenz der absoluten Temperatur vor sich geht. Die zweite Formulierung zeigt sich nur dann als eine Folgerung der ersten, wenn man annimmt, daß die spezifische Wärme sich nach tieferen Temperaturen dem Werte Null nähert, was in der Praxis in vielen Fällen bestätigt wird. Anscheinend kann man aus der PLANCKschen Formulierung unmittelbar auf die Unerreichbarkeit schließen. Nach SCHMOLKE [11] ist jedoch die erste NERNSTsche Formulierung unabhängig von der Wohl- oder Nichterreichbarkeit des Nullpunktes, so daß die experimentell bestätigten Folgerungen aus der ursprünglichen Formulierung (siehe z. B. die nachstehenden Absätze a und c) ohne weiteres keine Aussage über die Erreichbarkeit gestatten.

Es seien noch einige Folgerungen genannt:

a) Falls das NERNSTsche Theorem ein allgemein gültiges Theorem zu sein beansprucht, muß es nicht nur für kondensierte Systeme, sondern auch für Gase gelten. Man kann dann zeigen, daß das ideale Gasgesetz nicht mehr bis zu $T = 0$ richtig sein kann. Für eine isothermische Gasreaktion, bei der das Volumen v_1 sich in v_2 ändert, können wir ja $\mathfrak{A}$ $(= -\Delta F)$ als die äußere geleistete Arbeit auffassen. Diese ist $RT \ln v_2/v_1$ und daher wird $\frac{\partial \mathfrak{A}}{\partial T} = R \ln \frac{v_2}{v_1}$. Danach würde der Grenzwert von $\partial \mathfrak{A}/\partial T$ für $T = 0$ nicht Null werden. Aus einfachen Berechnungen, die hier nicht angestellt werden sollen, ist ersichtlich, daß die Zustandsgleichung dazu die Form

$$p v = R T \Psi\left(\frac{1}{T v^{2/3}}\right)$$

haben muß, worin Ψ eine willkürliche Funktion ist, die jedoch nicht eine Konstante sein kann. Die Abweichung vom idealen Gasgesetz nennt man „Gasentartung".

b) Daß die spezifische Wärme den Wert Null annehmen muß, wenn die Temperatur auf Null sinkt, ist schon angegeben worden. Für feste

Stoffe ist das auch der Fall. Für das Helium jedoch hat die spezifische Wärme bis zu den niedrigsten gemessenen Temperaturen noch keine nennenswerte Abweichung vom „klassischen Werte“ — den sie nach der kinetischen Gastheorie unter der Annahme eines idealen Gases haben muß — aufgewiesen. Man erwartet Abnahme bei noch niedrigeren Temperaturen.

c) Der Ausdehnungskoeffizient muß bei $T=0$ auch den Wert Null erreichen. An festen Körpern ist bei Temperaturen des flüssigen Wasserstoffs ein dementsprechendes Verhalten in der Tat beobachtet worden.

Zweites Kapitel.

Der Gegenströmer.

1. Einführung.

Im letzten Teile des vorhergehenden theoretischen Kapitels wurden die Elementarprozesse erwähnt, die zu einer Temperaturerniedrigung führen. Wenn ein Körper, den man bei Zimmertemperatur zur Verfügung hat, einem solchen Prozeß unterliegt, so erlangt er eine ganz bestimmte Endtemperatur, und diese ist von der am Prozeß beteiligten Menge unabhängig. Jeder derartige Prozeß ist ja von einer bestimmten Kältewirkung begleitet. In Zusammenhang mit der Wärmekapazität ist diese maßgebend für die Endtemperatur, die also die Bedeutung einer unteren Grenze hätte, wenn man sich nicht des Hilfsmittels einer Kaskadenmethode bediente.

Für die Kälte*physik* liegt kein wesentliches Interesse daran vor, mit einem Körper, der sich mittels eines der im vorhergehenden Kapitel beschriebenen Verfahren abgekühlt hat, einen zweiten Körper vorzukühlen, bevor man auch diesen einem solchen Prozeß aussetzt, um dadurch eine niedrigere Temperatur zu erhalten. Große Wichtigkeit hat dieses Verfahren jedoch für die Kälte*technik*. Der Gegenströmer ist eine Vorrichtung, die eine sehr wirksame und technisch bequem ausführbare Vorkühlung ermöglicht. Der Gegenströmer wurde von Wilhelm Siemens zu einer Zeit erfunden, als von Kältetechnik noch kaum die Rede war (im Jahre 1857 hat ihn Siemens bei einer Kritik der ersten Kaltluftmaschine vorgeschlagen); er darf als *das* Mittel angesehen werden, wodurch die rein physikalischen Methoden der Temperaturerniedrigung praktische Bedeutung für die technische Durchführung erlangte. Der Gegenströmer ist das für die ganze Technik der tiefen Temperaturen unentbehrliche Element, und deshalb soll seine Beschreibung den Kapiteln, die sich mit dieser Technik befassen, vorangestellt werden.

Seit der Gedanke der Temperaturauswechslung — die kein Temperaturausgleich ist, was gerade das wesentliche Kennzeichen des Gegenströmers bildet — aufkam, waren etwa 3 Jahrzehnte vergangen, bis

Solvay den Gegenströmer in die Technik der tiefen Temperaturen einführte. Solvay [1] versuchte, die Luft zu verflüssigen durch Anwendung des Gegenstromprinzips in Verbindung mit einer adiabatischen Expansion in einem Expansionszylinder. Dieser Forscher hatte jedoch damals keinen Erfolg. Der erste, dem es wirklich gelang, war Linde im Jahre 1895 [2].

2. Arbeitsweise des Gegenströmers.

Im allgemeinen dient der Gegenströmer zu einem Wärmeaustausch zwischen zwei Flüssigkeitsströmen. Diese werden dazu in guten Wärmekontakt mit einander gebracht, und zwar so, daß die beiden Strömungsrichtungen einander entgegengesetzt gerichtet sind. Dadurch erzielt man gerade den Temperaturaustausch. Zur Erzielung eines großen Wärmeüberganges werden die Ströme durch eine möglichst dünne, aus gut wärmeleitendem Material (meist Kupfer) hergestellte Wand mit einer möglichst großen Oberfläche voneinander getrennt.

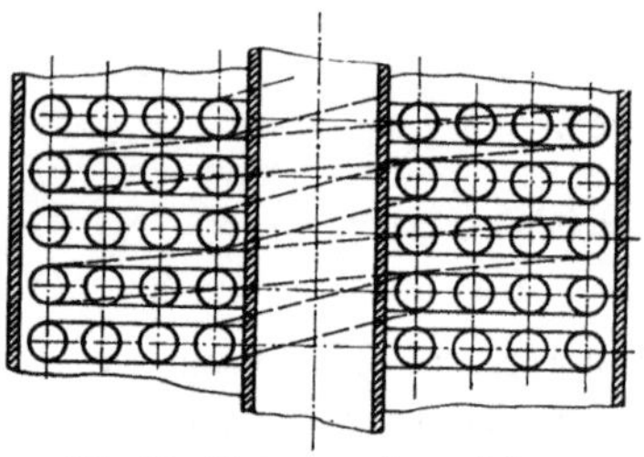

Abb. 17. Hampson-Gegenströmer.

Die Anordnung ist meist derart, daß zwei Rohre konzentrisch ineinander montiert und zwecks Beanspruchung eines nur kleinen Raumes nachher schraubenförmig gewunden sind. Wo es sich um zwei Gasströme handelt, ist es vorteilhaft, den Gasstrom höheren Druckes durch das Innenrohr, den anderen durch das Außenrohr zu führen. Diesen Typus zeigte der ursprüngliche Lindesche Gegenströmer. Eine andere Bauart ist die von Hampson [3] angegebene, der ein einziges spiralförmiges Rohr für das Gas höheren Druckes in einem Raum anbringt, durch den das Gas niedrigeren Druckes hindurchströmt. Das Rohr wird in flachen Spiralen (wie bei einer Uhrfeder) aufgewunden; diese Spiralen liegen übereinander, während die Verbindungen abwechselnd an der Innen- und Außenseite angebracht sind (s. Abb. 17). Auf solche Weise wird der ganze Raum ausgefüllt und daher kann das Volumen möglichst klein werden.

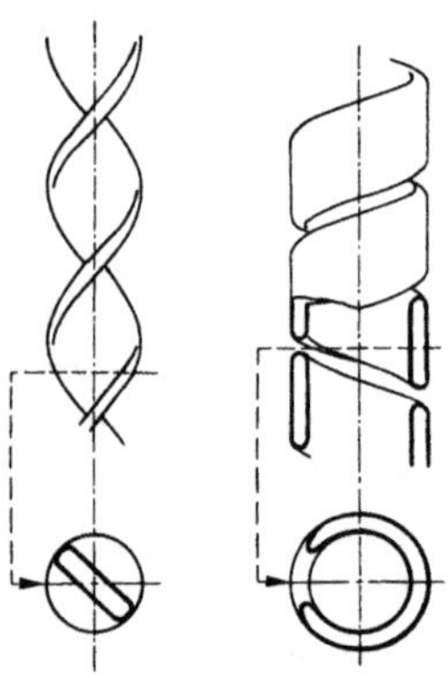

Abb. 18. Spiralisiertes Bandrohr im Gegenströmer nach Nelson.

Eine wesentliche Verbesserung der Lindeschen Ausführung, die eine beträchtliche Längenverminderung und folglich eine Raumersparnis bedeutet, gelang dem Instrumententechniker Nelson. Das Innenrohr ist ein platt gewalztes Rohr, mit spaltförmigem Querschnitt also, in dem der Abstand von der Wand bei gleicher Innenoberfläche kleiner ist, so daß der Wärmewiderstand quer zu der Stromrichtung geringer wird.

Um großen Drucken Widerstand leisten zu können, erhält das Bandrohr in der Weise, wie es Abb. 18 veranschaulicht, Spiralenform. BICHOWSKI [4] erzielte einen sehr guten Erfolg mit einem Gegenströmer, der aus diesem Hochdruckrohr und der schon genannten Niederdruckleitung zusammengesetzt war; dabei wurde in der Niederdruckleitung eine Turbulenz künstlich hervorgerufen, weil durch eine Turbulenz der Wärmedurchgang bedeutend gesteigert wird.

3. Die Wärmeübertragung im Gegenströmer: NUSSELTsche Formel.

Der für das Verhalten eines Gegenströmers wesentliche Faktor, der hauptsächlich für die Dimensionierung maßgebend ist, ist die Wärmedurchgangszahl [5], eine von der Wärmeleitfähigkeit der Gase bzw. der Metallwand und dem Wärmeübergang an den Wandoberflächen bestimmte Größe. Im allgemeinen ist von dieser Größe nur wenig bekannt und besonders auf dem Gebiete der tiefen Temperaturen liegen dafür sehr wenig Bestimmungsstücke vor. Darum ist es schwierig, einen Gegenströmer rechnerisch zu gestalten und man ist meist auf eigene oder fremde Erfahrung angewiesen. Dazu kommt noch der Umstand, daß Ergebnisse, die andere erzielten, oft nicht zugänglich sind, weil zu wenig unmittelbar für die Leistung des Gegenströmers charakteristische Angaben veröffentlicht werden.

Was diesen Wärmeübergang in Rohren anlangt, so können die Untersuchungen und theoretischen Betrachtungen von NUSSELT [6] als Ausgangspunkt für eine Abschätzung in einem vorliegenden Falle dienen. Die Versuche NUSSELTs bestanden in der Messung des Wärmeüberganges in einem Messingrohr mit kreisförmigem Querschnitt (Durchmesser 22 mm), durch das Luft, Kohlensäure oder Leuchtgas mit verschiedenen Geschwindigkeiten und Drucken hindurchgeschickt wurde. Die Temperatur des Gases beim Eintritt in das Rohr, das über die ganze Länge (2 m) auf einer festen Temperatur, und zwar 100° C, gehalten wurde, betrug immer 20° C. Der Druck änderte sich von 0 bis 16 at, die Geschwindigkeit wurde bis auf 30 m/sec gesteigert. Es zeigte sich eine starke Zunahme der sog. Wärmeübergangszahl mit der Dichte (ϱ) und der Geschwindigkeit (w), wenigstens dann, wenn die letztere die kritische Geschwindigkeit — bei der die Parallelströmung der Flüssigkeitsteilchen in eine Wirbelung übergeht — überschreitet. Es stellte sich heraus, daß die Druck- bzw. Geschwindigkeitsabhängigkeit in der Form einer Potenz von Druck oder Geschwindigkeit geschrieben werden konnte, und zwar beidemal mit demselben Exponenten, wie es theoretisch aus Ähnlichkeitsbetrachtungen zu erwarten war. Für alle drei Gase ergab sich derselbe Wert, nämlich 0,786. Auch die Abhängigkeit von der spezifischen Wärme (c_p) und Wärmeleitfähigkeit (λ) ließ sich in der Form einer Potenz schreiben. Der Ansatz, beide Größen in der Beziehung c_p/λ im

Temperaturgefälle senkrecht zur Wand zu finden, wurde sehr befriedigend bestätigt.

Wenn NUSSELT für dieses Temperaturgefälle den Ansatz macht

$$\frac{\partial T}{\partial r} = -b\, w^{n_1} d^{n_2} \varrho^{n_3} \lambda^{n_4} \eta^{n_5} c_p^{n_6} (T_0 - T_m),$$

in dem, außer den genannten Größen, b eine Konstante, d den Durchmesser des Rohres, η die Zähigkeit der Flüssigkeit, T_0 die Temperatur der Wand und T_m die mittlere Temperatur in der Flüssigkeit bedeuten, so muß sich theoretisch die Zahl der Exponenten $n_1, \ldots, n_6$ auf nur zwei (n, m) beschränken, und zwar muß man erwarten:

$$\frac{\partial T}{\partial r} = -b\, d^{n-1} \left(\frac{w\,\varrho}{\eta}\right)^n \left(\frac{\eta\, c_p}{\lambda}\right)^m (T_0 - T_m).$$

Wenn man nun die Wärmeübergangszahl wie folgt definiert:

$$\alpha = -\frac{\lambda \frac{\partial T}{\partial r}}{T_0 - T_m}$$

und statt α die dimensionslose Größe $\alpha d/\lambda$, bekannt als die NUSSELTsche Zahl $\mathfrak{Nu}$, einführt, so findet man:

$$\mathfrak{Nu} \doteq \left(\frac{w\,\varrho\, d}{\eta}\right)^n \left(\frac{\eta\, c_p}{\lambda}\right)^m \doteq \mathfrak{Re}^n \cdot \mathfrak{Pr}^m.$$

Beide Größen in den Klammern sind ebenfalls dimensionslos und bedeuten die in der Hydro- und Aërodynamik sehr wichtige REYNOLDSsche Zahl ($\mathfrak{Re}$) bzw. die PRANDTLsche Zahl ($\mathfrak{Pr}$).

Nun gibt es einen bestimmten Wert der REYNOLDSschen Zahl, bei dem die Laminarströmung in einem Rohr in eine turbulente Strömung übergeht. Dies ist die kritische REYNOLDSsche Zahl, deren Wert etwa 2000 beträgt. Für einen Gasstrom unter bestimmten Umständen gibt es also eine bestimmte kritische Geschwindigkeit, oberhalb welcher Turbulenz auftritt. Die kritische Geschwindigkeit ist bestimmt durch den Ausdruck:

$$w_{\mathrm{k}} = \frac{\mathfrak{Re}_{\mathrm{k}}\, \eta}{d \cdot \varrho}.$$

Nun zeigt sich $n = m$ unterhalb dieser Geschwindigkeit. Oberhalb w_{k} hat NUSSELT jedoch $n = 0{,}786$ und $m = 0{,}85$ festgestellt. Bequemlichkeitshalber aber schreibt er seine Formel mit nur einem Exponenten, nämlich $m = n = 0{,}786$.

Ebenfalls von NUSSELT ist eine Abhängigkeit der Wärmeübertragungszahl von der Stelle im Versuchsrohr beobachtet worden; sie läßt sich einerseits erklären durch die Änderung der mittleren Temperatur des Gases, die eine Änderung der Wärmeleitzahl zur Folge hat, kann aber anderseits auch als eine Folge der Änderung der Temperaturverteilung über den Querschnitt gedeutet werden. Wenn am Eintritt des Rohres die Temperatur an allen Punkten des Querschnittes dieselbe ist, wird dies an einer anderen Stelle nicht mehr der Fall sein, weil die Temperaturverteilung sich allmählich ändert — und zwar so, daß der Temperaturunterschied zwischen der Wand und der ihr anliegenden Flüssigkeitschicht kleiner wird —, um schließlich konstant zu werden. Dadurch wird α von einem bestimmten Wert am Anfang des Rohres ab rasch sinken, um einem Mindestwert asymptotisch zuzustreben. NUSSELT hat diese Erscheinung rechnerisch verfolgt.

In der Ableitung der obengenannten Formel ist eine Längenabhängigkeit nicht berücksichtigt. Nun hat NUSSELT selbst die Abhängigkeit des α vom Durchmesser nicht festgelegt, doch er findet sie bei anderen Forschern durch den Faktor $1/d^{0,16}$ bestimmt. Das hat zur Folge, daß eine Längenabhängigkeit durch die Potenz $1/l^{0,05}$ dargestellt werden kann, weil die Summe beider Exponenten zusammen mit dem Exponenten der (ϱw)-Abhängigkeit den Wert Eins ergeben muß.

Zusammenfassend kommt NUSSELT zu der folgenden empirisch-theoretischen Formel für die Wärmeübergangszahl in einem Rohre mit kreisförmigem Querschnitt:

$$\mathfrak{Nu} = 0{,}0362 \left(\frac{d}{l}\right)^{0,05} \mathfrak{Re}^{0,786}\, \mathfrak{Pr}^{0,786}, \tag{1}$$

worin $\mathfrak{Re} = \dfrac{w\, d\, \gamma}{\eta g}$ und $\mathfrak{Pr} = 3600 \dfrac{c_p \eta g}{\lambda}$ mit den Bezeichnungen:

w = mittlere Geschwindigkeit in m/sec;
d = Rohrdurchmesser in m;
γ = spezifisches Gewicht in kg/m³;
η = Zähigkeitszahl in kg sec/m²;
g = Schwerkraftbeschleunigung in m/sec² = 9,81;
c_p = spezifische Wärme in kcal/kg °C;
λ = Wärmeleitfähigkeitszahl in kcal/m °C h;
l = Rohrlänge in m;
α findet man aus $\mathfrak{Nu}$ $(= \alpha d/\lambda)$ in kcal/m² °C h.

In der folgenden Tabelle findet man als Beispiel die Berechnung der Wärmeübergangszahl für einige Gase in einem Rohre der Länge 1 m mit dem Durchmesser 10 mm, bei der Stromgeschwindigkeit 20 m/sec und dem Druck 1 at für den Fall einer kleinen Temperaturdifferenz zwischen Wand und Gas.

Tabelle 1.

Gas	Temp. °C	γ	c_p	$\eta \cdot 10^6$	λ	$\mathfrak{Pr}$	$\mathfrak{Re}$	$\mathfrak{Nu}$	α	$\mathfrak{Nu}$ *
Luft	0	1,29	0,241	1,74	0,0207	0,72	$1{,}5 \cdot 10^4$	42	87	44
Luft	—180	3,72	0,250	0,66	0,0065	0,90	$11{,}4 \cdot 10^4$	250	163	230
Wasserstoff .	0	0,090	3,38	0,85	0,143	0,71	$0{,}22 \cdot 10^4$	9	130	11
Wasserstoff .	—252	1,19	2,50	0,086	0,0116	0,66	$28{,}0 \cdot 10^4$	400	464	360
Helium . . .	0	0,178	1,25	1,88	0,121	0,69	$0{,}19 \cdot 10^4$	8	100	9
Helium . . .	—252	2,36	1,25	0,35	0,0187	0,83	$13{,}7 \cdot 10^4$	270	505	250

* PRANDTL-HOFMANNsche Formel (siehe S. 57).

Die innere Oberfläche des Rohres beträgt 0,031 m². Also ist der Gesamtwert der Wärmeübertragung z. B. im Falle der Luft bei —180° C: 163 · 0,031 = 5,1 kcal je Stunde und je Grad Temperaturdifferenz. Bei der Geschwindigkeit 20 m/sec strömen 20,9 kg Luft hindurch. Die Wärmekapazität dieser Menge ist 5,22 kcal/° C, so daß in diesem Falle das Temperaturgefälle im Rohr etwa 1° je m beträgt. Das bedeutet z. B. ein Temperaturgefälle 0,2° je cm bei 20° Temperaturdifferenz zwischen Gas und Wand.

In der Formel (1) kommt zum Ausdruck, daß der Wärmeübergang um so größer wird, je kleiner der Durchmesser des Rohres ist. Für nichtkreisförmige Querschnitte ist als Durchmesser $4\,F/S$ zu nehmen, wenn F und S die Oberfläche bzw. den Umfang des Querschnittes, durch den der Wärmetransport stattfindet, bedeuten. Die NELSONsche Verbesserung (s. Abb. 18) geht hieraus unmittelbar hervor. Sehr wichtig ist auch, daß die Geschwindigkeit w durch Verkleinerung des Querschnitts bei der gleichen durchströmenden Menge gesteigert wird.

Wie bereits gesagt, hat Formel (1) nur Gültigkeit, wenn die Geschwindigkeit oberhalb des kritischen Wertes liegt, d. h. wenn die Strömung turbulent ist. Für den Wärmeübergang ist dies sehr wichtig, da die Turbulenz die Berührung aller Teile des Gasstromes mit der Wand zur Folge hat.

Es ist klar, daß die kritische Geschwindigkeit in der Praxis im allgemeinen rasch überschritten sein wird ($\mathfrak{Re} > 2000$). Nichtsdestoweniger kann es vorteilhaft sein, die Turbulenz noch künstlich zu steigern, was besonders für das Niederdruckrohr wichtig ist. So hat z. B. BICHOWSKI das Niederdruckrohr mit grobkörnigem Cu-Al-Pulver oder mit einer Kupferdrahtwindung ausgefüllt.

Es liegt nun die Frage nahe, inwieweit man sich auf die NUSSELTsche Formel verlassen kann, wenn ganz andere Umstände vorliegen als die, welche in den Untersuchungen von NUSSELT zu dieser Formel geführt haben. Man arbeitet in der Technik der tiefen Temperaturen mit hohen Drucken (200 at), tiefen Temperaturen (bis —270° C) und kleinen Durchmessern der Rohre der Gegenströmer. Daher wird die Formel sehr wahrscheinlich für diesen Zweck nur als informatorisch angesehen werden dürfen. Man muß jedoch beachten, wie NUSSELT bemerkt, daß die Formel nicht rein empirisch ist, sondern auf einer wissenschaftlichen Grundlage beruht, nämlich auf den NAVIER-STOKESschen Bewegungsgleichungen einer Flüssigkeit und der FOURIERschen Wärmeleitungsgleichung. Gerade diese Tatsache würde sie dazu berechtigen, auf allgemeine Gültigkeit Anspruch erheben zu dürfen. Übrigens wurden — wie erwähnt — die (ϱw)-Abhängigkeit und der Absolutwert der Wärmeübergangszahl von anderen Forschern bestätigt. Leider fehlt eine unmittelbare Bestätigung der Abhängigkeit vom Durchmesser, und auch der Einfluß der Rauhigkeit der Rohroberfläche ist nicht berücksichtigt.

Streng genommen wäre die Formel also nur für Rohre mit geometrisch ähnlicher Beschaffenheit der Oberfläche anwendbar, d. h. für gleiches Verhältnis der Rauhigkeit zum Rohrdurchmesser.

In späterer Zeit hat HOFMANN [7], an Hand der zahlreich veröffentlichten Versuche mit Ölen, Wasser und anderen Flüssigkeiten, eine allgemeine Wärmeübergangsgleichung aufgestellt, als Erweiterung eines von PRANDTL schon 1910 hergeleiteten Ausdrucks. PRANDTL [8] war dazu gelangt durch die Annahme einer idealisierten Grenzschicht längs der Wand des Rohres; in dieser Schicht geht die Strömung rein laminar vor sich, während an sie eine rein turbulente Kernströmung scharf angrenzt.

Die PRANDTL-HOFMANNsche Formel lautet:

$$\mathfrak{Nu} = \frac{0{,}0395\, \mathfrak{Re}^{0{,}75} \cdot \mathfrak{Pr}}{1 + 1{,}5\, \mathfrak{Re}^{-1/8} \cdot \mathfrak{Pr}^{-1/6}\, (\mathfrak{Pr} - 1)}\,. \tag{2}$$

Obwohl diese Beziehung nicht auf Versuchen an Gasen, sondern hauptsächlich an Flüssigkeiten beruht, haben wir sie, ihrer Allgemeinheit wegen, doch der NUSSELTschen zur Nachprüfung gegenübergestellt. Es hat sich gezeigt, daß sie in den uns interessierenden Fällen ungefähr zu demselben Ergebnis führt, das aus der Tabelle auf S. 55 ersichtlich ist. Für hohe Werte der PRANDTL-Zahl wird das wahrscheinlich nicht mehr zutreffen.

Wenn die Temperatur der Wand und die des Gases mehr voneinander abweichen, ist es wichtig zu wissen, auf welche Temperatur man die Stoffwerte beziehen soll. HOFMANN hat gefunden, daß die Lage dieser Bezugstemperatur zwischen den beiden erstgenannten von der PRANDTLschen Zahl abhängig ist und daß man für sie den arithmetischen Mittelwert nehmen kann, wenn die PRANDTLsche Zahl klein (< 20) ist. Bei höheren Werten dieser Zahl verschiebt sich die Bezugstemperatur mehr und mehr nach der mittleren Flüssigkeitstemperatur hin [9].

Gl. (2) gilt für voll ausgebildetes Temperatur- und Geschwindigkeitsfeld über den Querschnitt des Rohres, also in genügender Entfernung von der Eintrittsstelle, d. h. für $l \gg 200\, d$. Für kürzere Rohre sind die Werte $\mathfrak{Nu}$ aus Gl. (2) noch mit dem NUSSELTschen Längenfaktor $1{,}33\, (d/l)^{0{,}054}$ zu multiplizieren; für $l = 200\, d$ ist dieser Faktor 1.

Zur Auswertung der Gl. (2) hat HOFMANN [10] eine einfache Kurventafel in logarithmischer Teilung zusammengestellt, in der die NUSSELTsche Zahl als Ordinate, die PRANDTLsche Zahl als Abszisse und die REYNOLDSsche Zahl als Parameter abgetragen worden sind. Die in der Tabelle auf S. 55 angegebenen Daten sind diesem Diagramm unmittelbar zu entnehmen.

Der Wärmeübergang auf die Wand wird ebenfalls von der Wärmeleitfähigkeit des Materials dieser Wand abhängig sein; in Metallrohren ist aber der Wärmewiderstand des Rohres im allgemeinen vernachlässigbar klein zu dem des Gases.

4. Berechnung des Gegenströmers.

Im folgenden werde nun das Verhalten des Gegenströmers rechnerisch verfolgt [11].

Abb. 19 zeigt skizzenhaft den Gegenströmer: a ist die Außenrohrwand, b die Innenrohrwand. Die Pfeile zeigen die Stromrichtungen der beiden Gasströme i und u; i ist der Gasstrom höchster, u derjenige niedrigster Temperatur, so daß wir bei $l = l_0$ die höchste, bei $l = 0$ die niedrigste Temperatur im Gegenströmer antreffen. Dazwischen nimmt die Temperatur von $l = 0$ nach $l = l_0$ stetig zu.

a) Die Wärmemenge, die an einer bestimmten Stelle im Gegenströmer über die Länge dl je Zeiteinheit von der Wand auf den Gasstrom oder umgekehrt übergeht (die Wärmeauswechslung findet auf dem Weg über die Innenrohrwand statt), ist proportional dl und der örtlichen Temperaturdifferenz zwischen beiden. Die Temperatur des Gasstromes ändert sich über diese Länge mit dT. Wenn C_p die spezifische Molwärme des Gases bezeichnet und die je Zeiteinheit hindurchgeströmte Menge g Mol beträgt, so ist die obige Wärmemenge gleich $g C_p\, dT$, so daß man für den Gasstrom i schreiben kann:

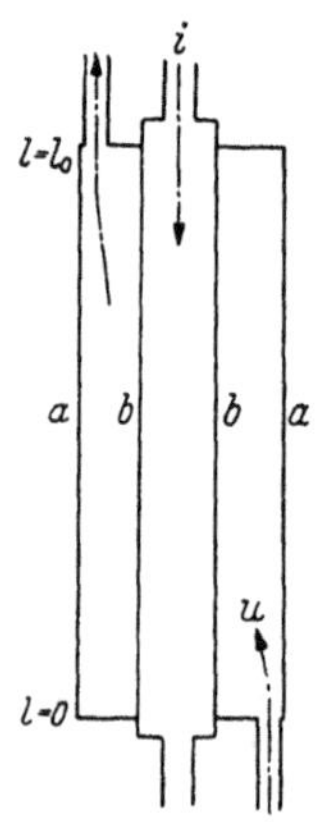

Abb. 19. Schema des Gegenströmers.

$$g_i C_p^i\, dT_i = \alpha (T_i - T_b)\, dl, \qquad (3)$$

worin die Indizes sich auf den Gasstrom i bzw. die Rohrwand b beziehen.

Die Größe α ist die Wärmeübergangszahl, über die im vorigen Paragraphen bereits ausführlich gesprochen wurde. Diese Größe wird über die Länge des Gegenströmers hin veränderlich sein, weil die Wärmeleitfähigkeit des Gases von der Temperatur abhängig ist. Auch wird sie für beide Rohre nicht denselben Wert zeigen, weil hindurchgeströmte Menge, Durchmesser und Temperatur verschieden sein können. Damit das Problem hier jedoch nicht zu verwickelt werde, da es sich nur um die Grundlagen der Theorie des Gegenströmers handelt, wollen wir uns nicht eingehender mit dieser Veränderlichkeit befassen, sondern es sei angenommen, daß α für beide Gasströme und Rohrwände denselben Wert hat und unabhängig von der Stelle im Gegenströmer ist.

Eine ähnliche Gleichung wie (3) können wir jetzt für den Gasstrom u angeben, wobei jedoch nun ein Wärmeaustausch mit beiden Wänden a und b stattfindet.

Die Gleichung wird:

$$g_u C_p^u\, dT_u = \{\alpha (T_b - T_u) + \alpha (T_a - T_u)\}\, dl. \qquad (4)$$

Man hat es also mit vier Temperaturen, T_i, T_u, T_a und T_b, zu tun. Diese vier Temperaturen werden im allgemeinen vier verschiedene

Funktionen der Stelle im Gegenströmer sein. Die Aufgabe ist, diese Funktionen, die schließlich das Verhalten des Gegenströmers bestimmen, zu finden.

b) Bis jetzt haben wir eine Wärmeleitung in der Längsrichtung der Rohrwände nicht betrachtet. Diese schädliche Wärmeleitung wird sich bemerkbar machen, wenn beträchtliche Temperaturgradiënten in den Rohrwänden auftreten, wie es z. B. im Falle der NELSONschen Bauart leicht vorkommen kann.

Betrachten wir ein kleines Stück des Innenrohres b von der Länge dl. Im stationären Zustand wird die diesem Stückchen zugeführte Wärme gleich der Wärme sein, die wieder abfließt. Nun wissen wir, daß der Wärmestrom je cm^2 an einer bestimmten Stelle im Metall dem örtlichen Temperaturgefälle proportional ist. Der Proportionalitätsfaktor ist der Wärmeleitungskoeffizient λ, der noch temperaturabhängig sein kann. Nennen wir λ_a den Wärmeleitungskoeffizienten, multipliziert mit der Oberfläche des Querschnitts des Rohres a, so ist der Wärmetransport gleich $\lambda_a \, dT_a/dl$. Die Gleichgewichtsbedingung für das kleine Stück dl des Rohrs a wird nun:

$$\alpha (T_u - T_a) \, dl = -\Delta \left(\lambda_a \frac{dT_a}{dl} \right),$$

worin Δ die Differenz des Wärmetransportes an beiden Enden von dl bezeichnet. Das Vorzeichen auf der rechten Seite läßt sich leicht bestätigen. Wir können also für den Grenzfall $dl \to 0$ schreiben:

$$\alpha (T_u - T_a) = -\frac{d}{dl} \left(\lambda_a \frac{dT_a}{dl} \right). \tag{5}$$

Mittels einer derartigen Betrachtung kommt man zu derselben Gleichung für das Rohr b, wobei wieder die beiden Gasströme berücksichtigt werden müssen.

Die Gleichung wird:

$$\alpha (T_i - T_b) + \alpha (T_u - T_b) = -\frac{d}{dl} \left(\lambda_b \frac{dT_b}{dl} \right). \tag{6}$$

Wir haben in (3), (4), (5) und (6) also vier Gleichungen, aus denen die vier Temperaturen als Funktionen der Stelle zu bestimmen sind. In die Lösung gehen sechs Integrationskonstanten ein, deren Werte festgelegt werden können, sobald man noch eine Anzahl sog. „Randbedingungen" angibt. Diese sind z. B. die Temperatur T_i bei $l = l_0$, die Wärmezufuhr an a und b bei $l = l_0$ und $l = 0$ und die Temperaturdifferenz $T_i - T_u$ bei $l = 0$.

c) Zur Veranschaulichung der Frage wollen wir zunächst annehmen, daß der Gegenströmer ideal sei, insofern die Wärmeleitung in den beiden Rohrwänden in der Längsrichtung gleich Null ist.

Aus (5) ersehen wir, daß

$$T_a = T_u \tag{7}$$

ist, d. h. die Temperaturverteilung in der Außenwand ist mit der im Gasstrom u identisch, was zu erwarten ist.

Weiter ist nach (6)

$$T_i - T_b = T_b - T_u, \tag{8}$$

d. h. die Temperatur der Innenwand an jeder Stelle ist das Mittel der Temperaturen der Gasströme.

Hieraus ergibt sich [in Zusammenhang mit (3) und (4)]:

$$g_i C_p^i \frac{dT_i}{dl} = g_u C_p^u \frac{dT_u}{dl}. \tag{9}$$

Dieses bedeutet, daß das Verhältnis der Temperaturgradiënten der beiden Gasströme an jeder Stelle dasselbe und umgekehrt proportional dem Verhältnis der Wärmekapazitäten ist. Würden diese Wärmekapazitäten einander gleich sein, so könnte dies auch vom Temperaturgradienten gesagt werden, d. h. $T_i - T_u$ wäre konstant. Wenn wir annehmen, daß bei $l = 0$ eine bestimmte endliche Temperaturdifferenz zwischen den beiden Gasströmen besteht (es wird sich zeigen, daß dies für die später zu behandelnde Anwendung zutrifft), so wird sich diese bis zu $l = l_0$ fortsetzen, so daß der Gasstrom u den Gegenströmer mit einer Temperatur unterhalb derjenigen des einfließenden Gases verläßt. Nach (8) ist dann auch $T_i = T_b$ konstant, und es wird also nach Gl. (3) T_i — und somit auch T_u — linear in der Längsrichtung des Gegenströmers verlaufen.

Wir werden später sehen, daß in der Technik der tiefen Temperaturen der Gegenströmer benutzt wird zum Vorkühlen eines Gasstromes von Zimmertemperatur, bevor er zu einem Drosselventil gelangen kann. *Ein* Ende (in unserem Falle bei $l = l_0$) wird dabei im allgemeinen nicht gegen Wärmezufuhr isoliert sein, so daß, wenn hier ein Temperaturgradient vorhanden ist, immer Wärme von außen zugeführt wird, was „Kälteverlust" und daher Arbeitsverschwendung bedeutet. Der Gegenströmer entspricht nur dann völlig seinem Zweck, wenn die Temperaturgradienten bei $l = l_0$ sehr klein und die Temperaturen T_u und T_i wenig verschieden sind, d. h. wenn die beiden Kurven, ausgehend von einer bestimmten endlichen Temperaturdifferenz bei $l = 0$, mit einer kleinen Neigung zu der l-Achse sich sehr dicht nähern bei einem gewissen l, dessen Wert die Länge des Gegenströmers haben soll. Dies ist nur möglich, wenn

$$\frac{dT_i}{dl} < \frac{dT_u}{dl}$$

ist, oder

$$g_i C_p^i > g_u C_p^u, \tag{9*}$$

d. h., wenn die Wärmekapazität der je Zeiteinheit einfließenden Gasmenge (i) größer ist als die der ausströmenden Menge (u).

Gl. (3) schreiben wir in der Form:

$$\frac{dT_i}{dl} = \frac{\alpha}{g_i C_p^i} (T_i - T_b), \tag{3*}$$

während aus (4) im Zusammenhang mit (7) folgt:

$$\frac{dT_u}{dl} = \frac{\alpha}{g_u C_p^u}(T_b - T_u). \tag{10}$$

Die letzten Faktoren rechter Hand in diesen beiden Gleichungen sind nach (8) einander gleich und also gleich $\frac{1}{2}(T_i - T_u)$.

Subtrahiert man die zweite Gleichung von der ersten, so findet man nach Integration:

$$T_i - T_u = A\, e^{\frac{\alpha}{2}\left(\frac{1}{g_i C_p^i} - \frac{1}{g_u C_p^u}\right) l}. \tag{11}$$

Die Temperaturdifferenz zwischen den beiden Gasströmen nimmt also nach einer Potenz von e ab. Die Konstante wird z. B. aus der gegebenen Temperaturdifferenz für $l = l_0$ bestimmt. Die Konstante im Exponenten muß negativ sein, damit die Temperaturdifferenz nach dem warmen Ende des Gegenströmers hin abnimmt. Das stimmt also mit der Behauptung (9*) überein.

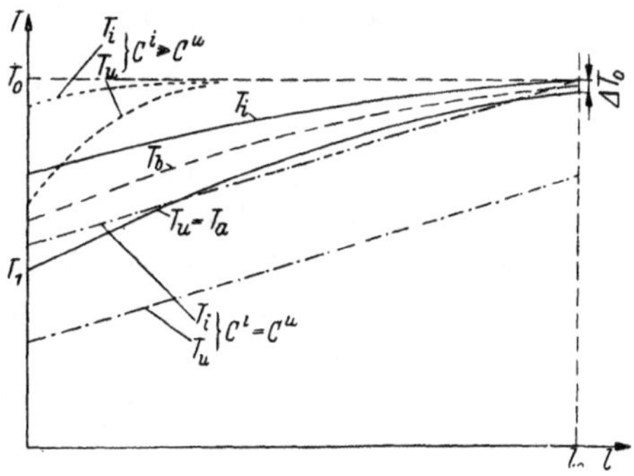

Abb. 20. Temperaturverlauf im Gegenströmer für den Fall $\lambda = 0$.

Man ersieht aus (11), daß man einen unendlich langen Gegenströmer herstellen müßte, damit die Temperaturdifferenz streng Null würde. In der Praxis wird man also mit einer endlichen Temperaturdifferenz zufrieden sein müssen. Je größer die zulässige Differenz ist, um so kürzer kann der Gegenströmer sein. Auch geht hieraus hervor, daß, je größer die Differenz der Wärmekapazitäten der beiden Gasströme ist, um so kürzer der Gegenströmer werden kann, damit eine bestimmte Temperaturdifferenz bei $l = l_0^*$ erhalten werde. Dieser Fall ist in Abb. 20 (links oben) dargestellt.

Nun läßt sich leicht eine Beziehung für die Länge des Gegenströmers ableiten. Die zwei Integrationskonstanten sind zu bestimmen, z. B. durch Angabe der Temperaturdifferenz ΔT_0 am oberen Ende des Gegenströmers ($l = l_0$) und der Temperatur T_1 des zurückkehrenden Gases beim Eintritt in den Gegenströmer ($l = 0$). Diese beiden Angaben sind in der Praxis oft maßgebend für die Gestaltung des Gegenströmers. Wenn nun die Temperaturkurven der T_i und T_u festliegen, ist es möglich, die Länge l_0 derart zu wählen, daß die Temperatur T_i an der Stelle $l = l_0$ z. B. den Wert der vorgegebenen Eintrittstemperatur T_0 hat. Da $T_b - T_u = \frac{1}{2}(T_i - T_u)$ ist, ist Gl. (10) mit Hilfe von Gl. (11) sofort zu integrieren.

Für den Wert T_u am oberen Ende des Gegenströmers ($l = l_0$) findet man:

$$T_{u\,l=l_0} = T_0 - \varDelta T_0 = \frac{\alpha (T_i - T_u)_{l=0}}{2\beta g_u C_p^u} (e^{\beta l_0} - 1) + T_1, \tag{12}$$

wenn β den Koeffizienten im Exponenten von Gl. (11) bezeichnet.

Aus (11) geht hervor, daß

$$(T_i - T_u)_{l=0} = \varDelta T_0 \, e^{-\beta l_0}$$

ist. Wenn man dies in Gl. (12) einsetzt, kommen nur die gegebenen Größen T_0, T_1 und $\varDelta T_0$ vor, und man findet für die Länge des Gegenströmers den Ausdruck:

$$l_0 = -\frac{1}{\beta} \ln \left\{ 1 + \frac{\left(1 - \frac{g_u C_p^u}{g_i C_p^i}\right)(T_0 - \varDelta T_0 - T_1)}{\varDelta T_0} \right\}. \tag{13}$$

In Abb. (20) sind die Temperaturkurven T_i bzw. T_u qualitativ dargestellt.

d) Die Annahme einer zu vernachlässigenden Wärmeleitung in der Längsrichtung der Rohre wird in der Praxis sicher nicht zutreffen. Wir gehen zum Schluß zu einer Betrachtung über, in der einer derartigen Wärmeleitung Rechnung getragen wird.

Wir ersehen aus Gl. (5), daß, wenn λ nicht zu vernachlässigen ist, $T_u \neq T_a$ ist. Da der Temperaturgradient $\mathrm{d}T_a/\mathrm{d}l$ einen positiven Wert hat und von $l = 0$ nach $l = l_0$ abnehmen wird, hat man also

$$T_u \geqq T_a, \tag{7*}$$

während aus (6) folgt

$$T_b \leqq \frac{T_i + T_u}{2}. \tag{8*}$$

Beide Rohrwände werden kälter sein als im vorigen Fall ($\lambda_a = \lambda_b = 0$).

Aus den Gl. (3) und (4) ist uns bekannt, daß

$$\frac{\mathrm{d}T_i}{\mathrm{d}l} \Big/ \frac{\mathrm{d}T_u}{\mathrm{d}l} = \frac{g_u C_p^u}{g_i C_p^i} \frac{T_i - T_b}{(T_b - T_u) - (T_u - T_a)} \tag{14}$$

ist. Das läßt sich so ausdrücken: Das Verhältnis der Temperaturgradienten in den beiden Rohren ist im Vergleich zu dem im vorigen Falle mit einem Faktor multipliziert. Wir ersehen aus (7*) und (8*), daß dieser Faktor größer als 1 ist, d. h. das Verhältnis auf der linken Seite der Gl. (14) wird sich weniger als im vorigen Falle von Eins unterscheiden. Daraus folgt, daß die Kurven, welche von dem T_i- bzw. T_u-Punkt auf der T-Achse (s. Abb. 20) ausgehen, mehr parallel zueinander liegen werden und sich also in einem weiter entfernten Punkte bis zu einem gewissen Abstand nähern. Das Auftreten einer Wärmeleitung hat also notwendigerweise eine Verlängerung des Gegenströmers zur Folge. Unter gewissen Bedingungen (λ nicht zu groß) wird der Gegenströmer jedoch noch gut durchführbar sein, d. h. es wird doch eine sehr kleine Temperaturdifferenz zwischen den beiden Gasströmen bei $l = l_0$ erzielt werden können. In diesem Falle ($T_i \approx T_u$ für $l = l_0$) wird, da $T_i > T_b > T_u$ [dies folgt aus (3) und (4), in denen die linken Seiten positiv sind], auch gelten: $T_i \approx T_b$ und $T_b \approx T_u$ für $l = l_0$, oder nach (3*) $(\mathrm{d}T_i/\mathrm{d}l)_{l=l_0} \approx 0$.

Nach (4) muß, wenn $T_b \approx T_u$ ist, auch $T_a \approx T_u$ werden und also $(\mathrm{d}T_u/\mathrm{d}l)_{l=l_0} \approx 0$ sein.

Alle Temperaturen bei $l = l_0$ sind einander nahezu gleich.

Die Temperaturgradienten von T_i, T_u — und also von T_b — werden bei $l = l_0$ auch klein sein. Da, wie ebenfalls aus Gl. (4) folgt, $T_u - T_a < T_b - T_u$ ist, wird sich die T_a-Kurve im Punkte $l = l_0$ auch sehr wenig von der T_u-Kurve unterscheiden und wird daher $(\mathrm{d}T_a/\mathrm{d}l)_{l=l_0}$ ebenfalls sehr klein sein, obwohl dies nicht unmittelbar aus Gl. (5) hervorgeht.

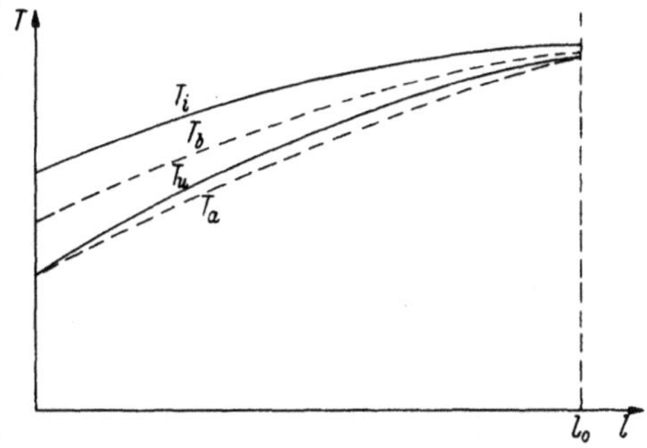

Abb. 21. Temperaturverlauf im Gegenströmer für den Fall $\lambda \neq 0$.

Für $l = 0$ ist immer $T_a = T_u$, da T_a hier nicht kleiner als T_u sein kann (T_u ist ja die niedrigste Temperatur, die im Gegenströmer auftritt) und nach (7*) $T_u \geqq T_a$ ist. Man erhält also im Gegenströmer ungefähr die Temperaturverteilung, wie sie in Abb. 21 veranschaulicht wird [12].

Weil in der obigen mathematischen Darstellung des Verhaltens des Gegenströmers die Abhängigkeit zwischen α und der Stelle unberücksichtigt blieb, ist sie nur als qualitative Nachprüfung zu betrachten. Sie läßt sich nur als Überschlagrechnung, in der man für α einen Mittelwert einsetzen kann, heranziehen.

Drittes Kapitel.

Die Luftverflüssigung.

1. Das Kaskadenverfahren.

Die Verflüssigung von Luft ist kein Problem mehr, wenn man über eine hinreichend große Menge flüssigen Sauerstoffs verfügt, denn mit seiner Hilfe ist die andere Komponente in der Zusammensetzung der atmosphärischen Luft (der Stickstoff) leicht zu verdichten, indem man sie komprimiert und den Temperaturen des flüssigen Sauerstoffs aussetzt; dann bietet die Luftverflüssigung auch keine Schwierigkeiten mehr.

Die Verflüssigung von Sauerstoff in größeren Mengen gelang zuerst durch Anwendung des Kaskadenprinzips, kombiniert mit einer CAILLETETschen Expansion. Das erste Kaskadensystem von PICTET [1] benutzte jedoch noch nicht die Expansion des Gases, sondern die Verflüssigung wurde nur durch Komprimieren und Abkühlen bis zu einer Temperatur unterhalb der kritischen erhalten. Diese Abkühlung fand statt mittels eines Kühlgases, das auf ähnliche Weise zur Verdichtung gebracht wurde. Die ursprüngliche Kaskadenmethode ist also ein Kaskadensystem der kritischen Temperaturen, ein System, das nicht zur Verflüssigung aller permanenten Gase führen konnte, weil die Temperaturgebiete der Kondensate sich nicht aneinanderreihen. Demgegenüber steht das Kaskaden-

Abb. 22. Die Leidener Kaskadenanlage.

system der Inversionstemperaturen, mit dem es wohl gelingen müßte, weil diese Temperaturen sehr viel höher liegen als die kritische.

Bevor LINDE mit seiner genialen Erfindung die Luftverflüssigung zu einem technisch sehr einfachen Verfahren machte, war jedoch die PICTETsche Kaskadenmethode die einzige, die jedenfalls die Herstellung von tiefen Temperaturen bis zu denen der flüssigen Luft ermöglichte. Obwohl das Kaskadensystem jetzt für die Luftverflüssigung keine Anwendung mehr findet*, möge doch ihrer historischen Bedeutung wegen eine kurze Beschreibung der Apparatur folgen, die KAMERLINGH ONNES [2] sich 1892 in Leiden nach den Grundsätzen PICTETs gebaut hat (ein Lichtbild findet man in Abb. 22), und zwar mit einigen wichtigen Verbesserungen, wie Anwendung von Gegenstromvorrichtungen u. a.

* Siehe indessen A. HUGUENIN: Festschrift zum 70. Geburtstag von Prof. Dr. A. STODOLA, Zürich, S. 272. 1929.

Abb. 23 zeigt, daß die Kaskadenanordnung hauptsächlich aus drei Kreisen besteht, worin Chlormethyl bzw. Äthylen und Sauerstoff umlaufen. Das Prinzip ist, daß jeder Kreis als Vorkühler des folgenden dient. Die Vorkühlung findet statt in einer sog. Siedeflasche, in der die Flüssigkeit unter herabgesetztem Druck verdampft und dadurch ein Spiralensystem, das einen Teil des folgenden Kreises bildet, so weit abkühlt, daß das Gas dieses Kreises sich bei geeigneter Wahl des Druckes verflüssigt. Chlormethyl ist bei Zimmertemperatur und dem Druck 4 at schon flüssig. Bei Verdampfung unter dem Druck 1 cm stellt sich die Temperatur in F_1 auf —90° C ein. Bei dieser Temperatur verflüssigt sich das unter 5 bis 6 at komprimierte Äthylen, um bei dem Dampfdruck 2 cm in der zweiten Siedeflasche F_2 die Temperatur —145° C anzunehmen. Diese ist genügend niedrig für die Verflüssigung des Sauerstoffs, dessen kritische Temperatur —119° C beträgt; er braucht dazu nur bis zu 20 at Druck komprimiert zu werden. Nach Herabsetzung des Dampfdruckes auf 1 at ist die Temperatur —183° C.

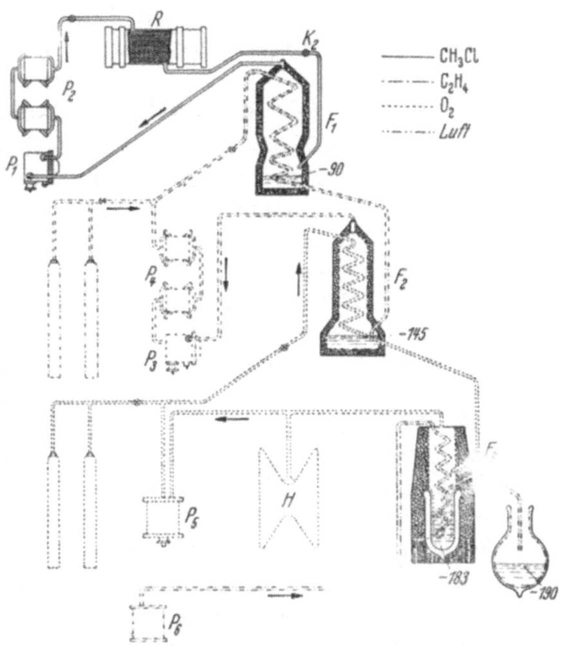

Abb. 23. Schema des Kaskadenverfahrens zur Verflüssigung von Luft (nach KAMERLINGH ONNES).

Als vierte Stufe war der Kaskadenanlage noch ein Luftkondensator zugefügt. Die Luft wurde, nachdem sie von Wasserdampf und Kohlensäure befreit worden war, bis zu 15 at komprimiert (Pumpe P 6), und unter diesem Druck verflüssigte sie sich in einer Spirale, die in flüssigen Sauerstoff eingetaucht war.

Über den Wirkungsgrad des Apparates sei noch folgendes erwähnt: Der Kraftbedarf aller Kompressoren zusammen betrug etwa 23 pk. Dabei leistete die Apparatur 14 l flüssige Luft je Stunde, so daß sie also 1,64 pkh = 1,2 kWh je l erforderte. Wir wollen hier die Berechnung des theoretischen Arbeitsaufwands nicht ausführen, da es bei der Behandlung der moderneren Verflüssigungsmethoden geschehen wird; dann wird auch die zuletzt genannte Zahl Bedeutung erhalten. Es wird sich herausstellen, daß der Nutzeffekt der Apparatur trotz ihres Umfanges besser ist als der der gedrungenen modernen Anlagen; das ist die Ursache, weshalb man in letzter Zeit dem Kaskadenverfahren wieder größere Aufmerksamkeit widmet (s. Fußnote S. 64). In diesem Zusammenhang hat KEESOM [3] eingehend den Arbeitsaufwand einer Kaskadenmethode berechnet, die aus vier Kreisen besteht, und zwar aus Ammoniak, Äthylen, Methan und Stickstoff. Die Gase werden bis zu

10,2; 19,0; 24,7 bzw. 18,6 at komprimiert; die Temperaturen der Flüssigkeiten in den Siedeflaschen (in einer jeden herrscht Atmosphärendruck) betragen —34°, —104°, —161° bzw. —195,8° C. Die Zahlenwerte bezüglich der Temperaturen, Drucke, zirkulierenden Gasmengen usw. sind der Praxis entnommen. KEESOM berechnet systematisch den für jeden Kreis benötigten Arbeitsaufwand und kommt schließlich zu nur 0,73 pkh = 0,54 kWh je kg Stickstoff. Wir werden sehen, daß dieser Arbeitsaufwand sogar erheblich kleiner ist als bei Vorrichtungen, die nach neueren Methoden arbeiten (LINDE und CLAUDE); hierüber jedoch Näheres an der betreffenden Stelle.

2. Die LINDE-HAMPSONsche Methode.

Im Jahre 1895, also schon bald, nachdem das Kaskadenverfahren praktische Bedeutung erlangte für die Herstellung flüssiger Luft, deren Anwendung sich damals praktisch noch auf Laboratoriumszwecke beschränkte, erfolgte die große Erfindung LINDES [4], die dann zu einer ungeheueren Erweiterung des Anwendungsgebietes flüssiger Luft geführt hat. (Auch HAMPSON, der zu gleicher Zeit, jedoch unabhängig von LINDE, auf denselben Gedanken gekommen war, kommt die Ehre zu, hierzu angeregt zu haben.) Die Ursache ist darin zu sehen, daß die technische Gestaltung des LINDEschen Systems erheblich einfacher ist als die des Kaskadenverfahrens, von dem es sich ganz und gar unterscheidet. Sogar der bedeutend weniger günstige Nutzeffekt hat nicht verhindern können, daß das LINDE-Verfahren in zweckmäßig abgeänderter Form sich allgemein einbürgerte. Es sind jetzt fertige Luftverflüssigungsanlagen in verschiedenen Größen für Zwecke von Laboratorium und Industrie im Handel erhältlich. Sie finden am meisten Anwendung bei der Zerlegung von Luft in die Bestandteile Sauerstoff, Stickstoff und Edelgase, welche in der Industrie in großen Mengen gebraucht werden [5]. Sauerstoff z. B. in den Schweiß- und Schneideapparaten, Stickstoff in den chemischen Betrieben (Ammoniakfabriken), Argon in der Glühlampenindustrie usw. Für die Zerlegung in ihre Bestandteile muß die Luft zuerst verflüssigt und die Flüssigkeit, wie man es nennt, „rektifiziert“ werden. Mit Hilfe der modernen Anlagen bietet die Verflüssigung gar keine Schwierigkeiten, und flüssige Luft, die ursprünglich nur im Laboratorium zu finden war, ist Gemeingut geworden. Nicht am wenigsten verdanken wir das dem großen Kältetechniker LINDE, der den Bau seiner Apparate so gut und zweckmäßig durchführte, daß er jetzt noch dem Konstrukteur als Beispiel dienen kann.

Zur Erzielung der Temperaturerniedrigung hat LINDE anfänglich an die Anwendung adiabatischer Expansion mit Leistung äußerer Arbeit gedacht. In Kapitel I haben wir diesen Prozeß bereits behandelt; wir sahen, daß man durch isentropische Expansion eines idealen oder nicht idealen Gases eine Temperaturerniedrigung erhält, die durch die Formel [s. Gl. (44), S. 37]

$$\Delta T_S = \int_{p_1}^{p_2} \frac{T}{C_p}\left(\frac{\partial v}{\partial T}\right)_p \mathrm{d}p \tag{1}$$

bestimmt wird.

Man könnte dieses Verfahren verwirklichen, indem man die Expansion vor sich gehen läßt in einem gegen Wärmezufuhr möglichst gut isolierten Zylinder mit einem sich darin bewegenden Sauger, der die Arbeit auf eine Achse übertragen kann. Durch Expansion von Luft von 100 bis zu 1 at bei der Anfangstemperatur 18° C wird man theoretisch zur Kondensation gelangen (isentropischer Prozeß), praktisch jedoch beträgt die Temperaturerniedrigung ungefähr 120°. Indem man die bis zu 200° K vorgekühlte Luft in den Expansionsmotor einführt, wird man auch in Wirklichkeit Verflüssigung erwarten können. Nun ergeben sich jedoch bei der praktischen Durchführung dieses Prozesses zwei Schwierigkeiten. Erstens ist es nicht leicht, die Zylinderwand bei derartigen tiefen Temperaturen einzuschmieren, da die gebräuchlichen Schmiermittel erhärten; zweitens tritt die Verflüssigung im Zylinder auf; es ist einleuchtend, daß unter diesen Umständen die Flüssigkeit nur schwierig gesammelt werden kann. Außerdem gibt die Verdichtung im Zylinder zu einem stoßweisen Arbeiten des Motors Anlaß. Diese Übelstände waren die Ursache dafür, daß das Verfahren anfangs in der Praxis keine Anwendung fand. Später wurden sie beseitigt und die adiabatische Expansion wird im CLAUDEschen System doch angewandt. Hierauf kommen wir später noch zurück.

LINDE hat dieses Prinzip jedoch aufgegeben und sich den JOULE-THOMSON-Effekt zunutze gemacht [6]. Im ersten Kapitel haben wir diesen bereits definiert als die Temperaturänderung, die auftritt bei Expansion, bei der jedoch nicht die Entropie, sondern die Enthalpie konstant bleibt; es ist der sog. isenthalpische Drosseleffekt [s. Gl. (49)]:

$$\Delta T_W = \int_{p_1}^{p_2} \left\{\frac{T}{C_p}\left(\frac{\partial v}{\partial T}\right)_p - \frac{v}{C_p}\right\} \mathrm{d}p. \tag{2}$$

Vergleicht man diese Formel mit der vorhergehenden, so erkennt man, daß — wie schon erwähnt — bei gleicher Druckabnahme eine kleinere Temperaturerniedrigung auftritt. Dagegen ist aber der JOULE-THOMSON-Effekt in der Praxis viel bequemer anzuwenden. Man braucht das Gas nur durch eine Drosselklappe expandieren zu lassen. Es sind also nur praktische Gründe, die zur Ausnützung des Drosseleffektes angeregt haben.

Damit wir uns eine Vorstellung von der Größe dieses Effektes für Luft machen können, seien folgende Werte des Integraleffekts zusammengestellt, wenn die Luft bis zu 1 at expandiert [7].

Man sieht, daß der Effekt an sich nicht ausreicht, um, von Zimmertemperatur ausgehend, zur Verdichtung von Luft zu führen.

Tabelle 2.

T	$-\Delta T$ (°K) bei p_1 =		
°K	50	100	200 at
288	11,6	22,5	39,0
253	16,0	30,8	55,0
223	21,4	42,7	71,5

Es ist nun LINDEs Verdienst, daß er den JOULE-THOMSON-Effekt mit dem Gegenstromprinzip vereinigte. Dieses besteht darin, daß das durch die Expansion gekühlte Gas im eigens dazu konstruierten Apparat, im Gegenströmer, eine folgende Teilmenge vor der Expansion vorkühlt, so daß die Temperatur dieses Teils nach der Expansion niedriger ist als die des ersten. Solange die Temperatur des entspannten Gases tiefer ist als die des verdichteten, werden beide Temperaturen stetig sinken. Man wird jedoch einen Gleichgewichtszustand erreichen, wenn dies nicht mehr der Fall ist, oder sobald dem entspannten Gas irgendwie Kälte entzogen wird, die nicht mehr auf das noch verdichtete Gas „übergeht". Das geschieht z. B., wenn sich Flüssigkeit bildet und diese Flüssigkeit dem Kreis entnommen wird.

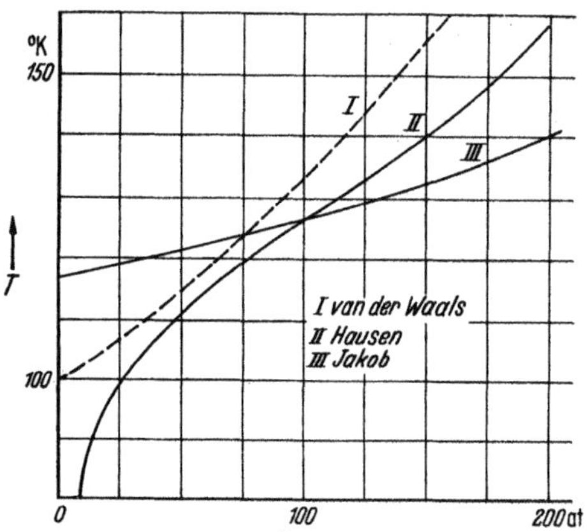

Abb. 24. Inversionskurve für Luft (nach LENZ).

Abgesehen davon, daß durch den Gegenströmer die Endtemperatur erheblich erniedrigt wird, bietet die Anwendung des Gegenstromprinzips gleichzeitig noch einen großen Vorteil. Da nur ein verhältnismäßig kleiner Bruchteil der sich entspannenden Luft sich verflüssigt, müßte eine große Kältemenge verloren gehen, wenn der nicht verflüssigte Teil (etwa 85 v. H.) austreten würde ohne seine Kälte nutzbar gemacht zu haben. Diese Tatsache würde den Nutzeffekt der Apparatur ungünstig beeinflussen.

Zur Erläuterung geben wir in Abb. 24 noch die Inversionskurve von Luft (nach verschiedenen Experimentatoren [8]). Die Abbildung ist augenscheinlich ein Einzelfall der Abb. 15 (S. 42), welche die Inversionskurve in der reduzierten p-T-Fläche darstellt; bei Luft muß man hierin für die kritische Temperatur und den Druck die Werte 132,4° K bzw. 37,17 at einsetzen [9].

3. Nähere Betrachtung des LINDEschen Systems.

Der Grundgedanke des LINDE-HAMPSON-Verfahrens ist schematisiert in Abb. 25 gekennzeichnet. Das komprimierte Gas kommt auf Zimmertemperatur bei 1 in den Gegenströmer G und expandiert durch die Drosselklappe V, wodurch eine Temperaturerniedrigung entsteht, die vom Druck vor und nach der Expansion (Anfangs- und Enddruck) und der Temperatur bei 2 bestimmt wird. Das kalte Gas 3 fließt durch den Gegenströmer, in dem das komprimierte Gas also vorgekühlt wird, nach dem Kompressor K zurück. Durch diese Vorkühlung wird die Temperatur von 2 und also auch von 3 aufs neue sinken, und zwar bis ein Gleichgewichtszustand eintritt, sobald das Gas entweder sich kondensiert (in diesem Falle natürlich nur teilweise) oder eine bestimmte Wärmemenge einem zu kühlenden Körper (z. B. einem anderen Gase, das verflüssigt werden soll) entzieht, oder sobald keine Temperaturerniedrigung bei der Drosselung mehr auftritt.

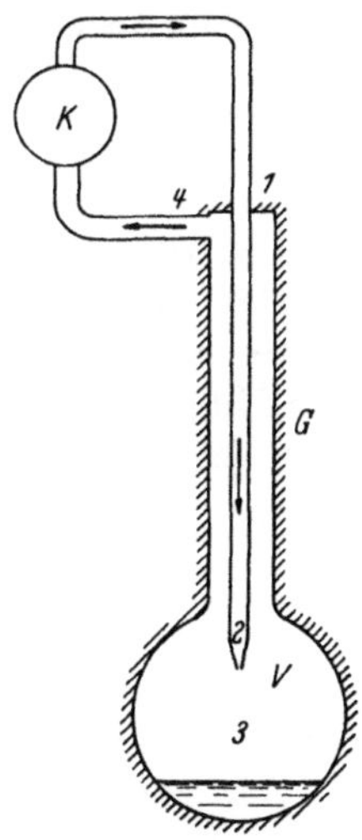

Abb. 25. Schema des LINDE-HAMPSON-Verfahrens der Gasverflüssigung.

Wir nehmen an, daß der Gegenströmer ideal sei in dem Sinne, daß das zurückfließende Gas so viel Wärme vom zuströmenden Gas aufnimmt, daß die Temperaturen von 1 und 4 sich ausgleichen, also

$$T_1 = T_4$$

wird. Außerdem setzen wir voraus, daß der Apparat vollkommen gegen Wärme isoliert sein soll. Im I. Kapitel, Ziff. 7, haben wir schon gesehen, daß im stationären Zustande der Wärmeinhalt W des einfließenden Gases gleich dem des ausströmenden Gases sein muß, vermehrt um den Wärmeinhalt des im Apparat zurückbleibenden flüssigen Gases, oder vermindert um die einem gekühlten Körper entzogene Wärme. Wir haben daher, wenn der Bruchteil ε flüssig zurückbleibt, je Gewichtseinheit eingeströmten Gases:

$$W_1 = \varepsilon W_{\text{fl}} + (1 - \varepsilon) W_4, \tag{3}$$

also

$$\varepsilon = \frac{W_4 - W_1}{W_4 - W_{\text{fl}}}. \tag{3*}$$

Aus dieser Formel geht hervor, daß der sich verflüssigende Bruchteil nur bestimmt wird von der Enthalpiedifferenz des Gases unter hohem und niedrigem Druck bei der Temperatur am Eingange des Gegenströmers. Sie hängt also nicht direkt ab von der Größe des JOULE-THOMSON-Effekts, der die Temperaturerniedrigung schließlich hervorruft (dies unter den oben erwähnten, idealisierten Verhältnissen).

Im I. Kapitel sahen wir, daß im allgemeinen $W_1 < W_4$ ist, also ist ε positiv, da auch $W_{\text{fl}} < W_4$ ist. $W_4 - W_1$ nennt man die „Kälteleistung".

Aus dieser einfachen Formel (3*) ist sofort ersichtlich, wie man ε möglichst groß erhält. Es ist eine Frage der richtigen Wahl von Temperatur und Druck am Eingang des Gegenströmers. $W_4 - W_1$ ist augenscheinlich der integrale isothermische Drosseleffekt (s. Ziff. 9, I. Kapitel). Wir brauchen also nur das Maximum der Größe

$$\int_{p_1}^{p_4} \left(\frac{\partial W}{\partial p}\right)_T \mathrm{d}p$$

zu suchen, oder dasjenige von

$$\int_{p_4}^{p_1} T^2 \frac{\partial}{\partial T}\left(\frac{v}{T}\right)_p \mathrm{d}p. \tag{4}$$

Der Anfangsdruck p_1, der am vorteilhaftesten ist, wird, wenn wir uns den Enddruck p_4 gegeben denken, vom Minimum des letzten Integrals (dieses ist ja negativ) bestimmt. Das partielle Differential nach p_1 muß also Null sein. Da p_1 in das Integral als Grenzwert der Variabelen eingeht, ist also im Minimum:

$$\frac{\partial}{\partial p_1} \int_{p_4}^{p_1} T^2 \frac{\partial}{\partial T}\left(\frac{v}{T}\right)_p \mathrm{d}p = \left\{T^2 \frac{\partial}{\partial T}\left(\frac{v}{T}\right)_p\right\}_{p=p_1} = 0, \tag{5}$$

und man hat infolgedessen den Druck derartig zu wählen, daß $(\partial v/T)_p/\partial T$ Null ist.

Wir haben gesehen, daß es gerade diese Bedingung ist, die den Inversionspunkt des differentialen JOULE-THOMSON-Effektes bei der Temperatur T i. c. T_1 bestimmt. Ist also T_1 bekannt, so kann man der Inversionskurve den Druck entnehmen, der die optimale Kälteleistung bewerkstelligt. Hierauf hat MEISSNER [10] aufmerksam gemacht.

Nun könnte man auch nach einer Temperatur fragen, bei welcher der Effekt am größten ist, also nach einem absoluten Maximum des Ausdrucks (4).

MEISSNER stellte jedoch fest, daß nicht immer ein absolutes Maximum gefunden werden kann; für Wasserstoff z. B. gelingt es nicht. Nachstehend geben wir für einige Gase den günstigsten Anfangsdruck bei denjenigen Temperaturen an, die sich in der Praxis der Verflüssigung aus bestimmten Gründen als die günstigsten bewährt haben (die Werte sind Messungen JAKOBs entnommen):

Für Luft:	$T_1 = 290°$ K,	$p_1 = 430$ at	(Aus der Inversionskurve von Luft)
,,	$T_1 = 225°$ K,	$p_1 = 420$ at	
H_2:	$T_1 = 80°$ K,	$p_1 = 165$ at	(Aus der reduzierten Inversionskurve)
He:	$T_1 = 15°$ K,	$p_1 = 24$ at	

Bei der Luftverflüssigung werden die genannten Drucke jedoch aus ökonomischen und praktischen Gründen nicht eingehalten. Wir werden hierauf in den nächsten Paragraphen noch näher zurückkommen, wo das LINDE-Verfahren noch ausführlicher zu betrachten ist.

4. Das *W*-*T*-Diagramm des LINDE-Prozesses.

Ein derartiger Prozeß läßt sich übersichtlich in einem oder mehreren thermodynamischen Diagrammen darstellen, mit deren Hilfe er in allen Einzelheiten — auch quantitativ — studiert werden kann. Bedingung ist natürlich, daß man über eine genügende Anzahl Werte verfügt, damit sich diese Diagramme für den betreffenden Stoff nach den im I. Kapitel auseinandergesetzten Grundsätzen konstruieren lassen.

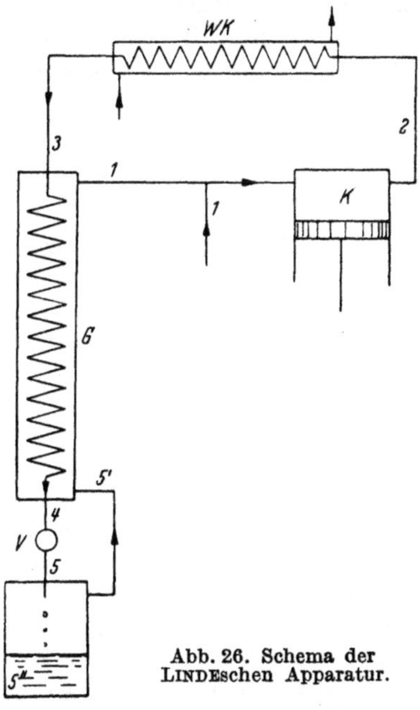

Abb. 26. Schema der LINDEschen Apparatur.

Ein schematisches Bild der ursprünglichen LINDEschen Apparatur gibt Abb. 26. Bei 1 tritt die von Feuchtigkeit und Kohlensäure befreite Luft in die Apparatur ein. Durch den Kompressor K wird die Luft bis 200 at zusammengepreßt; bei 3 tritt sie in den Gegenströmer G, nachdem durch einen Wasserkühler WK dem Gase die Kompressionswärme entzogen wurde, so daß es mit Zimmertemperatur in den Gegenströmer gelangt. Nachdem das Gas diesen durchlaufen hat, wird es beim Drosselhahn V bis auf 1 at entspannt, wobei es abkühlt, und kehrt dann teilweise auf dem Weg über den Flüssigkeitssammelraum in den Gegenströmer zurück. Hat das Gas den hineinströmenden Teil vorgekühlt, so tritt es wieder unter Zimmertemperatur (mit idealem Gegenströmer) in den Kompressor ein. Also nur der verflüssigte Bruchteil der im Kreislauf anwesenden Luft muß bei 1 der Außenluft entzogen werden.

Durch welches Diagramm läßt sich dieser Prozeß am besten darstellen? Wir haben die Wahl zwischen verschiedenen Kombinationen thermodynamischer Größen. Da jedoch die Temperaturerniedrigung von dem JOULE-THOMSON-Effekt bewerkstelligt wird, wobei also die Enthalpie konstant bleibt, eignet sich das *W*-*T*-Diagramm am besten für unseren Zweck (s. Abb. 27). Dieses Diagramm zeigt das von der Grenzlinie umschlossene heterogene Gebiet und die Isobaren für die Drucke 200 und 1 at. Im heterogenen Gebiete setzt sich die Isobare von 1 at als eine gerade Linie fort, auf der die Temperatur nahezu konstant bleibt. Die Ziffern geben den Zustand an den diesbezüglichen Stellen im Schema von Abb. 26 an. Ausgehend vom Punkt 1 auf der Isobare von 1 at bei Zimmertemperatur (290° K), wird die nichtisothermische Kompression und die Kühlung, bewirkt durch das Kühlwasser des Kompressors, durch 1→2→3 wiedergegeben (1→2 ist z. B. eine adiabatische Linie, 2→3 stellt die isobarische Kühlung vor). Im Gegenströmer wird das zu hohem Druck komprimierte Gas bis zu 4 abgekühlt (wir werden gleich sehen, wo der Punkt 4 auf der Isobare für 200 at liegt), wonach es isenthalpisch bis zu 1 at expandiert. Dieser Prozeß wird also von der Linie $W = konst.$ dargestellt, so daß der Zustandspunkt im Diagramm auf der Isobare von 1 at also nach 5 zu liegen kommt. Im stationären Zustande, wobei Verflüssigung eintritt, ist die Temperatur also gleich dem „Siedepunkt" von Luft, d. h. etwa 80° K (s. indessen Ziff. 6). Der Zustandspunkt liegt also im Punkt 5 auf der Isobare im heterogenen Gebiete zwischen den Punkten, welche die reinen Phasen, Flüssigkeit und gesättigten Dampf, darstellen: 5″ bzw. 5′. Dies bedeutet, daß der Zustand 5 aus einer Kombination dieser beiden in einem bestimmten Mengenverhältnis (s. unten) besteht. Die nicht verflüssigte Luft wird vom Punkt 5′, die verflüssigte von 5″ dargestellt. Im Gegenströmer wird erstere wieder isobarisch ($p = 1$ at) bis zu Zimmertemperatur erhitzt (Punkt 1), so daß diese Luft nun einen geschlossenen Kreislauf zurückgelegt hat.

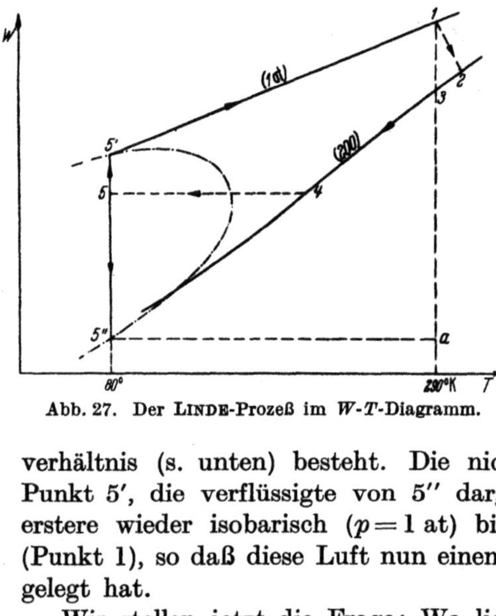

Abb. 27. Der LINDE-Prozeß im W-T-Diagramm.

Wir stellen jetzt die Frage: Wo liegt der Punkt 4 auf der Isobare von 200 at? Bei der Expansion (von 4 her) bleibt die gesamte Enthalpie konstant. Ist ε der Bruchteil, der sich verflüssigt, so muß also

$$\varepsilon W_{5''} + (1 - \varepsilon) W_{5'} = W_5 \; (= W_4)$$

sein, oder

$$\frac{W_{5'} - W_5}{W_5 - W_{5''}} = \frac{\varepsilon}{1 - \varepsilon}.$$

Wir sehen, daß die Stücke 5-5′ und 5-5″ sich wie die Prozentsätze Flüssigkeit und Dampf verhalten. Da jedoch ε [Gl. (3*)], aus den Angaben des Diagramms, nämlich

$$\varepsilon = \frac{W_1 - W_3}{W_1 - W_a} \tag{3**}$$

bekannt ist, so läßt sich also W_5 berechnen, und die Lage der horizontalen

Linie 4—5 ist bestimmt. Die Temperaturdifferenz unten im Gegenströmer wird nun von der Länge 4—5 repräsentiert; diese kann also abgelesen werden. Im Hinblick auf diese Temperaturdifferenz muß der Gegenströmer nach den im Kapitel II erläuterten Grundsätzen konstruiert werden.

Wir können nun an Hand des aus Messungen von POLLITZER [11] u. a. konstruierten Diagramms* (s. Abb. 28) numerische Werte für ε ableiten

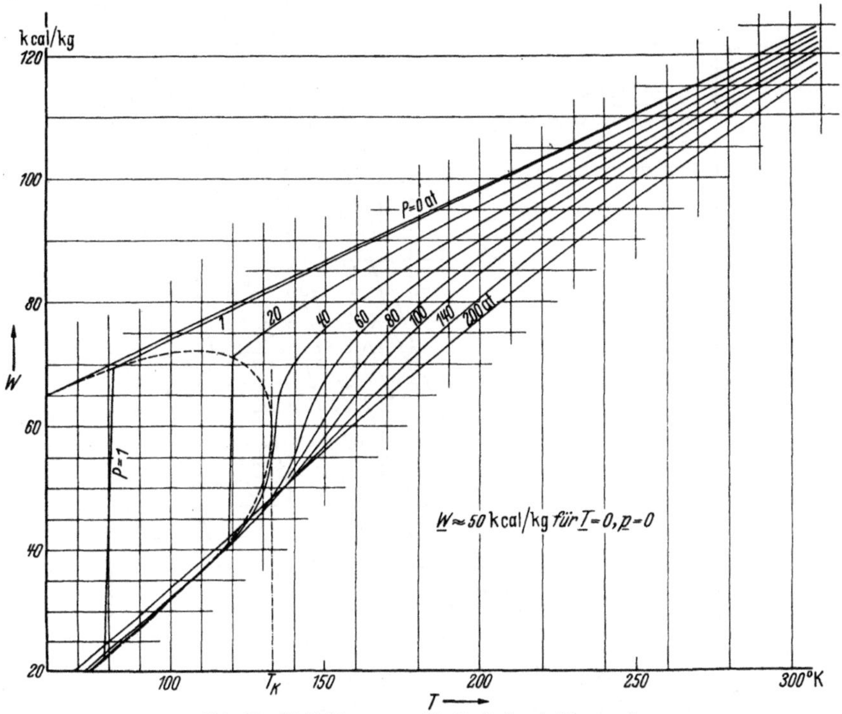

Abb. 28. *W*-*T*-Diagramm für Luft (nach HAUSEN).

und den für die Aufrechterhaltung des Vorganges erforderlichen Arbeitsaufwand berechnen.

Aus dem Diagramm ersehen wir, daß $W_{200} = 110{,}6$, $W_1 = 120{,}0$ und $W_a = 22{,}0$ kcal ist, so daß wir für die Anfangstemperatur 290° K und die Expansion von 200 bis auf 1 at finden:

$$\varepsilon = \frac{120{,}0 - 110{,}6}{120{,}0 - 22{,}0} = 0{,}096 .$$

Von jedem kg Luft im Kreislauf werden sich also 96 g verflüssigen. Der hierzu benötigte Arbeitsaufwand wird im Kompressor verbraucht. Wir nehmen an, daß der Kompressor ideal sei, d. h. keine Reibungs-

* Im Diagramm ist die Konstante in *W* derartig gewählt, daß bei $T = 0°$ K die Enthalpie bei 0 at etwa 50 kcal ist.

verluste auftreten usw. Außerdem nehmen wir an, daß die Kompression sehr langsam, also isothermisch, vor sich geht. Die Kompressionsarbeit für eine vollkommen isothermische Kompression von 1 kg Luft wird gegeben durch den Ausdruck [s. I. Kapitel, Formel (43)]

$$W_2 - W_1 + T\,(S_1 - S_2).$$

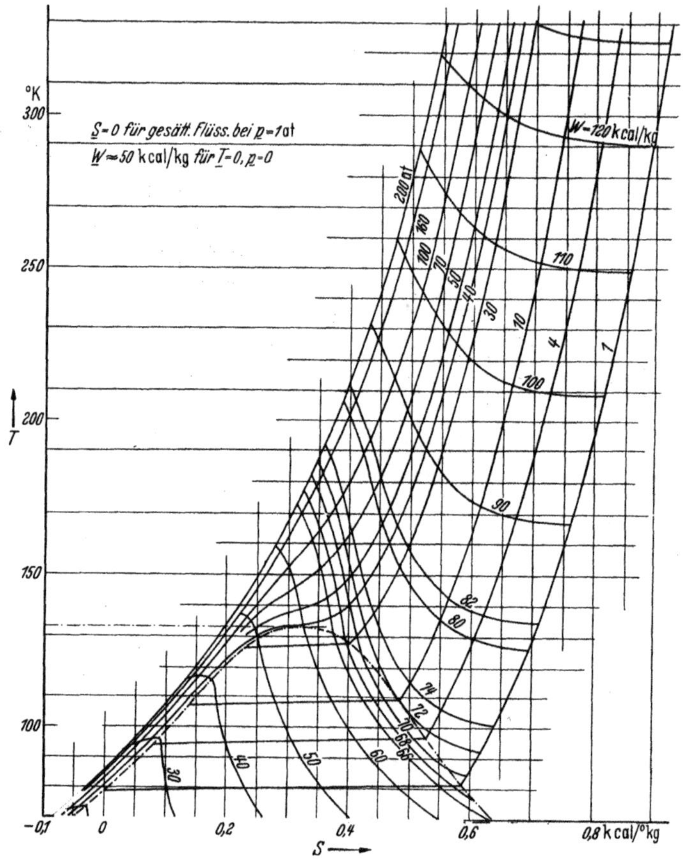

Abb. 29. T-S-Diagramm für Luft (nach HAUSEN).

Dem T-S-Diagramm (s. Abb. 29) entnehmen wir folgende Werte: $S_1 = 0{,}895$ und $S_2 = 0{,}513$ kcal/° kg, so daß wir finden 101,1 kcal = 0,117 kWh; das ist die je 0,096 kg Flüssigkeit aufgewandte Arbeit. Je kg flüssige Luft beträgt der Arbeitsaufwand also 1,22 kWh. In der Praxis wird dieser zweifelsohne größer sein, und zwar aus folgenden Gründen:

1. Man kann keinen idealen Gegenströmer verwirklichen.
2. Die Wärmeisolierung der Apparatur ist nicht vollkommen.
3. Die Kompression kann nicht völlig isothermisch geschehen.

Es ist nämlich unmöglich, bei den gebräuchlichen Tourenzahlen der Maschinen (± 100 je Minute) in einem Zylinder mit nicht sehr kleinen Abmessungen das Gas von 1 bis auf 200 at nahezu isothermisch zu komprimieren, abgesehen davon, daß der Zylinder mit Wasser gekühlt wird. Die Erhitzung, die bei dieser Kompression auftritt, würde — auch bei Kühlung des Zylinders — für den Mechanismus nicht tragbar sein. Daher besteht der Kompressor öfter aus vier auf einer Kurbelwelle gekoppelten Zylindern, die alle mit Wasser gekühlt werden. In der Praxis beträgt die Kompressionsarbeit ungefähr das 1,7fache des im Falle idealer (isothermischer) Kompression gültigen Betrages [12].

5. Der Nutzeffekt des LINDEschen Systems.

a) In dem Ausdruck (56) im I. Kapitel fanden wir den minimalen, für Verdichtung eines Gases erforderlichen Arbeitsaufwand, d. h. den Arbeitsaufwand im Falle eines vollständig umkehrbaren Prozesses.

Dieser Ausdruck lautet:

$$A = (W_C - W_A) + T_0 (S_A - S_C).$$

W_C bedeutet die Enthalpie der gesättigten Flüssigkeit bei 1 at. Aus dem W-T-Diagramm (Abb. 28) lesen wir ab: $W_{80^\circ} = 22$ kcal/kg; W_A ist die Enthalpie bei dem Druck 200 at und bei 290° K. Wir finden: $W_{290} = 120$ kcal/kg. Aus dem T-S-Diagramm ersehen wir: $S_{80} = 0$ und $S_{290} = 0{,}895$ kcal/° kg. Aus diesen Zahlen folgt $A = -98 + 290 \cdot 0{,}895 =$ 162 kcal $= 162 \cdot 1{,}16\ 10^{-3} = 0{,}19$ kWh.

Hieraus geht also hervor, daß der „Nutzeffekt" der beschriebenen Apparatur nur klein ist, d. h. $0{,}19/1{,}22 = 0{,}16$. Dies ist nur die Folge der Nichtumkehrbarkeit des ganzen Prozesses, denn wir haben im übrigen die Apparatur als ideal angenommen, d. h. ohne Wärmeundichtigkeiten usw. Sowohl im Gegenströmer wie bei der isenthalpischen Expansion vollzieht sich ein irreversibler Prozeß und das äußert sich im Nutzeffekt als Nachteil.

b) HAUSEN [13] hat berechnet, daß der Nutzeffekt jedoch durch die Wahl eines höheren Anfangsdruckes noch ein wenig erhöht werden kann. Bei $p_1 = 300$ at ist er maximal; bei höheren Drucken nimmt die Kälteleistung je Arbeitseinheit wieder ab. Das Maximum ist jedoch so flach, daß es in der Praxis ökonomischer ist, den Druck nicht höher als bis zu etwa 200 at zu steigern.

6. T-x-Diagramm für Luft; Zusammensetzung der Luft im Verflüssiger.

a) Bevor wir zum erweiterten LINDE-Verfahren übergehen, müssen wir noch auf den in Ziff. 4 erwähnten Siedepunkt flüssiger Luft bei etwa 80° K zurückkommen.

Es kann nur dann von einem definierten Siedepunkte der Luft die Rede sein, wenn man eine ganz bestimmte Zusammensetzung der verschiedenen in der Luft vorhandenen Bestandteile ins Auge faßt. Luft ist ein Gemisch von Gasen, die alle verschiedene Siedepunkte haben. Liegt nun flüssige Luft vor mit z. B. derselben Zusammensetzung wie die atmosphärische Luft, so hat diese Flüssigkeit beim Verdampfen unter 1 at eine bestimmte Temperatur. Wenn man diese Luft in einem offenen Raume verdampfen läßt, so steigt die Temperatur der Flüssigkeit langsam an, da die Zusammensetzung sich ändert, weil wegen der verschiedenen partiellen Dampfdrucke der Bestandteile die Verdampfungsgeschwindigkeiten verschieden sind. Man kann das sehr anschaulich in einem Diagramm (Abb. 30) darstellen. Es ist das sog. T-x-Diagramm [14].

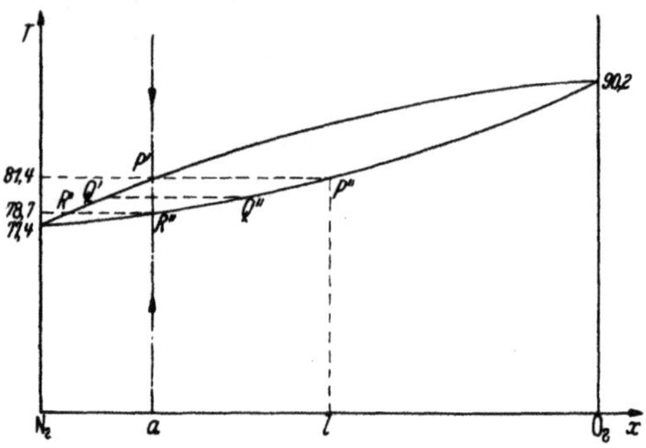

Abb. 30. T-x-Diagramm für Luft (nach DODGE und DUNBAR).

Horizontal ist das Mischungsverhältnis Sauerstoff-Stickstoff (wir nehmen an, daß die Luft nur aus Sauerstoff und Stickstoff zusammengesetzt sei), vertikal die Temperatur abgetragen. Der Punkt ganz links stellt 100% Stickstoff, der Punkt ganz rechts 100% Sauerstoff dar; zu Punkt a gehört das Verhältnis, das vom Verhältnis der Längen a-N_2 und a-O_2 bestimmt wird. Das Diagramm bezieht sich auf einen feststehenden Druck (hier 1 at).

Bei einer bestimmten Temperatur existiert nur Gleichgewicht zwischen einer Flüssigkeit und einem Dampf, beide von ganz bestimmter (für beide verschiedener) Zusammensetzung; diese Zusammensetzungen stellen also zwei Punkte dar, der eine für die Dampfphase, der andere für die Flüssigkeitsphase. Für andere Temperaturen erhält man andere Mischungsverhältnisse, so daß also zwei Kurven entstehen, welche sich auf den Ordinaten der reinen Komponenten in deren Siedepunkten begegnen. Die obere Kurve nennt man die Taupunktskurve, die untere die Siedepunktskurve. Aus der folgenden Tabelle 3 gehen die Zusammensetzungen der gasförmigen bzw. flüssigen Phase hervor. Man liest aus diesem Diagramm ab, daß mit Luft normaler Zusammensetzung (21% O_2 und 79% N_2), durch a dargestellt, eine Flüssigkeit im Gleichgewicht ist von der Zusammensetzung 52% O_2 und 48% N_2. Wenn man nun eine gewisse Menge gasförmiger Luft normaler Zusammensetzung a isobarisch abkühlt, so wird sich bei der Temperatur T_P (= 81,4° K) eine Flüssigkeit der Zusammensetzung P'' bilden; kühlt man weiter ab, so daß mehr Flüssigkeit erscheint, so wird sich die Zusammensetzung der dampfförmigen Luft ändern, und zwar in der Richtung nach größerem Stickstoffgehalt, z. B. Q'. Die dazu gehörige Flüssigkeit, durch Q'' dargestellt, wird ebenso einen größeren Stickstoffgehalt als die erste Teilmenge besitzen. Das Verhältnis der Mengen Dampf zu Flüssigkeit wird vom Verhältnis der Abstände der Punkte Q'' bzw. Q' zu der zu a gehörigen Vertikalen gegeben. Erniedrigt man die Temperatur aufs neue, so kommt man schließlich nach R'', wo man nahezu nur Flüssigkeit hat. Die letzte Teilmenge des Dampfes hat also die Zusammensetzung R'. Die Flüssigkeit hat schließlich wieder die ursprüngliche Zusammensetzung, wie es natürlich auch sein muß, wenn während des Komprimierens keine Flüssigkeit abgeführt wird. Die Temperatur ist jetzt $T_R = 78{,}7\,^\circ$K.

Der umgekehrte Prozeß, die Verdampfung, geht folgendermaßen vor sich:

Hat man eine bestimmte Menge Flüssigkeit der Zusammensetzung a, so wird diese bei der Temperatur T_R ins Sieden geraten. Dampf der Zusammensetzung R' entweicht. Die Flüssigkeitszusammensetzung verläuft allmählich nach Q'', während die Temperatur des Bades zunimmt. Der Dampf hat die Zusammensetzung Q'. Die Flüssigkeitsmenge, durch das Verhältnis des Abstandes von Q' zu der zu a gehörigen Vertikalen und der Länge Q'—Q'' dargestellt, wird immer kleiner. Schließlich, wenn alle Flüssigkeit fast verdampft ist, ist ihre Zusammensetzung P'' geworden. Auch jetzt hat der Dampf endlich wieder dieselbe Zusammensetzung wie die Flüssigkeit, von der man ausging, wenn man nur während des Verdampfens keinen Dampf abführte.

Tabelle 3.

Sauerstoffgehalt der flüssigen Phase	Sauerstoffgehalt der gasförmigen Phase	Temperatur °K
0,00	0,000	77,35
0,05	0,015	77,66
0,10	0,028	77,96
0,20	0,060	78,65
0,30	0,097	79,45
0,40	0,141	80,34
0,50	0,195	81,36
0,60	0,266	82,55
0,70	0,356	83,93
0,80	0,492	85,64
0,90	0,685	87,66
0,95	0,816	88,82
1,00	1,000	90,17

Es ist jetzt klar, weshalb die Isobare im heterogenen Gebiet im W-T-Diagramm von Luft keine der W-Achse parallele Linie ist. Dieses Diagramm bezieht sich nämlich auf Luft konstanter Zusammensetzung (21% O_2 und 79% N_2). Aus dem T-x-Diagramm geht hervor, daß die gesättigte Flüssigkeit R'' [Punkt 5′ im W-T-Diagramm (s. Abb. 27)] und der gesättigte Dampf P' (Punkt 5′) nicht dieselbe Temperatur haben. Für das angegebene Mischungsverhältnis beträgt die Temperaturdifferenz etwa 3°.

b) Mit Hilfe des T-x-Diagramms kann man genau übersehen, was im Verflüssiger vor sich geht (s. Abb. 31).

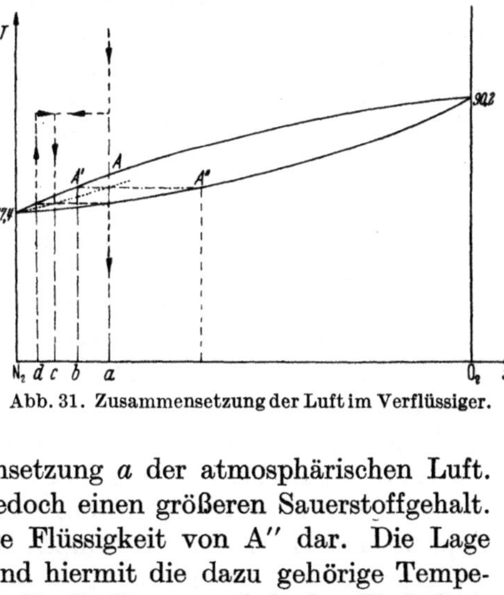

Abb. 31. Zusammensetzung der Luft im Verflüssiger.

Sobald mit Hilfe des Gegenströmers die Temperatur so weit abgenommen hat, daß die Kondensation bei der Expansion durch die Drosselklappe anfängt, ist die Zusammensetzung der expandierenden Luft natürlich noch immer gleich der Zusammensetzung a der atmosphärischen Luft. Die erste Flüssigkeitsmenge hat jedoch einen größeren Sauerstoffgehalt. Abb. 31 stellt die erste Teilmenge Flüssigkeit von A″ dar. Die Lage der horizontalen Linie A″—A′, und hiermit die dazu gehörige Temperatur T_A, wird bestimmt durch die Bedingung, daß das Verhältnis der Längen A—A′ und A′—A″ gleich ε ist (ε ist ja der sich verflüssigende Bruchteil der zugeführten Luftmenge). Die nicht verflüssigte

„Luft" hat die Zusammensetzung b. Diese „Luft" wird wieder mit atmosphärischer Luft aufgefüllt, so daß die nächste Teilmenge, die an die Drosselklappe gelangt, eine Zusammensetzung hat, welche schon bei einer höheren Stickstoffkonzentration liegt (es ist einleuchtend, daß die Stickstoffkonzentration sich in Wirklichkeit stetig ändern wird und nicht, wie das hier zur Verdeutlichung hervorgehoben sei, unstetig). Wenn nach Verlauf einiger Zeit — die Dauer hängt mit der Kreislaufzeit der Luft zusammen — der stationäre Zustand erreicht worden ist, muß die Zusammensetzung der Flüssigkeit derjenigen der von außen zugeführten Luft gleich sein. Die Zusammensetzung der Luft vor der Expansionsklappe wird bei c liegen, diejenige der nicht verflüssigten Luft bei d. Das Verhältnis der Stücke c—d und a—d ist wiederum gleich ε. Dieses Zusammenbringen der atmosphärischen mit der von der Expansionsklappe zurückkehrenden Luft ist in der Abbildung schematisch durch kleine Pfeile angedeutet.

7. Erweiterungen des Linde-Verfahrens.

Veranlaßt durch den kleinen Nutzeffekt des ursprünglichen Systems hat Linde sich die Frage vorgelegt, ob mittels anderer Wahl der Drucke oder der Temperaturen der Nutzeffekt noch zu steigern wäre. Es zeigte sich, daß durch einige Änderungen in der Tat ein ökonomischeres Arbeitsverfahren möglich sein müßte, und zwar dadurch, daß von einer anderen Temperatur am Anfange des Gegenströmers ausgegangen würde. Überdies brachte Linde noch eine zweite Änderung im System an: Er ließ das Gas nicht bis zu 1 at expandieren, sondern zu einem höheren Druck, während nur ein kleiner Bruchteil der ganzen am Kreislauf beteiligten Luft bis zu 1 at expandierte. Wir wollen jetzt zeigen, weshalb und mit welchem Erfolge diese Kunstgriffe von Linde eingeführt worden sind.

a) Vorkühlung.

Aus Abb. 27 ist ersichtlich, daß ε, durch die Formel (3**) bestimmt, größer wird, wenn man die Temperatur am Eingange des Gegenströmers (die in Abb. 27 gleich 290° K genommen wurde) niedriger wählt. Die beiden Isobaren divergieren nach niedrigeren Temperaturen, während die Differenz des Wärmeinhalts der gasförmigen und flüssigen Luft außerdem kleiner wird.

Es scheint also, daß durch Vorkühlung des komprimierten Gases die Ausbeute ε gesteigert werden kann. Man würde daher den Vorkühler zwischen der Hochdruckseite des Kompressors und dem Gegenströmer kuppeln müssen, damit die Temperatur am Anfange des Gegenströmers niedriger wird. Jedoch tritt in diesem Falle das expandierte Gas bei derselben niedrigen Temperatur aus dem Gegenströmer heraus, was einen beträchtlichen Kälteverlust bedeuten müßte, es sei denn, daß man den Kompressor ganz gegen Wärmezufuhr aus der Umgebung isolieren würde. Das ist jedoch aus praktischen Gründen nicht möglich. Eine Lösung ist die, daß man das aus dem Gegenströmer herauskommende Gas das komprimierte Gas in einem zweiten Gegenströmer G_1 (s. Abb. 32) vorkühlen läßt, bevor es in das eigentliche Vorkühlgerät VKM gelangt, so daß das zurückkehrende Gas seine Kälte ganz auf das hereinkommende Gas übertragen kann. Das System beruht also darauf, daß man den Vorkühler nicht *vor*, sondern *zwischen* zwei Gegenströmer (G_1 und G_2) schaltet und so bewirkt, daß irgendwo im gesamten Gegenströmer das eintretende Gas eigens gekühlt wird, wodurch an dieser Stelle die Temperaturen des ein- und ausströmenden Gases wieder gleich werden. Wir wollen das Vorkühlverfahren in einem besonderen Diagramm beschreiben.

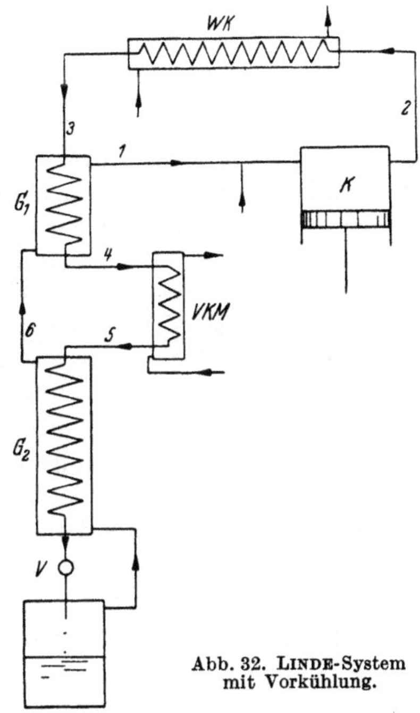

Abb. 32. LINDE-System mit Vorkühlung.

Abb. 33 gibt eine Besonderheit der beiden Isobaren aus Abb. 27 wieder. Die Punkte 1 und 3 stellen den Wärmeinhalt eines kg Luft bei 1 bzw. 200 at dar, so daß also der Abstand 1—3 die Kälteleistung ist, wenn keine Vorkühlung angewendet wird. Im Gegenströmer G_1 (Abb. 32) wird das komprimierte Gas 3 abgekühlt bis zu einer gewissen Temperatur T_4. Von dem Vorkühler, z. B. einer Ammoniakmaschine, wird die Temperatur dann wiederum bis zu T_5 erniedrigt. Das ist also die Anfangstemperatur für den Gegenströmer G_2. Das zurückkehrende, expandierte Gas wird dann auch die Temperatur $T_6 = T_5$ haben (idealer Gegenströmer) und mit dieser Temperatur in den Gegenströmer G_1 gelangen. Wenn wir uns G_1 auch ideal denken, ist die Austrittstemperatur wieder $T_1 = T_3$. Also wird

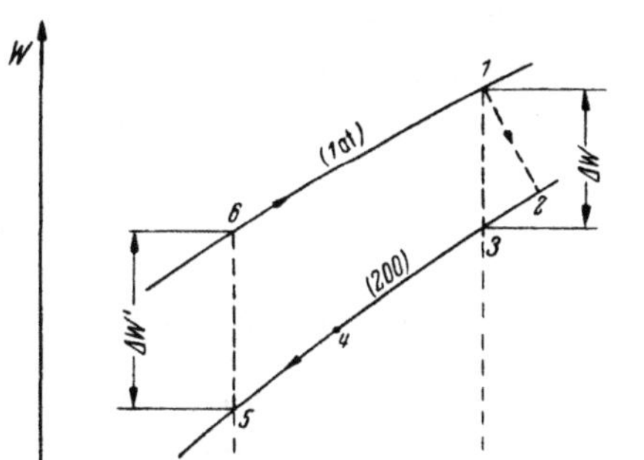

Abb. 33. Die Vorkühlung im W-T-Diagramm.

$$(1-\varepsilon)(W_1 - W_6) = W_3 - W_4. \tag{6}$$

Die Wärmemenge, welche von der Vorkühlmaschine aufgenommen werden muß, beträgt je kg Luft:

$$W_4 - W_5 = \Delta W' - (W_6 - W_4)$$
$$= \Delta W' - \{\Delta W + (W_3 - W_4) - (W_1 - W_6)\},$$

also nach (6)

$$= (\Delta W' - \Delta W) + \varepsilon\,(W_1 - W_6), \qquad (7)$$

d. h. die Kühlmaschine muß eine Kälte liefern, die gleich ist der infolge der Vorkühlung entstandenen Zunahme der Kälteleistung der ganzen Apparatur, vermehrt um einen Betrag, den die verflüssigte und daher zurückgebliebene Luft nicht mehr in G_1 aufbringen kann. Der zu dieser Kälteleistung erforderliche Arbeitsaufwand der Kühlmaschine ist jedoch bedeutend kleiner als die Vermehrung der Kompressionsarbeit, die nötig wäre, um mit einer größeren Luftmenge dieselbe (gesteigerte) Kälteleistung zu erhalten. Wir werden das gleich an einem Zahlenbeispiel deutlich erkennen.

Die Temperatur T_4 stellt sich nach den beiden strömenden Gasmengen automatisch ein. Sie wird vom Wärmeinhalt W_4 bestimmt, der aus Gl. (7) berechnet werden kann.

Nehmen wir an, daß die Ammoniakmaschine bis zu —33° C kühlt; dann ist $T_5 = 240°$ K. Aus Abb. 28 lesen wir ab: $\Delta W' = 14{,}9$, $\Delta W = 9{,}4$, $W_1 = 120{,}0$, $W_6 = 107{,}8$, $W_5 = 92{,}9$ und $W_{\mathrm{fl}} = 22{,}0$ kcal.

Nach (3*) ist nun

$$\varepsilon = \frac{W_6 - W_5}{W_6 - W_{\mathrm{fl}}} = 0{,}173\,.$$

Wenn wir diesen Wert in Formel (7) einsetzen, so finden wir $W_4 = 100{,}7$ kcal, woraus $T_4 = 261{,}5°$ K folgt.

Die Kühlarbeit ist nun leicht zu berechnen. Theoretisch beträgt diese für einen umkehrbaren Prozeß:

$$\int_{T_5}^{T_4} C_p \left(\frac{T_0}{T} - 1\right) \mathrm{d}T\,.$$

Für eine Ammoniakmaschine können wir jedoch sofort den wirklichen Wert der Kühlarbeit einführen, wenn man weiß, daß für die Kühltemperatur —30° C etwa 3400 kcal je kWh dem zu kühlenden Körper entzogen werden können. Um also die Wärmemenge $W_4 - W_5 = 7{,}8$ kcal zu entziehen, ist der Arbeitsaufwand 0,0023 kWh erforderlich. Zusammen mit der Kompressionsarbeit [Formel (43)] müssen wir also 0,119 kWh je kg Luft im Kreislauf aufwenden. Jedoch ist nun ε gleich 0,173. Je kg flüssige Luft beträgt also die Arbeit 0,69 kWh. Der „Nutzeffekt" (s. Ziff. 5) ist jetzt also 0,27 geworden, während er ohne Vorkühlung 0,16 war. Wir sehen, daß die Vorkühlung theoretisch eine beträchtliche Ersparnis bedeutet.

Natürlich wird in der Praxis der Arbeitsaufwand auch hier wegen der nichtidealen Kompression um den Faktor 1,7 größer sein.

b) Hochdruckkreislauf.

I. Wahl des Hochdruck- und Niederdruckwertes in bezug auf optimale Kälteleistung. In Ziff. 9 von Kapitel I wurde berechnet, wie der isothermische Drosseleffekt, der ja für die Kälteleistung maßgebend ist, vom Druck abhängt. Der günstigste Anfangsdruck ist zwar durch die Bedingung bestimmt, daß der Ausgangspunkt auf der Inversionskurve liegen muß; über den Enddruck kann man jedoch verfügen. Wir fanden für den Fall der Zustandsgleichung in der KAMERLINGH ONNESschen Form:

$$\Delta W = B(p_2 - p_1) - \frac{B^2 - C}{R\,T}(p_2^2 - p_1^2). \qquad (52^*)$$

In erster Näherung ist also der isothermische Drosseleffekt dem Druckabfall proportional:

$$\Delta W = B(p_2 - p_1). \qquad (8)$$

Je größer die Druckdifferenz vor und nach der Drosselung ist, um so größer wird die Kälteleistung, die man erzielen kann. Nun wird die (isothermische) Kompressionsarbeit in erster Näherung durch den Ausdruck [Gl. (14), Kapitel I]

$$R\,T \ln \frac{p_1}{p_2} \qquad (9)$$

dargestellt.

Um eine möglichst hohe Kälteleistung je Einheit aufgewandter Arbeit zu erhalten, muß man in erster Annäherung eine maximale Druckdifferenz mit einem minimalen Druckverhältnis kombinieren, d. h. man muß mit hohen Drucken arbeiten und nur eine verhältnismäßig kleine Expansion zulassen. Bei hohen Drucken darf jedoch das quadratische Glied in (52*) nicht mehr vernachlässigt werden, und dann läßt sich die Kompressionsarbeit auch nicht mehr in so einfacher Weise angeben. Man kann jedoch das Problem streng lösen, wenn man die Zustandsgleichung kennt und gleichzeitig den Kompressionsvorgang (isothermisch bzw. isentropisch) näher definiert. Am einfachsten ist indessen die graphische Lösung. In Abb. 34 findet man das Ergebnis der Berechnungen HAUSENS. Mittels der strichpunktierten Linien wird gezeigt, wie die Kälteleistung je Einheit des Arbeitsaufwandes verläuft, wenn man den Anfangsdruck p_1 verändert, während der Enddruck 1 at bestehen bleibt. Der Parameter n bezieht sich auf die Kompressionsart (s. Kapitel I, Ziff. 2b). Dem Werte $n = 1$ entspricht eine isothermische, dem Werte $n = 1{,}4$ eine isentropische Kompression. Man sieht hier veranschaulicht, daß eine isothermische Kompression am vorteilhaftesten ist. Die Abbildung bezieht sich auf eine Vorkühlung bis zu $-30°$ C. Offenbar ist der günstigste Hochdruck 270 at; siehe darüber übrigens Ziff. 5.

Weiter hat HAUSEN für den Fall isothermischer Kompression ($n = 1$) die Kälteleistung je Einheit aufgewandter Arbeit als Funktion des Anfangsdruckes bei verschiedenen Enddrucken abgetragen, die größer als 1 at sind, gleichfalls für eine Vorkühlung bis $-30°$ C. Wir ersehen sofort aus der Abbildung den Vorteil gegenüber der Expansion bis auf 1 at. Im günstigsten Falle kann die Kälteleistung je Arbeitseinheit etwa dreimal so groß werden. Die punktierte Linie gibt den Grenzfall an, in dem p_1 und p_2 zusammengefallen sind. Würde Gl. (8) bis zu sehr hohen Drucken gültig bleiben, so müßte diese Kurve eine durch den Anfangspunkt gehende gerade Linie sein: Das folgt aus Gl. (8) im Zusammenhang mit (9). Bei 290 at ist jedoch der isothermische Drossel-

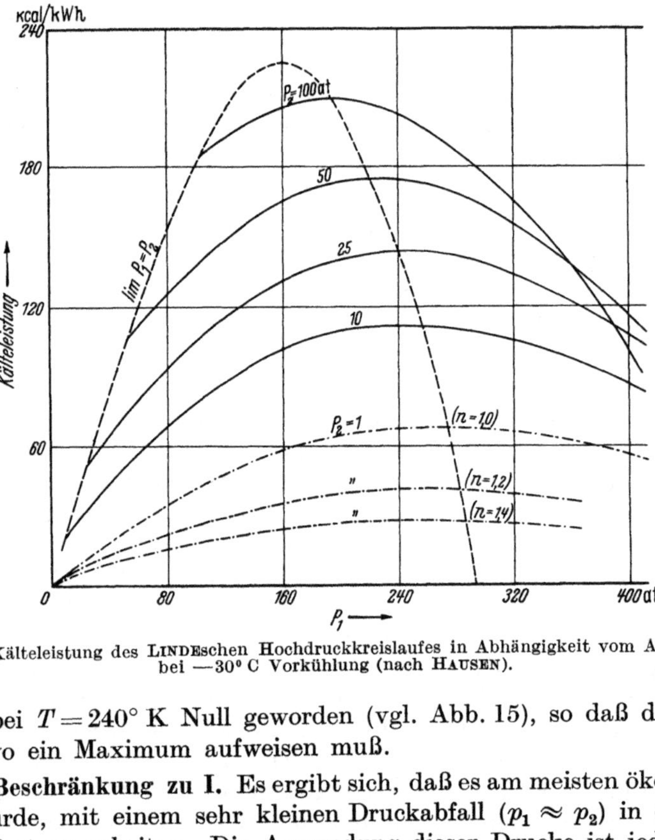

Abb. 34. Kälteleistung des LINDEschen Hochdruckkreislaufes in Abhängigkeit vom Anfangsdruck bei —30° C Vorkühlung (nach HAUSEN).

effekt bei $T = 240°$ K Null geworden (vgl. Abb. 15), so daß die Kurve irgendwo ein Maximum aufweisen muß.

II. Beschränkung zu I. Es ergibt sich, daß es am meisten ökonomisch sein würde, mit einem sehr kleinen Druckabfall ($p_1 \approx p_2$) in der Nähe von 160 at zu arbeiten. Die Anwendung dieser Drucke ist jedoch ausgeschlossen, wenn Verflüssigung erreicht werden soll; der Druck liegt ja über dem kritischen Wert. Wohl ist es möglich, diese Expansion zur Vorkühlung zu benutzen, und als solche ist sie dann sehr wirksam. Der Absolutwert des JOULE-THOMSON-Effektes ist bei einem kleinen Druckabfall zwar gering, aber das würde keine Schwierigkeiten bieten, da der Gegenströmer die Temperatur doch fortwährend erniedrigt. Die Endtemperatur wird aber nicht sehr tief. Betrachten wir nämlich Abb. 24, so sehen wir, daß nach HAUSEN der Inversionspunkt des JOULE-THOMSON-Effektes für den Druck 160 at bei —130° C liegt, d. h. dies könnte die niedrigste erreichbare Vorkühltemperatur sein. Wenn man jedoch die zur Verfügung stehende Enthalpiedifferenz am Eingang des Gegenströmers völlig ausnutzen will, um eine Temperaturdifferenz an dieser Stelle zu vermeiden, so wird die Temperatur an der Drosselklappe erheblich höher sein.

Man kann das leicht aus den folgenden Überlegungen erkennen (s. Abb. 35). Nehmen wir an, wir entzögen dem unter diesen Umständen arbeitenden Geräte keine „Kälte", so würden wir gerade die Inversionstemperatur erhalten, bei der beide Isobaren sich schneiden. Unten am Gegenströmer würden wir weder eine Temperaturdifferenz noch eine Differenz des Wärmeinhalts des Hochdruck- und Niederdruckgases antreffen. Oben am Gegenströmer ist also auch keine Differenz des Wärmeinhalts festzustellen, wohl aber eine Temperaturdifferenz zufolge der größeren Wärmekapazität des Niederdruckgases, das im allgemeinen eine größere spezifische Wärme hat*.

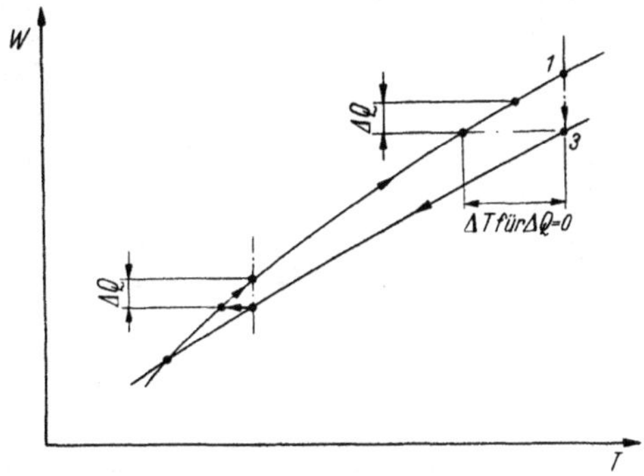

Abb. 35.

Wenn wir jedoch „Kälte" entziehen, z. B. die Menge ΔQ, so wird die Expansion bei einer Temperatur stattfinden, für die $\Delta W = \Delta Q$ ist. Die Temperaturdifferenz unten im Gegenströmer ist wieder Null, während oben die Temperaturdifferenz wieder der Größe ΔW entspricht. Wir sehen also, daß die Expansionstemperatur sich nach der Kälteleistung einstellt, die natürlich nicht größer sein kann als $W_1 - W_3$. Falls die Drucke p_1 und p_2 zu wenig verschieden sind, ist es möglich, daß die Expansionstemperatur, bei der $\Delta W = W_1 - W_3$ ist, erheblich oberhalb der Inversionstemperatur zu liegen kommt; für den Druck 160 at liegt diese Temperatur bei —90° C.

Ist die Kälteleistung die Folge der Entziehung einer Luftmenge nach der Expansion, so wird die Expansionstemperatur die des Inversionspunktes bleiben, so lange die Leistung nicht größer ist als $W_1 - W_3$. Wenn eine größere Menge entzogen wird, so steigt die Temperatur vor der Expansion.

Aus Abb. 28 ist ersichtlich, daß die Expansionstemperatur bei maximaler Kälteleistung (diese ist gleich der Enthalpiedifferenz bei der Anfangstemperatur) sich um so niedriger einstellt, je größer die Druckdifferenz der beiden Isobaren ist. Es ergibt sich nämlich, daß die Temperatur, bei der die Ordinatendifferenz der beiden Isobaren für 200 und p at gleich dieser Differenz bei der Ausgangstemperatur ist (sagen wir z. B. $T_0 = 240°$ K), um so niedriger wird, je kleiner p ist. Man wird also eine Vereinbarung treffen müssen. So wird verständlich, weshalb man — für den Fall der Anwendung einer Vorkühlexpansion — 50 at als Enddruck wählt. Bei diesem Druck wird noch keine Verflüssigung auftreten, da der kritische Druck 37,17 at ist. Nach Abb. 34 liegt der

* Daß die mittlere spezifische Wärme bei niedrigem Druck größer ist als bei hohem Druck, kann man aus der mittleren Neigung der beiden Isobaren ersehen. Die Neigung ist gleich der spezifischen Wärme C_p [15].

günstigste Anfangsdruck bei 220 at; dieser Druck wird ungefähr in der Praxis angewandt (200 at).

Aus Abb. 34 ist ersichtlich, daß die Kälteleistung der Vorkühlvorrichtung je Arbeitseinheit in diesem Fall um den Faktor 2,5 größer ist als bei Expansion bis auf 1 at. Da jedoch die Luft sich nicht sofort verflüssigt, gibt diese Zahl nicht unmittelbar die Verbesserung des Nutzeffektes des Systems, in dem der Hochdruckkreislauf angewandt wird.

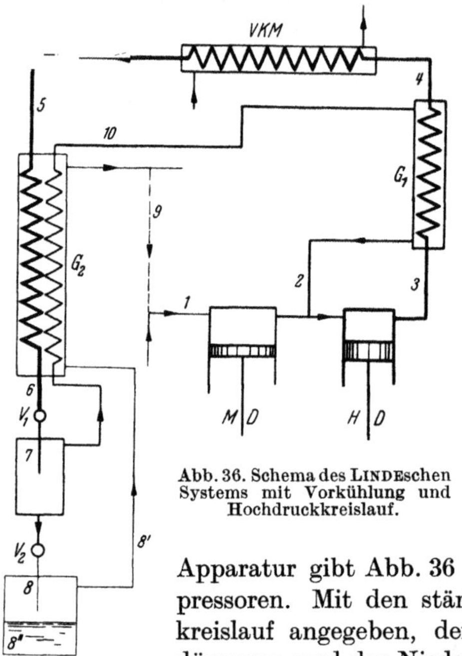

Abb. 36. Schema des LINDEschen Systems mit Vorkühlung und Hochdruckkreislauf.

III. Schema der Anordnung mit Hochdruckkreislauf. Der LINDEsche Gedanke besteht nun darin, daß die bis zu 50 at expandierte Luft für einen Teil ζ aufs neue expandiert und der Rest nur zur Vorkühlung verwendet wird. Die „Kälteleistung“, von der wir oben sprachen, besteht also in dem Entziehen einer Luftmenge aus dem Hochdruckkreislauf, und diese Luft kehrt nach der Expansion nicht sofort wieder in den Gegenströmer zurück.

Das Schema der ganzen Apparatur gibt Abb. 36 an. HD und MD sind die Kompressoren. Mit den stärksten Linien ist der Hochdruckkreislauf angegeben, der Mitteldruckkreislauf mit etwas dünneren und der Niederdruckkreislauf mit den schwächsten Linien. G_1 und G_2 sind wieder die beiden Gegenströmer, ebenso wie in Abb. 32. V_1 und V_2 bedeuten die beiden Expansionshähne; VKM ist der Vorkühler (z. B. Ammoniakmaschine). Die Luft, die durch V_2 expandiert und sich nicht verflüssigt, wird vom Kompressor MD wieder dem Kreislauf zugeführt. G_2 besteht nun aus drei Röhren, da auch die bis auf 1 at entspannte Luft zur Vorkühlung verwendet wird. In Abb. 37 ist das W-T-Diagramm des ganzen Systems gezeichnet. Die Ziffern entsprechen denen in Abb. 36. Bei 1 haben wir Luft von Zimmertemperatur und 1 at. Diese wird (z. B. isothermisch) zuerst bis 50, später auf 200 at komprimiert. In G_1 wird die Wärmemenge $W_3 - W_4$, im Vorkühler noch $W_4 - W_5$ entzogen, so daß die Temperatur am Anfange des Gegenströmers G_2 gleich T_5 ist. In diesem Gegenströmer wird das Gas bis auf T_6 abgekühlt, und bei dieser Temperatur findet Expansion bis auf T_7 statt. Nun kehrt der größte Teil durch beide Gegenströmer längs der Isobare 50 at zur Temperatur T_2 zurück, worauf wieder Kompression bis auf 200 at erfolgt. Der andere Teil der Luft expandiert jedoch aufs neue und wird sich in

Dampf 8′ und Flüssigkeit 8″ zerlegen. Der Dampf 8′ kehrt auf dem Weg über den Gegenströmer G_2 zu der Temperatur T_5 zurück und verläßt hier den Apparat, oder er wird gleichzeitig mit neu angesaugter Luft im Niederdruckkompressor wieder zusammengepreßt.

IV. Flüssigkeitsausbeute. Wir wollen jetzt berechnen, wie groß die Flüssigkeitsausbeute dieser Apparatur ist.

Nehmen wir an, daß ein Teil ζ durch V_2 entspannt wird, während der Bruchteil ε davon sich verflüssigt. Der Flüssigkeitsbruchteil ist also $\varepsilon\,\zeta$.

Wir können wieder die Bilanz der Wärmeinhalte der Gasströme am oberen Ende des Gegenströmers G_2 aufstellen. Diese Bilanz lautet:

$$W_5 = \varepsilon\,\zeta\,W_{8''} + \zeta\,(1-\varepsilon)\,W_9 + (1-\zeta)\,W_{10}. \qquad (10)$$

Weiter kann man schreiben:

$$W_7 = \varepsilon\,W_{8''} + (1-\varepsilon)\,W_{8'}. \qquad (11)$$

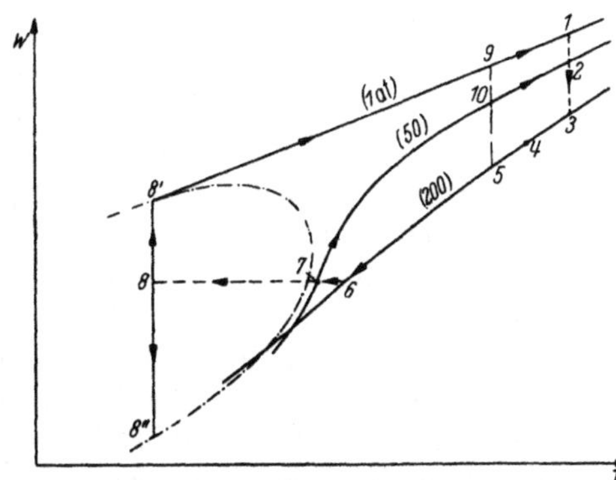

Abb. 37. Das LINDE-Verfahren mit Vorkühlung und Hochdruckkreislauf im W-T-Diagramm.

Da die Vorkühltemperatur, die von VK bewirkt wird, bekannt ist, sind also W_5, W_{10} und W_9 gegeben. Ebenfalls sind $W_{8''}$ und $W_{8'}$ bekannt. Der Wärmeinhalt W_7 wird bestimmt von der Temperatur, bei der die erste Expansion (durch V_1) stattfindet. Diese Temperatur stellt sich automatisch ein. Sie hängt von der Wärmekapazität und dem Wärmeaustausch zwischen den Gasströmen im Gegenströmer G_2 ab, so daß sie von den Mengen ε und ζ, sowie von der Konstruktion des Gegenströmers abhängig ist. Wir haben diesen ideal angenommen, also vorausgesetzt, daß ein vollständiger Wärmeaustausch zwischen den Gasströmen untereinander stattfindet, daß es keine Wärmeundichtigkeiten gibt usw. Über die Größe ζ kann man natürlich dadurch verfügen, daß man die Größe des Durchlasses V_2 verschieden wählt.

Es werde angenommen, daß bis zu $-33°$ C vorgekühlt sei. Aus dem W-T-Diagramm geht hervor: $W_5 = 93$, $W_{10} = 103$, $W_9 = 108$, $W_{8'} = 69$ und $W_{8''} = 22$ kcal/kg. Es hat sich in der Praxis gezeigt, daß bei einer Vorkühlung auf $-33°$ C der günstigste Wert von ζ bei 0,3 liegt. Setzen wir diesen Wert in (10) ein, so folgt $\varepsilon = 0{,}44$, so daß je kg Luft sich $\varepsilon\,\zeta = 0{,}132$ kg verflüssigt. Indem man den Wert für ε in (11) einsetzt, findet man $W_7 = 48{,}4$ kcal/kg, woraus $T_7 = 131°$ K hervorgeht. Es zeigt sich also, daß die Expansionstemperatur bei V_1 sich ungefähr beim Inversionspunkt für die Drucke 200 und 50 at einstellt. Die Temperaturdifferenz vor und nach der Expansion ist nahezu Null. Nur die Luft, die noch bis zu 1 at expandiert, kommt (teilweise) mit einer niedrigeren Temperatur in den Gegenströmer G_2 zurück.

V. Arbeitsaufwand; Nutzeffekt. Der Arbeitsaufwand des ganzen Vorgangs besteht aus

1. der Kompressionsarbeit, um 1 kg Luft von 50 bis auf 200 at (isothermisch bei 290° K) zu komprimieren;

2. der Kompressionsarbeit, um 0,30 kg von 1 bis auf 50 at auf dieselbe Weise zu komprimieren;

3. der Arbeit, um 1 kg Luft von T_4 bis auf 240° K abzukühlen.

Der erstgenannte Betrag ist gleich:

$$(W_{200} - W_{50}) + 290\,(S_{50} - S_{200}) = (110{,}6 - 117{,}3) + \\ + 290\,(0{,}625 - 0{,}513) = 26{,}1 \text{ kcal} = 0{,}030 \text{ kWh}.$$

Die zweite Arbeit ist:

$$\begin{aligned} &0{,}30\,\{(W_{50} - W_1) + 290\,(S_1 - S_{50})\} \\ &= 0{,}30\,\{(117{,}3 - 120{,}0) + 290\,(0{,}895 - 0{,}625)\} \\ &= 22{,}7 \text{ kcal} = 0{,}026 \text{ kWh}. \end{aligned}$$

Damit die Kühlarbeit berechnet werden könne, müssen wir erst W_4 nach Formel (7) berechnen*, wo für ε nun ζ eingesetzt werden muß. Mit $T_5 = 240°$ K, $W_2 = 117{,}3$, $W_8 = 103$, $\Delta W' = W_8 - W_5 = 10{,}1$, $\Delta W = W_2 - W_3 = 6{,}5$ und $W_5 = 92{,}9$ kcal finden wir $W_4 = 100{,}2$ kcal. Die Kälteleistung der Kühlmaschine beträgt etwa 3400 kcal je kWh, so daß zur Vorkühlung etwa 0,002 kWh genügen. Die Gesamtarbeit je 0,132 kg flüssiger Luft beträgt also 0,058 kWh, d. h. 0,44 kWh je kg.

Mit Rücksicht auf die theoretisch minimale Arbeit ist also der Nutzeffekt 0,43. Der Vorgang ist wiederum beträchtlich ökonomischer, was sich zeigt, wenn wir dieses Ergebnis mit dem vergleichen, das sich aus der Expansion von 200 bis auf 1 at mit derselben Vorkühlung ergibt. Dort war 0,27 erhalten worden (s. S. 80).

VI. Abhängigkeit des Arbeitsaufwandes vom Bruchteil ζ der Luft, der bis auf 1 at expandiert. Man kann die Frage aufwerfen, ob durch Wahl eines anderen ζ der Nutzeffekt nicht noch zu steigern wäre. Hierzu sei folgendes bemerkt: Wenn man in Gl. (10) einen kleineren Wert von ζ einsetzt, so kommt man zu ungefähr derselben Menge flüssiger Luft je kg Luft im Kreislauf ($\varepsilon\,\zeta = 0{,}128$ für $\zeta = 0{,}2$), während man einen kleineren Arbeitsaufwand findet ($\pm\,0{,}050$ kWh). Der Prozeß wird also um so ökonomischer, je kleiner man ζ wählt. Jedoch wird man in der Praxis nicht ein in diesem Maße günstigeres Ergebnis bei kleinerem ζ erwarten dürfen. Es zeigt sich nämlich, daß für $\zeta < 0{,}3$ die Expansion sich bei einer Temperatur unterhalb der Inversionstemperatur einstellen muß, wenn den Gl. (10) und (11) entsprochen werden soll, so daß die Expansion von einer Erwärmung begleitet sein würde (daß T_7 in diesem

* Die Indizes, die wir hier gebrauchen, entsprechen nicht denjenigen der Formel (7).

Falle niedriger ist als T_{inv}, geht daraus hervor, daß $\varepsilon > 0{,}47$ wird; diesen Wert hat ε, wenn die Expansion gerade bei der Inversionstemperatur stattfindet (vgl. Abb. 28). Von vornherein ist die Möglichkeit nicht ausgeschlossen, daß die Expansionstemperatur sich niedriger einstellt als T_{inv}, und zwar deshalb, weil ein dritter Gasstrom (von 1 at), der am unteren Teil des Gegenströmers eine niedrigere Temperatur hat, an dem Energieaustausch teilnimmt. Ist aber der Gegenströmer so konstruiert, daß das Gas höchsten Druckes nur mit dem Gase des mittleren Druckes in direkter Wärmeverbindung steht und daher nur auf dem Weg über dieses Gas Wärmeverbindung mit dem Gas atmosphärischen Druckes hat, so wird praktisch die erwähnte Lage nie eintreten. Die Temperatur

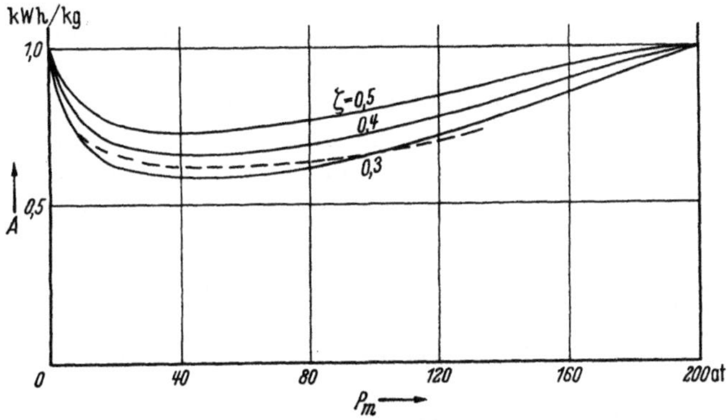

Abb. 38. Arbeitsaufwand im LINDE-Verfahren je kg flüssiger Luft in Abhängigkeit vom Mitteldruck (nach HAUSEN).

wird sich nicht niedriger einstellen als auf den Inversionspunkt 130° K. Das bedeutet, daß ε nicht größer wird als 0,47, so daß der Prozentsatz Flüssigkeit in diesem Falle kleiner bleibt als der den Gl. (10) und (11) entsprechende Wert, mit dem Erfolg, daß der Arbeitsaufwand je kg Flüssigkeit größer wird. Die Ursache ist so zu deuten, daß die Luft von 50 at den Gegenströmer mit einer Temperatur unterhalb der des einströmenden Hochdruckgases verläßt.

Abb. 38 gibt den Arbeitsaufwand an für die Verflüssigung von 1 kg Luft in Abhängigkeit vom Mitteldruck für verschiedene Werte von ζ. Die Abbildung setzt jedoch eine Vorkühlung auf —50° C voraus. Man sieht, daß es ökonomisch ist, ζ möglichst klein zu wählen, d. h. in der Praxis so, daß der Prozeß noch eben ausführbar ist. Den Grenzwert von ζ stellt die punktierte Linie im Diagramm dar.

Daß man in der Praxis 50 at als Mitteldruck wählt, ist aus der Form der Kurven zu entnehmen.

8. Das CLAUDEsche Verfahren.

I. Allgemeines. Im Anfange dieses Kapitels wurde schon erwähnt, daß Temperaturerniedrigung mittels adiabatischer Expansion unter

Leistung äußerer Arbeit doch noch Anwendung gefunden hat, obwohl dies verschiedene Schwierigkeiten mit sich brachte. SOLVAY war der erste, der das Verfahren einführte, um auf diese Weise Verflüssigung von Luft zu erzielen. Er kam jedoch wegen schlechter Wärmeisolierung usw. nicht tiefer als bis —95° C. Es war von großer Bedeutung, diese Methode technisch ausführbar zu machen, weil sie dem isentropischen Prozeß näher kommt als die nichtumkehrbare JOULE-THOMSONsche Expansion und infolgedessen ökonomischer sein muß.

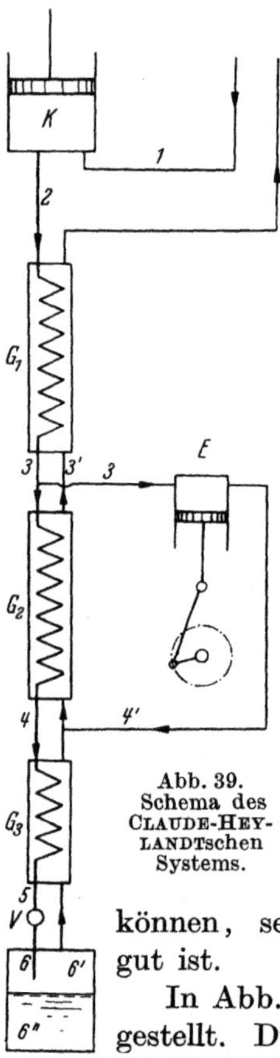

Abb. 39. Schema des CLAUDE-HEYLANDschen Systems.

Welche Schwierigkeiten mit der Ausführung verbunden waren, haben wir bereits erwähnt. CLAUDE [16] hat das Problem praktisch gelöst, indem er erstens die Expansion nur zur Vorkühlung anwandte, so daß keine Kondensation im Zylinderraum auftrat, und indem er zweitens als Schmiermittel für die Zylinderwand Pentan benutzte. CLAUDE hat also eigentlich die Ammoniakmaschine im LINDEschen System durch den „Expansionsmotor" ersetzt. Letzterer gibt außerdem noch Arbeit zurück. Wie in jedem Expansionsmotor, wird auch hier die Luft auf dem Weg über einen von der Kurbelwelle gesteuerten Schieber in den Zylinder hineingelassen und während des Rückschlags des Saugers ausgetrieben. Wegen des Auftretens miteinander abwechselnder, ganz verschiedener Temperaturen im Zylinder geht natürlich ein Teil der Kälte verloren, da die Zylinderwand und der Kolben eine nicht zu vernachlässigende Wärmekapazität besitzen. Dadurch wird der Prozeß in der Praxis nie absolut adiabatisch sein können, selbst wenn die Wärmeisolierung nach außen sehr gut ist.

In Abb. 39 ist das Schema der CLAUDEschen Apparatur dargestellt. Durch den Kompressor K wird die Luft bis zu 40 at komprimiert und sodann im Gegenströmer G_1 vorgekühlt bis zu einer gewissen Temperatur, mit der sie teilweise in den Expansionsmotor E und teilweise in den zweiten Gegenströmer G_2 gelangt. Nach der Expansion in E, die eine Temperaturabnahme zur Folge hat, tritt das Gas am unteren Ende in den zweiten Gegenströmer G_2, in dem das Gas, das der Drosselklappe zufließt, weiter vorgekühlt wird. Da die Temperatur nach der Expansion im Zylinder noch oberhalb des Siedepunktes liegt (die Luft darf ja nicht im Expansionszylinder kondensieren), ist es nötig, dieses Gas weiter vorzukühlen, da sonst die Luft, die aus dem Flüssigkeitssammelraum zurückkehrt (diese Luft hat die Temperatur des Siedepunktes), an der Stelle, wo die beiden Teilmengen zusammengeführt werden, eine tiefere Temperatur aufweisen würde.

Zum Schluß kehrt die in V expandierte Luft durch die drei Gegenströmer zurück. Bei der Expansion in V tritt Verflüssigung ein.

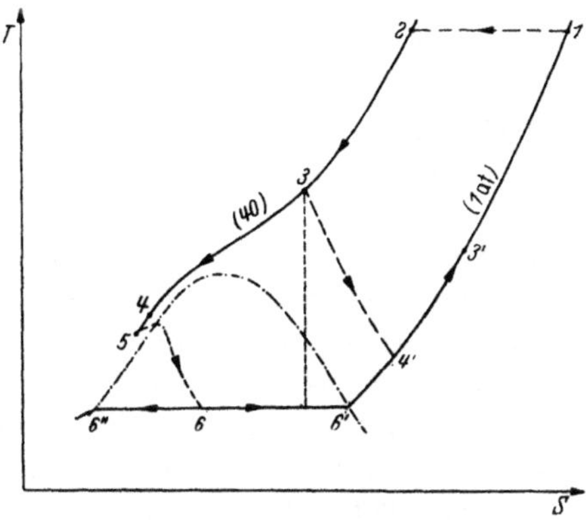

Abb. 40. Das CLAUDE-HEYLANDTsche Verfahren im T-S-Diagramm.

II. Das CLAUDEsche Verfahren im *T*-*S*-Diagramm. Bis jetzt haben wir die Vorgänge immer im W-T-Diagramm beschrieben. Für den CLAUDEschen Prozeß wählen wir jedoch das T-S-Diagramm, da der adiabatische Prozeß im Expansionsmotor dann durch eine gerade Linie dargestellt werden kann. Die Expansion durch V verläuft nach einer Isenthalpe in diesem Diagramm (s. Abb. 40). Bei 1 besteht der Zustand von 1 at und Zimmertemperatur. Das Gas wird isothermisch bis 2 komprimiert und in G_1 isobarisch bis 3 abgekühlt. Ein Teil geht zum Expansionsmotor. Theoretisch wird die Expansion dargestellt durch die gestrichelte, der T-Achse parallele Linie. Praktisch jedoch verläuft der Prozeß im Zylinder nach der Kurve 3—4′ als Folge der nichtidealen thermischen Isolierung und der endlichen Wärmekapazität des Zylinders *.

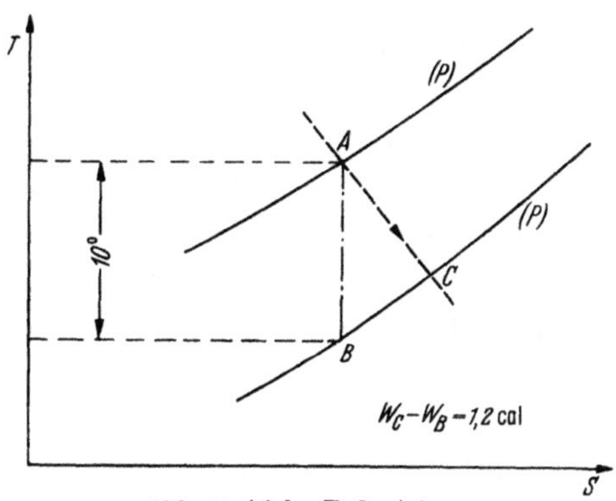

Abb. 41 (siehe Fußnote).

Der übrige Teil, der nicht in E expandiert, wird weiter isobarisch bis T_5 abgekühlt. Hier tritt isenthalpische Expansion auf, durch 5—6 dargestellt. Der Bruchteil 6—6′/6″—6′ verflüssigt sich, der Bruchteil 6″—6/6″—6′ kehrt längs der Isobare 1 at nach 1 zurück, zugleich mit der aus dem Expansionsmotor kommenden Luft in 4′.

Damit wir die Ökonomie dieses Systems mit der des LINDEschen Verfahrens vergleichen können [18], müssen wir das System quantitativ

* HAUSEN [17] hat für Luft eine praktische Regel angegeben, damit die Kurve 3—4′ konstruiert, d. h. die Temperatur $T_{4'}$ gefunden werden kann. Gerade diese Kurve interessiert uns. Die Regel lautet, daß bei einer Temperaturabnahme um 10° der Zustandspunkt auf der dann erreichten Isobare so weit nach einer höheren Entropie verschoben liegt, wie einer Zunahme des Wärmeinhalts um 1,2 kcal (s. Abb. 41) entspricht. AC ist ein Element der tatsächlichen Expansionslinie.

durchrechnen. Wir können wieder eine Anzahl Gleichungen aufstellen, wenn wir voraussetzen, daß die Gegenströmer ideal sind.

Nehmen wir an, es sei ζ der Bruchteil, der zur Drosselklappe gelangt und ε der Bruchteil von ζ, der sich verflüssigt, so daß der Flüssigkeitsbruchteil im ganzen $\varepsilon\zeta$ beträgt. Wir können nun durch eine Formel ausdrücken, daß der Wärmeinhalt der zugeführten Luftmenge (hohen Druckes) gleich dem Wärmeinhalt der aus der Apparatur entweichenden Luft (niedrigen Druckes) ist, vermehrt um den Wärmeinhalt der flüssigen Luft und um die Differenz des Wärmeinhalts der dem Expansionszylinder zuströmenden und von hier zurückkehrenden Luft. Im Falle einer umkehrbaren isentropischen Expansion ist diese Differenz genau gleich der geleisteten Arbeit A [s. Formel (43), Kapitel I]. Im Fall einer umkehrbaren Expansion, die nicht isentropisch ist, sondern z. B. nach der HAUSENschen Regel verläuft, beträgt nach Gl. (43) die Differenz des Wärmeinhalts:

$$W_3 - W_{4'} = A - \int_3^{4'} T\,\mathrm{d}S. \tag{12}$$

Wir können also schreiben:

$$W_2 = (1-\varepsilon\zeta)W_1 + \varepsilon\zeta W_{6''} + (1-\zeta)\{A - \int_3^{4'} T\,\mathrm{d}S\}. \tag{13}$$

Für den ersten Gegenströmer läßt sich setzen:

$$W_2 - W_3 = (1-\varepsilon\zeta)(W_1 - W_{3'}). \tag{14}$$

Für den zweiten Gegenströmer:

$$\zeta(W_3 - W_4) = (1-\varepsilon\zeta)(W_{3'} - W_{4'}). \tag{15}$$

Für den dritten Gegenströmer gilt:

$$\zeta(W_4 - W_5) = \zeta(1-\varepsilon)(W_{4'} - W_{6'}). \tag{16}$$

Schließlich können wir für den Drosselprozeß ansetzen:

$$W_5 = \varepsilon W_{6''} + (1-\varepsilon)W_{6'}. \tag{17}$$

Beseitigen wir mit Hilfe von (12) den entsprechenden Ausdruck auf der rechten Seite von (13), so erhalten wir fünf Gleichungen. Offenbar sind von diesen fünf Gleichungen nur vier voneinander unabhängig, so daß wir z. B. Gl. (16) fortlassen dürfen. Was wir wählen können, ist die Temperatur und die Menge der Luft, die dem Expansionszylinder zugeführt wird. Aus dieser Temperatur folgt dann die Temperatur nach der Expansion, wenn wir den Expansionsvorgang kennen.

Für ein ideales Gas wird die Temperaturabnahme durch die Beziehung (18) des I. Kapitels gegeben. Die Temperaturabnahme, die man erhält, wenn man eine adiabatische Expansion annimmt, während man jedoch die nichtideale Beschaffenheit des Gases in Betracht zieht, kann man besser aus dem T-S-Diagramm ablesen. Läßt man Luft von 40 at und 200° K im Expansionszylinder adiabatisch umkehrbar bis 1 at expandieren, so ersieht man aus dem T-S-Diagramm, daß sie sich zum Teil verflüssigt.

Wir haben bereits bemerkt, daß die Expansionslinie im T-S-Diagramm in Wirklichkeit keine zur T-Achse parallele Gerade ist, sondern diese Linie nach höheren Entropien abbiegt. Nach HAUSEN verläuft die Expansion ungefähr nach der in Abb. 40 gezeichneten Kurve. Die Endtemperatur wird etwa 110° K betragen. Es wird daher durchschnittlich keine Verflüssigung im Expansionszylinder auftreten.

Bekannt sind also jetzt, nachdem auch die Drucke festgelegt wurden, die Größen W_1, W_2, W_6, $W_{6''}$, ζ; weiter W_3 aus T_3 und $W_{4'}$ aus $T_{4'}$. Als unbekannte Größen bleiben also ε, $W_{3'}$, W_4 und W_5 übrig. Diese vier Größen sind aus den vier Gleichungen zu bestimmen. Hauptsache ist die Berechnung von ε, woraus der Nutzeffekt zu erhalten ist. Wir gehen aus von dem Anfangs- und Enddruck 40 bzw. 1 at und setzen voraus, daß die Temperatur des Gases, wenn es in den Expansionszylinder eintritt, 200° K ist. Der Bruchteil $1-\zeta$ sei 0,75, so daß also nur ein Viertel zur Drosselklappe zugelassen wird.

Wir kennen jetzt $T_3 = 200°$ K, woraus folgt: $W_3 = 92{,}5$ kcal. Nach der HAUSENschen Regel wird dann $T_{4'} \approx 110°$ K sein, also $W_{4'} = 76{,}2$ kcal.

Weiter ist $W_1 = 120$, $W_2 = 117{,}8$, $W_{6'} = 69$ und $W_{6''} = 22$ kcal; $\zeta = 0{,}25$. Nach Gl. (13), in welche Gl. (12) eingesetzt wird, ist $\varepsilon = 0{,}58$. Dieser Wert, eingeführt in (17), ergibt $W_5 = 41$ kcal, woraus $T_5 = 120°$ K folgt.

Wir ersehen also, daß die Luft bis zu 120° K vorgekühlt wird, bevor sie durch die Drosselklappe expandiert. Von der durch V expandierten Luft verflüssigen sich in unserem Beispiel 58%, so daß also der gesamte Flüssigkeitsbruchteil 14,6% beträgt.

Zur Veranschaulichung erwähnen wir noch die Temperaturen $T_{3'}$ und T_4, die durch W_3 bzw. W_4 bestimmt sind. Aus Gl. (14) folgt $W_{3'} = 90{,}4$ kcal, woraus sich $T_{3'} = 167°$ K ergibt; aus Gl. (15) folgt $W_4 = 43{,}9$ kcal, also $T_4 = 123°$ K. Es ergibt sich also, daß im dritten Gegenströmer die Luft wegen des verhältnismäßig kleinen zurückkehrenden Bruchteils nur wenig weiter gekühlt wird; je niedriger jedoch die Expansionstemperatur ist, um so größer wird der Verflüssigungsgrad.

Wir haben so die verschiedenen Temperaturen berechnet. Die Längen der Gegenströmer müssen den auftretenden Temperaturdifferenzen, den Geschwindigkeiten und den Wärmeinhalten der Gasströme angepaßt werden.

III. Arbeitsaufwand. Wir wollen jetzt noch den Arbeitsaufwand des CLAUDEschen Systems berechnen.

Die Kompressionsarbeit, um 1 kg Luft bei 290° K von 1 bis 40 at zu komprimieren, beträgt

$$(W_{40} - W_1) + 290\,(S_1 - S_{40})$$
$$= (117{,}8 - 120{,}0) + 290\,(0{,}895 - 0{,}645) = 70{,}3 \text{ kcal} = 0{,}082 \text{ kWh}.$$

Der Expansionsmotor gibt noch Arbeit zurück, die aus Gl. (12) berechnet werden kann. Es wurde hierbei eine umkehrbare Expansion angenommen. In Wirklichkeit ist das nicht der Fall, und infolgedessen wird die geleistete Arbeit nur 50 bis 60% des theoretischen Wertes betragen.

Wenn wir das nicht berücksichtigen, finden wir für die zurückgewonnene Arbeit im Expansionsmotor den Betrag:

$$0{,}75\,\{(92{,}5 - 76{,}2) + 21{,}7\} = 28{,}5\,\text{kcal} = 0{,}033\,\text{kWh}\,,$$

der also ein nicht zu vernachlässigender Teil des Arbeitsaufwandes ist. Der Gesamtarbeitsaufwand je 0,146 kg flüssiger Luft beträgt 0,049 kWh, also 0,33 kWh je kg.

Wenn wir dieses Ergebnis mit dem des erweiterten LINDEschen Vorgangs vergleichen, so ergibt sich, daß das CLAUDEsche System theoretisch beträchtlich ökonomischer arbeitet. Dies ist eine Folge davon, daß im Expansionszylinder ein Prozeß vor sich geht, der der Reversibilität näher kommt als die JOULE-THOMSONsche Expansion.

Wenn wir jedoch auf die größere praktische Kompressionsarbeit gegenüber der theoretischen (Faktor 1,7) Rücksicht nehmen, während die vom Expansionszylinder geleistete Arbeit nur 0,56 des theoretischen Wertes beträgt, so finden wir den Arbeitsaufwand 0,83 kWh je kg flüssiger Luft; der Umstand, daß der Gegenströmer nicht ideal ist, wurde hierbei nicht berücksichtigt.

9. Die HEYLANDTsche Verbesserung des CLAUDEschen Systems.

Es leuchtet ein, daß der Nutzeffekt der CLAUDEschen Maschine von der Wahl der Temperatur T_3, des Anfangsdruckes und der Verteilung der Luft nach dem Expansionszylinder und der Drosselklappe beeinflußt wird. Eine Verbindung dieser drei Bestimmungsstücke zu finden, bei der ein Höchstwert des Wirkungsgrades erzielt wird, ist eine sehr verwickelte Aufgabe. Indem man systematisch den Nutzeffekt der Apparatur in Abhängigkeit von diesen verschiedenen Freiheitsgraden berechnet, kann man sämtliche Kurven konstruieren. Man kann z. B. den günstigsten Wert von T_3 berechnen als Funktion von ζ für verschiedene Drucke. Es zeigt sich, daß für einen bestimmten Wert ζ die Temperatur T_3 um so höher sein muß, je höher der Druck wird. Der Wirkungsgrad des Expansionszylinders wird aber mit steigendem Druck kleiner (s. S. 38); trotzdem ist mit höheren Drucken ein größerer Nutzeffekt der ganzen Maschine zu erzielen, wenn man nur die Werte für ζ richtig wählt. Abb. 42 zeigt das Ergebnis dieser Berechnungen, in denen vorausgesetzt wurde, daß die günstigsten Anfangstemperaturen gewählt worden sind und keine Kälteverluste auftreten [17].

Bei der Berechnung der Kurven wurde jedoch auf die praktische Abkühlung im Expansionszylinder und die wirkliche Kompressionsarbeit Rücksicht genommen. Wir sehen, daß bei dem Druck 200 at der Arbeitsaufwand der Maschine noch erheblich kleiner ist als bei 40 at. HEYLANDT hat sich dies zunutze gemacht, indem er den Anfangsdruck 200 at wählte;

ζ wird dann in der Tat gleich 0,4 bis 0,5 genommen. Die günstigste Temperatur, bei der die Luft in den Expansionszylinder gelangt, beträgt nun ungefähr Zimmertemperatur; der erste Gegenströmer wird also überflüssig. Wenn wir mit $\zeta = 0{,}5$ den Nutzeffekt der Maschine berechnen, so finden wir nahezu denselben Wert (0,32 kWh/kg) wie im vorhergehenden Falle. Praktisch hat, nach Abb. 42, der Arbeitsaufwand bis 0,7 kWh je kg flüssiger Luft abgenommen.

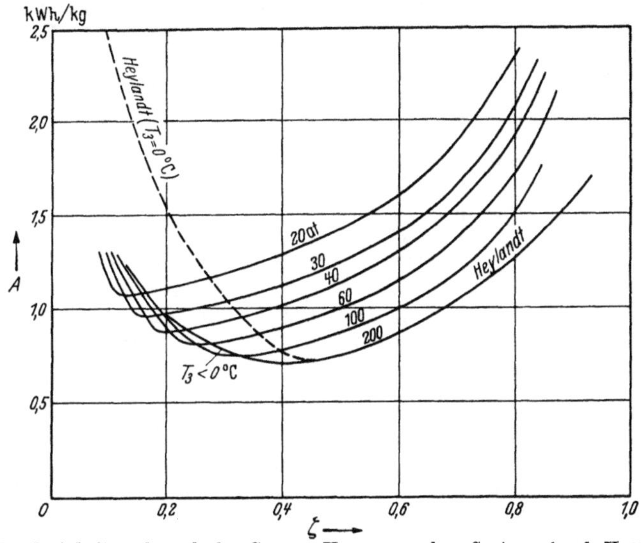

Abb. 42. Arbeitsverbrauch des CLAUDE-HEYLANDTschen Systems (nach HAUSEN).

Der Vollständigkeit wegen erwähnen wir noch einige Temperaturen im CLAUDE-HEYLANDTschen System: $T_1 = T_2 = T_3 = T_{3'} = 290°$ K, $T_{4'} = 135°$ K, $T_4 = 144°$ K und $T_5 = 129°$ K. Die Temperaturabnahme im Expansionszylinder beträgt also 155°. Mit diesen Temperaturwerten folgt aus einer ähnlichen Berechnung wie oben ein Arbeitsaufwand, der im praktischen Falle gleich 0,74 kWh/kg ist.

Wir müssen bemerken, daß es unmöglich ist, für $\zeta < 0{,}45$ mit $T_3 = 290°$ K auch $T_{3'} = 290°$ K zu erhalten. Dies äußert sich in der Berechnung dadurch, daß $T_4 < T_{4'}$ gefunden wird. Folglich wird ein Kälteverlust ($T_{3'} < 290°$ K) auftreten, was selbstverständlich einen erhöhten Arbeitsverbrauch bedeutet (siehe die gestrichelte Kurve in Abb. 42).

10. Übersicht über die verschiedenen Systeme.

In der nachstehenden Tabelle (s. S. 94) sind die verschiedenen Verfahren zur Verflüssigung von Luft zusammengestellt.

Die Zahlen in der dritten Spalte sind die Werte des Arbeitsaufwandes, wenn man bei der Berechnung die in der Praxis für den Antrieb der

Kompressoren erforderliche Arbeit heranzieht. Sie beantworten also noch nicht die Frage nach dem praktischen Arbeitsaufwand, da sie auf den Annahmen beruhen, daß die Gegenströmer ideal sind, in den Gegenströmern keine Druckabfälle entstehen, keine Kälteverluste wegen

Tabelle 4.

Verfahren	Arbeitsaufwand in kWh/kg		
	theoretisch	„praktisch"	gemessen [19]
Kaskade (für N_2)	0,30	0,54	
LINDE (einfach)	1,22	2,1	2,5 (nach R. LINDE)
LINDE, mit Vorkühlung bis zu —33° C:			
a) ohne Hochdruckkreislauf	0,69	1,2	1,6 (nach R. LINDE)
b) mit Hochdruckkreislauf	0,44	0,75	1,0 (nach R. LINDE; $\zeta = 0,2$)
CLAUDE	0,33	0,83	0,9—1,0 (nach G. CLAUDE; $\zeta = 0,2$, $T_3 = 170°$ K)
CLAUDE-HEYLANDT	0,32	0,74	0,9—1,0 (nach G. CLAUDE; $\zeta \approx 0,5$)

schlechten Wärmeaustausches und thermischer Isolierung auftreten usw. In der Praxis beträgt die Temperaturdifferenz am Anfange des Gegenströmers meist auch noch einige Grad. Der Isolationsverlust kann mit 1 bis 3 kcal je kg der verarbeiteten Luft in Rechnung gestellt werden. Weiter hat man noch 2 bis 5% Verluste an flüssiger Luft beim Ausheben zu berücksichtigen.

Dagegen sind in der letzten Spalte Versuchsergebnisse wiedergegeben. Es fällt auf, daß die CLAUDE-HEYLANDTsche Methode der LINDEschen nicht überlegen ist, wie man erwarten dürfte. Die theoretischen Vorteile werden durch schädliche Umstände wie Reibung, Einstrahlung, Kälteverlust, die den Wirkungsgrad der Expansionsmaschine herabsetzen, aufgehoben.

11. Technische Einzelheiten.

Zum Schluß dieses Kapitels sei noch etwas über die technische Ausführung der Leidener Luftanlage erwähnt, von der Abb. 43 ein Lichtbild gibt.

Diese nach dem CLAUDE-HEYLANDTschen Prinzip konstruierte Verflüssigungsanlage wird von einem 68 pk-Elektromotor angetrieben, der im normalen Betrieb ungefähr 52 pk entwickelt. Die Ausbeute der Anlage ist etwa 27 l je Stunde, d. h. also, daß der Arbeitsaufwand 1,4 kWh je kg flüssiger Luft beträgt.

Daß dieser Wert bedeutend höher liegt als man gemäß der Betrachtungen in Ziff. 9 erwarten dürfte, findet seine Erklärung vielleicht darin, daß die Temperatur der aus dem Expansionsmotor heraustretenden

Luft beträchtlich höher, und zwar auf -110° C festgestellt wurde, während auch der den Motor durchlaufende Bruchteil ($\approx {}^1/_3$) von dem dort gefundenen günstigsten Werte abweicht. Unter diesen Umständen findet man rechnerisch den Arbeitsaufwand 1,1 kWh/kg. Es zeigt sich, daß $\zeta > 0{,}5$ genommen werden muß.

Der aus dem Zimmer angesaugten Luft wird, bevor sie in den Kompressor gelangt, in einem Vorreiniger Wasserdampf und Kohlensäure

Abb. 43. Die Anlage für Luftverflüssigung im Leidener Kältelaboratorium.

entzogen [20]. Der Kompressor besteht aus vier Zylindern, die auf einer Kurbelwelle montiert sind. Die Kompression geht nämlich in vier Stufen vor sich; die Drucke betragen bzw. 3, 12, 50 und 200 at. Die Kolbendurchmesser nehmen für die entsprechenden Zylinder in dieser Reihenfolge ab. Die Verbindungsrohre zwischen den Pumpen sind als lange Spiralen ausgeführt und liegen um die Zylinder herum in einem Wassermantel.

Die komprimierte Luft wird durch einen Ölabscheider geführt, in dem das aus dem Kompressor herangeführte Öl zurückbleibt, so daß dieses also nicht zu Verstopfung der Spiralen des Gegenströmers Anlaß geben kann. Nach dem Durchlaufen des Ölabscheiders gelangt sie zum größten Teil in die Gegenströmerapparatur (ganz rechts in der Abbildung). In dieser sind die verschiedenen Gegenstromspiralen, Expansionshahn und das Sammelgefäß der Flüssigkeit untergebracht. Die

Gegenströmer bestehen aus zwei ineinander geschobenen Rotkupferrohren. Das Innenrohr ist die Hochdruckleitung, das Außenrohr führt die expandierte Luft zurück. Dieses doppelwandige Rohr ist auf HAMPSONsche Weise schraubenförmig ausgeführt. Das Ganze ist mit einem Mantel aus wärmeisolierenden Materialien ausgekleidet.

Der in der Abbildung deutlich zu erkennende Expansionsmotor besteht aus einem vertikal aufgestellten Zylinder mit Ventilen, die von Exzenterscheiben auf der Kurbelachse gesteuert werden. Mittels eines Riemengetriebes wird die geleistete Arbeit auf die Kurbelwelle des Kompressors übertragen.

Die flüssige Luft wird wegen eines kleinen Überdruckes im Apparat einfach durch Öffnung eines Hahns ausgetrieben und in Vakuummantelgefäßen von etwa 5 l Inhalt gesammelt.

Die Anlaufzeit der Anlage, d. h. die Zeit zwischen Inbetriebsetzung der Maschine und Ablaß der flüssigen Luft, beträgt nicht mehr als 15 Minuten.

Viertes Kapitel.

Flüssiger Wasserstoff.

1. Einführung.

In der Geschichte der Gasverflüssigung gab es eine Zeit, in der Wasserstoff als das allein übriggebliebene permanente Gas galt; trotz aller Kraftanstrengungen — man denke nur an die hohen Drucke, denen NATTERER dieses Gas aussetzte — ließ es sich nicht verflüssigen.

Die ersten Versuche, die einigermaßen Erfolg aufwiesen, wurden ausgeführt von WROBLEWSKI [1] (1884); sie wurden sofort nachher von OLSZEWSKI [2] bestätigt: Eine plötzliche Expansion von 100 bzw. 190 at bis auf Atmosphärendruck in einer Glaskapillare, die bis zur Temperatur des reduzierten Stickstoffs abgekühlt war, ergab eine Nebelbildung („une mousse bien visible“), welche aber nach sehr kurzer Zeit wieder verschwand. Einen Meniskus hat man nicht hervorrufen können. Man sprach von einem „dynamischen Flüssigkeitszustand“. Ob es möglich war, Wasserstoff überhaupt auch „statisch“ zu verflüssigen, blieb eine offene Frage.

Der erste Schritt auf dem richtigen Wege wurde von KAMERLINGH ONNES getan. Aus den Isothermenmessungen der schon erwähnten polnischen Forscher konnte man schließen, daß die kritische Temperatur des Wasserstoffs nicht mit den unter sehr niedrigem Druck verdampfenden Gasen Sauerstoff oder Stickstoff erreicht werden konnte; daher war es also nicht möglich, einen Wasserstoffkreislauf in das Kaskadenverfahren einzufügen. KAMERLINGH ONNES suchte deshalb nach einer Möglichkeit, um durch Anwendung adiabatischer Expansion eine hinreichend große Temperaturerniedrigung zu erzielen. Er hatte geschlossen, daß es auf Grund der Existenz übereinstimmender Zustände möglich sein müßte, die Bedingungen für die Verflüssigung des Wasserstoffs aus denen für die Sauerstoffverflüssigung abzuleiten. Der erste Versuch bestand in der Vereinigung eines kleinen Expansionsmotors mit einem Gegenströmer. Obwohl dadurch das Ziel mit Sauerstoff erreicht wurde, gelang die Verflüssigung des Wasserstoffs auf diese Weise nicht.

Gerade in jener Zeit hatte LINDE, und an anderer Stelle auch HAMPSON, vollständigen Erfolg mit der Anwendung der JOULE-THOMSONschen Expansion für die Luftverflüssigung. Dieses Verfahren müßte nach KAMERLINGH ONNES auch die Lösung für die Wasserstoffverflüssigung bieten. Man müßte jedoch den komprimierten Wasserstoff, bevor er in den Gegenströmer gelangt, zunächst abkühlen, da der JOULE-THOMSON-Effekt bei Zimmertemperatur das umgekehrte Vorzeichen hat und daher die isenthalpische Expansion eine Temperaturerhöhung verursachen würde. Durch Vorkühlung mittels flüssiger Luft würde man die Inversionstemperatur unterschritten haben.

Zu gleicher Zeit arbeitete DEWAR [3] in dieser Richtung. Der hochkomprimierte Wasserstoff durchlief hintereinander drei Spiralen, von denen die erste in flüssige Kohlensäure und die zweite in flüssige Luft getaucht war, während die dritte Spirale, deren Ende den Expansionshahn trug, ebenfalls in ein DEWAR-Gefäß eingebaut war. Nachdem anfänglich mit dieser Anlage nur eine vorübergehende Verflüssigung erzielt werden konnte („a liquid hydrogen jet“), gelang es DEWAR 1898, indem man das erwähnte DEWAR-Glas an der Außenseite mit flüssiger Luft isolierte, die Vorkühltemperatur bis zu —205° C herabsetzte und 180 at Druck zuließ, eine 20 cm³ betragende Menge der farblosen Flüssigkeit zu sammeln [4].

2. Einige Angaben über Wasserstoff.

Bevor wir uns mit der Berechnung des Arbeitsaufwands, der Nutzleistung usw. befassen, seien erst einige Angaben über den Wasserstoff vorausgeschickt.

a) Dampfspannungskurve.

In der folgenden Tabelle sind einige Werte des Dampfdruckes über flüssigem Wasserstoff zusammengestellt [5].

Tabelle 5.

t °C	p cm	t °C	p cm
—253,0	70,82	—256,0	25,05
—254,0	51,55	—257,0	16,67
—255,0	36,50	—258,0	10,35

Der Siedepunkt des flüssigen Wasserstoffs liegt bei —252,75° C = 20,39° K, der Tripelpunkt (nach einer schon länger zurückliegenden

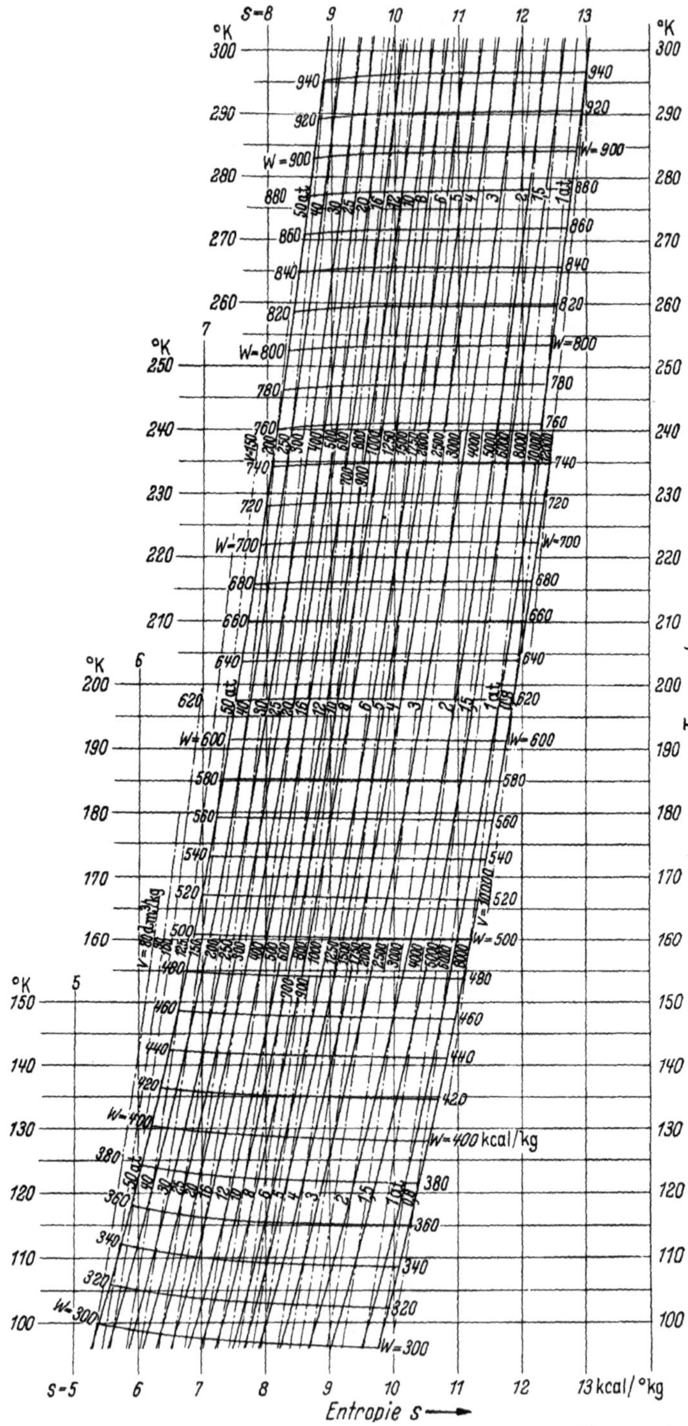

Abb. 44a. *T*-*S*-Diagramm für Wasserstoff (nach KEESOM und HOUTHOFF).

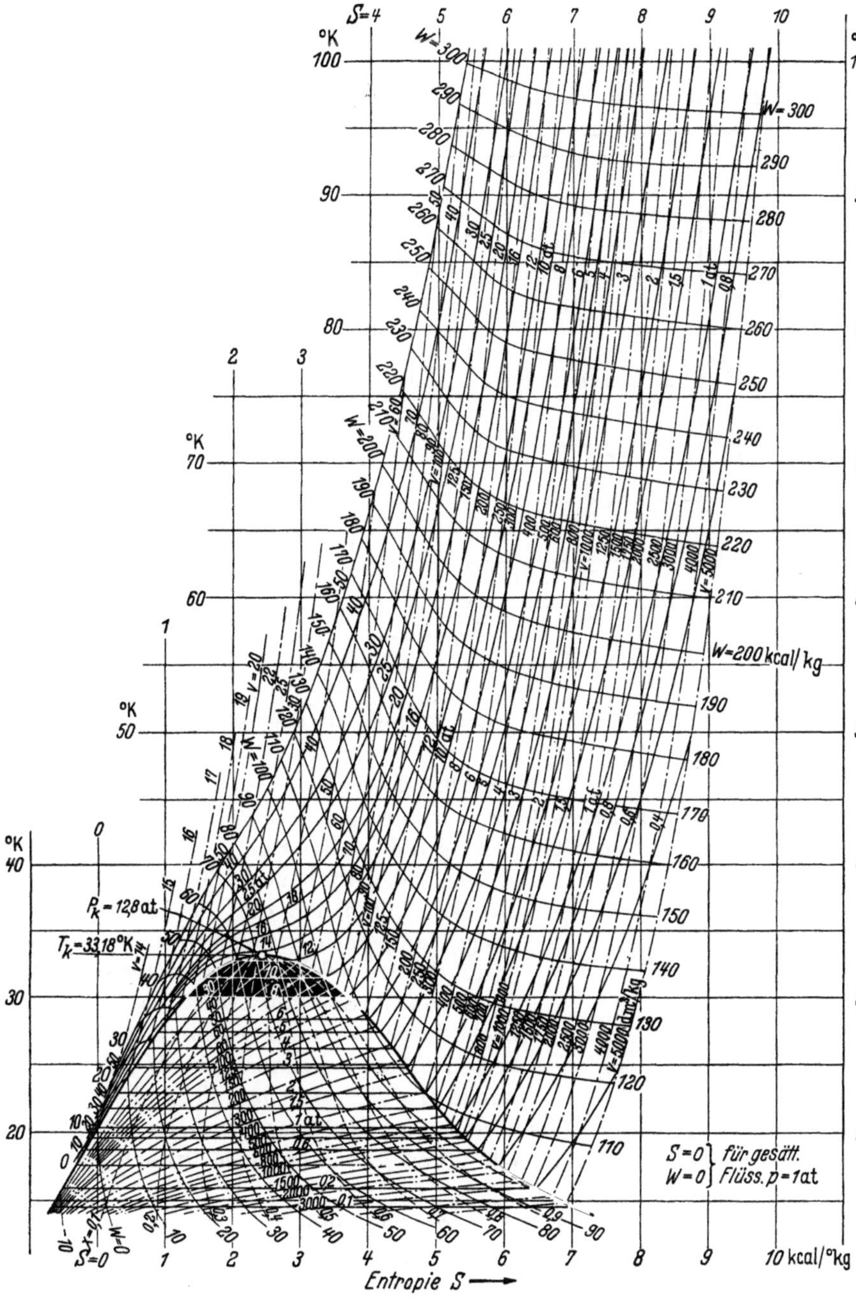

Abb. 44b. T-S-Diagramm für Wasserstoff (nach KEESOM und HOUTHOFF).

Messung) bei $-259{,}14°$ C. Man fand den Tripelpunktsdruck 5,41 cm [6]. Für den kritischen Punkt ergab sich die Temperatur $-239{,}96°$ C und der Druck 12,80 at [7]. Die kritische Dichte beträgt 0,031 g/cm³.

Flüssiger Wasserstoff ist eine sehr bewegliche, farblose Flüssigkeit, deren Meniskus nicht so leicht zu erkennen ist wie z. B. beim Stickstoff, da das Dichteverhältnis von Dampf und Flüssigkeit kleiner ist.

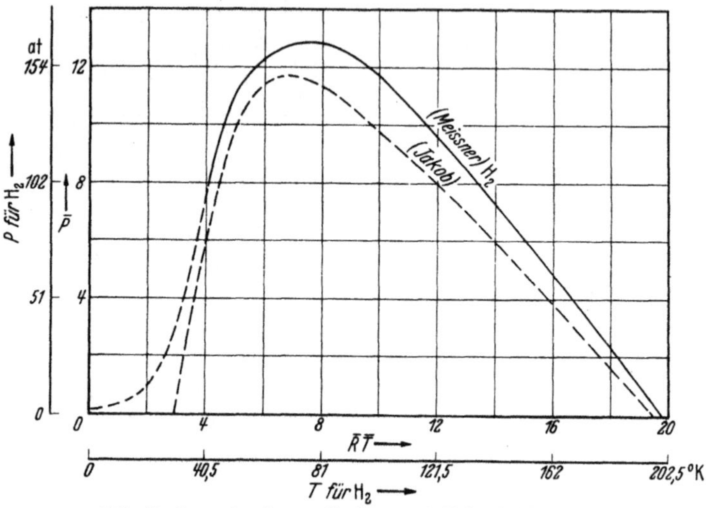

Abb. 45. Inversionskurve für Wasserstoff (nach MEISSNER.)

Das spezifische Gewicht ist sehr gering, es beträgt beim Siedepunkt nur 0,071 [8].

b) Schmelzkurve.

Indem man den Druck über dem flüssigen Wasserstoff, der auf konstanter Temperatur gehalten wird, erhöht, verfestigt sich die Flüssigkeit. In der nebenstehenden Tabelle sind die Drucke, bei denen dies der Fall ist, für einige Temperaturen angegeben. Man findet damit die Schmelzkurve des Wasserstoffs [9].

Tabelle 6.

T °K	p kg/cm²
14	1,7
15	33,2
16	67,3
17	103,6

Festen Wasserstoff erhält man natürlich auch durch Abpumpen des thermisch isolierten Flüssigkeitsbades bis an den Tripelpunkt 14° K. In der Flüssigkeit bildet sich dann eine diffus lichtzerstreuende, flockenartige Masse, zuerst an der Oberfläche und dann nach unten hin allmählich anwachsend.

c) Das *T*-*S*-Diagramm.

Im I. Kapitel wurde auseinandergesetzt, wie ein *T*-*S*-Diagramm zustande kommt. Abb. 44 zeigt dieses Diagramm, das den Arbeiten KEESOM und HOUTHOFFS [10] entnommen wurde.

Man ging aus von der Entropie und Enthalpie Null für die gesättigte Flüssigkeit bei 20,35° K (die damals angenommene Temperatur des Siedepunktes *).

d) Die Inversionskurve [11].

Diese ist für die Wahl der Temperaturen und Drucke beim Verflüssigungsvorgang sehr wichtig. MEISSNER [12] hat im Hinblick darauf die Inversionskurve von Wasserstoff mit Hilfe von Zahlenwerten aus der Zustandsgleichung, die in Leiden aus Isothermenmessungen [13] aufgestellt wurde, berechnet. Er kommt zu dem in Abb. 45 dargestellten Ergebnis. Die Isothermen wurden nur bis zu 60 at gemessen, so daß oberhalb dieses Druckes extrapoliert werden mußte.

Man sieht, daß die Inversionstemperatur bei sehr niedrigen Drucken bei etwa 200° K liegt. Bei Zimmertemperatur ist also der JOULE-THOMSON-Effekt negativ.

3. Der Leidener Wasserstoffverflüssiger [14].

Ein Schema dieser Anlage, die ausschließlich auf dem LINDEschen System mit Vorkühlung beruht, gibt die Abb. 46.

Der Wasserstoff wird mit Hilfe eines wassergekühlten Kompressors in zwei Stufen bis zu etwa 180 at komprimiert. Der komprimierte Wasserstoff tritt bei A in den Verflüssiger ein und verteilt sich über zwei Spiralen B und B′, von denen die erstere (B) durch den Dampf eines Bades aus flüssiger Luft gekühlt wird. Die andere Spirale wird durch kalten Wasserstoff gekühlt, sobald die Expansion bereits einige Zeit im Gang ist. Die beiden Spiralen vereinigen sich wieder zu einer einzigen Spirale C, die tiefer im Wasserstoffdampfraum angeordnet ist. Hiernach strömt der Wasserstoff wieder durch eine Spirale D, welche von kalter Luft gekühlt wird und kommt dann in die in flüssige Luft untergetauchte Spirale E. Die flüssige Luft siedet unter reduziertem Druck (6 cm). Nun wird der Wasserstoff wieder in den Wasserstoffraum übergeführt und kommt über den letzten Gegenströmer F an den Expansionshahn K, wo er expandiert und abkühlt. Ungefähr eine halbe Stunde nach Inbetriebsetzung des Apparates tritt Verflüssigung ein. Der nicht verflüssigte Teil kühlt den einströmenden Wasserstoff ab, indem er längs der Spiralen F, C und B′ entweicht. Dieser Wasserstoff wird in einem Gasbehälter gesammelt und von hier aus in die bekannten Stahlflaschen gepumpt. Man unterscheidet im Verflüssiger also zwei Spiralsysteme: ein luftgekühltes und ein wasserstoffgekühltes System. Beide müssen natürlich sorgfältig voneinander getrennt bleiben. Ein Bad aus flüssiger Luft ist erforderlich, weil ohne dieses der Prozeß nicht möglich ist, da der JOULE-THOMSON-Effekt bei Zimmertemperatur zu Erwärmung

* Wegen näherer Einzelheiten über den Aufbau des Diagramms in Zusammenhang mit der Tatsache, daß experimentelle Unterlagen nur in beschränktem Umfange vorhanden waren, sei auf das einschlägige Schrifttum verwiesen.

Anlaß gibt und erst bei —80° C das Vorzeichen wechselt. Der Expansionshahn wird von außen mit Hilfe von K′ bedient. Er wird so eingestellt, daß der Druck konstant auf 180 at bleibt, so daß die Strömungsgeschwindigkeit des Wasserstoffs ganz von der Pumpenkapazität bestimmt wird. Der Wasserstoff, der sich bei der Expansion verflüssigt, strömt ab durch eine Glasspirale, welche den Außen- und Innenmantel des Kryostaten mit dem Expansionsraum verbindet. Diese Verbindung muß elastisch sein, damit die Differenz der thermischen Kontraktion des Innen- und Außenmantels aufgenommen werden kann. Schließlich sammelt sich der flüssige Wasserstoff im Kryostatgefäß G, von wo er durch Heberrohre in die Wasserstofftransportgefäße H und H′ übergeführt werden kann.

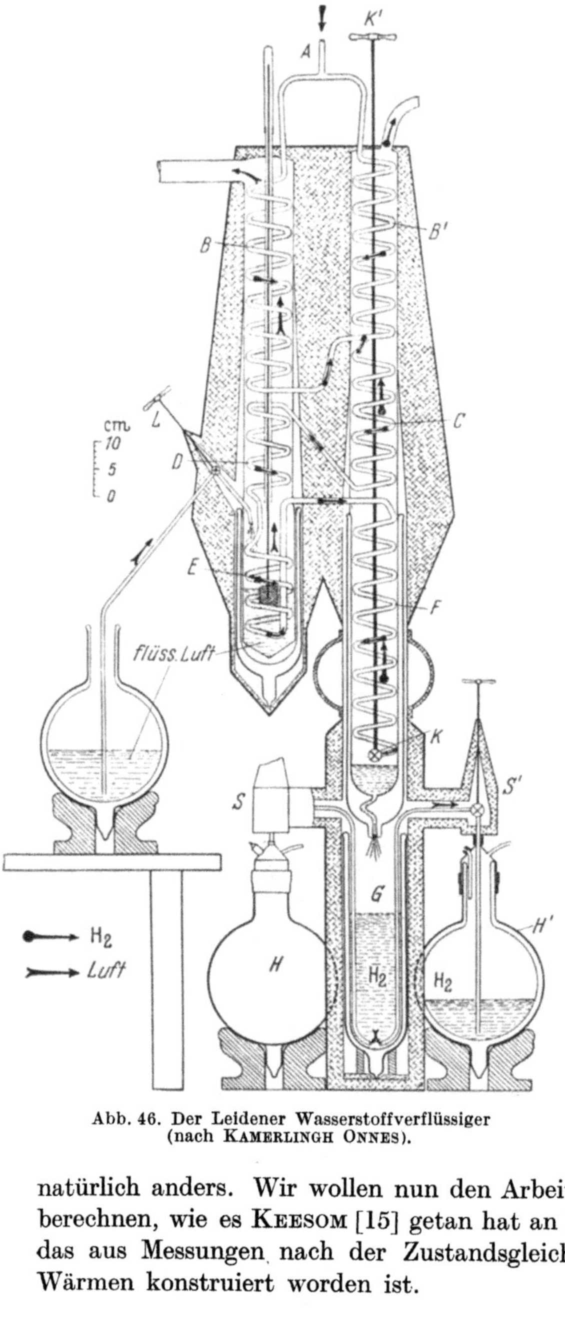

Abb. 46. Der Leidener Wasserstoffverflüssiger (nach KAMERLINGH ONNES).

4. Der Arbeitsaufwand des Verflüssigers.

Das System des Verflüssigers entspricht ganz dem LINDE-HAMPSONschen System mit Vorkühlung, so daß wir in dieser Hinsicht auf das vorige Kapitel verweisen können. Die verschiedenen Temperaturen und Drucke sind natürlich anders. Wir wollen nun den Arbeitsaufwand des Verflüssigers berechnen, wie es KEESOM [15] getan hat an Hand des T-S-Diagramms, das aus Messungen nach der Zustandsgleichung und den spezifischen Wärmen konstruiert worden ist.

a) Flüssigkeitsausbeute.

Diese wird wieder durch Formel (3*) des vorigen Kapitels ausgedrückt, worin also W_1 und W_4 die Enthalpie des ein- und ausströmenden Wasserstoffs bedeuten am Eingange des letzten Gegenströmers, also an der Oberseite der Spirale F in Abb. 46. Nach MEISSNER muß man, damit die Maximalnutzleistung erreicht werde, die Anfangsbedingungen:

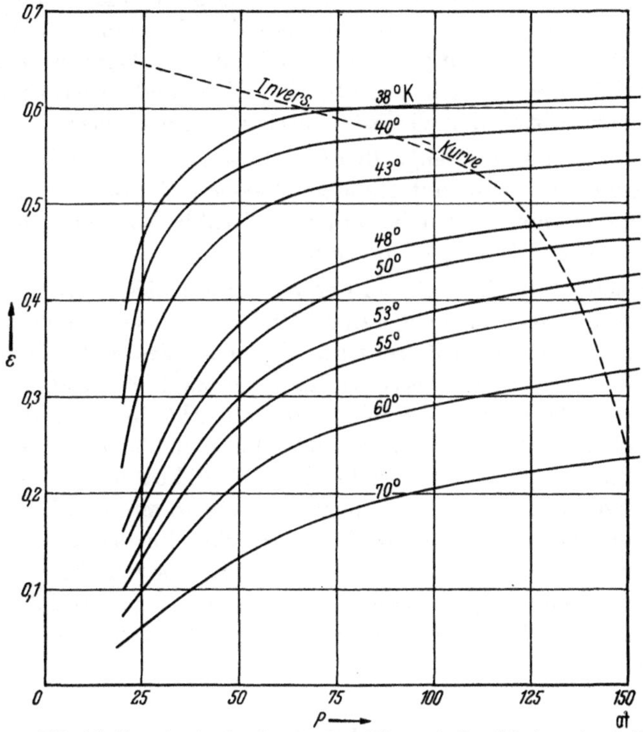

Abb. 47. Flüssigkeitsausbeute des LINDEschen Wasserstoffverflüssigers (nach KEYES).

Temperatur und Druck, in der Weise wählen, daß sie auf der Inversionskurve liegen. MEISSNER [16] findet, daß bei der Anfangstemperatur $T_1 = 80°$ K der günstigste Druck bei 165 at liegt, während bei der Anfangstemperatur $T_1 = 66{,}4°$ K dieser Druck 161 at beträgt. Für die Flüssigkeitsausbeute findet er $\varepsilon = 0{,}177$ bzw. 0,266. Sie nimmt also sehr stark zu, wenn man die Anfangstemperatur erniedrigt. KEESOM hat mit Hilfe des genannten T-S-Diagramms, in das auch die Linien konstanter Enthalpie eingetragen sind, den Nutzeffekt berechnet, wenn als Ausgangspunkt $T = 63°$ K und $p = 150$ at gewählt wird (dieses Diagramm muß auch zuerst nach höheren Drucken extrapoliert werden). Er findet mit $W_1 = 152{,}7$ kcal/kg, $W_4 = 216{,}5$ kcal/kg (bei $p_4 = 1$ at) und $W_{fl} = 0$, das Ergebnis $\varepsilon = 0{,}295$. Man kann dies auch ablesen aus den Diagrammen in Abb. 47, die KEYES [17] und Mitarbeiter mit Hilfe der KEESOM- und HOUTHOFFschen Daten berechnet haben. Man sieht hier, wie die Flüssigkeitsausbeute von Temperatur und Druck vor dem Gegenströmer abhängig ist.

Der Verflüssiger verarbeitete (vor der Steigerung der Kapazität bis auf 18 l) 40 m³ Wasserstoff von 1 at und 20° C je Stunde unter dem Druck 150 at. Die Gewichtsmenge war dann 3,33 kg. Die Vorkühltemperatur betrug 63° K, so daß gemäß der Berechnung die Leistung 0,98 kg = 13,8 l Flüssigkeit je Stunde sein mußte. In Wirklichkeit stimmte die Kapazität hiermit sehr gut überein; die Stundenleistung war nämlich 13 l nach Abzug der Verluste durch das Überhebern.

Auch die benötigte Menge flüssiger Luft läßt sich nachprüfen. Die Wärmemenge, die dem eintretenden Wasserstoff von 150 at entzogen werden muß, damit er sich bis auf 63° abkühlt, ist gleich 943—153 = 790 kcal/kg (s. das Entropiediagramm).

Der Wasserstoff, der sich bei der Expansion nicht verflüssigt, kann, nachdem er den Gegenströmer F durchlaufen hat, noch eine Wärmemenge aufnehmen, die von der Differenz des Wärmeinhalts bei 63° K und 20° C bei 1 at bestimmt wird. Diese Differenz beträgt 679 kcal/kg. Im Zusammenhange damit, daß die Menge des zurückkehrenden Wasserstoffs (2,35 kg) kleiner ist als die eintretende Menge (3,33 kg), muß also noch die Wärmemenge: 3,33 · 790—2,35 · 679 = 1036 kcal/h von der flüssigen Luft aufgenommen werden. Aus dem W-T-Diagramm von Luft (s. S. 73) geht hervor, daß die Differenz des Wärmeinhalts der Luft von 10° C und 6,5 cm Druck und flüssiger Luft 118—22 = 96 kcal/kg beträgt. Die Verflüssigung eines kg Wasserstoff erfordert also 1036/96 = 10,8 kg flüssige Luft, eine Menge, die in der Praxis in der Tat nahezu gebraucht wurde; sie betrug nämlich 12 l/h.

b) Nutzeffekt.

Zur Veranschaulichung können wir noch berechnen, wie groß der „Nutzeffekt“ des Wasserstoffverflüssigers ist. Dazu bestimmen wir den Kraftbedarf des Wasserstoffkompressors und die Arbeit, die für die Herstellung der benötigten Menge flüssiger Luft und für deren Dampfdruckerniedrigung im Verflüssiger erforderlich ist. Für die isothermische Kompression (bei $T = 293°$ K) eines kg des Gases von 1 bis zu 150 at ist der Arbeitsaufwand: $A_1 = (W_{150} - W_1) + T\,(S_1 - S_{150})$. Aus dem T-S-Diagramm lesen wir die verschiedenen Zahlenwerte für Wasserstoff ab und erhalten für 3,33 kg die Kompressionsarbeit:

$$A_1 = 3{,}33\,\{(943 - 926) + 293\,(12{,}9 - 7{,}6)\} = 5220 \text{ kcal} = 6{,}0 \text{ kWh}.$$

In Wirklichkeit wird die Kompressionsarbeit $\pm 1{,}7 \times 6{,}0 = 10{,}2$ kWh betragen.

Der Arbeitsaufwand für die Verflüssigung von 11 kg Luft (nach dem Claude-Heylandtschen Prinzip) beträgt $11 \times 0{,}7 = 7{,}7$ kWh.

Zum Schluß kann auch die Arbeit bei Kompression dieser Luftmenge von 6 cm Druck (im Verflüssiger) bis auf 1 at leicht berechnet werden. Es wird angenommen, daß die Luft den Verflüssiger bei Zimmertemperatur verläßt, während die Kompression isothermisch vor sich geht. Wir berechnen die Arbeit, als ob wir es mit einem idealen Gase zu tun hätten. Die Gaskonstante je kg (s. I. Kapitel, S. 11) beträgt für Luft $2{,}86 \cdot 10^9$ erg/°. Man findet:

$$11 \cdot 2{,}86 \cdot 10^9 \cdot 290 \ln \frac{760}{60} = 2{,}3 \cdot 10^{13}\,\text{erg} = 0{,}6\,\text{kWh}.$$

In der Praxis wird dieser Betrag wohl bis an 1,0 kWh herankommen. Insgesamt ist also die Energie 18,9 kWh für die Verflüssigung von 13 l Wasserstoff erforderlich, d. h. je Liter 1,45 kWh oder je kg (1 l = 71 g) $\pm$ 20 kWh.

Es ist interessant zu sehen, wie groß die theoretisch minimale Energie für die Verflüssigung eines kg Wasserstoff ist. Wir brauchen dazu nur die Zahlenwerte in die Formel (s. I. Kapitel, Ziff. 10):

$$A_{\min} = (W_{20,4} - W_{293}) + T_0\,(S_{293} - S_{20,4})$$

einzusetzen. Wir lesen ab: $W_{293} = 930$, $W_{20,4} = 0$ kcal/kg, $S_{20,4} = 0$ und $S_{293} = 12{,}9$ kcal/° kg, woraus folgt:

$$A_{\min} = 2870\,\text{kcal} = 3{,}32\,\text{kWh}.$$ /kg H2

Man sieht also, daß in Wirklichkeit ungefähr das 6fache der theoretisch minimalen Arbeitsmenge gefordert wird.

Wir haben diese Arbeitsberechnung mehr zur Veranschaulichung erwähnt, da in der Praxis der „Nutzeffekt" der Wasserstoffanlage nicht eine so wichtige Rolle spielt. Die Anwendung des flüssigen Wasserstoffs ist bisher auf das Laboratorium beschränkt geblieben. Im Gegensatz zur flüssigen Luft hat er in der Industrie noch keine Verwendung gefunden, sonst würde der Arbeitsaufwand sicherlich in Erwägung gezogen worden sein. Im Laboratorium ist die Flüssigkeitsleistung, d. h. der sich verflüssigende Bruchteil des an dem Kreislaufe teilnehmenden Wasserstoffs von größerer Wichtigkeit, denn diese Leistung bestimmt die Abmessungen der Apparatur sowie die Pumpenkapazität, wenn eine bestimmte Kapazität des Verflüssigers verlangt wird. Die Kosten der Anlage hängen hiermit unmittelbar zusammen.

c) Vergleich mit der Anlage der PTR.

Zur Vergleichung geben wir hier noch einige Zahlenwerte an, die von der Wasserstoffanlage der Physikalisch-Technischen Reichsanstalt (PTR) in Berlin stammen [18]. Obwohl diese Anlage ganz anders konstruiert ist, stimmt sie grundsätzlich mit der beschriebenen überein. Der Wasserstoffdruck beträgt 160 at, der Expansionsdruck 1,2 at. Die Vorkühltemperatur, die mittels reduzierten flüssigen Stickstoffs erhalten wird, ist 63,5° K. Bei der Kompressorleistung 57,2 m³/h (= 4,82 kg) beträgt die Ausbeute etwa 15 l nach Abzug der Heberverluste. Diese betragen nicht weniger als etwa 14%, zum Teil dadurch, daß während des Aushebens der Dampfdruck um 0,2 at erniedrigt wird. Die Bruttoausbeute des Verflüssigers ist also 17 l = 1,2 kg. Augenscheinlich ist $\varepsilon = 0{,}25$. Die Rechnung nach KEESOM liefert in diesem Fall $\varepsilon = 0{,}28$, was also in guter Übereinstimmung mit der Erfahrung steht. Der Verbrauch an flüssigem Stickstoff beträgt 17 l je Stunde, während für die Vorkühlung der ganzen Apparatur 12 l erforderlich sind. Die Anlaufzeit beträgt eine halbe Stunde. Auch der Stickstoffverbrauch im Beharrungszustand stimmt mit dem berechneten Wert überein, was darauf hinweist, daß die Gegenströmer gut berechnet worden sind. Man hat in der Tat nur sehr kleine Temperaturdifferenzen des ein- und austretenden Wasserstoffs festgestellt.

5. Wasserstoffverflüssigung mit Hilfe von flüssigem Neon.

Der großen Wirtschaftlichkeit wegen hat CLUSIUS [19] den Vorschlag gemacht, zur Wasserstoffverflüssigung das Kaskadenverfahren heranzuziehen, in dem Sinne, daß man flüssiges Neon als Zwischenstufe verwendet. Die Verflüssigung des Neons geht auf die normale Weise vor sich (LINDE-Verfahren), da die kritische Temperatur (44° K) sich nicht mittels flüssigen Stickstoffs erreichen läßt. Weil der Siedepunkt des Neons (27,2° K) beträchtlich höher liegt als der des Wasserstoffs, ist die Leistung eines Neonkreislaufes besser als die eines unter denselben Bedingungen arbeitenden Wasserstoffkreislaufes.

Der bis 6 at komprimierte Wasserstoff verflüssigt sich in einer vom flüssigen Neon umspülten Spirale und expandiert nachher bis auf 1 at, wodurch 85% flüssig bleiben. Der für die Kompression des Neons und Wasserstoffs erforderliche Arbeitsaufwand beträgt etwa zwei Drittel desjenigen bei einfacher Wasserstoffverflüssigung. Der Verbrauch an flüssiger Luft ist ungefähr gleich groß.

6. Technische Einzelheiten.

Es seien hier zuerst einige technische Einzelheiten bezüglich der Leidener Wasserstoffanlage erwähnt.

Die Spiralen sind alle aus Rotkupfer hergestellt. Damit die Wärmeaustauschfläche möglich groß wird, sind B und B′ als vier parallel aufgewundene Spiralen mit dem Querschnitt $2{,}4 \times 3{,}8$ mm ausgeführt. Die Außenwände des Gegenströmers und die übrigen Rohre sind aus Neusilber hergestellt, dessen Wärmeleitung sehr klein ist. Das Ganze ist durch einen wärmeisolierenden Stoff, eine dicke Wattehülle, gegen die Umgebung isoliert. Man kann diese Isolation in Abb. 48, welche die Wasserstoffanlage im Leidener Kältelaboratorium zeigt, erkennen. An den Umrissen sieht man die Anordnung der verschiedenen Teile.

Den Stand des Luft- und Wasserstoffmeniskus in E bzw. G (Abb. 46) kann man mit Hilfe von Schwimmern (im Wasserstoffgefäß G nicht eingezeichnet) feststellen. Die flüssige Luft wird in den Raum E gebracht, indem man L öffnet. Die Flüssigkeit steigt in dem Heberrohr, da der Dampfdruck über der flüssigen Luft kleiner ist als 1 at. Der flüssige Wasserstoff wird aus G mittels Heberrohre in die Transportgefäße H

Abb. 48. Die Leidener Anlage zur Wasserstoffverflüssigung.

und H' übergeführt, indem man die Verdampfungsleitung des Wasserstoffbades etwas zusammendrückt, wodurch der Druck zunimmt. Bevor man das ausführt, werden die Kugeln H und H' evakuiert und an den Wasserstoffbehälter gekoppelt. Nach dem Überführen wird der Hahn wieder geschlossen, während die Gefäße jedoch am Gasbehälter angekoppelt bleiben.

Die Pumpen, die in Abb. 48 links sichtbar sind, dienten damals als Wasserstoffkompressoren; sie sind jetzt ersetzt durch ein modernes Pumpenaggregat, in dem zwei vertikal aufgestellte zweistufige Kompressoren, einer für 1 bis 25, der andere für 25 bis 180 at, von einer Kurbelwelle getrieben werden. In Abb. 48 ist diese Anlage nicht zu sehen. Eine der in der Abbildung sichtbaren Pumpen ist eine Vakuumpumpe, die den Dampfdruck oberhalb der flüssigen Luft in dem Verflüssiger bis 6 cm reduziert und dadurch die Vorkühltemperatur 63° K hervorruft.

Während der Wasserstoffverflüssigung traten im Anfang öfter Störungen auf durch Verunreinigungen im Gase, die einen viel niedrigeren Dampfdruck haben, wie z. B. Sauerstoff und Stickstoff; diese erstarren bei den Temperaturen des flüssigen Wasserstoffs und geben daher zu Verstopfungen in den engen Spiralen Anlaß. Heutzutage ist Wasserstoff mit einem für die Verflüssigung genügend kleinen Prozentsatz Verunreinigung im Handel erhältlich. Jedoch hat nicht immer der Wasserstoff, den man von irgendeinem Lieferanten bezieht, einen so hohen Reinheitsgrad, daß man gezwungen sein kann, besondere Maßregeln zu treffen, um die genannten Schwierigkeiten zu beseitigen. Die Verunreinigung, die meist aus Stickstoff besteht, kann bis zu 3% betragen. Indem man nun den Wasserstoff durch einen mittels flüssiger Luft unter reduziertem Druck gekühlten Raum führt, kann man zwar einige Verunreinigungen, die bei dieser Temperatur kondensieren, ausscheiden, jedoch werden Sauerstoff und Stickstoff auf diese Weise nicht genügend beseitigt. Dazu ist eine Abkühlung bis zu Temperaturen des flüssigen Wasserstoffs notwendig. Die Konstruktion eines dazu geeigneten sog. Separators ist sehr einfach [20]. In einem Kryostatgefäß ist eine weite Spirale angebracht, die man kühlt, indem man flüssigen Wasserstoff in kleinen Mengen in sie hineingießt, so daß die Temperatur ungefähr gleich der des Wasserstoffsiedepunkts wird, d. h. 20° K. Der zu reinigende Wasserstoff wird an der Außenseite längs der Spirale geführt, so daß die Verunreinigungen hierauf kondensieren und dann nach Beendigung des Verfahrens leicht entfernt werden können.

Es empfiehlt sich, den gereinigten Wasserstoff in gesonderten Flaschen aufzubewahren und ihn ausschließlich zur Verflüssigung zu verwenden.

Wenn man nach Beendigung der Experimente mit dem flüssigen Wasserstoff diesen verdampfen läßt, ist es ebenfalls empfehlenswert, unmittelbar vor dem Verschwinden der letzten Spuren Flüssigkeit die Verbindung mit dem Gasbehälter oder der Pumpe zu unterbrechen, so daß etwaigen Verunreinigungen der Weg verlegt wird. Wenn man außerdem Undichtigkeiten sorgfältig vermeidet, ist es möglich, lange Zeit mit demselben Wasserstoff zu arbeiten, ohne ihn aufs neue einem Reinigungsvorgang unterziehen zu müssen.

Außer diesen Vorsichtsmaßregeln zur Vermeidung von Verstopfungen ist an der Wasserstoffanlage, bei der naturgemäß mit sehr hohen Gasdrucken gearbeitet werden muß, den damit verbundenen Gefahren Aufmerksamkeit zuzuwenden, besonders, da es sich um sehr große Wasserstoffmengen mit kleinem Volumen (Flüssigkeit!) handelt. NUSSELT [21] hat gefunden, daß in nicht völlig reinem Wasserstoff, in dem sich z. B. feste Teilchen oder Wasser befinden, beim Ausströmen unter hohem Druck aus einer undichten Stelle Selbstentzündung auftreten kann durch Funken, die durch elektrische Aufladung der Teilchen erzeugt werden. Deshalb benutzt man z. B. in Berlin nicht flüssige Luft, sondern

Stickstoff als Vorkühler. Entsteht eine Undichtigkeit an einer Stelle niedriger Temperatur, so ist die Entzündungsmöglichkeit viel geringer. Trotzdem ist ein in jeder Hinsicht solider Bau des Verflüssigers und der Wasserstoffzuleitungen unerläßliche Bedingung. Damit bei etwa auftretenden Undichtigkeiten die Gefahr möglichst klein werde, empfiehlt es sich, Ölschalter und kollektorlose Motoren zu verwenden.

7. Einige Typen kleinerer Wasserstoffverflüssiger.

Als Folge der Tatsache, daß der Wasserstoffverflüssiger ein noch sehr beschränktes Anwendungsgebiet findet, ist dieser Verflüssiger nicht in dem Maße zu einem Handelsartikel geworden, wie es z. B. mit dem Luft- oder Stickstoffverflüssiger der Fall ist. Die Verflüssigungsanlagen wurden bisher meistens von den Anstalten, die sie benötigten, selbst entwickelt. Darum liegen jetzt mehrere Ausführungen vor, von denen jede für sich besonderen Forderungen entspricht und nach persönlichen Einsichten konstruiert wurde. Im allgemeinen findet man die Neigung zu einer möglichst einfachen technischen Durchbildung, die, im Gegensatz zu dem im Vorhergehenden beschriebenen Verflüssiger großer Leistung, mit geringeren Kosten und einfachen Hilfsmitteln herzustellen ist und naturgemäß einer mehr bescheidenen Leistung zu entsprechen braucht. In einigen von ihnen ist auf den Kompressor verzichtet — was selbstverständlich schon eine wichtige Ersparnis bedeutet —, indem man Hochdruckwasserstoff in Bomben benutzt.

Zum Schluß dieses Kapitels folge eine Übersicht über einige Typen dieser kleineren Wasserstoffverflüssiger.

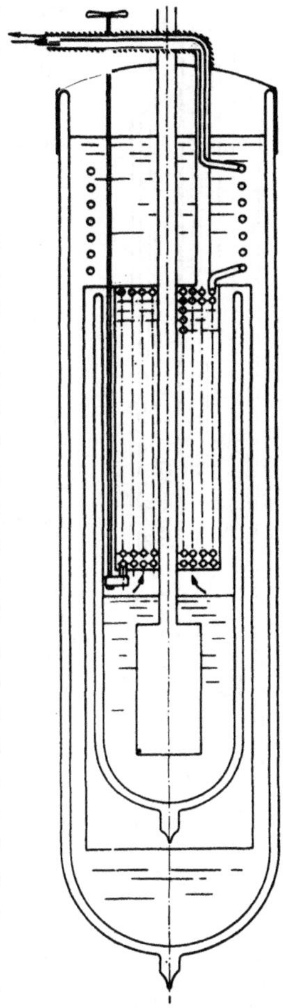

Abb. 49. Verflüssiger von LATIMER (nach LATIMER u. M.).

a) NERNST-Verflüssiger.

Schon im Jahre 1911 entwarf NERNST [22] eine einfache Anordnung zur Messung von spezifischen Wärmen bei Temperaturen des siedenden Wasserstoffs. Die Absicht war, die Meßapparatur innerhalb des Verflüssigers anbringen zu können, um die Überheberung der Flüssigkeit zu vermeiden. Ein kleines DEWARsches Glasgefäß enthielt im oberen Teil eine mit Flanell ausgekleidete Gegenstromspirale (zwei konzentrische

Röhren), an deren Ende sich der Expansionshahn befand. Im unteren Teil, in dem sich der flüssige Wasserstoff ansammeln sollte, war die Meßapparatur, z. B. ein kleines Kalorimeter, angeordnet. Das Vakuumglas war in einem Messingblechgefäß, in das es gerade paßte, eingebaut, während das Ganze in einem größeren DEWAR-Kessel in flüssige Luft untergetaucht war. Der komprimierte Wasserstoff, der z. B. einer Bombe entnommen werden konnte, solange der Druck 70 at nicht unterschritt, durchlief erstens eine Spirale, die oberhalb der flüssigen Luft angeordnet war, und gelangte dann in eine sehr enge Kupferrohrspirale, die von flüssiger Luft umspült wurde. Nachdem er in dieser Weise vollständig die Temperatur der flüssigen Luft angenommen hatte, trat der Wasserstoff in die oben genannte Gegenstromspirale ein und wurde in dieser vom expandierten Wasserstoff weiter gekühlt. Die Kälte des zurückkehrenden Wasserstoffs sowie der verdunsteten Luft wurde im Gegenströmer oberhalb der flüssigen Luft ausgenutzt. Für diesen Apparat war, trotz seiner Einfachheit, $\varepsilon = 0{,}10$, d. h. von der Menge 2 bis 3 m^3 verflüssigten sich 300 bis 400 cm^3 je Stunde (Arbeitsdruck 150 at). Der Verbrauch an flüssiger Luft war im Beharrungszustande nur $^1/_3$ l, d. h. relativ nicht größer als bei der großen Leidener Anlage [23].

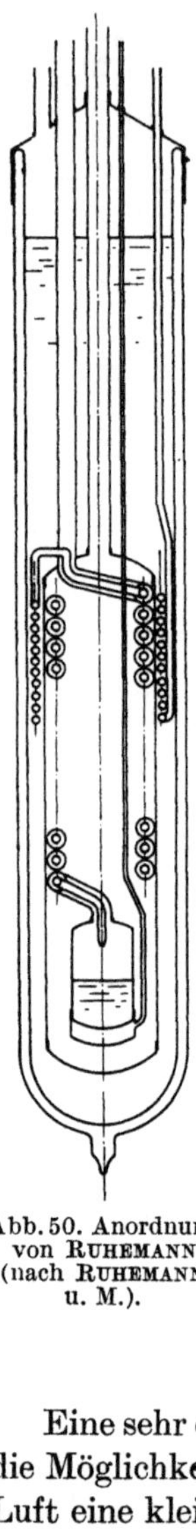

Abb. 50. Anordnung von RUHEMANN (nach RUHEMANN u. M.).

b) Anordnung von LATIMER.

Konstruktiv analog dem NERNSTschen ist der Apparat von LATIMER und seinen Mitarbeitern [24], nur mit dem Unterschied, daß der Wasserstoff in einem gesonderten Kryostaten von dem zurückkehrenden Wasserstoff bis zur Temperatur der flüssigen Luft vorgekühlt wird. Dieser Kryostat enthält dazu eine Gegenstromvorrichtung NELSONscher Bauart. Der Hauptkryostat ist bis oben mit flüssiger Luft gefüllt. Der Gegenströmer im Blechgefäß zeigt den HAMPSON-Typ (s. Abb. 49).

c) Anordnung von RUHEMANN.

Eine sehr einfach anzufertigende Anordnung von RUHEMANN [25] bietet die Möglichkeit, schon in wenigen Minuten nach dem Füllen mit flüssiger Luft eine kleine Menge flüssigen Wasserstoff mit Hilfe einer Wasserstoffbombe zu sammeln. Die Konstruktion ist prinzipiell dieselbe wie bei den oben genannten Verflüssigern. Der Raum um den letzten Gegenströmer kann jedoch evakuiert werden zur besseren thermischen Isolierung. Die Düse braucht nicht regulierbar zu sein und ist derart bemessen, daß bei

Zimmertemperatur und dem Druck 120 at ein halbes Liter Wasserstoff im Normalzustand hindurchströmt. In den meisten Fällen genügt es, das Ende des Rohres konisch zusammenzudrücken, bis man den gewünschten Durchlaß erhält, der selbstverständlich sehr klein ist, so daß keine Verunreinigungen im Wasserstoff vorkommen dürfen.

Nachdem der Apparat bis zu 80° K vorgekühlt ist, wird der Raum um den Gegenströmer herum evakuiert und der Hochdruckwasserstoff eingelassen. Bei der Stromgeschwindigkeit 3 l/min (bei 80° K) und 135 at erhält man nach 5 Minuten die Temperatur 20,4° K. Mit 100 at ist $\varepsilon = 0{,}14$. Der Apparat ist besonders geeignet zur Abkühlung kleiner Körper auf tiefe Temperaturen, und zwar besonders für Dauerbetrieb (s. Abb. 50).

d) Anordnung von Ahlberg.

Ebenfalls ohne Kompressor arbeitet die Anlage von Ahlberg [26]. In einem Dewar-Glas ist ein Metallgefäß angeordnet, das zur Hälfte mit flüssigem Stickstoff gefüllt ist. Oberhalb dieser Flüssigkeit liegt der erste 1,5 m lange Gegenströmer, in dem ein Wärmeaustausch zwischen dem herankommenden Hochdruck- und dem zurückkehrenden Niederdruckwasserstoff stattfindet. Der Hochdruckwasserstoff durchläuft eine zweite, in der Flüssigkeit untergetauchte Spirale, tritt dann aus dem Metallgefäß heraus und gelangt in den kurzen, nach dem Nelson-Typ angefertigten letzten Gegenströmer. Das Innenrohr besteht aus einem geglühten Neusilberrohr mit 3 mm Außendurchmesser und 0,4 mm Wandstärke, das zu einem spaltförmigen Querschnitt von der Breite 0,1 mm platt gewalzt ist. Dieses Rohr hat Spiralenform um seine Achse mit der Ganghöhe 1 cm. Das Außenrohr hat den Innendurchmesser 4,5 mm. Dieses Wärmeaustauschgerät ist ganz in Wolle eingebettet und trägt an seinem unteren Ende das Expansionsventil. Seine Länge beträgt nur 50 cm.

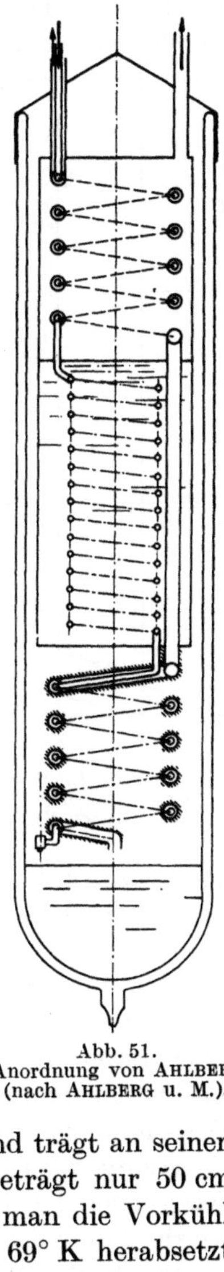

Abb. 51. Anordnung von Ahlberg (nach Ahlberg u. M.).

Mit diesem Apparat ist $\varepsilon = 0{,}16$ zu erhalten, falls man die Vorkühltemperatur durch Reduzieren des Stickstoffs bis auf 69° K herabsetzt, und es ist sogar $\varepsilon = 0{,}50$ möglich, wenn die Temperatur 63° K beträgt. Der Druck darf hierbei bis auf etwa 50 at zurückgehen. Man braucht insgesamt 15 l Stickstoff für die Verflüssigung von 2,5 l Wasserstoff (Abb. 51).

e) Anordnung von KEYES.

Es gibt eine Möglichkeit, um den Inhalt der Wasserstoffbomben fast vollständig ausnutzen zu können, und zwar hinreichend wirksam. Aus dem auf S. 103 zitierten Diagramm von KEYES nebst Mitarbeitern geht nämlich hervor, daß die Flüssigkeitsausbeute um so größer und auch mehr unabhängig vom Druck ist, je tiefer die Vorkühltemperatur ist. Es liegt hiermit die Möglichkeit vor, den Inhalt der Wasserstoffbomben bis zu einem niedrigen Druck, etwa 20 at, mit einem Gesamtwert von ε, der sogar auf 0,50 steigen kann, zur Verflüssigung zu benutzen.

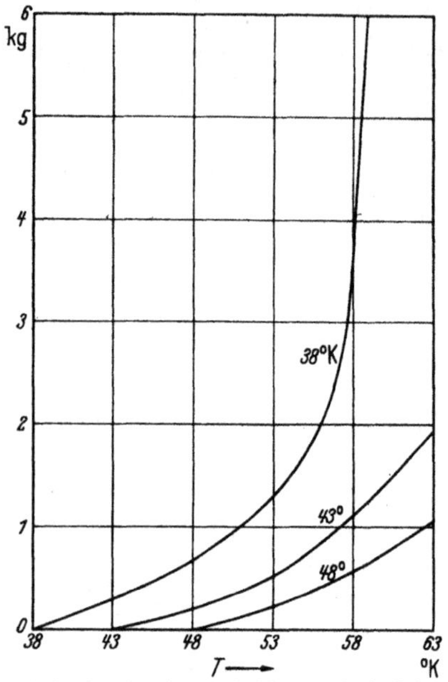

Abb. 52. Für die Vorkühlung erforderliche Kohlenmenge in der KEYESschen Anordnung (nach KEYES u. M.).

Mit einem Druck, der von 135 at bis zu 20 at abnimmt, sind für ε die folgenden Gesamtwerte für die verschiedenen Vorkühltemperaturen zu erhalten:

Tabelle 7.

T °K	70	60	50	40
ε	0,166	0,245	0,375	0,541

Diese Ausbeuten sind also sehr beträchtlich bei den tiefen Temperaturen. Nun hat KEYES, um auf diese Weise sehr günstige Werte von ε zu erhalten, für die Vorkühlung die Desorption von Wasserstoff an Kohle herangezogen *. Dadurch würde man tatsächlich bis zu 40° K gelangen, wenn man eine Pumpe mit genügend großer Leistung zur Verfügung hätte.

In Abb. 52 findet man das Ergebnis der Messungen und Berechnungen von KEYES nebst Mitarbeitern [27] bezüglich der für jedes Liter flüssigen Wasserstoff erforderlichen Kohlenmenge in Abhängigkeit von der Adsorptionstemperatur für drei Temperaturen, die man mittels der Desorption zu erreichen beabsichtigt. Man sieht z. B., daß bei der Adsorptionstemperatur 53° K und der Desorptionstemperatur 43° K ungefähr 500 g oder 1 l Kohle je l Wasserstoff erfordert wird. Vorausgesetzt wurde 4 at Adsorptionsdruck.

Die Vorkühlanordnung hatte folgende Beschaffenheit (Abb. 53):

Anfänglich enthielt der KEYESsche Apparat etwa 7000 g Kohle. Diese befand sich in einem Raum um ein Zylindergefäß herum, in dem man

* Näheres über die Desorption von Kohle findet man in Kapitel VI.

flüssigen Stickstoff während des Adsorptionsvorganges unter reduziertem Druck verdampfen ließ. Der Wärmekontakt zwischen der Kohle und dem Gefäß kam durch eine Reihe dünner perforierter Kupferscheiben (Plattendicke 0,4 mm) zustande, die übereinander an dem zentralen Metallgefäß angelötet waren. Auf jeder dieser Scheiben lagen zwei angelötete Windungen der Hochdruckspirale, so daß auch zwischen dieser und der Kohle der Wärmekontakt sehr gut war. Das Abpumpen der Kohle wurde erleichtert durch zwei vertikale Gazeröhren aus Monelmetall, welche die Kupferscheiben durchschnitten*. Das Ganze war in ein Metallgefäß eingebaut und dieses befand sich zugleich mit einer Gegenstromspirale, in welcher der Hochdruckwasserstoff, bevor er in die Spirale des Kohlengefäßes gelangte, bis zur Temperatur des reduzierten Stickstoffs vorgekühlt wurde, in einer zweiten Hülle, die evakuiert werden konnte.

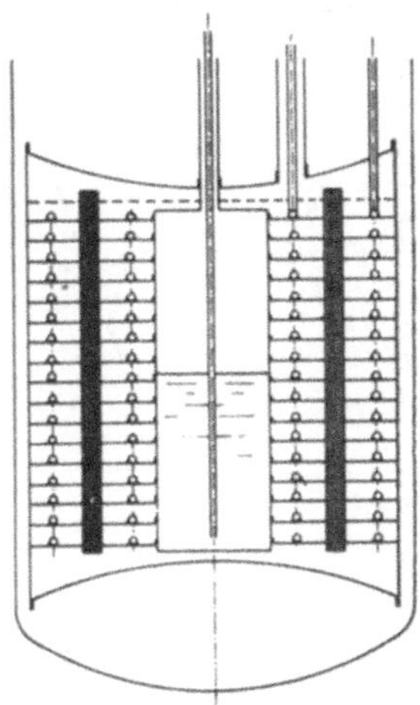

Abb. 53. Vorkühlvorrichtung mit Adsorptionskohle (nach KEYES u. M.).

Man kann auf diese hinsichtlich ihrer Herstellung und Bedienung ziemlich verwickelte Anordnung verzichten, wenn man reduzierten, und zwar verfestigten Stickstoff zur Vorkühlung heranzieht, mit dem sich die Temperatur 55° K erreichen läßt. Diese Temperatur führt zu $\varepsilon = 0{,}30$.

f) Anordnung von SIMON.

Im Jahre 1932 stellte SIMON einen Versuch an zur Verflüssigung des Heliums mittels eines von dem klassischen abweichenden Prinzips, des sog. Expansionsprinzips. Weil dieser Versuch sehr befriedigend ausfiel, ließ sich vermuten, daß die Methode auch für Wasserstoff erfolgreich sein würde [28]. Das Verfahren ist folgendes:

Das zu verflüssigende Gas wird in einem Behälter unter hohem Druck auf eine möglichst tiefe Temperatur abgekühlt. Man läßt das Gas durch einen sich außerhalb des Kryostaten befindlichen Hahn sich ausdehnen. Infolge dieser adiabatischen Ausdehnung — bei der innere und äußere Arbeit geleistet wird — kühlt sich das Gas weiter ab und gelangt unter richtigen Verhältnissen zur Verflüssigung.

Ein bei diesem Verfahren im Vordergrunde stehender Faktor ist die Wärmekapazität des Behälters, weil dieser eine relativ große, dem hohen Druck entsprechende Wandstärke haben muß, um so mehr, als die meisten Materialien bei tiefen Temperaturen sehr spröde werden. Nun haben

* Diesbezügliche Einzelheiten findet man in der Original-Veröffentlichung.

DE HAAS und HADFIELD [29] gefunden, daß es einige legierte Stähle gibt, besonders mit hohem Nickelgehalt, welche diese unangenehme Eigenschaft nicht zeigen, so daß ein aus einem dieser Stoffe hergestelltes Gefäß nur eine ziemlich geringe Wärmekapazität zu haben braucht. SIMON verfügte über ein Gefäß vom Volumen 144 cm³, dessen Gewicht nur 212 g betrug *. Bei 70° K und 150 at beträgt die Wärmekapazität des Gases 12 cal/°C, während die des Behälters bei dieser Temperatur ungefähr 7 cal/°C ist.

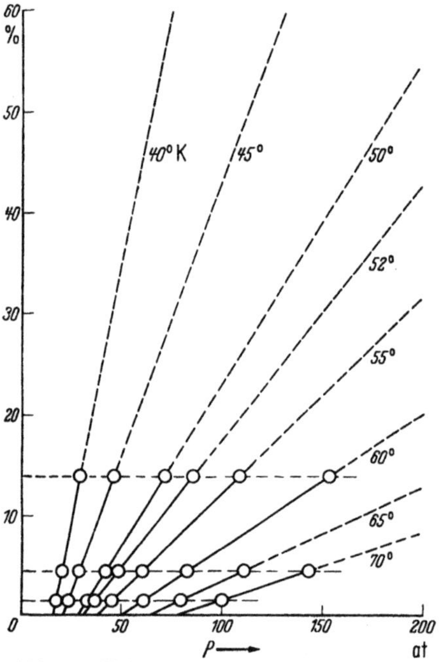

Abb. 54. Flüssigkeitsausbeute im SIMONschen Expansionsversuch (nach SIMON u. M.).

Das Wasserstoffgefäß war in einem mit flüssiger Luft gekühlten und mit Wasserstoff gefüllten Raum aufgehängt. Nachdem Temperaturgleichgewicht eingetreten war, wurde dieser Raum evakuiert, und nun begann das Ablassen des Druckes.

In Abb. 54 findet man auf der Vertikalachse aufgetragen die Flüssigkeitsmenge, die im Gefäß zurückblieb, in Volumenprozenten ausgedrückt, als Funktion des Anfangsdruckes und der Temperatur. Es liegen drei Experimente vor, deren jedes in diesem Diagramm durch eine horizontale Linie dargestellt wird. Es wurde z. B. von 150 at und 60° K ausgegangen, und im Verlaufe des Versuches wurden die Temperatur und der Druck ständig aufgenommen. Ebenso von 145 at - 70° K und 100 at - 70° K. In diesen drei Fällen betrug die Flüssigkeitsausbeute 13,8, 4,4 bzw. 1,4%. Merkwürdig ist, daß die Isothermen in diesem Diagramm durch gerade Linien dargestellt werden. Mit Helium ist etwas Ähnliches über ein größeres Druckgebiet beobachtet worden, so daß man mit einer ziemlich großen Wahrscheinlichkeit linear extrapolieren zu dürfen glaubt, um das Ergebnis für andere Anfangsbedingungen vorherzusagen. So würde man z. B. einen Füllungsgrad von 40 bis 45 v.H. erwarten können, wenn man als Druck und Temperatur 200 at bzw. 52° K — das ist mit festem Stickstoff leicht zu erhalten — wählte.

Die Flüssigkeitsausbeute läßt sich noch dadurch bedeutend steigern, daß man das Gas durch einen Hahn in Wärmekontakt mit dem Gefäß

* Es handelte sich um den Stahl Nr. 5277 in der Veröffentlichung von DE HAAS und Mitarbeitern mit der Fließgrenze 75 kg/mm².

sich ausdehnen und dann einen Wärmeaustausch mit diesem stattfinden läßt. Man führt z. B. das Gas durch ein um das Gefäß herumgelegtes und auf dieses aufgelötetes Spiralrohr. Dadurch macht man sich den JOULE-THOMSON-Effekt ebenfalls zunutze, und man würde mit den oben erwähnten Anfangsbedingungen den Füllungsgrad bis auf 70 v.H. bringen. Tatsächlich hat man 60 v.H. erzielen können, und zwar unter Umständen, die nicht im Höchstgrade günstig waren. Diese Ergebnisse scheinen nach SIMON den Bau eines großen Wasserstoffverflüssigers nach dem Expansionsprinzip zu rechtfertigen.

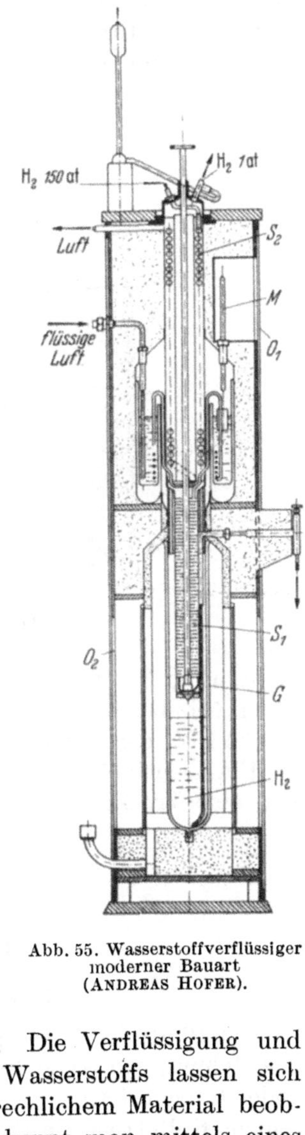

Abb. 55. Wasserstoffverflüssiger moderner Bauart (ANDREAS HOFER).

g) Anlage von der Fa. Andreas Hofer-Mülheim *.

Von der deutschen Firma *Andreas Hofer* in Mülheim wird eine Verflüssigungsanlage in den Handel gebracht, die mit dem Ziele größtmöglicher Einfachheit in Aufbau und Bedienung konstruiert wurde. Man hat hier auf die Evakuierung der flüssigen Luft bei der Vorkühlung verzichtet, so daß man keine Vakuumpumpe braucht. Aus diesem Grunde werden die Leistung und der Nutzeffekt selbstverständlich kleiner sein, als sie mit der Anlage überhaupt zu erhalten sind.

In Abb. 55 ist der Wasserstoffverflüssiger, dem das einfache LINDE-HAMPSON-Prinzip zugrunde liegt, dargestellt. Wie in der beschriebenen Leidener Anlage bemerkt man auch hier zwei mehrfache Spiralsysteme: das untere S_1 wird vom verdampften Wasserstoff, das obere S_2 von der verdampften Luft gekühlt. Auch wird der komprimierte Wasserstoff durch die flüssige Luft hindurchgeleitet. Der Apparat ist ganz aus Metall hergestellt, mit Ausnahme des eingebauten DEWARschen Glasgefäßes G. Die Verflüssigung und der Zeitpunkt des Ablassens des flüssigen Wasserstoffs lassen sich durch Schauöffnungen O_1 und O_2 aus unzerbrechlichem Material beobachten. Die Standhöhe der flüssigen Luft erkennt man mittels eines Anzeigeschwimmers M.

* Die Fa. Andreas Hofer stellte mir die Unterlagen betreffs dieser Anlage freundlichst zur Verfügung, wofür ich ihr an dieser Stelle meinen Dank ausspreche.

Die Anlage wird in zwei Größen hergestellt. Die kleine Anlage leistet nach 90 Minuten Anlaufzeit bis zum Eintritt der Verflüssigung 1,1 bis 1,2 l je Stunde. Für die Vorkühlung der Apparatur sind 6 l flüssige Luft erforderlich, während im Dauerbetriebe der Verbrauch an flüssiger Luft 2 l je Stunde beträgt. Bei dieser Anlage ist $\varepsilon = 0{,}11$; der Kraftbedarf für den Kompressor ist 4,5 kW. Die größere Anlage leistet nach

Abb. 56. Lichtbild der Anlage der Fa. ANDREAS HOFER.

50 Minuten 3 l Wasserstoff je Stunde, während $\varepsilon = 0{,}15$ ist. Der Luftverbrauch beträgt im stationären Zustande 4 bis 5 l; der Kraftbedarf ist 7,5 kW, der Betriebsdruck für beide Anlagen 160 at.

Ein Lichtbild der vollständigen Anlage, zu der noch ein Gasbehälter und eine Trockenflasche gehören, bietet Abb. 56.

Fünftes Kapitel.

Flüssiges Helium.

1. Historische Einleitung.

Am 10. Juli 1908 erlag das am schwierigsten zu kondensierende Gas, das Helium, den Kondensationsversuchen, denen es bis dahin hartnäckig widerstanden hatte. KAMERLINGH ONNES hatte die Genugtuung, in seinem Kältelaboratorium in Leiden als erster das Helium in flüssigem Zustande zu beobachten. Es war ein denkwürdiger Augenblick, besonders, da dieser Erfolg eine so große Zahl Möglichkeiten erschloß, vom wissenschaftlich-experimentellen Standpunkt aus gesehen. Ein ganz neues Temperaturgebiet, weit unter dem des flüssigen Wasserstoffs, sogar fünf- bis zehnmal so nahe am absoluten Nullpunkt, war mit der Verflüssigung des Heliums erreicht. Auch in theoretischer Hinsicht hatte das Ergebnis große Wichtigkeit. Die Verflüssigung des Gases, das man nur im gasförmigen Zustande gekannt hatte, bestätigte den Gedanken VAN DER WAALS', daß es gewiß innere Kräfte, wenn auch noch so kleine, zwischen den einzelnen Molekülen geben müßte, und daher auch zwischen den Heliummolekülen. Es sind das die Intermolekularkräfte, die zu einer Kondensation Anlaß geben.

Selbstverständlich hatten schon mehr Forscher sich mit der Heliumverflüssigung beschäftigt. So hatte DEWAR [1], durch seinen Erfolg mit Wasserstoff ermutigt, Versuche entsprechend denen der Wasserstoffverflüssigung angestellt. Er ließ das mit Hilfe von festem Wasserstoff bereits bis auf 14° K abgekühlte Gas plötzlich expandieren; Verflüssigung blieb jedoch aus. Ebensowenig gelang es OLSZEWSKI.

Damit der Leser sich ein Bild von den Schwierigkeiten machen kann, die auch KAMERLINGH ONNES nicht erspart blieben, geben wir nachstehend einen kurzen Abriß der Vorgeschichte des ersten erfolgreichen Versuches [2].

Der größte Mangel bestand darin, daß man hinsichtlich der kritischen Größen des Heliums vollkommen im Dunkel war. DEWAR schätzte die kritische Temperatur aus der Adsorption des Gases an Kohle bei Temperaturen des flüssigen Wasserstoffs auf ± 8° K, was viel zu hoch ist, wie wir jetzt wissen. Es leuchtet ein, daß KAMERLINGH ONNES zunächst versuchte, eine einigermaßen bestimmte Vorstellung von der Lage des kritischen Punktes zu erhalten, da schließlich diese Kenntnis primäre Wichtigkeit hatte. Aus den Arbeiten VAN DER WAALS' hatte sich damals ergeben, daß die kritischen Größen aus den Isothermen bestimmt werden konnten, so daß die Messung dieser der erste Schritt sein mußte, um zu dem Ziele der Heliumverflüssigung zu gelangen; aus den VAN DER WAALSschen Konstanten konnten dann die kritischen Größen (s. I. Kapitel, Ziff. 1) berechnet werden.

Die erste Schwierigkeit war, eine hinreichend große Menge Helium zu erhalten. Das ist ONNES gelungen, indem er das Helium aus sog. Monasitsand herstellte. Der Reinigungsprozeß erforderte zwar sehr viel Arbeit, aber schließlich verfügte ONNES doch über die Menge 360 l sehr reines Gas. Die Isothermenmessungen, die anfänglich bis zur niedrigen Temperatur des flüssigen Stickstoffs — 217° K — und später auch bis zu Temperaturen des flüssigen Wasserstoffs durchgeführt wurden, zeigten, daß der JOULE-THOMSON-Effekt beim Schmelzpunkte des Wasserstoffs eine Temperaturerniedrigung verursachen konnte, und daß außerdem der Effekt genügend groß sein würde, um mit Hilfe des LINDEschen Prozesses zum Ziele zu führen. Auf Grund des Gesetzes der übereinstimmenden Zustände konnte nämlich aus den Isothermen gefolgert werden, daß die kritische Temperatur bei 5° bis 6° K liegen mußte, glücklicherweise also nicht so niedrig, wie ONNES wegen des Mißlingens der Versuche OLSZEWSKIs und DEWARs anfänglich angenommen hatte, so lange er das Ergebnis dieser Messungen nicht kannte.

Die Schlußfolgerung bezüglich der kritischen Temperatur war sicherlich noch einer Nachprüfung zu unterziehen wegen der Tatsache, daß die Isothermen der niedrigsten Temperatur auf eine tiefere kritische Temperatur hinwiesen. Es lag die Möglichkeit vor, daß diese Abweichung vom Gesetz der übereinstimmenden Zustände bei noch tieferen Temperaturen so groß werden könnte, daß die niedrigste, mit flüssigem Wasserstoff zu erhaltende Vorkühltemperatur für das Gelingen des Versuches nicht ausreichen würde. Die Sorge vor dem Eintreten dieser Möglichkeit nahm noch zu beim Scheitern eines im März 1908 angestellten Versuches; hier hatte ONNES nach der Expansion nur einen leichten Nebel beobachtet. Die große Frage blieb offen: Wo liegt die kritische Temperatur?

Zur Gewinnung näherer Unterlagen hätte ONNES einen Heliumkreislauf verwirklichen müssen. In diesem Stadium seiner Untersuchungen entschloß er sich, nun sofort auf das Endziel loszugehen, indem er versuchte, Verflüssigung zu erzielen mit Hilfe eines Kreislaufes, der auf Grund des Gesetzes der übereinstimmenden Zustände entsprechend dem Wasserstoffkreislauf dimensioniert war. Im allgemeinen ließen sich die Umstände nicht günstig an. Man würde die erforderliche Vorkühltemperatur nur gerade eben mit flüssigem Wasserstoff erhalten können. Die Abmessungen des Apparates mußten sehr klein sein, damit die Gegenstromspiralen in ein Kryostatgefäß eingebaut werden konnten. Es war nun die Frage, ob sich demzufolge Schwierigkeiten entgegenstellen würden durch die engen Kapillaren usw. Auch die Einrichtung des Kreislaufes außerhalb des Verflüssigers brachte noch eine Anzahl Probleme mit sich. Beispielsweise: Der schädliche Raum in der Pumpe und in den Leitungen durfte nur sehr klein sein, weil bloß eine ziemlich kleine Heliummenge zur Verfügung stand; alsdann würde der Versuch jedoch mit 200 l ausführbar sein. ONNES schloß aus einer vorläufigen Abschätzung des kritischen Druckes auf 5 bis 7 at, daß die Arbeitsspannung nicht größer als 100 at zu sein brauchte.

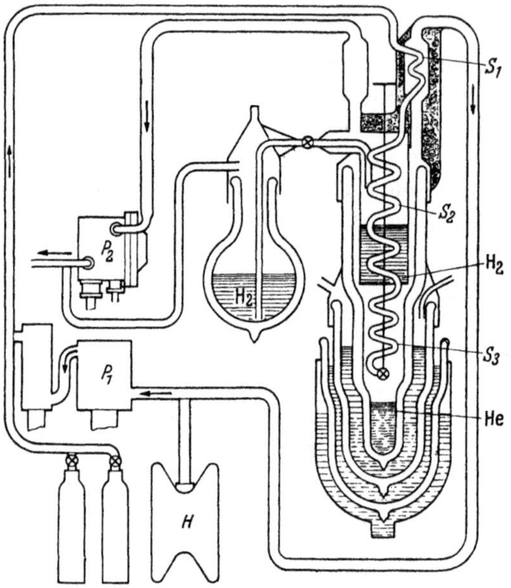

Abb. 57. Ursprüngliche Heliumverflüssigungsanlage (nach KAMERLINGH ONNES).

Nach den Erfahrungen mit dem Wasserstoffverflüssiger konnte KAMERLINGH ONNES annähernd die Zeit angeben, die der Versuch in Anspruch nehmen würde, woraus die erforderliche Menge flüssigen Wasserstoffs abgeschätzt werden konnte. Der Apparat war nur eben dazu tauglich, den zu stellenden Forderungen entsprechen zu können, wie sich später herausgestellt hat. Im letzten Augenblick vor Beginn des Versuches wurde aus Isothermenmessungen bestätigt, daß die Vorkühlung bis zu der niedrigsten Temperatur des flüssigen Wasserstoffs ausreichen würde: Der BOYLE-Punkt lag etwas oberhalb dieser Temperatur, so daß die Inversionstemperatur sicher oberhalb der genannten Temperatur liegen mußte.

Bezüglich der Apparatur wollen wir uns kurz fassen, da ein später gebauter Verflüssiger im nächsten Paragraphen ausführlich besprochen wird.

Den ursprünglichen Heliumkreislauf findet man in Abb. 57 schematisch dargestellt.

Mittels der Pumpe P_1 wurde das Gas komprimiert. Über eine Spirale S_1, die vom zurückkehrenden kalten Helium gekühlt wurde, gelangte es in eine zweite Spirale S_2, die angeordnet war in einem Bad mit flüssigem Wasserstoff, der unter dem Druck einiger cm siedete und infolgedessen die Temperatur 14° K hatte. Bei dieser Temperatur trat das Gas in den letzten Gegenströmer S_3 ein, an dessen Ende sich der Expansionshahn befand. Hier expandierte das Gas bis zu 1 at, und soweit es nicht als Flüssigkeit zurückblieb, strömte es längs der Spirale S_3 bzw. S_1 zurück, wonach es schließlich durch die Pumpe angesaugt und aufs neue komprimiert wurde.

Über den Verlauf des Versuches sei nur folgendes gesagt: Nachdem anfangs das Thermometer, das unter dem Expansionshahn angebracht war, damit der Kühlvorgang verfolgt werden konnte, nur eine unbedeutende Temperaturerniedrigung gezeigt hatte, während der Druck vor dem Hahn bis zu 100 at gesteigert worden war, wurde nach Drucksenkung bis auf 40 at deutlich eine Temperaturerniedrigung unterhalb der des flüssigen Wasserstoffs beobachtet. Kurz nach Überführung der letzten Menge des vorrätigen flüssigen Wasserstoffs in den Verflüssiger war eine merkwürdig konstante Einstellung des Thermometers zu beobachten. Ohne daß es bemerkt worden war, hatte sich der Raum schon so weit mit Flüssigkeit gefüllt, daß der Thermometerbehälter umspült wurde. Bald darauf zeigte sich ein Meniskus. Daraus war zu schließen, daß der kritische Druck oberhalb 1 at liegen mußte. Bei richtiger Beleuchtung zeigte sich der Meniskus sogar sehr deutlich; die Oberfläche stand scharf wie ein Messer gegen die Glaswand. Das Helium siedete ruhig.

Nachdem man noch versucht hatte, die Flüssigkeit durch Reduzieren des Druckes bis auf weniger als 1 cm zu verfestigen, was jedoch nicht gelang, war die mühsame Arbeit beendet.

2. Einige Angaben über das Helium.

Bevor wir uns mit der Behandlung des Heliumverflüssigers befassen, erwähnen wir zur Übersicht einige Zahlenwerte über das Helium [3].

Der Siedepunkt liegt bei 4,216° K [4], die kritische Temperatur beträgt 5,24° K. Der kritische Druck ist verhältnismäßig sehr niedrig, nämlich 2,26 at [5]. Für nähere Einzelheiten bezüglich der Dampfspannungskurve [6] sowie auch für Verdampfungswärme [7], Zustandsgleichung [8] und Temperaturskala [9] im Heliumgebiet sei auf das ursprüngliche Schrifttum hingewiesen.

Die Messungen zum Joule-Thomson-Effekt und zur Inversionskurve [10], die uns für den Verflüssigungsvorgang interessieren, sind leider sehr spärlich. Aus den Ergebnissen von Roebuck und Osterberg [11],

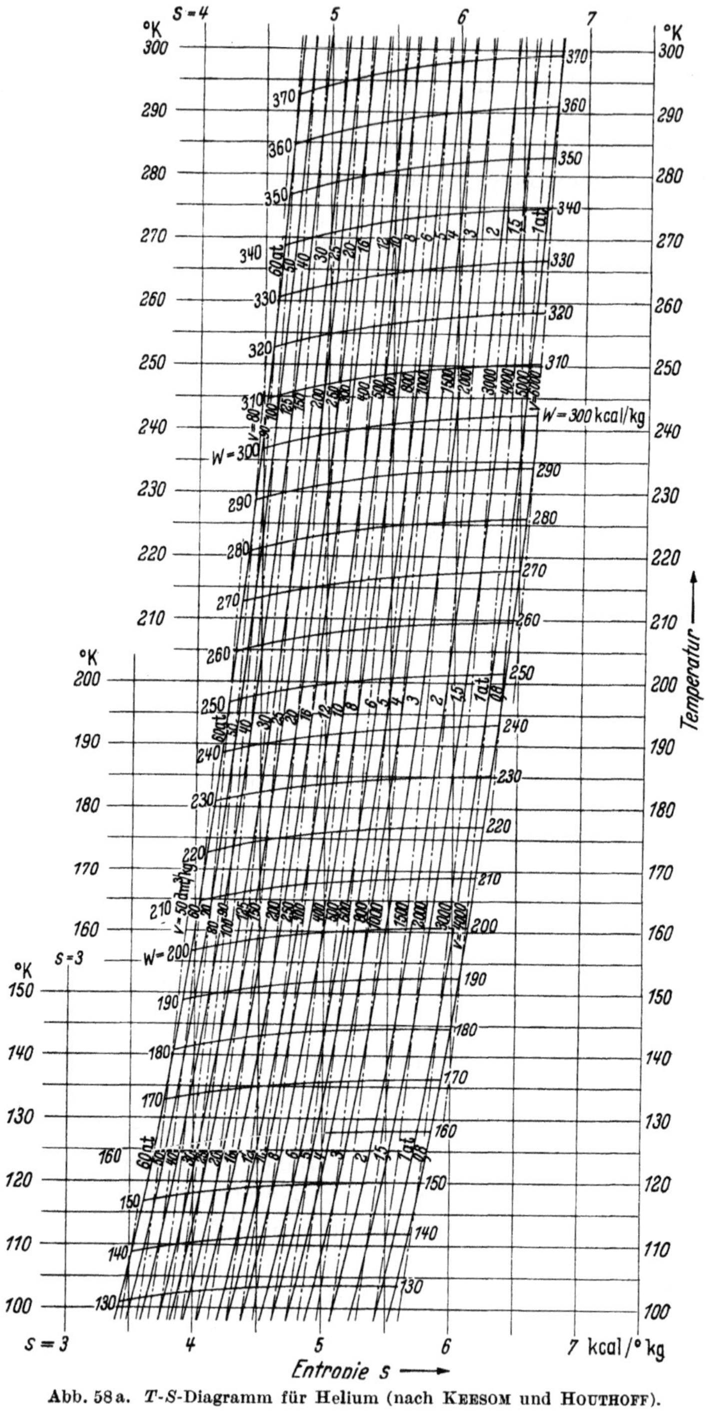

Abb. 58a. *T-S*-Diagramm für Helium (nach KEESOM und HOUTHOFF).

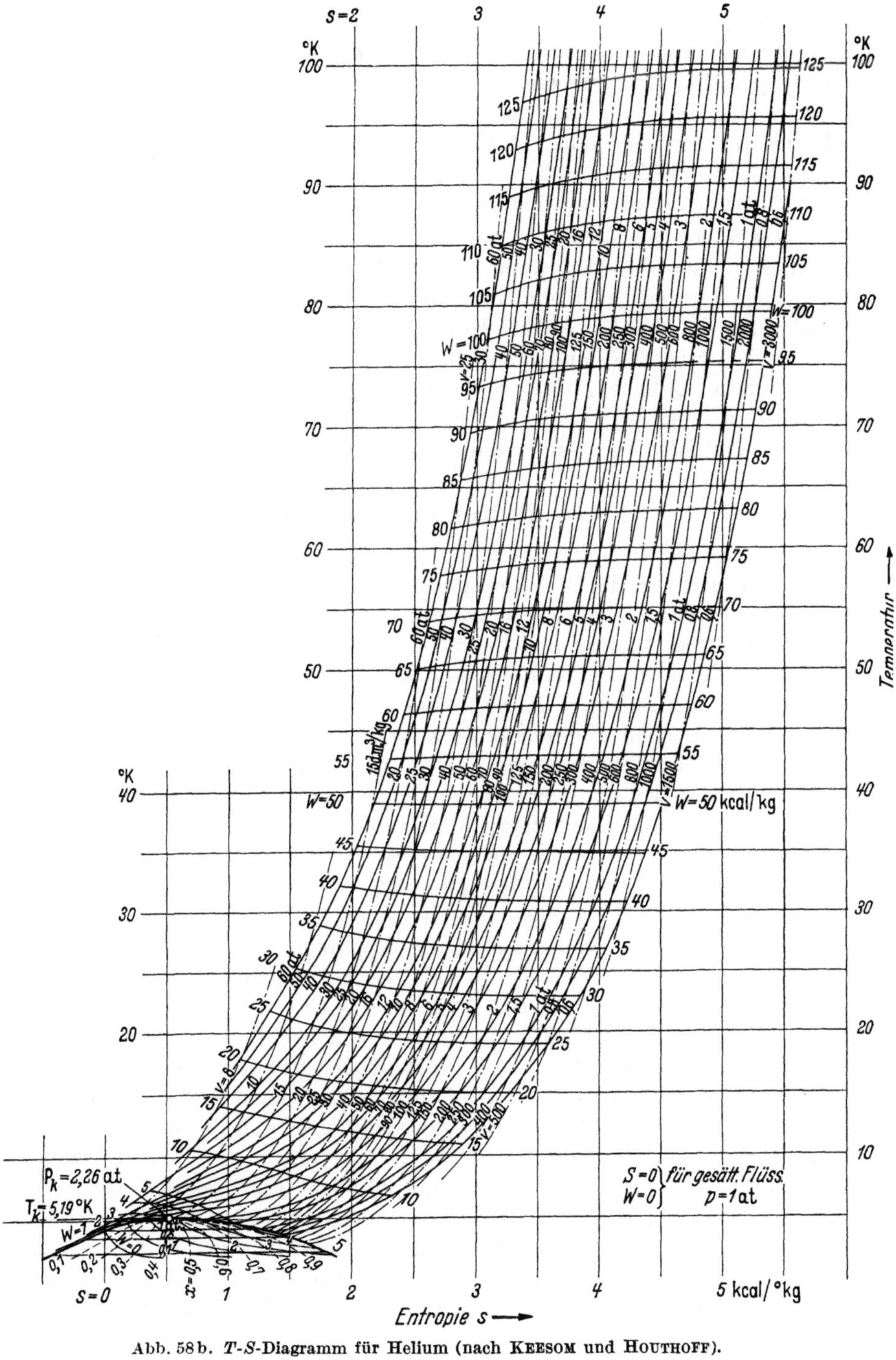

Abb. 58b. *T-S*-Diagramm für Helium (nach KEESOM und HOUTHOFF).

welche die Größe des JOULE-THOMSON-Effekts in Abhängigkeit von der Temperatur und vom Druck bei höheren Temperaturen maßen, ist durch Extrapolation eine reduzierte Inversionstemperatur zu erhalten, die mit der reduzierten Inversionstemperatur von Luft, d. h. 4,55 (= 23° K für Helium), übereinstimmt. Dieser Wert ist jedoch sehr unsicher, da bekannt ist, daß Helium beträchtliche Abweichungen von dem Gesetze der übereinstimmenden Zustände aufweist.

Das T-S-Diagramm (s. Abb. 58). KEESOM und HOUTHOFF [12] konstruierten das *T-S*-Diagramm, in das Linien konstanter Enthalpie eingetragen wurden, nach den im I. Kapitel erwähnten Grundsätzen (der Nullpunkt der Enthalpie und Entropie wurde für die gesättigte Flüssigkeit bei 1 at [4,2° K] angenommen). Aus dem Verlaufe der Isenthalpen kann man schließen, daß der Inversionspunkt des JOULE-THOMSON-Effekts in der Nähe von 39° K liegt, also bei beträchtlich höherer Temperatur als die oben erwähnte.

3. Der Heliumverflüssiger [13].

a) In Abb. 59 findet man die konstruktive Zusammensetzung der Heliumapparatur, die 1919 von KAMERLINGH ONNES in Gebrauch genommen wurde [14]. Darin waren verschiedene Verbesserungen im Vergleich zu der vorigen Apparatur angebracht, die eine zu lange Anlaufzeit (Zeit zwischen der ersten Expansion und der Verflüssigung) erforderte (eine halbe Stunde) und nur die Kapazität $^1/_2$ l je Stunde hatte. Gegenüber der ursprünglichen Heliumanlage konnte man diese Ergebnisse bereits günstig nennen: sie betrugen zuerst 1 Stunde bzw. 0,28 l je Stunde. Die Kapazität der Pumpen war von 5 bis auf 12 m^3 je Stunde gesteigert, so daß die Anlaufzeit nur noch 20 Minuten betrug. Die Stundenleistung der Anlage war nun 1,7 l, während die benötigte Menge an flüssigem Wasserstoff bis auf die Hälfte zurückgeführt war.

Die neue Anlage sah folgendermaßen aus [15]. Bei A kommt das bis auf 20 at komprimierte Heliumgas in die Apparatur und verteilt sich über zwei Spiralen, die zweifache Spirale B und die dreifache Spirale B'. Diese vereinigen sich wieder und führen das Gas durch den mit flüssiger Luft gekühlten Kondensator L, in dem sich leicht kondensierbare Verunreinigungen abscheiden. Dann verteilt sich das Gas wieder über zwei Kühlspiralen M (zweifach) und M' (dreifach), die in demselben Raume mit B und B' angeordnet sind. Die Spiralen M und M' vereinigen sich aufs neue und bringen das Gas in den Separator O (eine mit Kohle ausgefüllte U-förmige Röhre), der mit flüssiger Luft gekühlt wird. Die Kohle adsorbiert die letzten Luftreste und dergl. (s. Kapitel VI). Man sieht hieraus, welche Vorkehrungen getroffen worden sind, um das Heliumgas von allen Fremdgasen zu reinigen, die zur Verstopfung der Rohre bei sehr niedrigen Temperaturen Anlaß geben können. Das Gas wird nun von O her über zwei Spiralen C und C′ verteilt, die sich im Hauptkryostatgefäß befinden, in dem das Helium sich verflüssigt.

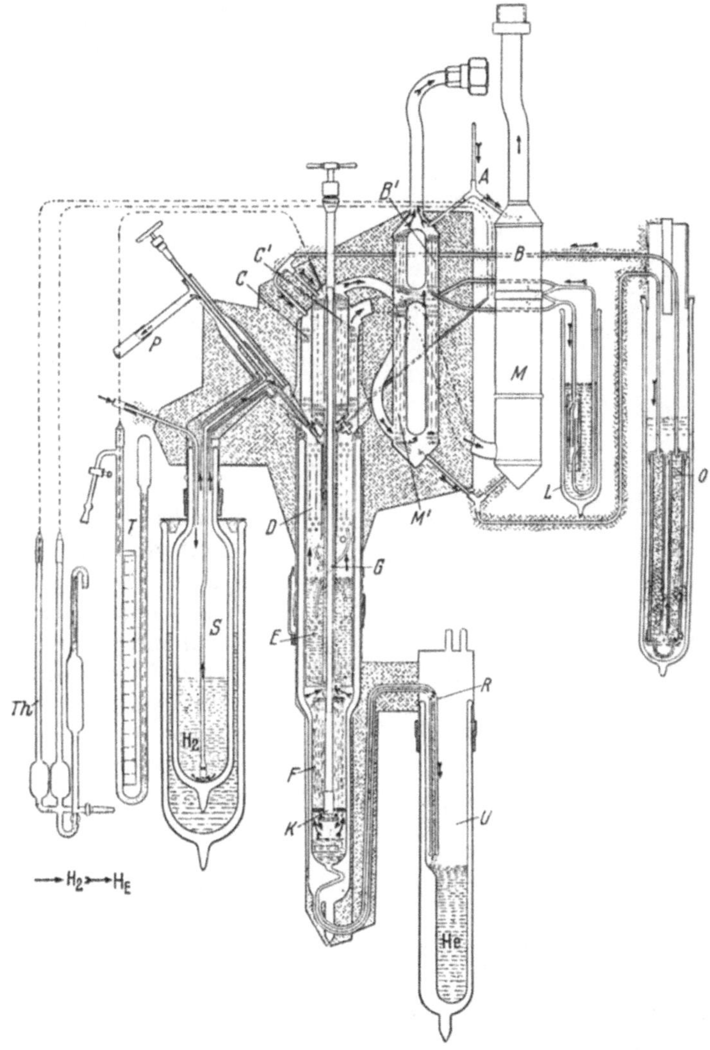

Abb. 59. Der Leidener Heliumverflüssiger 1919 (nach KAMERLINGH ONNES).

C besteht wiederum aus zwei, C′ aus drei Parallelspiralen. Die Spirale C′ liegt innerhalb der Spirale C; sie sind durch eine Metallwand geschieden. C und C′ vereinigen sich von neuem zu einer Doppelspirale D, die mit Dampf eines Wasserstoffbades gekühlt wird. Die folgende Spirale E (zweifach) liegt in flüssigem Wasserstoff. Schließlich folgt noch die letzte Gegenstromspirale F, an deren Ende sich der Expansionshahn K befindet. F besteht aus vier parallel geschalteten Rohren. Das Helium, das sich bei der Expansion durch K verflüssigt, sammelt sich unten im Kryostaten; der nicht verflüssigte Teil entweicht längs F in ein Rohr G, welches den langen hölzernen Stemmstab des Hahnes K eng umschließt, so daß dieser gut gekühlt und die auf seiner Länge ihm (von außen her) zugeführte Wärmemenge kompensiert wird. Darauf kühlt das Gas die Spiralen C′, M′ und B′ und tritt nun aus dem Apparat. Die Spiralen D, C, M und B werden in dieser Reihenfolge von dem aus dem Wasserstoffbad entweichenden Dampf gekühlt, der schließlich wieder zum Wasserstoffkompressor zurückkehrt. Durch Anwendung von Parallelspiralen wird sowohl die Kälte des Helium- wie des Wasserstoffdampfes vollständig ausgenutzt, was eine bedeutende Vergrößerung des Nutzeffektes gegenüber der nur mit einfachen Spiralen ausgestatteten alten Konstruktion zur Folge hatte. Die Spiralen sind außerdem verlängert.

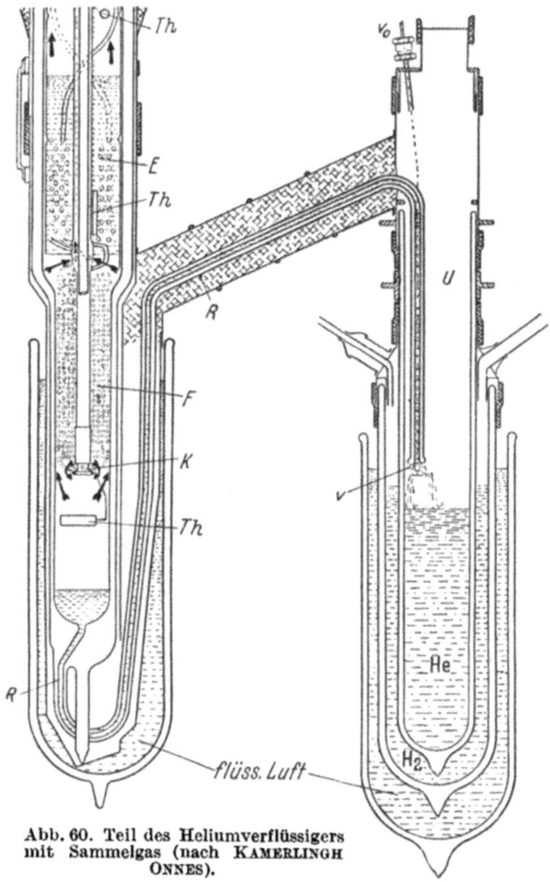

Abb. 60. Teil des Heliumverflüssigers mit Sammelgas (nach KAMERLINGH ONNES).

Der flüssige Wasserstoff wird aus einem Gefäß S nachgefüllt, indem man dessen Verdampfungsleitung P abschließt, so daß in dem Gefäß ein kleiner Überdruck entsteht, der die Flüssigkeit austreibt. Der Hahn wird auch hier wieder vom Dampf des Flüssigkeitsbades gekühlt. Auf dieselbe Weise wird das flüssige Helium durch ein Heberrohr R, ein doppelwandiges Vakuumrohr (s. Kapitel VIII), in ein anderes Kryostatgefäß U, das als Sammelgefäß dient, hinübergebracht. In der Silberschicht dieses Gefäßes ist ein Spalt angebracht, damit der Stand des Meniskus beobachtet werden kann.

In dieses Gefäß wird die Apparatur eingebaut, die man bis zu den Heliumtemperaturen kühlen will. Dieser Kryostat ist also ständig mit dem Verflüssiger verbunden. Später hat man die Konstruktion geändert und den Raum unter dem Expansionshahn vergrößert, damit er einige Liter Flüssigkeit fassen könnte, so daß für deren Sammlung ein Überhebern nicht mehr nötig war.

Um sich ein anschauliches Bild von der technischen Ausstattung des

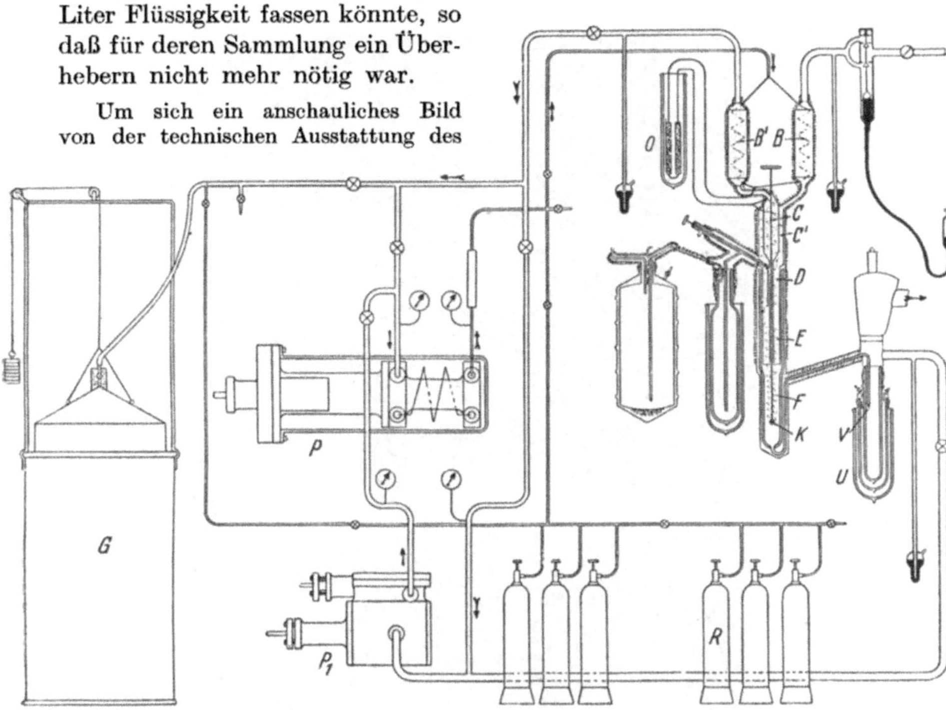

Abb. 61. Übersicht über die ganze Heliumanlage (nach KAMERLINGH ONNES).

Apparates machen zu können, geben wir hier noch einige Einzelheiten. Die Längen der Spiralen B, B′, M, M′, C, C′, D, E und F sind 2; 2; 4; 4; 2,7; 2,6; 2,5; 1,7 bzw. 6 m. Die ersten sechs sind Rotkupferrohre mit 2,4 mm innerem und 3,8 mm äußerem Durchmesser, die inneren Durchmesser von D und E sind 3,6 mm, die äußeren Durchmesser 5,8 mm; für F sind diese Zahlen 1,2 bzw. 2,4 mm. Die Rohre B, B′, M und M′ sind auf Glaskerne gewickelt.

Die Höhe des Wasserstoffmeniskus um die Spirale E wird von zwei Gasthermometern Th angezeigt (s. Kapitel VIII), deren Behälter im Dampf bzw. unten in der Flüssigkeit angeordnet sind (in Abb. 60 sind beide gezeichnet). Sobald das Niveau unterhalb des zweiten gesunken ist, werden sie ungefähr dieselbe Temperatur anzeigen. Befindet sich jedoch das zweite noch in der Flüssigkeit, so wird man eine Temperaturdifferenz beobachten können. Durch Kombination der beiden Thermometer zu einem sog. „Differentialthermometer" (Th in Abb. 59), das nur Temperaturdifferenzen anzeigt, hat man eine genaue Kontrolle.

Unter dem Expansionshahn ist ebenfalls ein Gasthermometer Th angebracht, damit die Temperaturabnahme verfolgt werden kann. Aus der Abb. 60, einem entsprechend abgeänderten Ausschnitt aus Abb. 59, ist das zu ersehen.

Eine Übersicht der ganzen Anlage gibt noch die Abb. 61. Das Helium, das aus dem Meßkryostaten und dem Verflüssiger verdampft, wird von den Pumpen P_1 und P angesaugt und aufs neue komprimiert, worauf es entweder in den Verflüssiger gelangt oder expandiert und in den

Abb. 62. Die Leidener Heliumverflüssigungsanlage.

Flaschen R gesammelt wird. Die Pumpen können ebenfalls als Vakuumpumpen dienen, um den Druck im Meßkryostaten zu reduzieren. Es ist auch ein Gasbehälter G angekoppelt, der das verdampfte Helium auffangen kann, während die Pumpen nicht in Betrieb sind.

Im Jahre 1930 wurde die Konstruktion des Verflüssigers etwas abgeändert, um eine mehr geschlossene Ausstattung zu erhalten; sie ist im Lichtbild (Abb. 62) ersichtlich. Grundsätzlich ist die Konstruktion dieselbe geblieben, nur ist die Kapazität gesteigert worden.

b) Daß es möglich ist, auch mit Hilfe einer sehr einfachen Apparatur zu Temperaturen des flüssigen Heliums zu gelangen, beweist die

Anordnung RUHEMANNs, die wir bereits für die Verflüssigung des Wasserstoffs erwähnten (s. S. 110). Das Helium kann einer Hochdruckflasche entnommen werden. Es genügt den Betriebsdruck auf 40 at (den Inversionsdruck bei einer Vorkühlung auf 15° K) einzustellen mittels eines Reduzierventils. Das Kryostatgefäß (s. Abb. 50) wird mit flüssigem Wasserstoff gefüllt, der bis zu 15° K abgepumpt wird. In einem bestimmten Versuch wurde der Siedepunkt des Heliums schon 7 Minuten nach Inbetriebsetzung des Apparates erreicht; die Durchströmung betrug hierbei etwa 1,5 l (bei 15° K) Helium je Minute. Die Flüssigkeitsleistung ist naturgemäß klein; sie beträgt nur einige cm^3.

4. Leistung und Arbeitsaufwand des Heliumverflüssigers.

a) Leistung.

Obgleich für den Betrieb der Heliumverflüssiger im Laboratorium die für die Verflüssigung erforderliche Energie keine primäre Wichtigkeit hat, ist es doch interessant zu erfahren, wie groß der Gesamtarbeitsaufwand ist, und die Flüssigkeitsleistung rechnerisch zu prüfen. KEESOM [16] hat diese Leistung an Hand des in Ziff. 2 bereits erwähnten T-S-Diagramms bestimmt. Er hat die Kontrolle für die beschriebene Apparatur ausgeführt, die, wie bereits gesagt, im Jahre 1919 gebaut wurde. Die neue Anlage weicht in verschiedener Hinsicht von dieser früheren ab und hat schließlich eine größere Kapazität, so daß die Berechnung nicht mehr mit den Ergebnissen der jetzigen Apparatur verglichen werden darf.

Wir sahen bereits bei der Behandlung des Verfahrens der Luftverflüssigung, daß bei gegebener Anfangstemperatur und gegebenem Enddruck ein Höchstwert der Flüssigkeitsleistung erzielt wird, wenn der Zustand des Gases, bevor es in dem Gegenströmer eintrifft, auf der Inversionskurve liegt (S. 70), wenn also für diesen Zustand gilt: $(\partial T/\partial p)_W = 0$. Dieses Kriterium bestimmt die Wahl des Hochdruckes. Im T-S-Diagramm gilt es für diejenigen Punkte, in denen die Berührungslinie an der Isenthalpe parallel zur S-Achse liegt, denn dort ist die Temperatur bei einer Druckänderung konstant. In dem Gebiet, über dem sich das T-S-Diagramm erstreckt, kann man ähnliche Punkte nicht finden, es sei denn bei der Anfangstemperatur 39° K. Bei dieser Temperatur ist aber der integrale isothermische Drosseleffekt zwischen den Drucken 60 und 1 at nahezu Null, so daß diese Temperatur gewiß nicht als Anfangstemperatur in Betracht kommt.

Aus dem Verlaufe der Isenthalpen unterhalb dieser Inversionstemperatur kann man schließen, daß die Flüssigkeitsausbeute [Formel (3*), III. Kapitel] zunimmt, wenn die Anfangstemperatur niedriger wird. Der isothermische Drosseleffekt oder die Enthalpiedifferenz bei einer bestimmten Temperatur zweier Zustände verschiedenen Druckes (z. B. 1 und 60 at) ist ja um so größer, je niedriger die Temperatur ist (die

Isenthalpen steigen steiler an). Das ist die Ursache, weshalb man in der Praxis die Temperatur auf 14° K einstellt. Diese Temperatur erhält man durch Abpumpen des flüssigen Wasserstoffs bis zu etwa 5 cm. Bei niedrigeren Drucken verfestigt sich diese Flüssigkeit; es würde jedoch zu viel Zeit beanspruchen, den festen Wasserstoff bis zu einer noch tieferen Temperatur zu reduzieren (10° K wäre zu erreichen).

Da die Isenthalpen bei dem im Diagramm eingetragenen höchsten Druck 60 at noch nicht ihr Maximum erreicht haben, wird der günstigste Anfangsdruck (der den möglichst großen Wert für ε zur Folge hat) höher liegen als dieser Wert.

Die folgende Tabelle gibt einige Werte von ε an, die mit Hilfe von Formel (3*) in Kapitel III berechnet worden sind. Ausgegangen wurde von der Anfangstemperatur 14° K und dem Enddruck 1 at (die Enthalpie bei 60 at wurde durch Extrapolation gefunden).

Tabelle 8.

T_1 °K	p_1 at	W_1 kcal/kg	p_4 at	W_4 kcal/kg	ε
14	25	15,52	1	18,59	0,165
	30	15,27			0,179
	40	14,96			0,195
	60	14,71			0,209

Man sieht, daß ε in der Tat zunimmt, wenn der Anfangsdruck größer wird. Es hat sich jedoch in Leiden herausgestellt, daß man einen Höchstwert der Flüssigkeitsleistung erhält, wenn der Anfangsdruck nicht größer als 20 at ist [17]. Zur Erklärung dieser Tatsache denkt KEESOM an die Möglichkeit, daß Flüssigkeitsteilchen bei den hohen Ausströmungsgeschwindigkeiten nach der Expansion wieder in den Gegenströmer mitgenommen werden und daher als Flüssigkeit verloren sind. Je nachdem der Druck zunimmt, würden mehr Flüssigkeitstropfen mitgeführt werden; siehe indessen Ziff. 5, S. 135.

Mit dem Leidener Verflüssiger (1919) wurde folgendes Ergebnis erzielt. Je Stunde zirkulierten 12 m³ Helium (von 1 at und 15° C), d. h. 2,03 kg. Die Flüssigkeitsleistung war 1,75 bis 2 l/Stunde, d. h. $\pm 0{,}27$ kg. Hieraus folgt $\varepsilon \approx 0{,}13$. Nehmen wir an, es sei $T_1 = 15°$ K und $p_1 = 20$ at. Aus dem T-S-Diagramm ersehen wir, daß $W_1 = 17{,}30$, $W_4 = 19{,}94$, $W_{\text{fl}} = 0$ (angenommener Nullpunkt) wird, so daß sich $\varepsilon = 0{,}13$ ergibt, was also in guter Übereinstimmung mit dem experimentell gefundenen Werte steht.

MEISSNER (Berlin) [18] gibt für seinen Verflüssiger an: $\varepsilon = 0{,}19$. Der Anfangsdruck beträgt 35 at. Bei 10 m³ Helium je Stunde im Kreislauf beträgt die Leistung 0,37 kg. Aus dem T-S-Diagramm folgt $\varepsilon = 0{,}187$. Danach läßt sich also der Prozeß quantitativ gut kontrollieren.

MEISSNER hat mit Hilfe des Gesetzes der übereinstimmenden Zustände die Bedingungen für die Luftverflüssigung aus den experimentellen

Unterlagen seines Heliumverflüssigers berechnet und kommt dabei zu einer Diskrepanz. Er findet nämlich mit Hilfe der Werte aus dem W-p-Diagramm von Luft (von POLLITZER): $\varepsilon = 0{,}06$. Diese Diskrepanz ist zu erwarten, da das Helium die größten Abweichungen vom Gesetz der übereinstimmenden Zustände zeigt. Dasselbe ist mit Wasserstoff — allerdings in geringerem Maß — der Fall.

b) Arbeitsaufwand.

Wir berechnen nun den Arbeitsaufwand. Die Kompressionsarbeit beträgt je kg

$$W_{20\,\text{at}} - W_{1\,\text{at}} + T\,(S_{1\,\text{at}} - S_{20\,\text{at}})\,.$$

Aus dem T-S-Diagramm lesen wir ab für $T = 290°$ K: $W_{20\,\text{at}} = 362{,}8$ und $W_{1\,\text{at}} = 358{,}7$ kcal/kg; $S_{1\,\text{at}} = 6{,}75$ und $S_{20\,\text{at}} = 5{,}28$ kcal/°kg, so daß wir für die Kompressionsarbeit finden: 431 kcal = 0,5 kWh je kg. In der Praxis wird man also $1{,}7 \times 2{,}03 \times 0{,}5 = 1{,}7$ kWh für die Heliumkompression bedürfen.

Nunmehr berechnen wir die Arbeit zur Reduktion des Druckes über dem Vorkühlwasserstoffbad des Verflüssigers auf 6 cm. Dazu müssen wir erst die erforderliche Menge an flüssigem Wasserstoff kennen. Diese ist leicht zu finden aus der Differenz des Wärmeinhalts des Heliums, das in den Verflüssiger eintritt, und des Heliums, das ihn verläßt. Die Differenz muß nämlich durch das Einbringen flüssigen Wasserstoffs, der als Gas wieder austritt, kompensiert werden. Nehmen wir an, daß das Helium bei 17° C und 20 at, also mit $W_{20} = 362{,}8$ kcal/kg, in den Verflüssiger gelangt. Der Wärmeinhalt der Heliummenge, die je Stunde zirkuliert, ist dann $2{,}03 \times 362{,}8 = 740$ kcal. Der Wärmeinhalt des austretenden Heliums beträgt $(2{,}03—0{,}27) \cdot 358{,}7 = 630$ kcal/h. Die Differenz ist 110 kcal/h. Nehmen wir an, daß auch der Wasserstoff den Verflüssiger bei 17° C verläßt, so beträgt der im Verflüssiger aufgenommene Wärmeinhalt 920 kcal/kg (s. Abb. 44a). Theoretisch wäre also $110/920 = 0{,}12$ kg $= 1{,}7$ l flüssiger Wasserstoff je Stunde erforderlich. Wir können die für die Kompression dieser Wasserstoffmenge von 6 bis auf 76 cm bei 290° K aufzunehmende Arbeit nicht aus dem erwähnten T-S-Diagramm ablesen. Deshalb rechnen wir so, als ob wir es mit einem idealen Gase zu tun hätten. Die Gaskonstante R' hat für 1 kg H_2 den Wert $1{,}986/2{,}016 = 0{,}986$ kcal/°K. Die erforderliche Arbeit wird also $0{,}12 \cdot 0{,}986 \cdot 290 \ln 76/6 = 87$ kcal $= 0{,}10$ kWh; in der Praxis beträgt sie $\pm 1{,}7 \cdot 0{,}10 = 0{,}17$ kWh. Im vorigen Kapitel haben wir den Arbeitsaufwand für die Verflüssigung des Wasserstoffs berechnet. Für 0,12 kg Wasserstoff wird dieser etwa $0{,}12 \cdot 20 = 2{,}4$ kWh sein. Im ganzen ist also für die Verflüssigung von 0,27 kg Helium die Arbeit $1{,}7 + 0{,}17 + 2{,}4 = 4{,}3$ kWh erforderlich, d. h. 16 kWh je kg oder je 8 l Flüssigkeit.

Wir werden dieses Ergebnis noch mit der theoretisch minimalen Energie vergleichen. Diese Energie wird durch

$$A_{\min} = (W_{4,2} - W_{290}) + T\,(S_{290} - S_{4,2})$$

dargestellt. Führen wir hier die Zahlenwerte $W_{4,2} = 0$, $W_{290} = 358{,}7$ kcal/kg und $S_{4,2} = 0$, $S_{290} = 6{,}75$ kcal/° kg ein, so finden wir $A_{\min} = 1600$ kcal $= \pm 2$ kWh. Für den beschriebenen Vorgang ist also ungefähr das 8fache der theoretisch minimalen Arbeit erforderlich.

Nun war der Verbrauch an flüssigem Wasserstoff in Wirklichkeit viel größer; er betrug ungefähr 8 l. Hierin ist auch der Teil mit einbegriffen, der während des Einbringens der Flüssigkeit in den Verflüssiger verdampfte. Wenn man diese Menge in Rechnung stellt, kommt man zu ± 50 kWh je kg Helium, d. h. zum 25fachen Betrage der theoretisch minimalen Arbeit.

5. Der Heliumverflüssiger Kapitzas.

a) Allgemeines.

Bei der Behandlung der Luftverflüssigung in Kapitel III ist darauf hingewiesen worden, wie man zu der Anwendung der Joule-Thomsonschen Expansion in der Gasverflüssigung gekommen ist, und zwar nur aus Gründen der praktisch leichten Durchführbarkeit des Vorgangs. Vom thermodynamischen Standpunkt aus ist sie bedeutend weniger wirksam als die Expansion mit Leistung äußerer Arbeit, und das ist der Grund, weshalb Claude in seinem System der Luftverflüssigung einen Expansionsmotor zur Erhöhung des Wirkungsgrades benutzt. Der Unterschied ist um so größer, je weniger das Gas von den idealen Verhältnissen abweicht. Deshalb nimmt das Helium eine Sonderstellung ein. Gerade weil der Joule-Thomson-Effekt für dieses Gas sehr klein ist, erfordert die Verflüssigung eine so umfangreiche Apparatur, wie sie im Vorhergehenden beschrieben worden ist. Meissner berechnet die Kälteleistung der Joule-Thomsonschen Expansion auf nur 1% derjenigen der Expansion mit Leistung äußerer Arbeit. Diese Tatsache hat Kapitza [19] veranlaßt, die Möglichkeit der Anwendung eines Expansionsmotors auch im Falle des Heliums zu studieren.

Eine große Schwierigkeit, mit der schon Claude zu kämpfen hatte, war das Schmieren der Maschine bei den tiefen Temperaturen; darum nahm Kapitza eine Turbine in Aussicht. Aber außer für eine ganz große Leistung würden die Abmessungen hier zu klein werden, um praktisch noch durchführbar zu sein. Deshalb hat auch Kapitza eine Kolbenmaschine benutzt, doch mit der Eigenart, daß der Kolben mit einem gewissen Spielraum (0,04 bis 0,05 mm) in den Zylinder paßt. Die Wirkung ist dann unabhängig von der Temperatur, da jetzt ein Schmieren überflüssig wird. Diese Konstruktion bringt freilich einige Undichtigkeiten mit sich; aber wenn die Expansion nur schnell genug vor sich geht, hat das einen geringen Einfluß. Der Nutzeffekt war so, daß auch auf Vorkühlung mittels flüssigen Wasserstoffs verzichtet werden konnte.

b) Die Expansionsmaschine (s. Abb. 63).

Um eine große Kolbengeschwindigkeit während der Expansion zu erhalten, jedoch eine kleine während des Rückschlages, hat KAPITZA den Kolben 1 an einen hydraulischen Mechanismus H gekoppelt, in dem die Arbeit der Expansionsmaschine dadurch zerstreut wird, daß während der Expansion ein Kolben 2 in diesem Mechanismus Wasser durch eine kleine Öffnung 3 hindurchtreibt. Der Rückschlag erfolgt mittels eines Wasserdruckes auf den Kolben 2. Dieser Kunstgriff bietet zwei Vorteile gegenüber einem rein mechanischen System (z. B. Kurbelsystem): erstens paßt sich die Kolbengeschwindigkeit am Anfange des Schlages sofort dem Druck des Gases an, wodurch die Undichtigkeit geringer wird (kürzere Zeit), und zweitens ist der Enddruck immer derselbe, unabhängig von der Temperatur, weil der Hub nicht definiert ist, ein Umstand, der dem Nutzeffekt zugute kommt.

Die Triebstange 4 hat denselben Durchmesser wie der Kolben 1, so daß das Gas während des Rückschlages, bei dem es langsam aus dem Zylinder 1 durch die Auslaßklappe 6 austritt, ebenfalls aus dem Rohr 7 hinausgetrieben wird. Die Abdichtung geschieht mittels einer Stopfbüchse 8. Das Auslaß- und Einlaßventil 6 bzw. 9 werden jedes von einer Druckstange gesteuert. Unter dem Expansionszylinder befindet sich ein Hochdruckgefäß, damit der Druck während der Füllung des Expansionsraumes nicht tief sinkt.

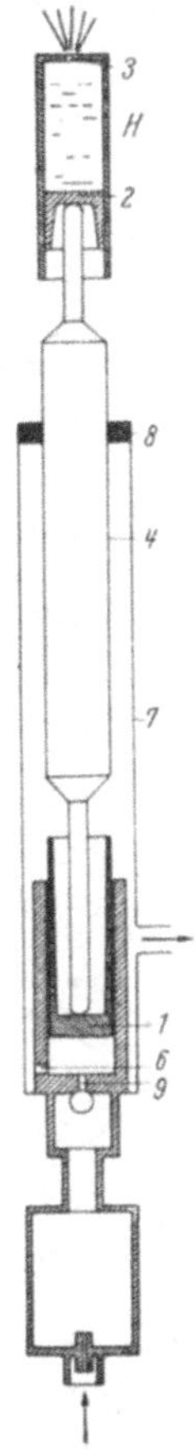

Abb. 63. Die Expansionsmaschine KAPITZA (nach KAPITZA).

Es stellte sich heraus, daß man in der Kolbenwand einige zylindrische Rillen anbringen mußte, um einen Ausgleich des Druckes um den Kolben herum zu erhalten; sonst würde der Kolben einem so großen einseitigen Druck ausgesetzt, daß er sofort festlaufen müßte. Um das zu vermeiden, ist auch der Kolben mittels eines Kugelgelenkes an die Triebstange gekoppelt.

Die Expansionsgeschwindigkeit wird praktisch vom Durchlaß des Einlaßventils 9 begrenzt. Weil die Viskosität des Gases bei niedrigen Temperaturen sehr klein ist, ist die Abdichtung des Ventils nicht ganz leicht; diese Forderung stellt also besondere Ansprüche.

Die Expansion dauert etwa $^1/_{10}$ Sekunde, während die Maschine 100 bis 120 Hübe je Minute ausführt. Bohrung und Hubhöhe sind 31 bzw. 35 bis 50 mm. Es zirkulieren etwa 30 m³ Helium (unter Normalverhältnissen) je Stunde. Der Einlaßdruck beträgt 25 bis 30 at.

Um Verunreinigung des Heliums mit kleinen Partikelchen (Luft oder dergl.) zu verhindern, die zu Beschädigung und Abnutzung der Kolben- und Zylinderwand und zum Festlaufen der Klappen Anlaß geben könnte, wird das Gas, bevor es in den Expansionsmotor gelangt, durch ein Kohlefilter geführt. Nichtsdestoweniger darf die Verunreinigung des Gases in der ersten halben Stunde, wenn die Expansionsmaschine noch nicht die Temperatur der flüssigen Luft erreicht hat, 0,1 v.H. nicht überschreiten. Nachher darf sie 0,5 v.H. betragen.

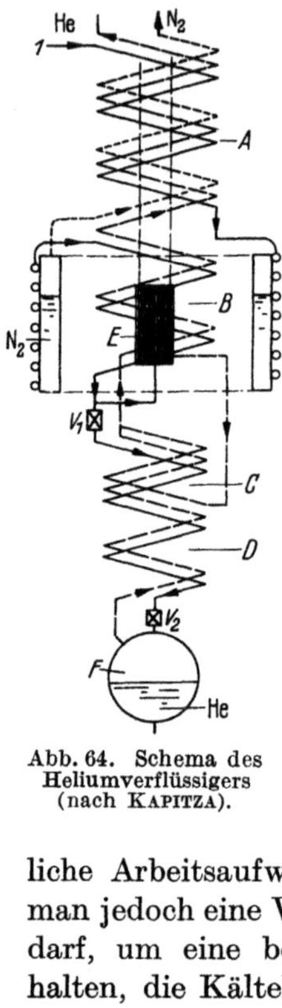

Abb. 64. Schema des Heliumverflüssigers (nach KAPITZA).

c) Die Anordnung.

Bei Anwendung der Expansionsmaschine könnte man grundsätzlich auf Vorkühlung ganz verzichten; es kommt ja ein Inversionspunkt nicht in Frage. Man hat nur die Expansionsmaschine mit einem Gegenströmer zu kombinieren. Da die Enthalpiedifferenz des Hochdruck- und Niederdruckgases am Eingang dieses Gegenströmers sehr klein ist, besteht die Kältewirkung der ganzen Apparatur nur aus der Kälteleistung der Expansionsmaschine. Die Kältewirkung, von der die adiabatische Expansion begleitet ist, wird in erster Annäherung (ideales Gas) durch die Formel (45), Kapitel I, gegeben. Für ein bestimmtes Druckverhältnis ist sie proportional der Temperatur T_1 vor der Expansion. Hieraus geht hervor, daß es am meisten ökonomisch ist, diese Temperatur möglichst hoch zu wählen, um so mehr, weil der erforderliche Arbeitsaufwand sich mit dieser Temperatur nicht ändert. Wenn man jedoch eine Vorkühlung anwendet, man also irgendwo Kälte zuführt, darf, um eine bestimmte Gesamtkälteleistung der Anordnung zu erhalten, die Kälteleistung der Expansionsmaschine kleiner sein, mit dem Erfolge, daß die Temperatur T_1 niedriger und damit die Maschine selbst kleiner sein kann, weil das Volumen in diesem Falle geringer ist. Offenbar wird dies recht vorteilhaft sein. Deshalb wendet KAPITZA eine Vorkühlung mit Hilfe von reduziertem flüssigen Stickstoff an, und außerdem wählt er die Temperatur T_1 so hoch, daß die Temperatur nach der Expansion (T_2) oberhalb des Heliumsiedepunktes liegt, so daß Verflüssigung erst nach einem zweiten Kälteprozeß zustande kommt.

Zu diesem Zweck nutzt KAPITZA den JOULE-THOMSON-Effekt aus. Das Schema der ganzen Anlage zeigt Abb. 64. Bei 1 tritt das komprimierte Helium in die Apparatur ein. Nachdem es den ersten Gegenströmer A durchlaufen hat, kommt es in Wärmekontakt mit dem Stickstoffbad N_2, wodurch es die Temperatur 75° K erhält. Mit dieser Temperatur gelangt das Helium in den zweiten Gegenströmer B. Nachdem es hier von dem zurückkehrenden Helium vorgekühlt wurde, teilt sich der Gasstrom. Zum Teil tritt das Gas in die Expansionsmaschine E, teilweise in einen dritten Gegenströmer C, worin es mit dem im Expansionsmotor entspannten Gas und dem bei der Drosselung nicht verflüssigten Helium seine Wärme austauscht. Schließlich wird das Gas, bevor es an die Drosselklappe V_2 gelangt, noch etwas tiefer vorgekühlt. Der bei der Drosselung in V_2 verflüssigte Teil sammelt sich in F. Der nicht verflüssigte Teil (etwa 50 v.H.) kehrt durch die vier Gegenströmer nach dem Kompressor zurück, nachdem das aus dem Expansionsmotor heraustretende Gas zwischen B und C hinzugekommen ist.

Wenn wir die Wärmeinhalte des Hochdruck- und Niederdruckgases am Anfang des Gegenströmers B, also bei der Temperatur des flüssigen Stickstoffs, W_n bzw. $W_{n'}$, den Wärmeinhalt vor und nach der Expansion in E, W_1 bzw. W_2, den Bruchteil, der zum Expansionsmotor E abgetrennt wird, $(1-\varepsilon)$ und den Bruchteil, der sich in V_2 verflüssigt, ζ nennen, so läßt sich eine Bilanz der Wärmeinhalte für die Apparatur unterhalb des Gegenströmers A so aufstellen:

$$W_n = (1-\varepsilon\,\zeta)\,W_{n'} + (1-\varepsilon)\,(W_1 - W_2) + \varepsilon\,\zeta\,W_{fl},$$

worin W_{fl} den Wärmeinhalt des flüssigen Heliums bedeutet. Der Gesamtbruchteil, der sich verflüssigt, ist also

$$\varepsilon\,\zeta = \frac{(1-\varepsilon)\,(W_1 - W_2) + (W_{n'} - W_n)}{W_{n'} - W_{fl}}.$$

Das zweite Glied im Zähler ist praktisch gegenüber dem ersten Gliede zu vernachlässigen; der Verflüssigungsgrad wird also von diesem letzten bestimmt. Nun ist für ein bestimmtes Druckverhältnis die Kälteleistung $(W_1 - W_2)$ größer, je größer T_1 und damit T_2 ist (s. S. 37); die Füllung der Expansionsmaschine (die Gewichtsmenge!) ist dagegen um so kleiner, weshalb die Verluste zunehmen. Es besteht ein Höchstwert der Flüssigkeitsleistung bei einer bestimmten Temperatur. Die Experimente haben ergeben, daß dies der Fall ist, wenn die Temperatur nach der Expansion (T_2) etwa 10° K beträgt.

Die Leistung läßt sich quantitativ kontrollieren, wenn die Drucke und das von der Expansionsmaschine je Stunde verarbeitete Gasvolumen bekannt sind. Wie in der CLAUDEschen Maschine war auch hier der Nutzeffekt der Expansion kleiner als 100%. Trotz der geringen Abmessungen des Expansionsmotors betrug der Nutzeffekt noch 60%, d. h. die Differenz des Wärmeinhalts vor und nach der Expansion belief sich sogar auf 60% des theoretischen Wertes (im Falle eines rein adiabatischen Vorgangs). Mit einer Expansion von 30 bis zu 2,2 at, durch deren Wirkung die Temperatur von 19° K bis auf 10° K sank, und der Kompressorleistung 30 m³ je Stunde, wovon der Expansionsmotor 28 m³

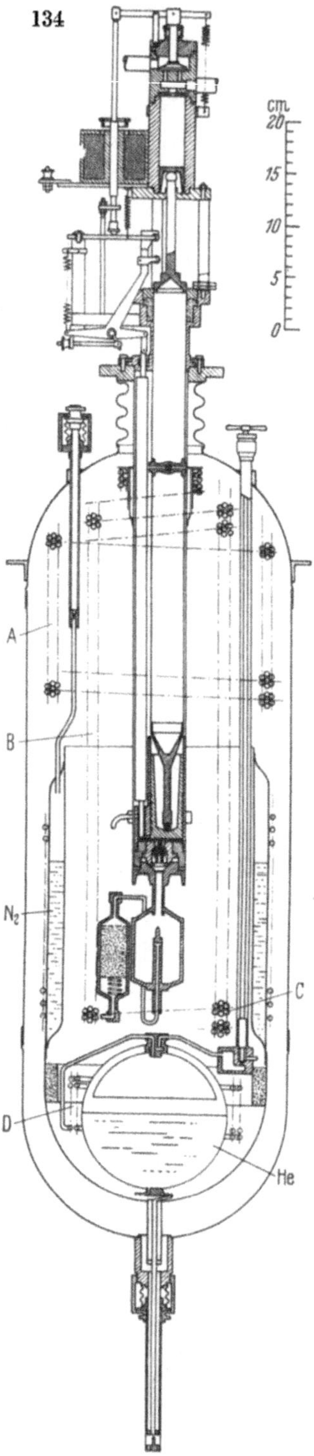

erhielt, würde man die Stundenleistung 4,2 l Flüssigkeit erzielen können. Gemessen wurde jedoch 1,7 l je Stunde. Die Diskrepanz ist in den Unvollkommenheiten des Gegenströmers B zu suchen. Trotz seiner zweckmäßigen Ausstattung, wodurch sogar 92% Ertrag erzielt wurden, ging also mehr als die Hälfte der verfügbaren Kälte verloren.

d) Der Verflüssiger.

Ein Bild des Verflüssigers gibt die Abb. 65. Aus ihr geht die Anordnung des Expansionsmotors mit dem hydraulischen Mechanismus am oberen Ende der Apparatur hervor, sowie die Lage der verschiedenen Gegenströmer, denen dieselben Buchstaben wie in der Abb. 64 zugeordnet sind. Die Expansionsmaschine, Gegenströmer und Stickstoffbad sind innerhalb einer Hülle angebracht, die mittels Kohle evakuiert ist. Betreffs mehrerer technischen Einzelheiten, z. B. der Bedienung der Ventile des Expansionsmotors und des hydraulischen Mechanismus, verweisen wir den Leser auf die ursprüngliche Literatur. Nur sei noch die Schwierigkeit erwähnt, die geeigneten Stoffe für den Expansionsmotor zu finden, ein für die gute Wirkung sehr wesentlicher Umstand. Die meisten Konstruktionsstoffe werden bei tiefen Temperaturen sehr spröde. Als besonders vorteilhaft hat sich der sog. „Staybrite"-Stahl erwiesen. Er hat sehr gute Eigenschaften in bezug auf Plastizität, Wärmeleitfähigkeit (diese ist nur gering) und Bearbeitungsfähigkeit. Er zeigt auch keine Änderungen der physikalischen Eigenschaften nach andauernder Kühlung bei der Temperatur des flüssigen Wasserstoffs. Der Kolben der Expansionsmaschine wurde aus diesem Stoffe, der Zylinder aus Phosphorbronze hergestellt.

e) Anlaufzeit.

Nachdem das Stickstoffgefäß gefüllt und die Expansionsmaschine in Betrieb gesetzt ist,

Abb. 65. Anordnung des Kapitzaschen Heliumverflüssigers (nach Kapitza).

wird eine große Menge Helium durch die Gegenströmer und den Flüssigkeitssammelraum über die Auslaßspritze am unteren Ende der Apparatur hindurchgepumpt. Nach 30 Minuten hat die ganze Apparatur die Temperatur des flüssigen Stickstoffs angenommen, und dann erniedrigt die Expansionsmaschine diese in einer halben Stunde bis auf 10° K. Sobald auch das Flüssigkeitsgefäß diese Temperatur dadurch angenommen hat, daß man einen kleinen Gasstrom hindurchfließen ließ, setzt die Verflüssigung sofort ein, wenn die Spritze verschlossen wird.

Es hat sich herausgestellt, daß die Verflüssigungsgeschwindigkeit stark vom Druck abhängig ist. Arbeitete man mit 30 at, so verflüssigte sich das Helium, aber die Ausbeute sank allmählich, während die Temperatur der Expansionsmaschine sich erniedrigte, bis die Verflüssigung ganz aufhörte. Eine mögliche Erklärung gibt KAPITZA, indem er vermutet, daß es einen Inversionspunkt bei diesem Druck und dieser Temperatur gibt. Wenn keine Verflüssigung eintritt, erniedrigt sich die Temperatur nach der Expansion mit der Wirkung, daß die Kälteleistung zu klein wird.

Aus dem in Ziff. 2 erwähnten T-S-Diagramm geht ein Inversionspunkt bei etwa 14° K und 25 at nicht hervor. In diesem Zusammenhang ist es merkwürdig, daß auch mit der Leidener Anlage der günstigste Hochdruck nicht den Erwartungen entsprach.

Infolge der genannten Erscheinung hat man den Druck vor der Drosselung von 30 bis auf 17 at herabsetzen müssen mittels eines Hahnes V_1. Der Druck nach der Drosselung ist 1,8 at.

Die Stundenleistung des Verflüssigers beträgt 1,7 l, während der Verbrauch an flüssigem Stickstoff im Beharrungszustande nur 2,0 l je Liter Helium ist. Die Vorkühlung erfordert 10 l flüssigen Stickstoff.

6. SIMONsches Verfahren zur Verflüssigung des Heliums.

Vor einigen Jahren hat SIMON [20] ein Verfahren angegeben, nach welchem man mit sehr einfachen Hilfsmitteln Helium — wenn auch in kleineren Mengen — verflüssigen konnte. Dieses Verfahren beruht darauf, daß man eine Abkühlung des Heliumgases herbeiführt mittels einer Expansion unter Leistung äußerer Arbeit. SIMON stellte folgenden Versuch an.

In einem dickwandigen Gefäße befand sich Helium, das bis zu 100 at komprimiert wurde. Das Gefäß stand mittels einer Kapillare, an deren Ende sich ein Hahn befand, mit dem Außenraum in Verbindung. Das Gefäß wurde in einem Vakuumraum aufgestellt, so daß es nach Kühlung bis zur Temperatur des reduzierten flüssigen Wasserstoffs thermisch gegen die Umgebung isoliert werden konnte. Ließ man das Gas plötzlich sich ausdehnen, indem man den Hahn öffnete, nachdem z. B. bis auf 12° K vorgekühlt worden war, so beobachtete man, daß das Sammelgefäß bis zur Hälfte mit flüssigem Helium gefüllt war. Je höher der Anfangsdruck war, um so größer wurden auch die Flüssigkeitsmengen.

Seitdem hat man dieses Verfahren öfter angewandt und einer gründlichen Untersuchung unterzogen. Man hat Messungen ausgeführt hinsichtlich der Zustandsgleichung und der spezifischen Wärme des Heliums im Temperaturgebiet von 6° bis 20° K und die Flüssigkeitsausbeute in Abhängigkeit von den Anfangsbedingungen (Temperatur und Druck vor der Expansion) festgestellt. Das Ergebnis bezüglich der Ausbeute findet man in Abb. 66 [21], in der sie als Prozentsatz des Volumens des Expansionsgefäßes abgetragen ist. Die gestrichelten Linien bedeuten eine praktische Grenze der Anfangsbedingungen: 10,5° K und 150 at sind im Experiment gewiß zu erhalten. Welche Forderungen dazu an das Stahlgefäß gestellt werden müssen, haben wir bereits im vorigen Kapitel beschrieben. Man sieht, daß sogar ein Füllungsgrad von 90 v.H. möglich ist. Aus den Isothermen kann man folgern, daß in diesem Fall ungefähr 55 v.H. des ursprünglich anwesenden komprimierten Heliums im Gefäß zurückbleibt, da dessen Dichte etwa das 1,6fache der Dichte der Flüssigkeit beträgt.

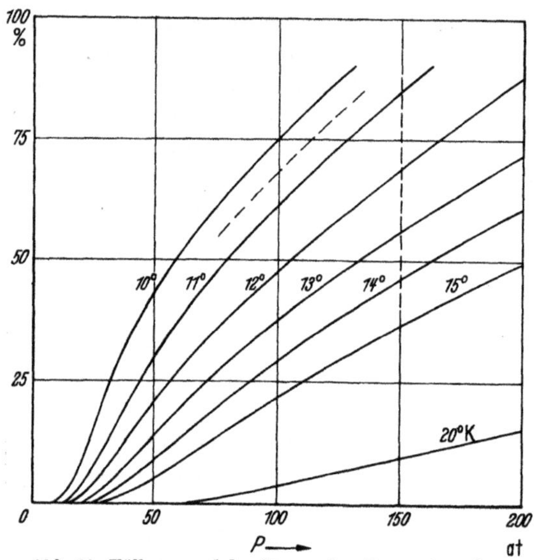

Abb. 66. Füllungsgrad des SIMONschen Expansionsgefäßes (nach SIMON).

Aus Abb. 67 ersieht man die ganze Anordnung des Expansionsverflüssigers. Das kupferne Expansionsgefäß, dessen Inhalt etwa 70 cm³ ist, trägt oben ein zweites Blechgefäß, in dem eine kleine Menge flüssigen Wasserstoffs sehr tief abgepumpt werden kann, damit das Druckgefäß eine möglichst niedrige Temperatur (10,5° K) erhält. Das Ganze ist in einem evakuierten Raum angeordnet, der mit flüssigem Wasserstoff umgeben ist.

Wenn man gewisse Experimente ausführen will, die eine höher als 1,3° K liegende Temperatur erfordern, ist es möglich, den Experimentierraum unmittelbar an dem Expansionsgefäß anzuordnen, und dann kann die Temperatur einfach durch Abpumpen des Heliums erniedrigt werden. In der Abbildung ist jedoch eine etwas andere Anordnung dargestellt. Flüssiges Helium, das sich durch Überdruck in dem an das Expansionsgefäß gelöteten Zuleitungsrohr kondensiert hat, kann in ein zweites kleineres Gefäß abgepumpt werden, und zwar mühelos bis zu einer sehr niedrigen Temperatur (1° K). Um diese Temperatur 4 bis 5 Stunden aufrechtzuerhalten, sind etwa 2,5 l flüssiger Wasserstoff erforderlich.

Die Expansion braucht nicht schnell vor sich zu gehen; es ist sogar besser, dies zu vermeiden. Normal dauert sie etwa 5 Minuten, kann aber bis zu 20 oder 30 Minuten ausgedehnt werden, falls große Wärmekapazitäten gekühlt werden müssen.

Nach SIMON ist dieses Verfahren besonders für Vorführungszwecke geeignet, da die Apparatur ziemlich einfach und die benötigte Heliummenge, die einer im Handel erhältlichen Hochdruckflasche entnommen werden kann, nur gering ist. Verschiedene Forscher haben, der Einfachheit wegen, ihren Heliumverflüssiger nach dem SIMONschen Expansionsprinzip gebaut; siehe dazu das Schrifttum [22].

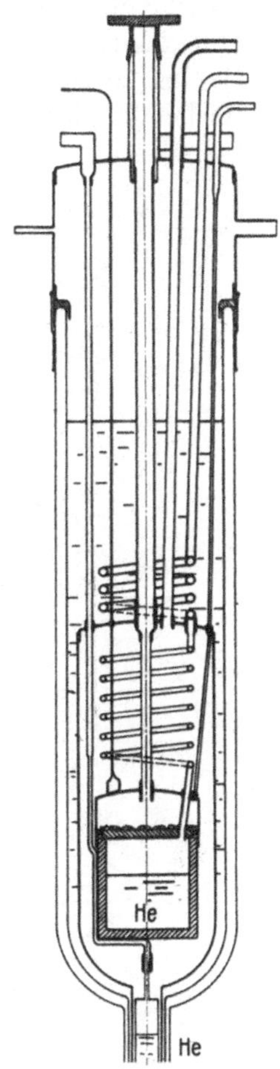

Abb. 67. Der SIMON-Verflüssiger (nach SIMON).

7. Festes Helium.

Obwohl erst im VIII. Kapitel die Experimentiertechnik bei Temperaturen des flüssigen Heliums behandelt wird, sei doch schon an dieser Stelle beschrieben, auf welche Weise flüssiges Helium in die feste Formart übergeführt wurde.

Bereits am ersten Tage, als man das Helium in flüssiger Form beobachtete, versuchte ONNES, durch Erniedrigung des Druckes über der Flüssigkeit das Helium zu verfestigen. Der Druck wurde bis auf 1 cm herabgesetzt; das Helium blieb jedoch flüssig. Es war damals nicht möglich, den Druck weiter zu verringern, weil ein guter Anschluß an eine größere Vakuumpumpe nicht ohne weiteres zustande gebracht werden konnte. Im Jahre 1909 wurde jedoch der Versuch wiederholt, aber nun mit einer viel größeren Pumpenkapazität (360 m³/h), mit dem Erfolge, daß der niedrigste Druck 2 mm wurde; die Formart blieb jedoch ungeändert. Der Meniskus sah etwas anders aus. Während bei 1 at der Flüssigkeitsrand am Glas absolut scharf war, hob sich jetzt das Helium etwas gegen das Glas empor, obwohl die kleine Viskosität, also die große Beweglichkeit, die man z. B. beim Sieden und Spritzen beobachten konnte, höchstens ein wenig zugenommen hatte. KAMERLINGH ONNES glaubte daher, daß das Helium bis zum absoluten Nullpunkte flüssig bleiben würde.

Einige Zeit später kam KEESOM, im Zusammenhange mit den damals gerade erzielten Ergebnissen bezüglich der Schmelzkurve des Wasserstoffs, auf den Gedanken, daß es vielleicht möglich wäre, Helium mittels einer Druckerhöhung zu verfestigen. Es wäre dann auch eine Unregelmäßigkeit zu erklären, die wenig vorher bei den Versuchen über den Druckeinfluß auf die Supraleitfähigkeit beobachtet worden war. Diese Unregelmäßigkeit konnte nicht auf Ungenauigkeit der Messung beruhen; sie lag außerhalb der experimentellen Genauigkeitsgrenze. Ihre ausreichende Erklärung wäre gegeben, wenn der auf dem mit flüssigem

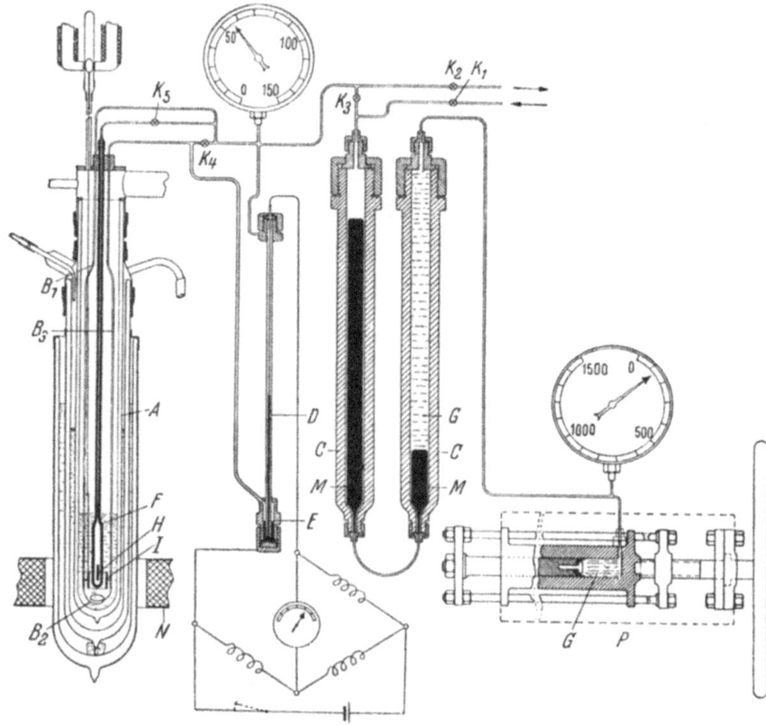

Abb. 68. Apparatur zur Verfestigung des Heliums (nach KEESOM).

Helium gefüllten Rohr (worin der supraleitende Draht angeordnet war) lastende Druck nicht dem wirklich auf den Draht ausgeübten Druck entsprach, als Wirkung der Verfestigung des Heliums im Rohr. Die erkannten Tatsachen veranlaßten KEESOM [23], einen besonderen Versuch anzustellen, bei dem man dieselbe Apparatur benutzte wie die, mit der zuvor bereits die Schmelzlinie des Wasserstoffs gemessen wurde. Abb. 68 gibt ein Bild der Apparatur.

Der wesentliche Teil in dieser Anlage ist das enge Rohr B_2, das sich im flüssigen Helium befindet. Sobald sich das Helium in diesem Rohr infolge einer Druckerhöhung verfestigen würde, müßte sich dies durch die Möglichkeit kundgeben, eine Druckdifferenz an den beiden Rohrenden hervorzurufen. Das System ist weiter so eingerichtet: Mittels des Handkompressors P kann ein hoher Druck im

Glyzerin G, mit dem der Kompressor und C gefüllt sind, erzielt werden. Also kann auch das Heliumgas, das sich im anderen Schenkel des U-Rohrs M-M befindet, auf dem Weg über das Quecksilber M auf denselben hohen Druck komprimiert werden. Durch Öffnung von K_3 und K_4 wird der Druck auf das U-Rohr B_1-B_2-B_3 übertragen und macht sich also auch im Differentialmanometer D bemerkbar. Dieses besteht aus einem Stahlrohr, das in einen Quecksilberbehälter ausmündet. In dem Stahlrohr ist ein Platindraht isoliert angeordnet. Sobald das Quecksilber im Rohre steigt oder sinkt, ändert sich der Widerstand des Drahtes, weil seine Länge zu- oder abnimmt. Diese Widerstandsänderung äußert sich in der Ablenkung einer Galvanometernadel in einer WHEATSTONEschen Brücke, in die der Platindraht als Widerstand eingeschaltet ist. Man hat so ein sehr empfindliches Verfahren, um sehr kleine Druckdifferenzen zu messen. Die Schenkel des Differentialmanometers sind unmittelbar an die Kapillare B_2 angeschlossen, so daß eine Druckdifferenz in dieser Kapillare sich sofort bemerkbar macht. Hat man nun bis auf einen hohen Druck komprimiert, so werden K_3 und K_4 geschlossen, worauf der Druck sehr langsam durch K_2 gesenkt wird. Wenn das Helium in B_2 fest geworden ist, wird das Galvanometer eine Ablenkung zeigen. Der Versuch wurde nun folgendermaßen ausgeführt: Die Temperatur des Heliumbades wurde möglichst weit erniedrigt. Bei dem Druck 250 at wurde K_2 ein wenig geöffnet. Der Galvanometerspiegel zeigte eine Ablenkung. Darauf wurde der Druck über dem Heliumbad bis auf 1 at erhöht. Die Ablenkung blieb bestehen. Der Druck wurde bis auf 150 at herabgesetzt; die Kapillare war noch verstopft. Bei 100 at öffnete sie sich, schloß sich wieder bei 138 at und öffnete sich von neuem bei 126 at. In dieser Weise näherte man sich dem Erstarrungspunkt von beiden Seiten her. Bei der endgültigen Bestimmung der Schmelzkurve konnte dies auf einige Zehntel einer Atmosphäre geschehen.

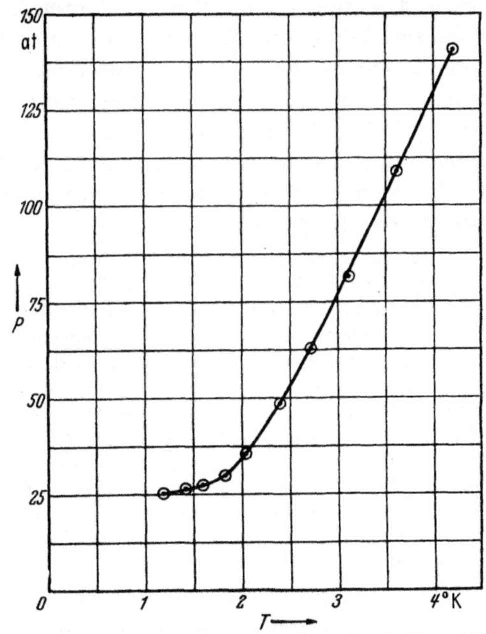

Abb. 69. Schmelzkurve des Heliums (nach KEESOM).

Das Ergebnis [24] zeigt die obige Abb. 69*. Die Temperaturen sind aus der Dampfspannung des Heliumbades mit Hilfe der damals bekannten Dampfspannungskurve berechnet worden. Später wurden die Temperaturen auf Grund einer genaueren Dampfspannungsformel [6] verbessert. Die Drucke in der Kapillare B wurden an einem Metallmanometer abgelesen, das zuvor mittels einer Druckwaage kalibriert worden war.

* Bei sehr hohen Drucken (bis etwa 2000 at) ist die Schmelzkurve von SIMON und STECKEL [25] gemessen worden mit der Absicht, festzustellen, ob es einen kritischen Punkt im Gleichgewicht fester Stoff-Flüssigkeiten gäbe.

Die Schmelzkurve der Abb. 69 zeigt die Besonderheit, daß sie nach tieferen Temperaturen mehr und mehr parallel zur T-Achse verläuft. Denkt man sich im Diagramm auch die Dampfspannungslinie gezeichnet, die in der benutzten Skala eine Linie nahe entlang der T-Achse sein wird, so bedeutet dies, daß Dampfspannungslinie und Schmelzlinie einander nicht begegnen, d. h. es hat den Anschein, als ob ein Tripelpunkt beim Helium nicht existiere. Das stimmt überein mit der Tatsache, daß sogar bei 0,7° K noch keine Verfestigung des Heliums beobachtet wurde. Man kann das auch so ausdrücken: Unterhalb der kritischen Temperatur des Heliums können die feste und die dampfförmige Phase nicht miteinander im Gleichgewicht sein; eine Sublimationskurve wird es also, im Gegensatz zu allen anderen bekannten Stoffen, hier nicht geben. Entsteht also in B_2 festes Helium, so ist dieses im Gleichgewicht mit der Flüssigkeit über ihm. Der Druck liegt jedoch oberhalb des kritischen Druckes, so daß zwischen Flüssigkeit und Dampf in B_1 und B_3 kein Meniskus existiert; sie gehen stetig ineinander über.

Um das feste Helium sehen zu können, hat man eine etwas abgeänderte Apparatur gebaut. Da die benötigten Drucke, wie sich nachher zeigte, für ein Hartglasrohr nicht zu hoch waren, hat man das Helium in einem Glaspiëzometer komprimiert. Man brachte in das Piëzometergefäß ein eisernes Stäbchen, das mit Hilfe eines um den Behälter herumgelegten magnetisierten kleinen Eisenzylinders vertikal hin und her bewegt werden konnte. Dieser kleine Zylinder, der mittels einer Spule magnetisiert wurde, wurde von außen her in Bewegung gesetzt. Die Temperatur wurde auf 1,6° K eingestellt und darauf der Druck im Piëzometer langsam gesteigert. Bei einem gewissen Druck (er entsprach dem Werte der Schmelzlinie) stockte das Stäbchen: das Helium war fest geworden. Es konnte jedoch nichts Außergewöhnliches beobachtet werden. Das feste Helium war vollkommen durchsichtig, ebenso wie die Flüssigkeit. Es waren keine Grenzflächen zu erkennen.

Die Eigenschaften des festen Heliums [26] sind später eingehend untersucht worden, d. h. die Schmelzwärme, die spezifische Wärme und die Dichte. Auch die Kristallstruktur [27] hat man mit Hilfe von Röntgenstrahlen auf technisch sehr sinnreiche Weise festgestellt.

8. Zwei Flüssigkeitsmodifikationen: Helium I und Helium II.

a) Allgemeines.

Im Jahre 1911 stellte Kamerlingh Onnes [28] fest, daß die Dichte des flüssigen Heliums in der Nähe von 2,2° K eine Merkwürdigkeit zeigte; sie hatte bei dieser Temperatur einen Höchstwert.

In Anbetracht der chemisch sehr einfachen Struktur des Heliums mußte diese Erscheinung seltsam anmuten. Deshalb wurde sie einige Jahre später (1924) genau untersucht.

Die Dichtemessungen wurden angestellt mit Hilfe des sog. Dilatometers, das in flüssiges Helium eingetaucht war. Die Ergebnisse der Messungen zeigt Abb. 70, wo auch die Temperaturabhängigkeit der Dichte in der Nähe des Maximums vergrößert eingetragen ist*. Man beobachtet eine ausgesprochene Diskontinuität der Dichte. In der unmittelbaren Nähe des Maximums liegen verschiedene Beobachtungspunkte, aus denen der unsymmetrische Charakter des Maximums deutlich hervorgeht. Bei tieferen Temperaturen wird die Dichte augenscheinlich mehr und mehr konstant, anders ausgedrückt, der Ausdehnungskoeffizient nähert sich dem Werte Null.

Es ist jedoch nicht bei einer Anomalie der Dichte geblieben. Aus den Messungen der Dielektrizitätskonstante des flüssigen Heliums, die

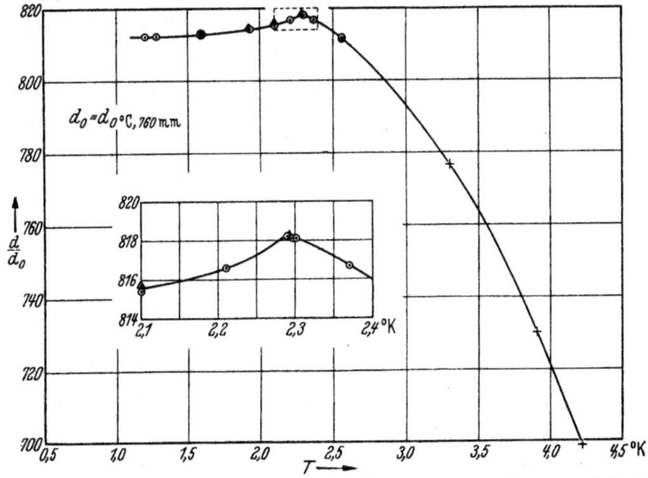

Abb. 70. Dichte des flüssigen Heliums (nach KAMERLINGH ONNES und BOKS).

ebenfalls in Rücksicht auf das charakteristische Verhalten bei 2,2° K gemacht wurden, konnte man bei dieser Temperatur gleichfalls ein anomales Verhalten beobachten [29]. So war es auch mit der Verdampfungswärme. Alle diese Erscheinungen führten auf den Gedanken, daß man es mit einer Umwandlung zwischen zwei Modifikationen des flüssigen Heliums zu tun hatte. Ließ man eine Menge flüssigen Heliums langsam sich erwärmen oder abkühlen, so zeigte sich, daß der Druck oberhalb der Flüssigkeit bei dem Werte 38 mm plötzlich während einer kurzen Zeit sich verhältnismäßig sehr langsam änderte, um nachher wieder gleichmäßig zu verlaufen. Der Übergang ist auch deutlich sichtbar: Beim Diskontinuitätspunkte beobachtet man zwar keinen Meniskus, aber man sieht, daß z. B. bei langsamer Druckverminderung oberhalb der Flüssigkeit (d. h. Temperatursenkung) die Flüssigkeit in dem Augenblick, wenn die charakteristische

* Um die absolute Größe der Dichte zu erhalten, müssen die Ordinatenzahlen mit 1,787 · 10^{-4}, d. h. mit der Dichte des Heliumgases unter Normalumständen ($p = 1$ at und $t = 0°$ C) multipliziert werden.

Temperatur überschritten wird, plötzlich sehr ruhig wird infolge einer bei weitem geringeren Verdampfung in der Flüssigkeitsmasse. Die Verdampfung findet dann nur an der Oberfläche statt.

Man gab der Flüssigkeit oberhalb des Umwandlungspunktes den Namen Helium I, während man die Flüssigkeit unterhalb dieser Temperatur Helium II nannte.

b) λ-Linie.

Keesom und Clusius [30] vermuteten, daß die Lage des charakteristischen Punktes eine Druckabhängigkeit zeigen würde, und zwar so, daß er bei Druckerhöhung nach tieferen Temperaturen verschoben sein würde. Sie haben versucht, dies zu bestätigen, indem sie ohne weiteres Abkühlungskurven eines Kalorimeters aufnahmen (Temperatur als Funktion der Zeit), wobei das flüssige Helium unter Druck gebracht wurde. Dazu wurde ein mit der Flüssigkeit gefülltes Kalorimeter thermisch gegen das Heliumbad isoliert (Vakuummantel) und dann sich selbst überlassen. Das Heliumbad wurde darauf bis zu einer Temperatur unterhalb der charakteristischen Temperatur abgekühlt. Zufolge der nicht zu vermeidenden Wärmeverluste sank die Temperatur des Kalorimeters allmählich. Diese Temperatur wurde von einem Galvanometer angezeigt. Der höchste Druck, bei dem gemessen wurde, war 23,60 at. Die charakteristische Temperatur war bei diesem Druck auf 1,86° K zurückgegangen! Es zeigte sich, daß es eine ganz bestimmte Linie im p-T-Diagramm gibt, welche das Flüssigkeitsgebiet in zwei Teile zerlegt. Diese Linie schneidet die Dampfspannungskurve im Punkte 38,3 mm und 2,19° K [31]. Extrapoliert man die Linie nach der anderen Seite, so schneidet sie die Schmelzkurve, und zwar im Punkt 29,9 at und 1,75° K (s. Abb. 71).

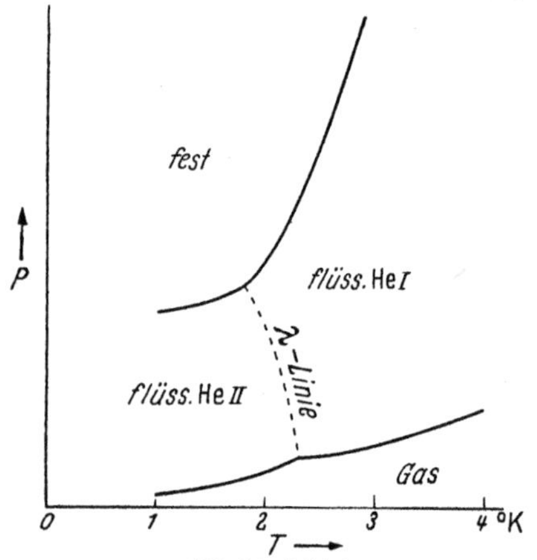

Abb. 71. λ-Linie.

Das ganze p-T-Diagramm besteht also aus vier Gebieten: Oberhalb der Schmelzkurve liegt das Gebiet des festen Heliums; unterhalb der Dampfdruckkurve liegt das Gebiet des gasförmigen Heliums, während von diesen beiden Kurven das Flüssigkeitsgebiet eingeschlossen wird, das von einer beide Kurven verbindenden Linie geschnitten wird. Das Gebiet rechts von dieser Linie ist das des flüssigen Heliums I, das Gebiet links das des flüssigen Heliums II. Die Linie wird als „λ-Linie" (s. unten) bezeichnet [32].

c) Spezifische Wärme; Übergang zweiter Ordnung.

Sehr schön zeigt sich der Übergang im Verhalten der spezifischen Wärme der gesättigten Flüssigkeit [33] (s. Abb. 72). Von niedrigen Temperaturen an erkennt man ein stärkeres Ansteigen in der Nähe von 2,19° K, während bei dieser Temperatur eine plötzliche Abnahme von einer endlichen Höhe bis auf etwa ein Drittel dieses Wertes eintritt*. Bei zunehmenden Temperaturen durchläuft die spezifische Wärme nun erst ein Minimum (bei 2,65° K), worauf sie wieder allmählich ansteigt.

Die Abnahme findet hauptsächlich innerhalb eines Temperaturgebietes von 0,002° statt, so daß man von einer plötzlichen Abnahme sprechen darf. Charakteristisch für die Umwandlung ist, daß es keine latente Übergangswärme gibt, wie z. B. bei der Änderung des Aggregatzustandes. EHRENFEST [34] legt den Unterschied dieser beiden Umwandlungen klar in einer Betrachtung des Betragens des thermischen Potentials G. Während bei der letztgenannten Phasenumwandlung das thermische Potential der beiden Phasen schon in seinen ersten Differentialen Diskontinuitäten zeigt (das Potential selbst zeigt keine Diskontinuität), nämlich

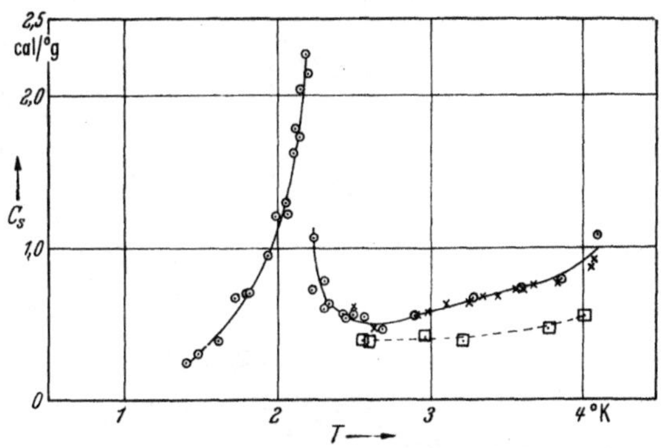

Abb. 72. Spezifische Wärme des gesättigten flüssigen Heliums (nach KEESOM und CLUSIUS).

$$\left(\frac{\partial G}{\partial T}\right)_1 - \left(\frac{\partial G}{\partial T}\right)_2 = \Delta S \neq 0$$

und

$$\left(\frac{\partial G}{\partial p}\right)_1 - \left(\frac{\partial G}{\partial p}\right)_2 = -\Delta v \neq 0,$$

sind beim anderen Typus (der Heliumumwandlung) diese ersten Differentiale noch stetig, also $\Delta S = 0$ (keine Übergangswärme) und $\Delta v = 0$ (kein Dichteunterschied), doch zeigen erst die zweiten Differentiale eine Diskontinuität. Eine solche tritt also auf bei der Größe $(\partial S/\partial T)_p$, d. h. in der spezifischen Wärme ($\Delta C \neq 0$), sowie bei $(\partial v/\partial T)_p$ und $(\partial v/\partial p)_T$, d. h. im Ausdehnungskoeffizienten bzw. in der Kompressibilität. Diesem Verhalten entspricht tatsächlich die Umwandlung des flüssigen Heliums beim λ-Punkt [35]. Es ist eine sog. Umwandlung zweiter Ordnung, bei

* Die Form der Kurve erinnert an den griechischen Buchstaben λ, daher der Name „λ-Punkt" für den Umwandlungspunkt und „λ-Linie" für die geometrische Lage dieses Punktes im p-T-Diagramm.

der man von einem Gleichgewicht nicht sprechen darf; dieses würde eine Koexistenz beider Phasen ermöglichen.

Keesom bemerkt, daß in Wirklichkeit die Diskontinuität, z. B. der spezifischen Wärme, zufolge der Temperaturschwankungen in der Flüssigkeit einigermaßen ausgeglichen sein wird, wodurch das Ansteigen im Gebiete des Heliums I, wenn die Temperatur sich der des Umwandlungspunktes nähert, gedeutet werden kann; dies steht im Gegensatz zu der

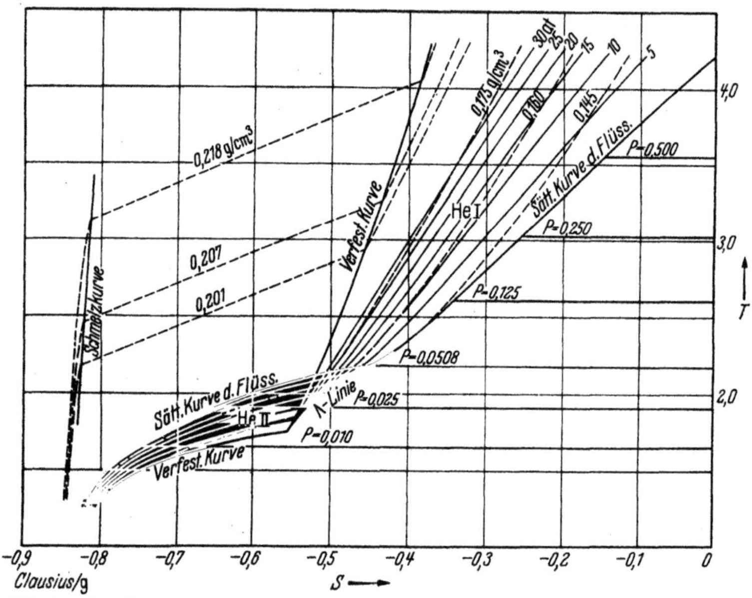

Abb. 73. Das Entropiediagramm des flüssigen Heliums (nach Keesom und Keesom).

Umwandlung erster Ordnung, bei welcher der Entropiesprung die Folge der Temperaturschwankungen verhindert. Hierin liegt der Grund dafür, weshalb man die Größe des Sprunges ΔC_s, der im idealisierten Fall auftreten würde, nicht genau aus den Beobachtungen feststellen kann.

d) Entropiediagramm.

In Abb. 73 findet man das Entropiediagramm des flüssigen Heliums, das von W. H. Keesom und Frl. A. P. Keesom [36] aus den Ergebnissen ihrer thermodynamischen Messungen [37] konstruiert wurde. Der Nullpunkt der Entropie wurde für die Flüssigkeit beim Siedepunkt (4,22° K) angenommen. Mit Hilfe der Daten für die spezifische Wärme der gesättigten Flüssigkeit wurde die Kurve dieses Zustandes ermittelt durch graphische Bestimmung des Integrals

$$S = \int_{T_0}^{T} \frac{C_s}{T} \, \mathrm{d}\, T,$$

worin T_0 die Temperatur des Siedepunkts und C_s die spezifische Wärme der gesättigten Flüssigkeit bedeuten. Beim λ-Punkt zeigt sie einen Knick als Folge der Diskontinuität in der C_s-Kurve. Dasselbe ist der Fall bei den Isobaren der Flüssigkeit. Es ist ja $(\partial S/\partial T)_p = C_p/T$ [siehe Gl. (48) Kap. I], während die C_p-Kurven eine der C_s-Kurve ähnliche Gestalt haben. Diese Isobaren wurden erhalten durch Integration des Ausdruckes [der sofort aus (48) und (27*) (S. 37) herzuleiten ist]

$$\left(\frac{\partial S}{\partial p}\right)_T = -\left(\frac{\partial v}{\partial T}\right)_p,$$

unter Zugrundelegung der Kurve der gesättigten Flüssigkeit. Die Werte von $(\partial v/\partial T)_p$ konnte man den Isobaren im ϱ-T-Diagramm entnehmen, das aus den Ergebnissen der Dichtemessungen [38] erhalten wurde. Weil im Gebiete des Helium II $(\partial v/\partial T)_p$ einen negativen Wert hat, liegen die Isobaren in diesem Gebiete rechts von der Kurve der gesättigten Flüssigkeit, oberhalb des λ-Punktes dagegen zur Linken dieser Kurve.

Auch die Verfestigungskurve unterhalb der λ-Temperatur wurde auf dieselbe Weise erhalten. In dem T-S-Diagramm äußert sich die Abnahme des Ausdehnungskoeffizienten des Helium II nach tieferen Temperaturen dadurch, daß die Kurve der gesättigten Flüssigkeit bzw. der Verfestigung sich sehr dicht nähern. Man dürfte erwarten, daß sie bei $T = 0$ eine gemeinschaftliche vertikale Berührungslinie haben werden.

In der Abbildung findet man noch die Schmelzkurve, die aus Messungen der spezifischen Wärme C_v des festen Heliums ermittelt wurde, indem man die Entropie vom Nullpunkt der Temperatur bis an die Schmelztemperatur für drei Werte des spezifischen Volumens integrierte. Der Entropiewert des Nullpunktes (S_0) wurde erhalten aus einer Extrapolation der Kurve der gesättigten Flüssigkeit gemäß einer T^5-Abhängigkeit. Jetzt war es möglich, die Verfestigungskurve oberhalb 2,2° K fortzusetzen, indem man die Entropiewerte dieser Kurve aus denen der Schmelzkurve herleitete mit Hilfe der gemessenen Werte der spezifischen Wärme bei konstantem Volumen des schmelzenden Heliums.

e) Zähigkeit und Wärmeleitfähigkeit [39].

Bei der Messung der spezifischen Wärme wurde von W. H. Keesom und Frl. A. P. Keesom [40] noch eine sehr merkwürdige Eigenschaft des flüssigen Helium II entdeckt. Diese Messung geschah im allgemeinen so, daß man der Flüssigkeit im Kalorimeter eine bestimmte Wärmemenge zuführte, während man die Temperaturerhöhung maß. Die Wärme wurde in Form elektrischer Energie zugeführt. Als bei dem oben erwähnten Versuche der Strom unterbrochen wurde, war die Temperatur etwas zu hoch gestiegen, weil die Wärme sich nicht sofort über das ganze Kalorimeter verteilt hatte. Nach kurzer Zeit (etwa $^1/_2$ Minute) wurde die Temperatur jedoch konstant (die Temperatur wurde fortwährend notiert). Es stellte sich nun heraus, daß ein derartiges zu hohes Ansteigen der

Temperatur am Ende der Zeit, während der geheizt wurde, beim Helium II nicht auftrat, woraus zu folgern war, daß sich die Wärme in diesem Falle sofort über das ganze Kalorimeter verteilt hatte. Die Ursache dafür mußte entweder in einer größeren Wärmeleitfähigkeit gesucht werden, oder in einer kleineren Viskosität, die einen schnelleren Wärmeausgleich durch Konvektionsströme zur Folge haben konnte.

Auf Grund der Verschiedenheit der Kalorimetererwärmung in diesen Versuchen ging man sofort daran, eine Apparatur zu bauen, mit der man die Wärmeleitung direkt messen konnte [41]. Es stellte sich heraus, daß, während die Wärmeleitung des Helium I dieselbe Größenordnung hat wie die von Gasen bei gewöhnlichen Temperaturen, Helium II eine Wärmeleitfähigkeit zeigt, die sehr viel größer ist als die des sehr guten Wärmeleiters — Kupfer — bei Zimmertemperatur, ja sogar unter gewissen Umständen 800mal so groß sein kann. Daher ist das Helium II, das eine ungefähr 10^7mal so große Wärmeleitfähigkeit wie Helium I besitzt, bei weitem der beste bekannte Wärmeleiter. Aus diesem Grunde nennen die KEESOMs das Helium II „supra-wärmeleitend", entsprechend der „Supra-Elektrizitätsleitfähigkeit" verschiedener Metalle. Merkwürdig ist, daß die Wärmeleitfähigkeit vom Wärmestrom abhängig ist [42]. Sie ist um so kleiner, je größer dieser Strom ist.

Der Gedanke einer kleineren Viskosität des Helium II gegenüber der des Helium I zur Deutung der Erscheinung der schnellen Kalorimetererwärmung beim oben erwähnten Versuch, würde in Übereinstimmung sein mit einer Erscheinung, die man vorher gelegentlich festgestellt hatte. Es hatte sich nämlich gezeigt, daß sich ein in flüssiges Helium getauchtes Kalorimeter bei der Temperatur 1,3° K des Bades nicht gut evakuieren ließ, während das bei 4,2° K gar keine Schwierigkeiten machte. Später stellte sich heraus, daß Aufwärmen bis 4,2° K nicht nötig war; schon bei 2,5° K war der Verlust viel kleiner. Es wurde vermutet, daß diese Erscheinung einem Gefälle der Viskosität beim λ-Punkt zuzuschreiben sei. Später hat sich durch unmittelbare Messungen herausgestellt, daß zwischen 1,5° und 2,5° K die Viskosität bis auf $^1/_9$ ihres Wertes sinkt und beim λ-Punkt eine Diskontinuität aufweist [43]. Im Gegensatz zu anderen Flüssigkeiten zeigt die Viskosität des Helium I sowie die des Helium II einen positiven Temperaturgradienten. Auch ist die Viskosität des Helium II von dem Druck abhängig [44].

f) Die „Transporterscheinung".

Es gab eine Zeit, zu der eine Diskrepanz in den Ergebnissen verschiedener Forscher bezüglich der Viskosität des Helium II dem Anscheine nach sich aufklären ließ durch die Entdeckung einer neuen, sehr wichtigen Erscheinung, die gewiß einen Einfluß auf die Technik der Temperaturen unterhalb des λ-Punktes haben wird. ROLLIN [45] hat nämlich beobachtet, daß die thermische Isolierung eines mit flüssigem Helium gefüllten Gefäßes unterhalb des λ-Punktes verhältnismäßig schwer ausführbar ist, auch wenn sich im Zuleitungsrohr kein flüssiges Helium befindet. Die Verdampfung war viel größer als diejenige, die der Wärmeleitfähigkeit des Metallrohres und der Einstrahlung entsprach. Es kam der Gedanke auf, daß sich das Helium in einer Schicht auf der Oberfläche der Wand des Rohres ausbreitete. Diesbezügliche Versuche haben die Existenz einer solchen, ganz dünnen Heliumschicht bestätigt und gezeigt, daß nicht die Wärmeleitung längs dieser Schicht hauptsächlich für das Verringern der Flüssigkeitsmenge im Gefäße verantwortlich ist, sondern daß ein Transport von Flüssigkeit [46] in dieser Schicht, nach dem wärmeren Ende des Rohres zu, stattfindet [47]. Die Folge ist ein fortwährendes Verdampfen und folglich eine dauernde Zufuhr von Flüssigkeit an dieser Stelle. Der Transport zeigte sich proportional dem kleinsten Umfange des Zuleitungsrohrs. Diese Verdampfung erhöht die untere Grenze des Dampfdruckes bei bestimmter Pumpenkapazität und steht deshalb der Erzielung einer sehr tiefen Temperatur im Wege. Das hat wohl KAMERLINGH-ONNES und auch KEESOM erfahren bei der Verwirklichung eines Meßkryostaten für Temperaturen unterhalb 1° K s. (Kap. VIII, 6). Eine Möglichkeit, den Heliumtransport herabzusetzen, bietet die Anwendung einer durchlöcherten Membran im Absaugrohr [48], die möglichst dicht am Flüssigkeitsniveau angeordnet ist. Die Größe der Öffnung soll so klein wie möglich sein; jedoch wird eine untere Grenze von der Verdampfung zufolge Wärmezufuhr nach dem Flüssigkeitsbad bestimmt.

Merkwürdig ist die mit der obengenannten zusammenhängende Erscheinung des Überfließens des Heliums über einen Damm, z. B. den Rand eines aus dem flüssigen Helium herausragenden, mit flüssigem Helium gefüllten Gefäß, von dem höher liegenden in der Richtung nach dem tiefer liegenden Flüssigkeitsspiegel. Wenn das Gefäß ganz über dem flüssigen Helium aufgehängt ist, wird es sich vollkommen entleeren.

Es sei noch erwähnt, daß man im Helium II eine der thermomolekularen Druckdifferenz ähnliche Erscheinung beobachtet hat: es ist möglich, eine Druckerhöhung an einer Seite einer Kapillare durch Erwärmung an dieser Stelle hervorzurufen [49].

g) Theoretisches.

Zur theoretischen Seite der Erscheinung der Umwandlung [50] sei nur folgendes bemerkt. Im allgemeinen kann man sagen, daß man sich von der λ-Erscheinung des Heliums noch kein völlig klares Bild hat machen können. Es ist sehr wahrscheinlich, daß man es im Falle des Helium II gegenüber Helium I mit einem mehr geordneten Zustand in der räumlichen Verteilung der Moleküle zu tun hat. KEESOM denkt sich das Helium II in einem quasi-kristallinischen Zustand befindlich, in dem die Moleküle mehr oder weniger regelmäßig im Kristallgitter gelagert sind, jedoch in der Weise, daß kein starrer Körper, sondern eine ziemlich lockere Struktur entsteht, weil die Kristallbildung nur über mehr oder weniger kleine Teilvolumina mit beschränkter Zahl der Atome stattfinden würde. Für diesen Gedanken spricht wohl die merkwürdige Tatsache, daß die reduzierte λ-Temperatur (diese also ausgedrückt in der kritischen Temperatur als Einheit) im Sinne des Gesetzes der übereinstimmenden Zustände mit der reduzierten Erstarrungstemperatur einer Anzahl anderer Stoffe übereinstimmt. Die reduzierte λ-Temperatur ist nämlich 0,42, während z. B. die reduzierte Tripelpunktstemperatur von Wasserstoff 0,42, von Neon 0,55 und von Stickstoff 0,50 beträgt. Auch die Tatsache, daß nach den Messungen der KEESOMs die Entropien von flüssigem und festem Helium (s. Abb. 73) mehr und mehr einander gleich werden, je stärker sich die Temperatur dem absoluten Nullpunkt nähert, deutet darauf hin, wie SIMON [51] u. a. bemerkt, daß die Ordnung in der Lage der Moleküle im Helium II der des festen Heliums nahe kommt.

Man dürfte erwarten, daß die Änderung der Struktur beim Unterschreiten des λ-Punktes sich in den Ergebnissen einer Analyse mit Hilfe von Röntgenstrahlen zeigen würde. Aus den Versuchen von KEESOM und TACONIS [52] hat sich bis jetzt ergeben, daß von einer Ordnung nichts zu beobachten ist. Auch Helium II zeigt, genau wie Helium I, für das man es aber erwarten durfte, ein Röntgenogramm, das ganz den Charakter eines Flüssigkeitsringes trägt. Die Ergebnisse haben jedoch zu einer Betrachtung der Möglichkeit gewisser Kristallstrukturen Anlaß gegeben, so wie sie LONDON [53] einer Untersuchung unterzogen hat zur Feststellung der Struktur minimaler Energie. Die Berechnung LONDONs zeigt, daß eine der drei untersuchten Strukturen, die Diamondstruktur, unterhalb einer gewissen Druckgrenze am meisten stabil sein muß. Das wäre also die Struktur des Helium II. Jedoch ist das Röntgenogramm mit dieser Struktur nicht vereinbar. Ein anderes kubisch-flächenzentriertes Gitter mit derselben Eigentümlichkeit wie Diamond, das gleichfalls ebensoviel nichtbesetzte (Höhlen) wie besetzte Gitterpunkte hat, vermag zu einem Röntgenogramm der beobachteten Art zu führen. Wie bei der Diamondstruktur ist auch diese sehr „offen" mit vielen Höhlen. Es bilden sich sozusagen Kanäle, weil die Höhlen sich auf geraden Linien befinden. Vielleicht wäre dies eine Erklärung der großen Wärmeleitfähigkeit, wenn man sich vorstellen darf, daß freie Atome sich über eine lange Strecke durch diese Kanäle bewegen können, ohne ihre Energie abzugeben. Mit den Höhlen im Gitter ist auch die Tatsache des Flüssigbleibens einigermaßen verträglich. Infolge der kleinen Masse der Atome und ihrer schwachen Anziehungskräfte wird die Amplitude der Nullpunktbewegung verhältnismäßig groß sein und leicht zum Freiwerden des Atoms Anlaß geben können, um so mehr, als der Unterschied der potentiellen Energie im gebundenen und im freien Zustande, besonders bei der zuletzt genannten Struktur, sehr gering ist.

Sechstes Kapitel.

Desorption als kälteerzeugender Vorgang.

1. Das Prinzip der Desorption.

Wenn man ein flüssiges Gas unter einem Druck, der kleiner als 1 at ist, verdampfen läßt, so stellt sich eine Temperatur ein, die niedriger als der Siedepunkt ist. Die Reduktion des Druckes über dem Flüssigkeitsbad bietet also eine Möglichkeit, die Temperatur bis auf den Tripelpunkt, wo die Flüssigkeit erstarrt, zu erniedrigen. Pumpt man den Dampf weiter ab, dann wird sich, sobald alle Flüssigkeit in den festen Zustand übergegangen ist, die Temperatur des festen Stoffes — allerdings langsamer als im Falle der Flüssigkeit — auf den Dampfdruck einstellen. Da jedoch die experimentelle Arbeit immer ein Bad konstanter und gleichmäßig verteilter Temperatur fordert, kann man den festen Stoff im allgemeinen hierzu nicht verwenden. Das bedeutet, daß das Temperaturgebiet, über das man mittels Bäder aus einem kondensierten Gase verfügt, praktisch durch den Tripelpunkt begrenzt wird. Oben wird das Temperaturgebiet im allgemeinen begrenzt durch den Siedepunkt, da normale Kryostate für Drucke höher als 1 at nicht geeignet sind. Nun lassen sich leider die auf diese Weise erhaltenen Temperaturgebiete der verschiedenen flüssigen Gase nicht aneinanderreihen; es gibt also Lücken, die auf irgend eine Weise überbrückt werden müssen. Im VIII. Kapitel wird beschrieben, wie man dieser Schwierigkeit in der Technik des Experimentierens durch Anwendung sog. Dampfkryostate oder Druckkryostate teilweise vorbeugen kann.

Nun veröffentlichte SIMON [1] im Jahre 1926 ein in der Kältetechnik neues Verfahren, um Temperaturen zu erzeugen, die mittels eines Flüssigkeitsbades ohne weiteres nicht zu erhalten sind. SIMON machte sich den übrigens schon lange bekannten Kühlungseffekt zunutze, der mit der Desorption eines Gases an Kohle verbunden ist.

Desorption ist die Umkehrung der Adsorption. Diese letztere Erscheinung besteht darin, daß Kohle, z. B. Holzkohle, unter bestimmten Umständen eine große Menge Gas in sich aufnimmt. Das Gas wird an der Oberfläche der Kohlekörner, die wegen der sehr zahlreichen Poren in der Kohle ungeheuer groß ist, festgehalten; aus diesem Grunde nennt man diese Erscheinung *Ad*sorption — nicht *Ab*sorption. Eigenartig ist nun, daß diese Adsorption und der entgegengesetzte Prozeß, die Desorption, von einem großen Wärmeeffekt begleitet sind. Man kann sich den Vorgang in diesem Sinn als etwas Ähnliches wie die Verdampfung und die Kondensation vorstellen. Wie bei der Verdampfung wird die Temperatur sinken, wenn durch irgend eine Ursache Gasmoleküle von der

Kohlenoberfläche entweichen. Diesen Effekt kann man sich zunutze machen. Das Verfahren spielt sich so ab:

Die durch die Adsorption des Gases an der Kohle frei werdende Wärme wird von einem Flüssigkeitsbad aufgenommen; darauf wird die Kohle gegen Wärmezufuhr aus der Umgebung isoliert und das Gas wieder von der Kohle desorbiert. Das geschieht, wie bei der Verdampfung, indem man den Druck des Gases über der Kohle herabsetzt. Die benötigte Desorptionsenergie wird der thermischen Energie der Kohle entzogen und auf diese Weise kommt eine Temperaturerniedrigung zustande.

Nun gibt es zwei Lücken im ganzen Temperaturgebiet unterhalb des Eispunktes, nämlich das Gebiet zwischen dem des flüssigen Sauerstoffs und dem des flüssigen Wasserstoffs, sowie zwischen dem des flüssigen Wasserstoffs und dem des flüssigen Heliums. Soll man eines dieser Temperaturgebiete mittels des Desorptionsverfahrens überbrücken, so braucht man dazu die Desorption desjenigen Gases, dessen Temperaturgebiet die Lücke am unteren Ende begrenzt, also Wasserstoff bzw. Helium.

Selbstverständlich ist es auch möglich, nach der thermischen Isolierung die Temperatur zu steigern, und zwar durch Adsorption, um auf diese Weise das mit der Vorrichtung zu erhaltende Temperaturgebiet auch bis oberhalb der Adsorptionstemperatur (Siedepunkt des Stickstoffs bzw. Wasserstoffs) auszudehnen.

2. Einzelheiten des Adsorptionsvorganges.

Die Entdeckung der Erscheinung der Gasadsorption an festen Körpern datiert vom Jahre 1777. Seit dieser Zeit hat man sich zwar mit genaueren Untersuchungen darüber beschäftigt, doch erst, als vor 30 Jahren durch die Entdeckung Dewars [2] die Adsorptionserscheinung praktische Bedeutung erhielt, fing man an, die Erscheinung näher zu betrachten. Dewar fand, daß die Adsorption bei niedrigen Temperaturen sehr groß werden konnte; diese Tatsache erhielt großen Wert für die Vakuumtechnik im Laboratorium sowie für die Industrie. In Rücksicht hierauf und auch wegen der theoretischen Grundlagen wurde die Adsorption von vielen Forschern untersucht mit dem Erfolge, daß man jetzt über sehr viele experimentelle Unterlagen verfügt. Daß die Ergebnisse nicht überall miteinander übereinstimmen, erklärt sich dadurch, daß die Adsorptionserscheinung einen sehr verwickelten Charakter besitzt. Die Adsorption ist z. B. in hohem Maß abhängig von der Beschaffenheit der adsorbierenden Oberfläche, die sich bei nichtkristallinischen Stoffen von optisch glatt bis porös ändern kann. Es können Sekundäreffekte auftreten, wie chemische Bindungen zwischen den Oberflächenmolekülen von adsorbierendem und adsorbiertem Stoff. Absorption kann die Erscheinungen schwierig machen; Kapillarkondensation und Verunreinigungen haben Einfluß usw.

Im folgenden werden wir zuerst einige Kennzeichen der Adsorption kurz zusammenfassen [3].

Als der am besten adsorbierende Stoff ist wohl die Kohle zu betrachten. Zwischen den verschiedenen Sorten, die wir kennen, etwa Kokosnußkohle, Beinkohle, Holzkohle u. a., gibt es jedoch große Unterschiede [4], wie aus der folgenden Tabelle hervorgeht.

Tabelle 9.
Menge des adsorbierten Gases in cm³ (unter Normalbedingungen).

Adsorbens	Stickstoff		Wasserstoff	
	je cm³ brutto	je g	je cm³ brutto	je g
Kokosnußkohle akt. durch Dampf	129	274	66,3	127
Aktivierte Pflaumenkernkohle	91,2	—	56,7	—
Aktivierte Birkenkohle	44,5	202	27,0	123
Deutsche imprägnierte Kohle	121	303	25,5	63,8
Blutkohle	91,1	—	36,3	—
Graphit	5,6	—	2,7	—
Silicagel	203	376	26,7	51,6
Desorex (LURGI-Gesellsch. Frankf.)	Beob. v. ITTERBEEK			115
Carbotox (LURGI-Gesellsch. Frankf.)				165

In dieser Tabelle sind verschiedene Adsorptionskohlen zusammengestellt, sowie das Silicagel oder Kieselsäuregel, ein amorphes, hydratisches Siliciumoxyd. Die Zahlen geben die von BRIGGS [5] gemessene Adsorptionsfähigkeit bei —190° C und 1 at an, und zwar für Stickstoff und Wasserstoff. Offenbar hat es nur Sinn, die Kohlensorten zu vergleichen, wenn von einem bestimmten Gase die Rede ist und wenn alle auf gleiche Weise hergestellt werden: die Adsorptionsfähigkeit ist hiervon weitgehend abhängig, besonders von der Verkohlungstemperatur und der sog. Aktivierung [6]. Diese besteht im Glühen der Kohle im Vakuum oder in einer Gasatmosphäre. Behandelt man z. B. Kokosnußkohle mit Wasserdampf bei 850° C, so nimmt die Adsorptionsfähigkeit sehr stark zu. Man kann auch vor der Verkohlung des Rohstoffes Chemikalien hinzufügen, jedoch sind die auf diese Weise erzielten Ergebnisse keineswegs besser als die, welche nach dem erstgenannten Verfahren erhalten wurden. Eine andere Kohlenaktivierung ist die mit Palladium, mit dem man insbesondere für Wasserstoff eine 7mal so große Adsorptionsfähigkeit erhält.

Die günstigste Verkohlungstemperatur liegt zwischen 500° und 600° C. Man kann die adsorbierende Wirkung der Kohle zunichte machen, indem man sie zu hoch erhitzt; z. B. ist nach langer Erhitzung bis 1100° das Adsorptionsvermögen vollkommen verschwunden. Bei dieser Temperatur setzt eine Umwandlung in Graphit ein. Auch ist dann die Möglichkeit, die Kohle zu aktivieren, verloren gegangen. Je höher die Temperatur steigt, um so eher wird die Kohle tot gebrannt sein. Bei der Entgasung ist dieser Tatsache Rechnung zu tragen [7].

Die Adsorptionsfähigkeit ist für verschiedene Gase sehr verschieden [8]; außerdem ist sie auch in hohem Maße von der Temperatur und dem Gasdruck abhängig. Diese Abhängigkeit geht sehr deutlich aus den sog. Adsorptionsisothermen hervor, die für jedes Gas verschieden sind; Abb. 74 und 75 geben z. B. die Isothermen von Heliumgas [9] zwischen den Temperaturen 20° K und 6° K bzw. die Isothermen des Wasserstoffs [10] zwischen 56° K und 90° K, an „Carbotox" gemessen. Man sieht, daß bei einer bestimmten Temperatur die adsorbierte Gasmenge zuerst rasch mit dem Gasdruck ansteigt, dann aber sich mehr und mehr einem Sättigungswerte nähert, der um so höher liegt, je niedriger die Temperatur ist. Aus der Skala auf der Ordinatenachse gewinnt man einen Eindruck von der Adsorptionsfähigkeit. Sie ist in cm³ (bezogen auf Normalverhältnisse) je g Kohle angegeben. Wenn man berücksichtigt, daß ein Gramm Kohle etwa das Volumen 2 cm³ einnimmt, so sieht man, in welchem Verhältnis das Gas sich verdichtet. Für He geschieht dies bei 10° K mit einem Faktor, der bei 800 liegt. Man erhält also eine Dichtevergrößerung derselben Größenordnung wie bei der Kondensation.

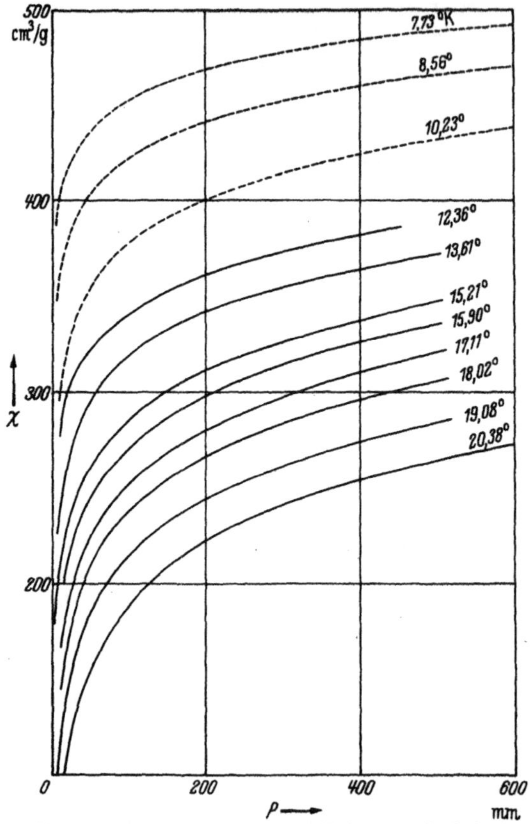

Abb. 74. Adsorptionsisotherme von Helium an „Carbotox" (nach v. ITTERBEEK und v. DINGENEN).

Wie bei dem Gleichgewicht Flüssigkeit—Dampf kann auch hier von einer Dampfspannungskurve die Rede sein, die aber nun von der adsorbierten Menge abhängig ist. Dadurch hat man gegenüber dem kondensierten System einen Freiheitsgrad mehr, wie SIMON [11] bemerkt: Bei einer bestimmten Temperatur bleibt der Gleichgewichtsdruck noch mittels der adsorbierten Menge wählbar.

Die bereits erwähnten Diagramme für Wasserstoff und Helium sind das Ergebnis der systematischen Versuche v. ITTERBEEKs und seiner

Mitarbeiter, die gerade mit dem Ziele, das Desorptionsverfahren quantitativ verfolgen zu können, ihre Arbeit der Ermittlung der dazu erforderlichen thermodynamischen Daten gewidmet haben. Sie fanden, daß die Gestalt der Isothermen der WILLIAMSschen Theorie [12] völlig entspricht. Gemäß dieser Theorie dürfte man erwarten, daß die adsorbierte Menge X im Gleichgewicht nach folgender Beziehung von dem Druck abhängig sein würde:

$$\ln\frac{X}{p} = A + BX. \quad (1)$$

Die vom Druck unabhängigen Koeffizienten A und B müssen lineare Funktionen der reziproken Temperatur sein, was sich tatsächlich herausgestellt hat. Ihre Größe ist für eine bestimmte Kohle charakteristisch.

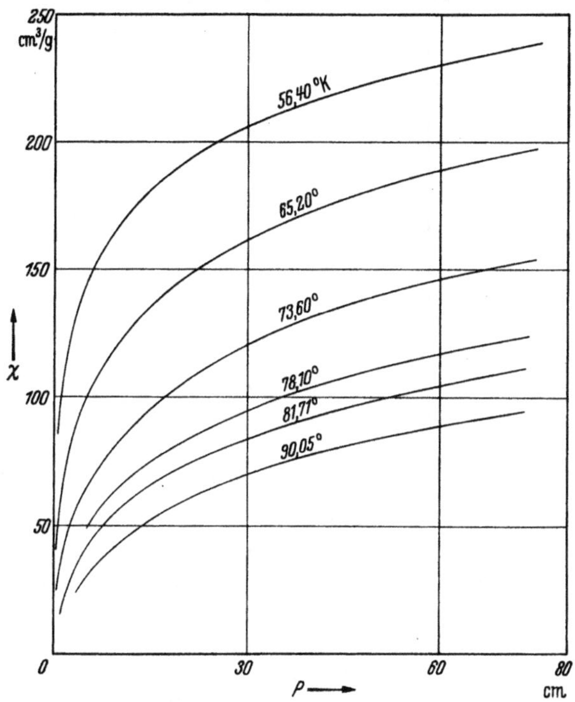

Abb. 75. Adsorptionsisotherme von Wasserstoff an „Carbotox" (nach v. ITTERBEEK und v. DINGENEN).

Auch die Adsorptionswärme (Q) ist eine für die thermodynamische Wärmebilanz des Desorptionsverfahrens sehr wichtige Größe. v. ITTERBEEK und Mitarbeiter haben diese mittels der CLAPEYRON-CLAUSIUSschen Gleichung [13]

$$\frac{d \ln p}{d \ln T} = \frac{Q}{RT}$$

aus ihren Isothermen berechnet. Die Adsorptionswärme ist am größten, wenn noch nichts adsorbiert ist, die Besetzung der Kohle also gleich Null ist. In Abhängigkeit vom Druck nimmt sie bei zunehmendem Druck anfänglich rasch ab, nähert sich nachher jedoch einem konstanten Wert. Bei demselben Gleichgewichtsdruck ist sie um so kleiner, je tiefer die Temperatur ist.

Um eine Vorstellung von den Verhältnissen zu erhalten, nennen wir einige Werte der Adsorptionswärme, die natürlich für jede Kohlensorte verschieden ist. Sie beziehen sich auf das schon genannte Carbotox.

Wenn man bei einer Temperatur unterhalb der kritischen arbeitet, so kann es geschehen, daß bei gesteigertem Druck die Adsorptionsisotherme aufs neue rasch ansteigt, bevor man noch den Sättigungsdruck erreicht hat. Diese Erscheinung schreibt man dem Beginn einer Kondensation in den Kohlenporen zu, der sog. Kapillarkondensation. Es ist nämlich eine bekannte Tatsache, daß die Dampfspannung in Kapillaren, in denen die Flüssigkeit aufsteigt, niedriger ist als die normale Gleichgewichtsspannung.

Tabelle 10.
Adsorptionswärme für „Carbotox".

Gas	Temp. °K	Druck cm	Adsorptionswärme cal/Mol
Helium	18,55	0,86	416
		8,7	350
		36,7	304
	9,40	1,8	211
		12,0	161
		41,8	127
Wasserstoff	85,88	2,12	2420
		22,26	1821
		59,50	1656
	59,66	1,17	1860
		24,43	911
		63,70	753

3. Das Simonsche Verfahren.

Der erste Versuch Simons wurde folgendermaßen angestellt: In 15 g Kohle, die in thermischem Kontakt mit einem auf sehr tiefen Druck reduzierten Wasserstoffbade stand (die Temperatur betrug $\pm 13°$ K, so daß also der Wasserstoff verfestigt war), wurden 8 l Helium adsorbiert. Die Wärme, die während der Adsorption frei wurde, nahm das Wasserstoffbad auf. Nach der Adsorption wurde der thermische Kontakt zwischen Kohle und Wasserstoffbad unterbrochen und die Desorption durch Abpumpen der Kohle eingeleitet. Durch dieses Vorgehen sank die Temperatur unterhalb des kritischen Punktes von Helium, so daß es möglich wurde, mittels eines mit Helium unter ausreichend hohem Druck gefüllten Rohrs, das in die Kohle gestellt wurde, dieses Helium zu verflüssigen.

a) Das Verfahren in der Darstellung durch das X-p-Diagramm.

An Hand des Isothermendiagramms (s. z. B. Abb. 75) können wir den Desorptionsvorgang verfolgen.

In dem erwähnten Versuche geht man von einer bestimmten Temperatur und einem bestimmten Druck aus, also von einer bestimmten Menge des adsorbierten Gases. Das Abpumpen der Kohle wird in dem genannten Diagramm durch eine Linie dargestellt, die eine bestimmte Neigung gegen die Druckachse zeigt.

Wenn man annimmt, daß die Wärmekapazität der Kohle und des adsorbierten Gases [14] sowie die der Apparatur klein sind, während die

Wärmeisolierung gut ist, wird nur eine geringe Kälteleistung für eine gewisse Temperaturerniedrigung erforderlich sein, d. h. es braucht nur eine kleine Menge Gas desorbiert zu werden. In diesem Falle wird sich die adsorbierte Gasmenge nahezu nicht ändern, und um so weniger, wenn die Desorptionswärme verhältnismäßig groß ist.

Auf der genannten Linie gehört zu jedem Druck eine bestimmte Temperatur, so daß sich diese mittels des Druckes einstellen läßt. Gemäß Gl. (1) würde $1/T$ durch eine lineare Funktion von $\ln p$ darstellbar sein müssen.

Aus dem Diagramm geht hervor, daß man, von einer gewissen Temperatur ausgehend, durch Abpumpen bis zu einem bestimmten Druck eine Temperatur erreichen kann, die um so niedriger ist, je größer der Anfangsdruck (also die adsorbierte Gasmenge) ist. Auch ist es zur Erzielung niedriger Temperaturen erwünscht, die Anfangstemperatur möglichst niedrig zu wählen, weil bei demselben Druck dann mehr adsorbiert werden kann. Die Endtemperatur ist natürlich von der Wärmekapazität und der Wärmeisolierung der zu kühlenden Körper abhängig.

Es sei hier bemerkt, daß es unmöglich ist, innerhalb angemessener Zeiten die ganze Menge des adsorbierten Gases zu desorbieren. In Abhängigkeit von den besonderen Bedingungen des Experiments wird wenigstens die Hälfte bis drei Viertel in der Kohle zurückbleiben.

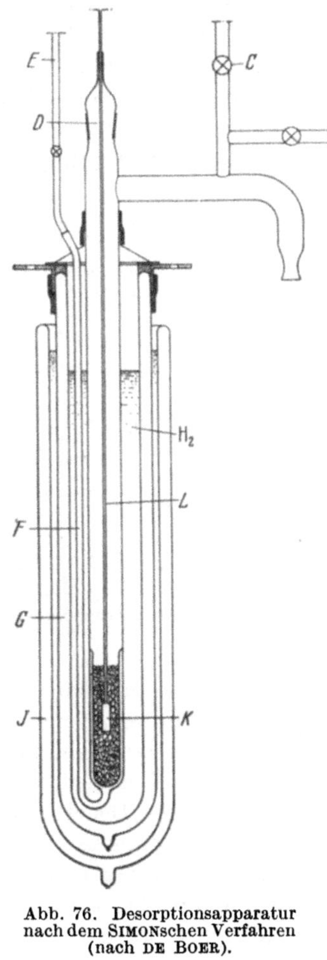

Abb. 76. Desorptionsapparatur nach dem SIMONschen Verfahren (nach DE BOER).

b) Die Leidener Apparatur.

Wir wollen nun die technische Ausführung des Desorptionsverfahrens näher beschreiben und die Wirkung einer auf diesem Prinzip beruhenden Anordnung darlegen. Abb. 76 gibt die Apparatur wieder, die im Leidener Kältelaboratorium gebaut wurde [15]. Sie besteht hauptsächlich aus dem Rohr D, dessen unteres Ende doppelwandig und versilbert ist. Der Raum zwischen den Wänden kann durch das Rohr E evakuiert werden. Das Rohr D ist genau bis unterhalb des einzelwandigen Teiles mit „A.K.T."-Kohle (der I. G. Farbenindustrie A.G., Leverkusen) gefüllt. Die Kohle ist nicht unmittelbar vom Glas umgeben, sondern befindet sich in einer Leinenhülle mit ziemlich großen Öffnungen. Hierdurch wird erreicht, daß nicht nur an der Oberseite, sondern um die ganze Kohlenmasse herum gepumpt wird, so daß die Temperatur sich mehr einheitlich einstellt. In der Kohle ist das Gefäß eines Gasthermometers angebracht. Das Kohlenrohr wird von flüssigem Wasserstoff im Kryostatgefäß G gekühlt. Wie üblich, wird der Wasserstoff durch ein Gefäß J mit flüssiger Luft geschützt. Der Versuch wurde so ausgeführt:

Bevor man den Apparat in Betrieb setzte, wurde zuerst die Kohle ausgeglüht und unmittelbar darauf in das Rohr D gebracht. Indem man dann sofort zu pumpen anfing, konnte die Verunreinigung, die während des Einbringens der Kohle in den Apparat von dieser aufgenommen wurde, leicht entfernt werden. Der Wasserstoff im Gefäß G wurde nun möglichst reduziert, so daß er sich verfestigte. Die Temperatur betrug dann 10° K. In der Doppelwand von D befand sich Heliumgas unter dem Druck von einigen mm, so daß auch die Kohle diese Temperatur annahm. Man führte jetzt Heliumgas in D ein, wo es von den 40 g Kohle, die sich im Apparat befanden, bis zu der Menge 40 bis 50 l (von normalem Druck und normaler Temperatur) adsorbiert wurde (die Kohle hatte also die Adsorptionsfähigkeit 1000 cm³/g). Der Druck, unter dem die Kohle bei der genannten Temperatur ungefähr gesättigt ist, liegt bei ± 60 cm. Das Eintreten des Gleichgewichts wurde jedoch nicht abgewartet: Der Druck oberhalb der Kohle hatte während des Füllens bis 1 at zugenommen. Sobald man sah, daß die Sättigung nahezu erreicht war, evakuierte man den Raum in der Doppelwand von D, so daß die Kohle nun thermisch isoliert war, und dann wurde die Kohle bis zu einem möglichst tiefen Druck abgepumpt. In Rücksicht darauf hatte man die Saugrohrleitung überall genügend weit gehalten, und Hähne wurden möglichst wenig angebracht. Als Pumpe diente eine PFEIFFER-Doppelröntgenölpumpe, die das Helium zu gleicher Zeit wieder in den Gasbehälter zurückführte.

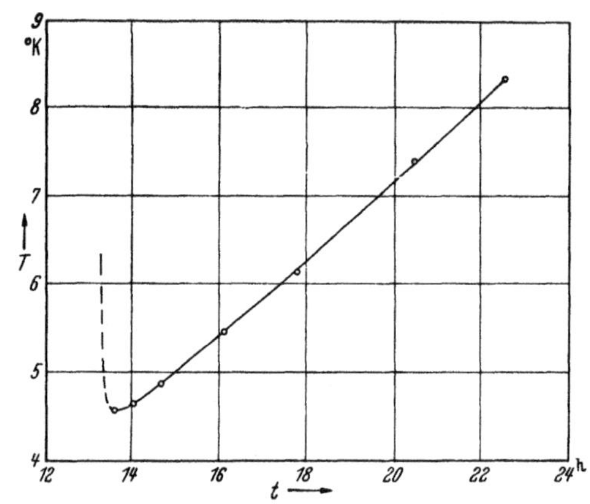

Abb. 77. Temperatur der Kohle im Zeitablauf (nach DE BOER).

Folgendes Ergebnis wurde erzielt (s. Abb. 77): Schon ungefähr eine halbe Stunde nach der thermischen Isolierung der Kohle wurde ein Mindestwert des Druckes, der etwa 0,2 mm betrug, erreicht. Der Druck wurde mittels eines bei C angeschlossenen MC LEOD-Manometers bestimmt. Die Temperatur in der Kohle betrug 4,5° bis 5° K, so daß also die Temperatur bis in das Gebiet des flüssigen Heliums gesunken war.

Von diesem Zeitpunkt an nahm die Temperatur wieder allmählich um 0,007° je Minute zu; sie wurde während 10 Stunden beobachtet. Inzwischen war der Wasserstoffspiegel im Kryostatgefäß erheblich heruntergegangen und die thermische Isolierung infolgedessen verschlechtert. Hauptsächlich wird die Wärme durch die Gassäule im Rohr D und seine Glaswand entlang zugeführt. Wenn der Kryostat nicht für Versuche so langer Dauer gebraucht wird, daß inzwischen kein flüssiger Wasserstoff nachgefüllt werden kann, wird es in Rücksicht auf die Wärmeisolierung besser sein, die Doppelwand von D zu verlängern, derart, daß sie noch unterhalb des Flüssigkeitsniveaus endet, damit das obere Ende des Innenmantels von D keinesfalls eine höhere Temperatur als die des umgebenden Bades annimmt. Auf diese Weise läßt sich der Temperaturgradient im Innenmantel verkleinern.

Für den Temperaturanstieg nach dem Minimum sind verschiedene Einflüsse verantwortlich. Man könnte denken, daß die Temperatur anfänglich unterhalb der Gleichgewichtstemperatur gesunken war. Zu der Kältewirkung infolge der ersten Desorption wird ja auch zum Teil die plötzliche Expansion bei dem Öffnen der Pumpenleitung beitragen. Aber es ist klar, daß dieser Einfluß nur klein sein wird, wenn man bedenkt, daß in den Expansionsversuchen SIMONs viel höhere Drucke nötig sind, um die Temperatur bis zum Heliumsiedepunkt herabzusetzen. Selbstverständlich ist der Temperaturanstieg die Folge einer unvollkommenen Wärmeisolierung (Einstrahlung usw.) oder, wie man auch sagen kann, einer zu wenig nachhaltigen Kältewirkung. Einerseits wird die Gleichgewichtstemperatur ansteigen, weil die adsorbierte Menge abnimmt, anderseits wird die Kältewirkung dadurch kleiner werden, weil infolge des zunehmenden Widerstandes der Poren für das tiefer liegende adsorbierte Gas die Desorptionsgeschwindigkeit herabgesetzt wird.

Natürlich sind die Bedingungen günstiger, wenn man nicht den Zweck verfolgt, eine möglichst niedrige Temperatur zu erzielen, sondern eine Temperatur, bei welcher der Adsorptionsdurck einen nicht so kleinen Wert hat, so daß der Druck immer noch erniedrigt werden kann. In diesem Falle wird der Druck über der Kohle auch besser reguliert werden können (s. z. B. die Versuche JUSTIs [21]).

Die Versuche haben jedenfalls gezeigt, daß mittels des Desorptionsverfahrens das ganze Temperaturgebiet zwischen den Gebieten des flüssigen Heliums und des flüssigen Wasserstoffs erreicht werden kann.

c) Die MENDELSSOHNsche Anordnung.

Nach dem Konstruktionsprinzip SIMONs hat man im Physikalisch-Chemischen Institut der Universität Berlin eine Apparatur entwickelt, die sich besonders für kalorimetrische Messungen bis 2° K eignet. Über ihre Konstruktion wollen wir hier noch einiges mitteilen (s. Abb. 78) [16]. Nachdem man Chabasit, ein wässeriges Ca-Al-Silikat, als Adsorbens geprüft hatte, ist man zur Kohle zurückgekehrt. Chabasit wurde von SIMON zwar eines der besten Adsorptionsmittel genannt [17], es hat jedoch die Eigenschaft, bei längerem Gebrauch aus einer grobkörnigen Form ganz in Pulver auseinanderzufallen, was zur Folge hat, daß der Abpumpwiderstand zu groß wird und überdies die Pumpröhre und die Hähne mit dem Pulver verunreinigt werden, was zu Undichtigkeiten Anlaß gibt.

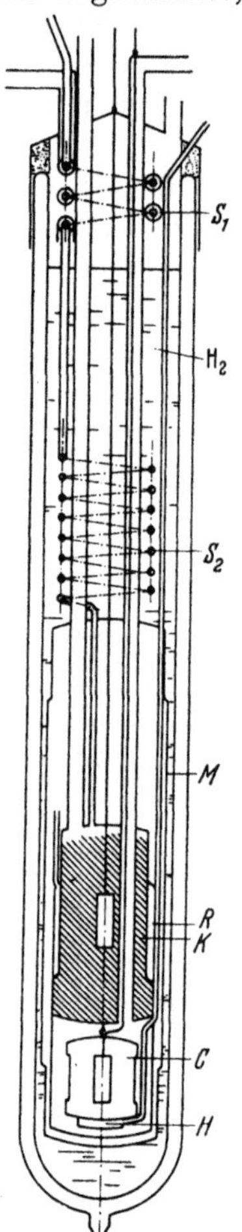

Abb. 78. Desorptionsapparatur von MENDELSSOHN (nach MENDELSSOHN).

Damit größere Gasmengen adsorbiert werden konnten, wurde der Apparat für den Adsorptionsdruck 7 at gebaut, so daß er ganz aus Metall hergestellt werden mußte. Das eigentliche Desorptionsgefäß wurde mit 100 g Kohle K gefüllt und diese zum besseren Wärmeausgleich mit Kupferspänen gemischt. Um dieses Gefäß herum befand sich ein geschlossener ringförmiger Raum R [18], in dem Wasserstoff kondensiert und abgepumpt werden konnte. Das Kohlegefäß stand in Wärmekontakt mit einem zu evakuierenden Raum, in dem ein Kalorimeter C möglichst gut thermisch isoliert aufgehängt war. An dem Kalorimeter war noch ein kleiner Behälter H angebracht, in dem man flüssiges Helium auffangen konnte, das während des Durchströmens durch ein die Kohle durchsetzendes Rohr sich dort verdichtete. Das Kohlegefäß mit dem Kalorimeter war wieder in einer zweiten Hülle M, die auch evakuiert werden konnte, angeordnet. Das Experiment wurde so angestellt*. Die beiden Vakuumräume (um das Kalorimeter und um das Ganze herum) enthielten ein wenig Helium unter geringem Druck. Nachdem das Ganze zuvor mittels verflüssigten Stickstoffs vorgekühlt worden war, wurde das Kryostatgefäß mit flüssigem Wasserstoff gefüllt; alsdann ließ man in dem ringförmigen Raum um das Kohlegefäß herum Wasserstoff durch Überdruck sich kondensieren. Zu gleicher Zeit begann die Heliumadsorption, während nun das Wasserstoffbad bis zu 14° K abgepumpt wurde. In $1^1/_2$ bis 2 Stunden adsorbierte die Kohle 60 l Helium (von den Normalbedingungen 0° C und 760 mm). Der Gleichgewichtsdruck hatte bis zu 5 at zugenommen. Damit mehr aufgenommen werden konnte, wurde das Kohlegefäß durch Evakuieren thermisch isoliert und der Wasserstoff im umschließenden Ring möglichst weit abgepumpt, bis dessen Temperatur 10° K betrug. Selbstverständlich gelang das leichter mit dieser

* Wir beschreiben hier ein bestimmtes Experiment.

kleinen Wasserstoffmenge als mit dem ganzen Flüssigkeitsbad im Kryostaten; das ist der Grund für diese Konstruktion. Nach 2 bis 3 Stunden waren abermals 20 bis 30 l Helium adsorbiert, so daß im ganzen 80 bis 90 l Helium unter dem Adsorptionsdruck 5 at bei 10° K aufgenommen wurden. Nun fing die Desorption an. Nach einer halben Stunde (bei gerade ausgeglühter Kohle) war bereits ein Mindestwert der Temperatur erreicht; sie betrug 3,8° K. Es wurde jedoch im allgemeinen Helium verflüssigt, sobald die kritische Temperatur des Heliums unterschritten war. Die Kondensation gab zwar eine zeitweilige Temperaturerhöhung, sie wurde aber dann abgestellt und etwas später wieder neu begonnen. Im ganzen nahm die Verflüssigung 2 bis 3 Stunden in Anspruch. Hierauf wurde durch Evakuieren das Kalorimeter thermisch isoliert, und

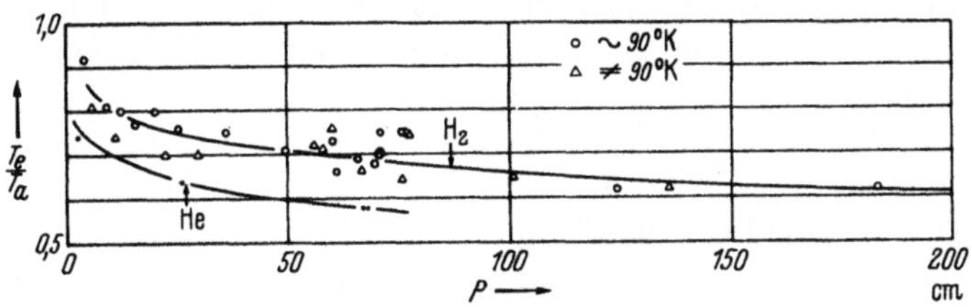

Abb. 79. Relative Temperaturerniedrigung mittels Desorption.

seine Temperatur konnte durch Abpumpen des flüssigen Heliums bis zu dem Dampfdruck 9 mm noch erheblich erniedrigt werden ($T = 1{,}6°$ K). Sobald alles Helium verdampft war, konnten die Messungen anfangen*.

War eine Reihe Messungen beendet und die Temperatur des Kalorimeters stark angestiegen, so wurde das Kalorimeter durch Zuführung einer geringen Heliummenge aufs neue mit dem Kohlegefäß in thermischen Kontakt gebracht, und wieder verdichtete sich Helium. Die Temperatur der Kohle hatte inzwischen um etwa 0,1° zugenommen. Der oben erwähnte Vorgang konnte nun wiederholt werden. Nach dreimaliger Kondensation und Messung war die Temperatur bis 5,2° K gestiegen (im Laufe von 6 Stunden), wahrscheinlich infolge Abnahme der Konzentration.

d) Die Versuche v. ITTERBEEKs.

Ausführliche Desorptionsversuche, deren Ergebnisse wir in Abb. 79 graphisch wiedergegeben haben, sind von v. ITTERBEEK nebst Mitarbeitern [20] gemacht worden; sie arbeiteten mit zwei Sorten Adsorptionskohle, geliefert von der LURGI-Gesellschaft (Frankfurt a. M.), „Desorex

* Diese Messungen wurden zur Bestimmung der spezifischen Wärmen angestellt [19]. Zu ihrer Ermittlung wurde eine gewisse Wärmemenge in Form elektrischer Energie dem zu messenden Körper zugeführt und die dadurch entstandene Temperaturerhöhung gemessen. Es ist verständlich, daß man, um die spezifische Wärme in Abhängigkeit von der Temperatur zu bestimmen, bei der niedrigsten Temperatur beginnen muß, weil die Temperatur während der Messungen natürlich ständig zunimmt.

B" bzw. „Carbotox" genannt. Vertikal ist das Verhältnis der tiefsten Temperatur nach Desorption T_e zur Anfangstemperatur T_a, horizontal der Anfangsdruck abgetragen. Die meisten Versuchspunkte beziehen sich auf die Menge 170 g Desorex B. Man sieht, daß es möglich war, mit der verfügbaren Pumpenleistung im Falle des Wasserstoffs die Temperatur um das Verhältnis 0,68 herabzusetzen, wenn man von Atmosphärendruck ausging. Für höhere Anfangsdrucke sank die Temperatur nach Desorption auf 0,58 der Anfangstemperatur. Die mit Hilfe einer LEYBOLD-Simplexpumpe von 2 m^3/h Leistung bei 0,02 mm erhaltene tiefste Temperatur war 35,07° K mit 17 g Carbotox und den Anfangswerten $p_a = 136$ cm und $T_a = 56{,}24°$ K. Man hat also den kritischen Punkt des Wasserstoffs ($\pm 33°$ K) gerade nicht unterschreiten können [21]. Die Abbildung enthält ebenfalls die Punkte für den Fall, daß die Anfangstemperatur niedriger war als 90° K. In der Nähe des Atmosphärendrucks liegen diese über sowie unter der Kurve für $T_a = 90°$ K, so daß eine etwaige Temperaturabhängigkeit des Verhältnisses T_e/T_a in diesem Gebiete nur gering sein wird.

Für Helium [22] liegt das Temperaturverhältnis etwas tiefer, und man kam auf etwa 0,58 mit der Anfangstemperatur 12° bis 13° K und dem Druck 1 at.

4. Die Bedeutung des SIMONschen Verfahrens für das Kältelaboratorium.

a) Grundlage für die Konstruktion eines Thermostaten.

a) Es ist möglich — und das ist wohl ein ganz wichtiger Vorteil —, auf ziemlich einfache Weise Temperaturen herzustellen, die mit Flüssigkeitsbädern nicht zu erhalten sind, nämlich die Temperaturen im Gebiete zwischen flüssigem Stickstoff und Wasserstoff und zwischen flüssigem Wasserstoff und Helium [23] und eventuell durch Adsorption auch oberhalb des Gebietes des flüssigen Stickstoffs [24]. In einer allgemeinen Betrachtung der Möglichkeiten des Desorptionsverfahrens hat SIMON [25] darauf hingewiesen, daß man mittels dieses Verfahrens imstande ist, die Lücken ganz zu überbrücken, ohne sehr hohe Adsorptionsdrucke anwenden zu müssen. In diesem Sinne vergleicht SIMON die mögliche Temperaturerniedrigung mittels Herabsetzung des Dampfdruckes über einem an Kohle adsorbierten Gase, mit der durch dieselbe Drucksenkung über einem kondensierten Gase. Bei SIMON findet man folgende Betrachtung.

Die Temperaturerniedrigung, die man mittels eines kondensierten Gases erhalten kann, wird praktisch bestimmt durch die Dampfdrucksenkung von 1 at bis auf 1 mm. Das Verhältnis der zu diesen Dampfdrucken gehörigen Temperaturen ist um so kleiner, je niedriger der Siedepunkt ist; so ist dieses Verhältnis z. B. für Helium 0,28, für Wasserstoff

0,46, für Stickstoff 0,59. Es wird bestimmt von dem Quotienten der Verdampfungswärme und der Temperatur beim Siedepunkt, dem sog. „TROUTON-Koeffizienten".

Etwas Ähnliches wird auch für die Desorption zutreffen. Obwohl bei sehr kleinen Drucken die Desorptionswärme viel größer ist als die Verdampfungswärme bei gleichem Druck, hat sie bei höherer Anreicherung ungefähr dieselbe Größe, und es wird auch die der Drucksenkung von 1 at auf 1 mm entsprechende Temperaturerniedrigung ungefähr dieselbe Abhängigkeit von der Temperatur zeigen wie im Fall eines kondensierten Systems.

Die oberen Temperaturgrenzen der beiden Lücken sind 10 (fester Wasserstoff) bzw. 50° K (fester Sauerstoff). Mittels eines fiktiven kondensierten Gases mit diesem Siedepunkte würde man auf Grund eines durch Interpolation ermittelten fiktiven TROUTON-Koeffizienten die Temperatur 4,1° bzw. 28,5° K erhalten können, d. h. man könnte die Lücken gerade überbrücken. Wenn man die — jetzt leider noch spärlichen — vorliegenden Daten bezüglich des Desorptionsverfahrens betrachtet, so ersieht man, daß sie nahezu zum selben Ergebnis führen. Im Falle des Heliums sind die Ergebnisse der Leidener Versuche zu vergleichen. Für Wasserstoff kann man die Experimente v. ITTERBEEKs heranziehen. Ausgehend von der Anfangstemperatur 68,6° K und 1 at Druck hat man einmal die Temperatur bis zu 44° K erniedrigen können. Es war also $T_e/T_a = 0{,}64$. Wie SIMON berechnet hat, bedeutet dies: Wenn der Enddruck, der in diesem Versuch etwa 1 cm war, auf 1 mm herabgesetzt wäre, hätte man $T_e/T_a = 0{,}55$ erreicht. Unter denselben Umständen würde v. ITTERBEEK also zu 27,5° K gelangen, wenn er von 50° K ausginge.

Um zu Temperaturen weiter unterhalb des kritischen Punktes des Wasserstoffs zu gelangen, wird man den Desorptionsdruck, der nur in einigen Fällen angegeben ist und dann mehrere cm beträgt, durch eine größere Pumpengeschwindigkeit herabsetzen oder den Anfangsdruck höher wählen müssen. Bemerkenswert ist aber, daß die gemessene Temperaturerniedrigung nicht dem aus den Isothermen und der Desorptionswärme zu berechnenden Wert entspricht; sie beträgt etwa $^3/_4$ davon. Die Ursache könnte Wärmeeinstrahlung sein.

b) Bei sehr niedrigem Gasdruck über der Kohle wird man, wenn während längerer Zeit (z. B. einer Stunde) bei konstanter Temperatur gemessen werden soll, versuchen müssen, das oben erwähnte Anwärmen zu beschränken; sonst wird man den Kryostaten für Messungen benutzen können, bei denen die Temperatur nur während kurzer Zeit innerhalb bestimmter Grenzen erhalten zu werden braucht, also bei kurzwährenden Messungen wie Widerstandsmessungen und ähnlichen. Zur Kühlung eines Kalorimeters bis zu einer gewissen Temperatur, worauf das Kalorimeter vom Bad isoliert wird, ist der Kryostat natürlich ohne weiteres zu benutzen.

c) Eine Schwierigkeit, die sich in der Praxis ernstlich bemerkbar macht, besteht darin, daß das Gleichgewicht in der ganzen Kohlenmasse sich nur langsam einstellt. Wir haben das bereits an den in den erwähnten Beispielen angegebenen Zeiten gesehen. Die Ursache hiervon ist erstens die geringe Wärmeleitfähigkeit des körnigen Materials bei tiefen Gasdrucken und zweitens der große Widerstand beim Abpumpen des Gases aus dem Inneren der Kohlenmasse. Durch besondere Maßregeln, z. B. durch Metallröhren in der Kohle, läßt sich die Schwierigkeit vielleicht zu einem großen Teile beseitigen.

b) Als Grundlage für die Konstruktion eines Verflüssigers.

a) SIMON [26] hat mit Hilfe des Desorptionsverfahrens eine kleine Heliummenge verflüssigt [27], wie wir bereits im vorigen Paragraphen erwähnt haben. Er bemerkt, daß die dazu angewandte Methode wegen der großen Temperaturunterschiede thermodynamisch nicht sehr wirksam ist. Das Helium kommt bei 10° K in Wärmekontakt mit der Adsorptionskohle von 4° K. Bringt man aber Helium von 10° K unter solchem Druck (30 at) in ein Gefäß, daß es bei 1 at ganz mit Flüssigkeit gefüllt ist, so ließe sich das Helium zugleich mit der Kohle kühlen, während dann schon bei höheren Temperaturen Wärme entzogen wird. Man könnte das Desorptionsverfahren noch mit der Expansionsmethode kombinieren, aber für Helium bietet das nur geringe Vorteile. Für die Verflüssigung kleiner Mengen genügt das Desorptionsverfahren an sich und vereinfacht es dann sehr.

Im Falle des Wasserstoffs würde man vor der Expansion bis auf 35° K vorkühlen müssen.

b) Ein sehr wesentlicher Nachteil des SIMONschen Verfahrens ist jedoch, daß man es in einem Verflüssiger für Dauerbetrieb nicht anwenden kann, da es sich schwer zu einem Dauervorgang ausgestalten läßt. Andererseits ist das zugehörige Gerät als Vorführungsapparatur für flüssiges Helium sehr geeignet. Die Hilfsmittel sind sehr viel einfacher, und man erreicht in kurzer Zeit die Temperatur des flüssigen Heliums; man braucht nur eine solche Menge flüssigen Wasserstoffs, über die man in jedem größeren Kältelaboratorium sicherlich verfügen wird.

5. Die niedrigste durch Desorption erzielte Temperatur.

Zum Schluß geben wir hier noch eine kurze Beschreibung der Apparatur, mit der man im Leidener Laboratorium zu der niedrigsten Temperatur nach der Desorptionsmethode gelangte. Das Prinzip ist das der Kaskade. Man hat einen zweiten, kleineren Desorptionsapparat in die Kohlenmasse des ersten, größeren eingebaut. Die Kohle, die sich im letzteren befand, nahm die Stelle des Flüssigkeitsbades für den eingebauten Apparat ein. Der Vakuummantel dieses letzteren war noch mit Heliumgas unter einem geringen Druck gefüllt, wenn die Temperatur in der äußeren Kohle durch Desorption möglichst weit erniedrigt wurde.

Der Adsorptionsprozeß hatte inzwischen im kleinen Apparat begonnen. Nach Evakuierung des Vakuummantels wurde das kleine Rohr mit Hilfe einer Diffusionspumpe abgepumpt. Die Temperatur wurde mittels eines Widerstandsthermometers bestimmt. Die niedrigste Temperatur, die man auf diese Weise erhielt, war 2,32° K. Nach dem Minimum nahm die Temperatur wieder ständig zu und war nach 3 Stunden bis auf ± 6° K gestiegen.

Dieser Versuch diente ausschließlich dazu, um zu untersuchen, bis zu welcher Temperatur man mit einer normalen Pumpe gelangen konnte. Man hat also sicher nicht die niedrigste Temperatur erreicht, welche auf diese Weise zu erhalten ist. Vorläufig war jedoch die tiefste Temperatur nicht niedriger als diejenige, die man auch mit flüssigem Helium ohne Schwierigkeit erreichen konnte; das ist die Ursache, weshalb man sich mit dieser Ausführung nicht eingehender beschäftigt hat.

Die verschiedenen Schwierigkeiten, die mit der sonst sinnreichen Anwendung der Desorption verbunden sind, werden wohl Anlaß dazu gegeben haben, daß das Verfahren nicht die Verbreitung gefunden hat, die man anfänglich von ihm erwartete.

Siebentes Kapitel.

Adiabatische Entmagnetisierung.

1. Historische Übersicht.

Schon vor einigen Jahren sind die Versuche gelungen, die zu Temperaturen weit unterhalb der Grenze geführt haben, welche sich mittels der klassischen Methode, d. h. durch Abpumpen des Heliumbades, erreichen ließ. Der großen Schwierigkeiten wegen, die sich den darauf bezüglichen Versuchen KEESOMs [1] entgegenstellten, hatte es damals den Anschein, als müßte man zur Erreichung tieferer Temperaturen nach einer anderen Methode verfahren. Das ist durch Anwendung der adiabatischen Entmagnetisierung gelungen. Es ist eine merkwürdige Tatsache, daß das Prinzip bereits 7 Jahre zuvor im Schrifttum aufgetaucht war; eigentlich ist die erste Andeutung der Möglichkeit, die Temperatur nach diesem Prinzip zu erniedrigen, noch viel älter. LANGEVIN [2], der Begründer der Theorie des Paramagnetismus, hat im Jahre 1904 theoretisch gezeigt, daß eine plötzliche Entmagnetisierung des paramagnetischen Gases Sauerstoff einen Kälteeffekt zur Folge haben muß. Viel später, im Jahre 1921, haben WEISS und PICCARD [3] den Effekt experimentell am ferromagnetischen Nickel bestätigt. Auch da hat man noch nicht bemerkt, daß dieser magneto-kalorische Effekt für die Kältephysik sehr wichtig sein könnte [4], bis im Jahre 1926 DEBYE [5] in einer Veröffentlichung darauf hinwies, daß der magneto-kalorische Effekt auch für paramagnetische Stoffe meßbar sein würde, wenn man die Anfangstemperatur nur hinreichend niedrig wählte. Ausgehend von der niedrigsten Temperatur, die KAMERLINGH ONNES seiner Zeit erreicht hatte, würde der Effekt sogar zu einer beträchtlichen Temperatursenkung Veranlassung geben können. Über die Größe dieser Senkung konnte DEBYE nichts Bestimmtes aussagen: „Das Experiment kann indessen Aufschluß geben, die obigen Überlegungen sollen nur zur Ausführung desselben anregen."

Ungefähr gleichzeitig mit DEBYE in Leipzig hat, unabhängig von ihm, GIAUQUE [6] in Berkeley (Amerika) auf die Wichtigkeit des magneto-kalorischen Effekts für die Annäherung an den absoluten Nullpunkt hingewiesen. Beide haben in ihren Betrachtungen das paramagnetische Gadoliniumsulfat als für die Entmagnetisierung geeignet genannt, da nach den damals bekannten Messungen dieser Stoff sich magnetisch bis zu den sehr niedrigen Temperaturen des flüssigen Heliums nahezu ideal verhält [7] (s. Ziff. 3). Obwohl also der magneto-kalorische Effekt bei der niedrigsten Anfangstemperatur noch kaum von dem theoretisch zu berechnenden Wert abweichen würde, ging aus den Messungen KÜRTIs und SIMONs [8] im Anfange des Jahres 1933 hervor, daß das Gadoliniumsulfat nicht der am meisten geeignete Stoff für die Entmagnetisierung wäre, da die spezifische Wärme unterhalb 4° K nach den tieferen Temperaturen zu stark ansteigt. Im idealen Falle würde die spezifische Wärme mit T^3, dem absoluten Nullpunkt zu, abnehmen müssen.

Es ist sehr merkwürdig, daß auch die ersten Versuche zu gleicher Zeit unabhängig voneinander in Berkeley und in Leiden ausgeführt wurden. Eine Mitteilung von GIAUQUE und MACDOUGALL [9] in Physical Review erwähnte die erste Entmagnetisierung von Gadoliniumsulfat $Gd_2(SO_4)_3\,8\,H_2O$ (19. März 1933), wobei die Temperatur 0,53° K erreicht wurde, wenn man von 3,4° K ausging, und schließlich die Temperatur 0,25° K, wenn die Anfangstemperatur 1,5° K betrug. DE HAAS, WIERSMA und KRAMERS [10] erzielten am 6. April desselben Jahres ihre ersten Ergebnisse mit einem anderen paramagnetischen Salz, dem Ceriumfluorid CeF_3, mit dem sie, ausgehend von 1,35° K, eine Temperatur erhielten, die niedriger als 0,27° K war. Daß sie nicht mit Gadoliniumsulfat, sondern mit Ceriumfluorid gearbeitet haben, beruht auf theoretischen Betrachtungen bezüglich des Verhaltens der spezifischen Wärme; der zuletzt genannte Stoff würde nicht das soeben angegebene anomale Verhalten von Gadoliniumsulfat zeigen und infolgedessen bei derselben Kältewirkung eine niedrigere Temperatur annehmen [11].

Von dieser Zeit an folgen die Versuche sehr rasch aufeinander; die niedrigste erhaltene Temperatur ging phantastisch abwärts, was sich aus der nachfolgenden Übersicht der Leidener Messungen [12] ergibt.

Tabelle 11.

Datum	Substanz	Menge mg	Magnetfeld G	Anfangstemp. °K	Endtemp. T^*
April 1933	CeF_3	50	27600 → 4500	1,35	(0,27)
Mai 1933	CeF_3	90	27600 → 2250	1,35	(0,19)
Juni 1933	CeF_3	505	27600 → 850	1,35	(0,13)
Juni 1933	$Dy(C_2H_5SO_4)_3 \cdot 9H_2O$	68	19500 → 200	1,35	0,15
Juli 1933	$Dy(C_2H_5SO_4)_3 \cdot 9H_2O$	68	19500 → 350	1,35	0,12
Juli 1933	$Ce(C_2H_5SO_4)_3 \cdot 9H_2O$	183	27600 → 850	1,35	0,105
Juli 1933	$Ce(C_2H_5SO_4)_3 \cdot 9H_2O$	183	27600 → 850	1,35	0,085
ember 1933	$K_2SO_4Cr_2(SO_4)_3 \cdot 24H_2O$	336	19500 → 350	1,34	< 0,05
. 1934	$K_2SO_4Cr_2(SO_4)_3 \cdot 24H_2O$	$66 \cdot 10^3$	24600 → 25	1,16	0,031
ember 1934	$K_2SO_4Cr_2(SO_4)_3 \cdot 24H_2O$	Vol. 56 cm³	24075 → 5,5	1,218	0,016
März 1935	$K_2SO_4Cr_2(SO_4)_3 \cdot 24H_2O$ (verdünnt)	Vol. 56 cm³	24075 → 1	1,174	0,0044
März 1935	$Cs_2SO_4Ti_2(SO_4)_3 \cdot 24H_2O$	Vol. 56 cm³	24075 → 1	1,314	0,0055

Die tiefste Temperatur ist augenscheinlich weniger als die Hälfte eines hundertstel Grades vom Nullpunkt entfernt. Man darf sich nicht vorstellen, daß diese Temperatur in einem zum Einbringen einer Meßapparatur verfügbaren Raum herrscht; so weit ist die Technik bis heute noch nicht fortgeschritten. Die Temperaturen bestehen nur in dem Raum, den das Präparat einnimmt. Es ist auch noch eine Frage, die man erörtern kann, ob man von „der" Temperatur des Präparates als eines Ganzen sprechen darf. Hierauf kommen wir noch zurück, da diese Frage sehr wesentlich ist.

Nun wird man fragen: Wie erkennt man die Temperatur? SIMON mit seinen Mitarbeitern berechnete aus der Dampfdruckkurve des Heliums mit den Konstanten von KEESOM [13], daß der Dampfdruck, der bei 0,7° K nur noch $3,2 \cdot 10^{-3}$ mm beträgt, bei 0,1° K bis zu $3 \cdot 10^{-31}$ mm abgenommen haben müßte [14].

Die gebräuchlichen Verfahren zur Temperaturbestimmung versagen hier also gänzlich. Wie die erwähnten Temperaturen gemessen wurden, werden wir aus den nächsten Paragraphen ersehen. Zugleich wird sich zeigen, weshalb die in den Versuchen ermittelten Temperaturwerte T^* noch eine Korrektur erfordern und nur als obere Grenzen zu betrachten sind.

2. Phänomenologische Theorie des Magnetismus.

In diesem Paragraphen mag eine kurze Auseinandersetzung der Theorie des Magnetismus und der Thermodynamik des magneto-kalorischen Effekts folgen. Es ist hier nicht der Ort, eine ausführliche Abhandlung über den Magnetismus zu geben; jedoch für das Verständnis der Erscheinungen, die eine Temperaturabnahme bewirken, ist es notwendig, die Grundsätze einer näheren Betrachtung zu unterziehen.

Man kann die Stoffe in drei magnetisch verschiedenartige Gruppen einteilen; es sind die dia-, para- und ferromagnetischen Gruppen. Bringt man eine gewisse Menge eines jeden dieser Stoffe in ein magnetisches Feld (z. B. das Feld eines Solenoids), so kann man sie sofort dadurch unterscheiden, daß ein diamagnetischer Stoff ein magnetisches Moment zeigt, welches der Feldrichtung entgegengesetzt ist, so daß ein Stäbchen aus diesem Stoff sich senkrecht zum Feld einstellt; ein para- oder ferromagnetischer Stoff erhält dagegen ein Moment in der Feldrichtung und stellt sich also zur Feldrichtung parallel. Die beiden letzten sind wieder dadurch zu unterscheiden, daß ein ferromagnetischer Stoff ein magnetisches Moment zeigt, das um einige Zehnerpotenzen größer ist als das des paramagnetischen Stoffes in demselben Solenoid. Ferromagnetische Stoffe sind das Eisen, Kobalt und Nickel. Beispiele von diamagnetischen Stoffen sind die Halogene, Alkalimetalle und die alkalischen Erden; von paramagnetischen Stoffen die seltenen Erden.

Physikalisch kann man die magnetischen Gruppen unterscheiden durch Zeichen und Größe der sog. Suszeptibilität, d. h. des magnetischen Moments (σ), das von einem äußeren Feld $H = 1$ in einem Grammol des Stoffes induziert wird, also

$$\chi = \frac{\sigma}{H}. \tag{1}$$

Für einen diamagnetischen Stoff ist χ negativ, für para- und ferromagnetische Stoffe positiv. Ein Maß für die Suszeptibilität ist das Moment, das von einem homogenen Feld auf einen derartigen Stoff ausgeübt wird, oder die Kraft, mit der sie in ein inhomogenes Feld hineingezogen wird, weil diese Kräfte zu σ proportional sind.

Die Theorie des Diamagnetismus wurde von LANGMUIR zuerst entwickelt; mit dem Para- und Ferromagnetismus sind die Namen LANGEVIN und WEISS unzertrennlich verbunden. Im folgenden handelt es sich um die beiden letzten Theorien.

a) Theorie des Paramagnetismus.

LANGEVIN denkt sich den paramagnetischen Stoff aufgebaut aus einer Anzahl (n je Grammol) Elementarteilchen, jedes ausgestattet mit einem unzertrennlich damit verbundenen magnetischen Moment μ. Bringt man den Stoff in ein magnetisches Feld, so werden die Elementarmagnete gewissermaßen gerichtet, trotz der Temperaturbewegung, mit der sie behaftet bleiben. Sie zeigen dann insgesamt ein resultierendes Moment nach außen. Je höher die Temperatur ist, um so weniger Einfluß hat das Feld auf die Lage der Magnete, und um so kleiner ist das Moment; umgekehrt, je niedriger die Temperatur ist, um so leichter können die Magnete ausgerichtet werden, was sich in einem größeren resultierenden Moment äußert. CURIE hat 1895 das Ergebnis seiner Messungen der Suszeptibilität an Sauerstoff sehr genau durch einen einfachen empirischen

Zusammenhang zwischen dem magnetischen Moment und der Temperatur deuten können, und zwar durch den Ausdruck

$$\chi = \frac{C}{T}, \tag{2}$$

wo C die „CURIEsche Konstante“ genannt wird.

Was lehrt uns nun die Theorie bezüglich dieser Beziehung? Das Problem, das wir soeben definierten: Konkurrenz zwischen chaotischer Temperaturbewegung und Richtkraft des magnetischen Feldes, ist eine Spezialisierung eines allgemeinen gaskinetischen Problems, welches statistisch in der kinetischen Gastheorie behandelt wird. Wesentlich hierin ist das Verhältnis der Energie, die ein Elementarmagnet im magnetischen Feld hat — also der potentiellen Energie (diese ist proportional zu μH; s. S. 171) —, zu der kinetischen Energie infolge der Wärmebewegung des Elementarteilchens; die letztere Energie ist zu kT proportional (k ist die BOLTZMANNsche Konstante). Nun kann man statistisch berechnen, wie viele Magnete (die Anzahl ist vom genannten Verhältnis abhängig) eine bestimmte Lage gegenüber der Feldrichtung einnehmen, also einen bestimmten Beitrag zum Gesamtmoment liefern; dieser Beitrag ist dem Kosinus des Winkels zwischen dem Magneten und der Feldrichtung proportional. Wenn man dann über alle möglichen Richtungen zwischen —90° und +90° summiert, so erhält man das Gesamtmoment. So kommt LANGEVIN zu dem Ergebnis:

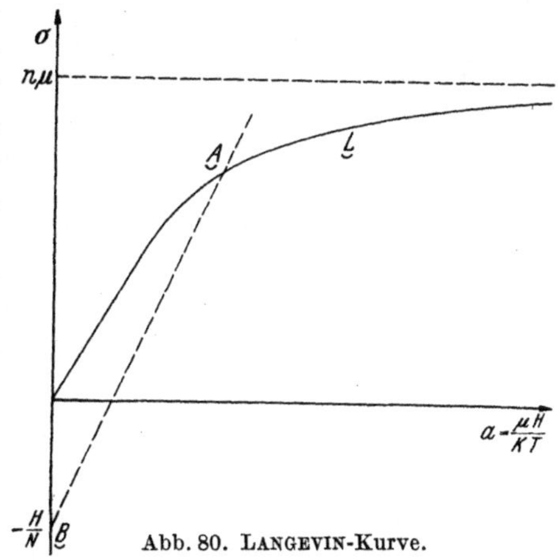

Abb. 80. LANGEVIN-Kurve.

$$\sigma = n\mu\left(\text{Ctgh}\, a - \frac{1}{a}\right) = n\mu\, \text{L}(a), \tag{3}$$

wo $a = \mu H/kT$ ist. Den Ausdruck im zweiten Glied innerhalb der Klammern nennt man die „LANGEVIN-Funktion“; in Abb. 80 ist sie graphisch dargestellt (Kurve L). Nimmt der Wert von a zu, erniedrigt man z. B. die Temperatur, dann nähert sich das magnetische Moment schließlich asymptotisch einem Grenzwert, den es hätte, wenn alle Elementarmagnete einander parallel liegen würden; dieses Moment ist also gleich $n\mu$. Das ist auch der Fall für ein unendlich großes äußeres Feld (a ist dann ebenfalls unendlich groß).

Dagegen ist für das Feld $H = 0$ oder unendlich hohe Temperatur die Magnetisierung gleich Null. Aus der Reihenentwicklung der LANGEVIN-Funktion geht hervor, daß für kleine Werte von a ein linearer Zusammenhang zwischen Magnetisierung und dieser Größe a besteht, d. h. ein linearer Zusammenhang zwischen Magnetisierung und reziproker Temperatur bei einem konstanten magnetischen Feld. Dieses letzte wird nun vom CURIEschen Gesetz zum Ausdruck gebracht. Die Neigung der LANGEVIN-Kurve im Nullpunkt hängt also mit der CURIEschen Konstante zusammen. Es folgt für diese Neigung gegen die a-Achse $^1/_3\, n\mu$, so daß diese Konstante gleich

$$C = \chi\, T = \frac{\sigma T}{H} = \frac{n \mu a T}{3 H} = \frac{n \mu^2}{3 k} \tag{4}$$

ist.

Wird bei fester Temperatur das äußere Feld vergrößert, so wird die Abweichung vom CURIEschen Gesetz immer größer: Die Magnetisierung strebt mehr und mehr dem Sättigungswerte zu.

Die LANGEVINsche Theorie gibt das Verhalten vieler Stoffe mehr oder weniger genau wieder. Es gelang WOLTJER und KAMERLINGH ONNES [15] die Kurve mit Gadoliniumsulfat bis zu 80% der Sättigung zu verifizieren, indem sie bei sehr niedrigen Temperaturen und hohen Magnetfeldern arbeiteten; es zeigten sich jedoch bei den höchsten Werten von a kleine Abweichungen, auf die wir in Ziff. 4 noch zu sprechen kommen.

b) Theorie des Ferromagnetismus.

WEISS hat versucht, die Theorie der paramagnetischen Stoffe auf die ferromagnetischen zu erweitern. Der wesentliche Punkt ist die Voraussetzung, daß die Elementarmagnete eine Wechselwirkung aufeinander ausüben können. Die ferromagnetischen Erscheinungen lassen sich deuten durch die Einführung eines inneren magnetischen Feldes; dieses Intermolekularfeld muß die Größenordnung von Millionen Gauß haben. Obwohl das WEISSsche Bild sehr viele Erscheinungen richtig wiedergibt, ist es bisher nicht gelungen, diesen ungeheuer hohen Wert aus den Atomeigenschaften zu erklären.

WEISS [16] setzte die innere Felstärke proportional der Magnetisierung σ, also gleich $N\sigma$, so daß also das totale innere Feld $\overline{H}$ ist:

$$\overline{H} = H + N\sigma .$$

N ist eine Molekularfeldkonstante.

Man kann für a jetzt schreiben:

$$\frac{\mu (H + N\sigma)}{k T}$$

oder

$$\sigma = \frac{a k T}{N \mu} - \frac{H}{N}, \tag{5}$$

während der Zusammenhang zwischen σ und a, der in der LANGEVINschen Formel zum Ausdruck kommt, ebenfalls aufrechterhalten bleibt; der Mechanismus ist ja nicht verändert.

Soll σ bei vorgegebener Feldstärke und Temperatur den beiden Gleichungen genügen, so ist diese Größe vollkommen vom Schnittpunkt A (s. Abb. 80) der LANGEVIN-Kurve mit der Geraden (5) bestimmt, welche die Ordinatenachse im Punkt $-H/N$ schneidet. Punkt A stellt nun die Magnetisierung für ein äußeres Feld H dar. Die Neigung der Geraden ist nach (5) der Temperatur proportional. Hält man das äußere Feld konstant, während die Temperatur steigt, dann dreht sich die Linie um B nach links herum. Wird von einer sehr niedrigen Temperatur ausgegangen, so nimmt die Magnetisierung anfänglich langsam ab; in einem bestimmten Temperaturgebiete geht es rascher, während schließlich die Magnetisierung asymptotisch verschwindet (s. Abb. 81, Kurve I).

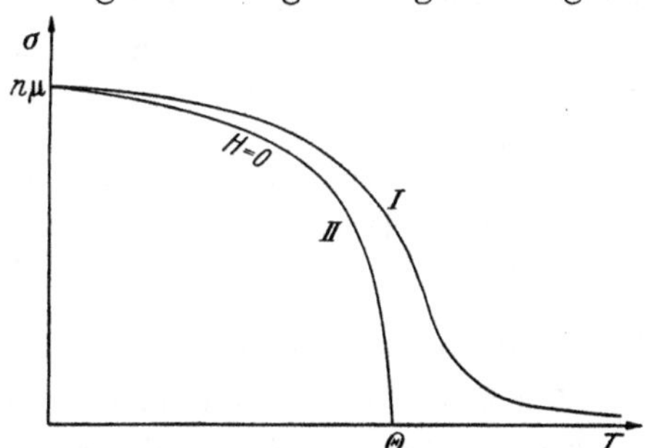

Abb. 81. Zusammenhang zwischen Magnetisierung und Temperatur ferromagnetischer Körper.

Aus dieser Theorie geht hervor, daß es eine spontane Magnetisierung geben muß. Macht man nämlich $H = 0$, so wird σ, wenn die Neigung der Geraden kleiner ist als die der LANGEVIN-Kurve im Nullpunkt, doch einen endlichen Wert beibehalten. Erhöht man nun bei dem äußeren Feld $H = 0$ die Temperatur, wobei also B im Anfangspunkt liegt, so nimmt die Magnetisierung bei einer gewissen Temperatur sehr schnell ab, nämlich dann, wenn die Linie A—B sich an die Tangente der L-Kurve im Anfangspunkt anlegt. Diese Temperatur wird die „CURIE-Temperatur" (Θ) genannt. Oberhalb dieser Temperatur ist also eine spontane Magnetisierung unmöglich, und der Ferromagnetismus geht daher in Paramagnetismus über (s. Kurve II in Abb. 81).

Die CURIE-Temperatur läßt sich leicht in den verschiedenen charakteristischen Größen ausdrücken; das Zusammenfallen der Neigung der Geraden (5) (für $H = 0$) mit der LANGEVIN-Kurve (3) wird ausgedrückt durch die Gleichung

$$\frac{k\,\Theta}{N\mu} = \frac{n\mu}{3},$$

also

$$\Theta = \frac{nN\mu^2}{3k} = N\,C, \tag{6}$$

worin C die CURIE-Konstante bedeutet. Berechnen wir für die ferromagnetischen Stoffe die Suszeptibilität, so finden wir für den linearen Teil der LANGEVIN-Kurve (also für eine etwas höhere Temperatur als die des CURIE-Punktes):

$$\sigma = \frac{n\mu}{3}\,a = \frac{n\mu^2\,(H + N\sigma)}{3\,k\,T} \tag{7}$$

und im Zusammenhang mit (6) daher:

$$\chi = \frac{\sigma}{H} = \frac{n\mu^2}{3k(T-\Theta)} = \frac{C}{T-\Theta}. \tag{8}$$

Es entsprechen in der Tat mehrere Stoffe diesem CURIE-WEISSschen Gesetz, das offenbar dem paramagnetischen Verlauf von χ mit der Temperatur ähnlich ist, wenn nur mit der Temperatur vom CURIE-Punkt ab gerechnet wird; die Beziehung gilt nur oberhalb der CURIE-Temperatur. Die CURIE-Temperatur des Eisens liegt bei 1040° K; Kobalt 1130° C, Nickel 358° C.

Das von der Theorie in den Vordergrund gestellte sog. „BOHRsche Magneton" (s. Ziff. 4) hat das magnetische Moment $9{,}2 \cdot 10^{-21}$ Einheitspol × cm oder erg/Gauß. Für Gadoliniumsulfat gilt z. B. $\chi = 0{,}0203/T$ je g oder, da das Molekulargewicht 747 beträgt, $\chi = 15{,}2/T$ je Mol. Nun ist n das Doppelte der AVOGADROschen Zahl (jedes Molekül enthält zwei Gd-Ionen), also $2 \times 6{,}1 \cdot 10^{23}$. Aus der CURIE-Konstante folgt jetzt für das magnetische Moment $\mu \left(= \sqrt{\frac{3kC}{n}}\right)$ der Wert $7{,}2 \cdot 10^{-20}$ erg/Gauß, was 7,9 BOHRschen Magnetonen entspricht*; ($k = 1{,}37 \cdot 10^{-16}$ erg/°).

Eine mehr experimentelle Einheit ist das WEISSsche Magneton, dessen Größe $1{,}85 \times 10^{-21}$ erg/Gauß beträgt. In dieser Einheit ausgedrückt hat Gadolinium das magnetische Moment 39.

3. Kältewirkung bei Entmagnetisierung; thermodynamische Behandlung des Prozesses.

Bevor wir uns näher mit den Abweichungen von der LANGEVINschen Theorie befassen, die bei extrem niedrigen Temperaturen notwendigerweise vorliegen müssen, wollen wir prüfen, wie die Kältewirkung bei der Entmagnetisierung zustande kommt und die Thermodynamik des magnetokalorischen Effekts behandeln.

Während der Versuche, die WEISS mit Nickel anstellte (er studierte die σ-T-Abhängigkeit), fiel es ihm auf, daß bei Ein- bzw. Ausschaltung des äußeren Feldes das Galvanometer, das die Temperatur des Metalls anzeigte, plötzlich eine kleine Ablenkung in verschiedenen Richtungen erkennen ließ. Nachdem er sich überzeugt hatte, daß der Effekt nicht von einem Induktionsstoß oder etwas Ähnlichem herrührte, brachte er die Erscheinung in Zusammenhang mit der damals schon bekannten Anomalie der spezifischen Wärme der ferromagnetischen Stoffe bei dem CURIE-Punkt. Darauf griff WEISS dieses Problem thermodynamisch an. Woher kommt der thermische Effekt? Die Lösung ist sehr einfach. Bringt man ein magnetisches Feld an der Stelle an, wo sich ein Magnet im Gleichgewichte befindet, so wird dieser Magnet einer neuen Gleichgewichtslage zustreben. Die Arbeit, die hierbei von ihm geleistet wird,

* Siehe übrigens Fußnote ** auf S. 176.

ist gleich der Differenz der potentiellen Energie, in der Anfangs- und Endeinstellung zum magnetischen Felde. Wenn der Magnet sich ausrichtet, wird offenbar Energie frei. Isolieren wir nun einen para- oder ferromagnetischen Körper gegen Wärmezufuhr und legen ein magnetisches Feld an, so wird, weil die Elementarmagnete ausgerichtet werden, ebenfalls Energie frei. Diese kann nicht abgegeben werden, und deshalb verwandelt sie sich in thermische Energie. Man beobachtet eine Temperaturerhöhung. Umgekehrt wird bei Ausschaltung des Feldes von den Elementarmagneten Energie absorbiert werden, die nur der thermischen Energie entzogen werden kann. Eine Temperaturerniedrigung wird also die Folge davon sein.

Dieser thermische Effekt ist bei normalen Temperaturen nur gering, da die magnetische Energie bei den praktisch zu erhaltenden Feldstärken nur ungefähr ein Hunderttausendstel der thermischen Energie beträgt. Bei niedrigeren Temperaturen wird diese Energie jedoch kleiner, während die totale magnetische Energie größer wird, da die Suszeptibilität umgekehrt proportional der Temperatur zunimmt. Sie können also beide bisweilen dieselbe Größenordnung haben, wodurch dann ein meßbarer magnetothermischer Effekt auftreten kann [17].

Thermodynamische Behandlung.

Im allgemeinen ist, wenn der Elementarmagnet um den Winkel δ gegen das Feld gedreht wird, die potentielle Energie in bezug auf dieses Feld

$$\mathit{konst} - \mu \overline{H} \cos \delta , \tag{9}$$

wo μ das magnetische Moment und $\overline{H}$ die Feldstärke ist. Die Energie ist also am größten für eine zum Felde parallele, jedoch entgegengesetzt gerichtete Lage ($\delta = 180°$). Nun ist die Magnetisierung, d. h. das magnetische Moment in der Richtung von $\overline{H}$, gleich $\mu \cos \delta$. Die Arbeit, die vom Elementarmagneten geleistet werden kann, wenn er sich in die neue Ausrichtung einstellt, ist infolgedessen gleich der Änderung des magnetischen Moments in der Feldrichtung, multipliziert mit der Feldstärke $\overline{H}$, also

$$-\mathrm{d}A = \overline{H}\,\mathrm{d}\sigma .$$

Umgekehrt nimmt der Elementarmagnet diese Arbeit wieder auf, sobald er in die ursprüngliche Lage zurückkehrt. Führt man nun einem magnetisierten Körper eine Wärmemenge $\mathrm{d}Q$ zu, so wird außer zur Vergrößerung der inneren Energie U, die auch bei nicht magnetischen Stoffen stattfindet, ein Teil verwendet zur Herabsetzung der Magnetisierung, die immer bei einer Temperaturerhöhung auftritt. Wir können das folgendermaßen schreiben:

$$\mathrm{d}Q = \mathrm{d}U - \overline{H}\,\mathrm{d}\sigma , \tag{10}$$

eine Gleichung, in der also der erste Hauptsatz zum Ausdruck kommt. Für paramagnetische Stoffe ist $\overline{H}$ das äußere Feld, für ferromagnetische

Stoffe das Gesamtfeld. Es sei darauf aufmerksam gemacht, daß in Gl. (10) das Glied $-\overline{H}\,\mathrm{d}\sigma$ im letzteren Falle nicht die vom System nach außen geleistete Arbeit darstellt, also nicht die äußere Arbeit, sondern ein Teil hiervon muß als innere Energie (und zwar als magnetische Energie) betrachtet werden (da $\overline{H}$ zum Teil aus einem inneren Feld besteht). Die äußere Arbeit ist $-H\,\mathrm{d}\sigma$, wenn H das äußere Feld bedeutet. Danach können wir die letzte Gleichung auch so schreiben:

$$\mathrm{d}Q = \mathrm{d}\overline{U} - H\,\mathrm{d}\sigma, \tag{10*}$$

worin jetzt unter $\overline{U}$ die totale thermische und magnetische innere Energie zu verstehen ist.

Aus dieser Gleichung können verschiedene Schlußfolgerungen gezogen werden, entsprechend denen, die wir bereits im I. Kapitel für ein Gas kennengelernt haben.

a) Wir schreiben (10*) in der Form:

$$\frac{\mathrm{d}Q}{T} = \frac{1}{T}\left(\frac{\partial \overline{U}}{\partial T}\right)_\sigma \mathrm{d}T + \frac{1}{T}\left\{\left(\frac{\partial \overline{U}}{\partial \sigma}\right)_T - H\right\}\mathrm{d}\sigma. \tag{11}$$

Da nach dem zweiten Hauptsatz die rechte Seite ein vollständiges Differential (der Entropie) sein muß, können wir schreiben:

$$\frac{\partial}{\partial \sigma}\left\{\frac{1}{T}\left(\frac{\partial \overline{U}}{\partial T}\right)_\sigma\right\} = \frac{\partial}{\partial T}\left\{\frac{1}{T}\left(\frac{\partial \overline{U}}{\partial \sigma}\right)_T - \frac{H}{T}\right\}$$

oder

$$0 = -T\left(\frac{\partial H}{\partial T}\right)_\sigma - \left(\frac{\partial \overline{U}}{\partial \sigma}\right)_T + H. \tag{12}$$

Ist von einem paramagnetischen Stoffe die Rede, so können wir, entsprechend dem früheren Vorgehen für Gase, die „CURIEsche Zustandsgleichung“ einführen und schreiben:

$$\frac{\sigma T}{H} = C. \tag{2*}$$

Setzen wir diese Beziehung in (12) ein, so folgt hieraus

$$\left(\frac{\partial \overline{U}}{\partial \sigma}\right)_T = 0. \tag{13}$$

Wir erkennen die Ähnlichkeit mit dem idealen Gase, für das ebenfalls aus der Form der Zustandsgleichung hervorgeht, daß $\left(\frac{\partial U}{\partial v}\right)_T = 0$ ist. Gl. (2*) kann deshalb auch als Zustandsgleichung eines „ideal-paramagnetischen Körpers“ betrachtet werden (DEBYE). Die innere Energie hängt in diesem Falle nicht von der Magnetisierung, sondern nur von der Temperatur ab. Wir können uns also einen derartigen Stoff so denken, daß keine Wechselwirkung zwischen den paramagnetischen Atomen besteht.

Es sei hier noch bemerkt, daß die Gleichung (13) nicht nur für den Fall gilt, in dem das Verhalten dem CURIEschen Gesetz entspricht, sondern auch im Sättigungsgebiete. Die Bedingung (13) fordert nämlich nur, daß σ eine Funktion von H und T im Verhältnis dieser beiden Größen ist. Man kann ja Gl. (12) die Form geben:

$$\left(\frac{\partial \overline{U}}{\partial \sigma}\right)_T = -T^2 \frac{\partial}{\partial T}\left(\frac{H}{T}\right). \tag{14}$$

Im vorliegenden Fall ist das zweite Glied dieser Gleichung Null, denn wenn σ nur eine Funktion von H/T ist, so ist auch H/T nur eine Funktion von σ.

Die Folge von (13) ist, daß sich Gl. (11) so schreiben läßt:

$$\mathrm{d}Q = C_\sigma \,\mathrm{d}T - H\,\mathrm{d}\sigma, \tag{15}$$

wenn wir $\left(\frac{\partial \overline{U}}{\partial T}\right)_\sigma = \left(\frac{\partial U}{\partial T}\right)_\sigma$ durch C_σ ersetzen; C_σ ist die spezifische Wärme bei konstanter Magnetisierung des (in diesem Falle) paramagnetischen Stoffes.

Aus Gl. (15) ergibt sich nun sofort der magnetokalorische Effekt bei adiabatischer Entmagnetisierung; hierbei ist $\mathrm{d}Q = 0$, so daß man schreiben kann:

$$\mathrm{d}T = \frac{H}{C_\sigma}\,\mathrm{d}\sigma. \tag{16}$$

Wenn die Temperaturen, bei denen man arbeitet, sehr niedrig sind, so wird die spezifische Wärme C_σ, die nach der Theorie von DEBYE für sehr tiefe Temperaturen der dritten Potenz der Temperatur proportional ist, auch sehr klein sein, mit der Wirkung, daß eine bestimmte Temperaturerniedrigung schon durch eine sehr kleine Entmagnetisierung erhalten werden kann. In diesem Falle wird sich σ, und damit auch das Verhältnis H/T, nur sehr wenig ändern. Deshalb darf man erwarten, daß unter diesen idealen Verhältnissen die Anfangs- und Endtemperatur sich wie die Feldstärken vor und nach der Entmagnetisierung verhalten [18], was sich durch die Gleichung ausdrücken läßt:

$$T_\mathrm{e} = T_\mathrm{a} \frac{H_\mathrm{e}}{H_\mathrm{a}}. \tag{17}$$

Solange der Stoff also paramagnetisch bleibt, erhält man eine tiefere Endtemperatur, je niedriger man die Anfangstemperatur und je größer man das Verhältnis der Feldstärken vor und nach der Entmagnetisierung nimmt. Dadurch, daß man das Feld nach der Entmagnetisierung gleich Null wählt, würde man $T_\mathrm{e} = 0$ erreichen können; es werden jedoch Abweichungen vom paramagnetischen Verhalten eintreten. Wir kommen später hierauf noch zurück.

b) Setzen wir (12) in (11) ein, so folgt:

$$\mathrm{d}Q = C_\sigma \,\mathrm{d}T - T\left(\frac{\partial H}{\partial T}\right)_\sigma \mathrm{d}\sigma, \tag{15*}$$

eine Gleichung, die nun allgemein gilt; $\left[C_\sigma = \left(\frac{\partial \overline{U}}{\partial T}\right)_\sigma\right]$. Für die spezifische

Wärme eines para- oder ferromagnetischen Körpers bei konstantem äußeren Magnetfeld ergibt sich hieraus:

$$C_H = \left(\frac{\mathrm{d}Q}{\mathrm{d}T}\right)_H = C_\sigma - T\left(\frac{\partial H}{\partial T}\right)_\sigma \left(\frac{\partial \sigma}{\partial T}\right)_H. \tag{18}$$

Während das zweite Glied auf der rechten Seite für einen paramagnetischen Stoff im Felde $H = 0$ gleich Null ist, zeigt ein ferromagnetischer Stoff in diesem Falle noch eine Vergrößerung der spezifischen Wärme infolge der Magnetisierung. $(\partial\sigma/\partial T)_H$ ist nämlich negativ, während $(\partial H/\partial T)_\sigma$ positiv ist. Diese Zunahme ist abhängig von der Änderung von σ mit der Temperatur und daher am größten in der Nähe des CURIE-Punktes (Abb. 81). In der Tat zeigt die spezifische Wärme der ferromagnetischen Körper eine „Spitze“ in der Nähe dieser Temperatur. Sie entsteht infolge der Wärmeabsorption der Elementarmagnete, damit sich diese aus der Feldrichtung zurückdrehen können. Dieses Umrichten ist bei der CURIE-Temperatur am größten.

4. Die LANGEVINsche Kurve im Widerspruch mit dem NERNSTschen Wärmetheorem: Quantisierung des Elementarmagneten.

Obwohl die oben auseinandergesetzte LANGEVIN-WEISSsche Theorie viele Erscheinungen qualitativ und manchmal auch quantitativ zu beschreiben vermag, gibt es doch Gruppen von Substanzen, z. B. die Alkalimetalle, deren magnetische Eigenschaften auch schon qualitativ bedeutend hiervon abweichen. Nicht nur diese Tatsache, sondern auch verschiedene andere Gründe geben Anlaß zu einem Bedenken gegen die auf eine wohl sehr einfache Anschauung aufgebaute Theorie. Einer dieser Gründe ist der Widerspruch zwischen der LANGEVINschen Magnetisierungskurve und dem NERNSTschen Wärmetheorem, auf den DEBYE [19] hingewiesen hat. Zur Erläuterung berechnen wir die Entropie eines paramagnetischen Körpers. Wir brauchen dazu nur Gl. (15) durch die Temperatur T zu dividieren und dann zu integrieren. Auf diese Weise findet man:

$$S = \int_0^T \frac{C_{\sigma=0}}{T}\,\mathrm{d}T - \left\{\int_0^\sigma \frac{H}{T}\,\mathrm{d}\sigma\right\}_{T=konst.} + konst. \tag{19}$$

Berechnet man das Integral mittels des gegebenen Ausdrucks für σ [Formel (3)], so sieht man, daß es unendlich groß wird, sobald sich die Magnetisierung ihrem Sättigungswert nähert, was z. B. geschieht, wenn bei einer endlichen äußeren Feldstärke H die Temperatur bis zum Nullpunkt abnimmt. Geometrisch kommt dieses Ergebnis im σ-a-Diagramm (s. S. 167) zum Ausdruck durch die unendliche Größe der Oberfläche zwischen der LANGEVIN-Kurve, der Geraden $\sigma = \sigma_0$ und der σ-Achse. Es steht im Widerspruch zu dem NERNSTschen Wärmetheorem (siehe I. Kapitel), das aussagt, daß die Entropie bei nicht unendlich hohen

Temperaturen endlich bleiben muß. Man kann hieraus schließen, daß die LANGEVIN-Kurve für sehr große a, also für große Felder oder sehr niedrige Temperaturen nicht richtig sein kann. Offenbar nähert sie sich der Horizontalen $\sigma = \sigma_0$ im σ-a-Diagramm zu langsam (Abstand $\dot{\sim} 1/a$). Experimentell wurde tatsächlich gefunden, daß für einige ferromagnetische Stoffe bei sehr niedrigen Temperaturen die Sättigungskurve der Grenzlinie näher kommt, als der LANGEVIN-Kurve entspricht.

Diese Schwierigkeit läßt sich mittels der Quantentheorie lösen. Der Widerspruch zum NERNSTschen Theorem verschwindet, wenn man annimmt, daß die Einstellung der Elementarmagnete bezüglich des Feldes nicht in allen Richtungen geschehen kann (was LANGEVIN in seiner Theorie voraussetzte), sondern daß nur eine eingeschränkte Anzahl Einstellmöglichkeiten vorhanden ist. Wir wollen auf diese Frage etwas näher eingehen.

Schon die Anwendung der WEBERschen Definition des von einem Kreisstrom hervorgerufenen magnetischen Moments auf der in der BOHRschen Theorie nach dem mechanischen Impulsmoment quantisierten Elektronenbahn führt zu einer diskreten Zahl möglicher magnetischer Momente, die Vielfache sind des BOHRschen Magnetons $\mu_0 = \frac{h e}{4 \pi m}$ (h ist die PLANCKsche Konstante, e und m sind Ladung und Masse des Elektrons). Neuere Theorien haben jedoch zu der Existenz eines mechanischen Elektronenspins geführt, mit dem ebenfalls in einem gewissen numerischen Verhältnis ein magnetisches Moment verknüpft ist, und zwar von der Größe eines BOHR-Magnetons. Dieses Verhältnis (des magnetischen zum mechanischen Impulsmoment) ist für den Spinmagnetismus zweimal so groß wie für den Bahnmagnetismus. Das Gesamtmoment für das ganze Ion, sowohl das magnetische wie das mechanische, setzt sich vektoriell aus beiden Komponenten zusammen, die jede für sich aus den Beiträgen aller Elektronen aufgebaut sind. Deshalb liegt die Größe des Verhältnisses beider Gesamtmomente zwischen dem einfachen und dem doppelten Werte dieses Verhältnisses für das Bahnelektron und unterscheidet sich von diesem durch den Faktor g, den LANDÉschen Aufspaltungsfaktor ($1 < g < 2$).

Das magnetische Moment läßt sich so schreiben:

$$\vec{M} = \overrightarrow{L \mu_0} + \overrightarrow{2 S \mu_0},$$

wenn L die Quantenzahl des mechanischen Bahnimpulses und S die des Spinimpulses bedeutet, beide als Gesamtwert für alle Elektronen genommen; (für ein Elektron ist $S = s = 1/2$).

Wenn nun dem mechanischen Gesamtmoment die Quantenzahl j zukommt $\left(\vec{j} = \vec{L} + \vec{S}\right)$, so ist das magnetische Moment $g j \mu_0$. Der Wert j kann nur ganz- oder halbzahlig sein. Nun kann sich dieses magnetische Moment nur in gewissen Lagen zu einem (nicht sehr starken) magnetischen

Felde derart einstellen, daß die Projektion auf die Feldrichtung den Wert $m g \mu_0$ hat, worin m auch nur ganz- oder halbzahlig sein kann* $(-j \leqslant m \leqslant +j)$. Dieser Tatsache entspricht eine diskrete Zahl magnetischer Energien $-m g \mu_0 H$, die sich im bekannten ZEEMAN-Effekt äußern **.

Wenn man statistisch berechnet, wie die Besetzung dieser Energieniveaus bei bestimmter Temperatur ist, kommt man für das Gesamtmoment des magnetisierten Körpers zu dem Ergebnis:

$$\sigma = \sigma_0 \left\{ \frac{j+\frac{1}{2}}{j} \operatorname{Ctgh}\left(j + \frac{1}{2}\right) a g - \frac{1}{2j} \operatorname{Ctgh} \frac{1}{2} a g \right\}, \tag{3*}$$

das als DEBYE-BRILLOUINsche Formel bekannt ist. Diese Funktion tritt nun an die Stelle der LANGEVIN-Funktion. Sie geht in diese über, wenn man für j einen großen Wert einsetzt, was einem Kontinuum von Energien nahekommt. Für den Fall eines möglichst niedrigen magnetischen Momentes, eines ^{2}S-Zustandes ($S = 1/2$, $L = 0$, also $j = 1/2$ und $g = 2$), worin nur ein Spinmoment da ist, geht die Funktion in die LENZsche Funktion

$$\sigma = \sigma_0 \operatorname{Tgh} a \tag{3**}$$

über. Hier gibt es also nur zwei Einstellmöglichkeiten, die parallele und die antiparallele Lage zum Magnetfelde.

Setzt man nun die quantentheoretische Magnetisierungsformel statt der LANGEVIN-Formel in Gl. (19) ein und integriert von $\sigma = 0$ bis zu $\sigma = \sigma_0$ $(a g = \infty)$, so konvergiert das Integral. Man findet nämlich mit dem Ausdruck (3*)

$$-\int_0^{\sigma_0} \frac{H}{T} \, \mathrm{d}\sigma = -R \ln(2j+1).$$

Für eine unendlich große äußere Feldstärke ist der magnetische Teil der Entropie $-R \ln(2j+1)$ je Grammol; dieser Teil ist temperaturunabhängig. In einem T-S-Diagramm ist also die Kurve für eine unendlich große Feldstärke parallel zu der Kurve für die Magnetisierung Null. Letztere stellt nur das erste Glied der Gl. (19) dar. Nach der DEBYEschen Theorie ist die spezifische Wärme eines festen Körpers bei sehr niedrigen Temperaturen der dritten Potenz der absoluten Temperatur proportional, so daß die Entropiekurve auch eine T^3-Kurve sein wird. Wählt man die Konstante der Gl. (19) so, daß nicht eine negative

* Dieses m ist nicht zu verwechseln mit der Elektronenmasse!

** Die moderne Quantentheorie gibt so die Lösung der Schwierigkeit, daß man — klassisch gerechnet — aus der CURIE-Konstante, z. B. für das magnetische Moment des Gadoliniumsulfats, nicht ein Vielfaches des BOHRschen Elementarmomentes μ_B findet (siehe S. 170).

Gemäß dieser Theorie soll man für das Moment den Wert $g\sqrt{j(j+1)} \cdot \mu_B$ finden. Aus der CURIE-Konstante $C = 15{,}2$ folgt für den ^{8}S-Zustand, also für $l = 0$, $s = 7/2$ (d. h. $j = 7/2$ und $g = 2$) den Wert $\mu_B = 9{,}1 \cdot 10^{-21}$, der also mit dem BOHRschen Magneton in guter Übereinstimmung ist (siehe S. 170).

Entropie auftritt, d. h. wählt man die Konstante gleich $R \ln(2j+1)$, so erhält man ein T-S-Diagramm, wie es z. B. in Abb. 82 dargestellt ist: Für endliche Werte der Magnetisierung wird die Entropie-Temperaturkurve den beiden schon erwähnten parallel verlaufen *. In der Figur sind ebenfalls einige Linien konstanter Feldstärke gezeichnet. Man sieht, daß die Kurven für von Null verschiedene Werte von H durch den Anfangspunkt gehen [20].

Der Entropieunterschied je Mol zwischen dem nichtmagnetisierten und dem bis zur Sättigung magnetisierten Zustand ist $R \ln(2j+1)$, weil es $(2j+1)$ Einstellmöglichkeiten gibt. Im allgemeinen kann man sagen, daß der Entropieunterschied zwischen dem Zustande vollkommener Unordnung und dem vollkommener Ordnung gleich $R \ln n$ ist, wenn ersterem eine n-fache Mannigfaltigkeit entspricht, letzterem also eine 1-fache. Gehört eine n-fache Mannigfaltigkeit möglicher Zustände zu *einem* Energiewert, so nennt man diesen Energiezustand *entartet*, wie z. B. bei den oben genannten $(2j+1)$ Einstellmöglichkeiten im Felde $H=0$. Wenn sie eine verschiedene Energie erhalten, z. B. durch Anwesenheit eines Magnetfeldes, so ist die Entartung aufgehoben; das hat zur Folge, daß beim absoluten Nullpunkt ein Zustand 1-facher Mannigfaltigkeit eintritt und daher die Entropie hier um den Betrag $R \ln(2j+1)$ tiefer sein wird als im Felde $H=0$.

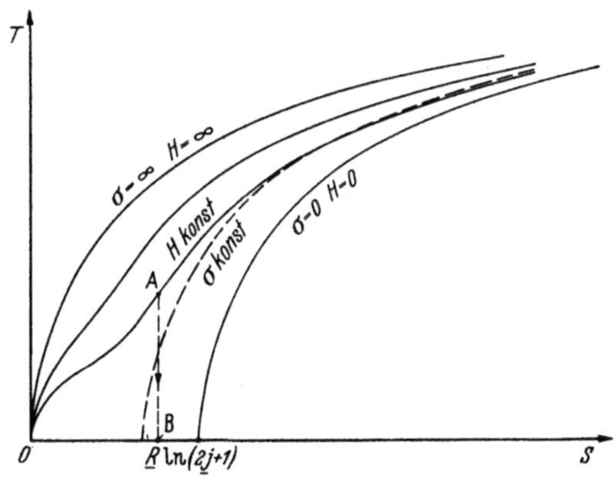

Abb. 82. T-S-Diagramm für paramagnetische Stoffe (nach DEBYE).

Wir wollen noch bemerken, daß die Magnetisierungskurve des Gadoliniumsulfats sehr gut dem Ausdruck (3*) entspricht, wenn man $j = 7/2$ einsetzt, was tatsächlich dem ^{8}S-Zustand ($L=0$, $S=7/2$) entspricht, in dem sich das Gadoliniumion bei den in Frage kommenden Temperaturen befindet [21] **.

5. Das LORENTZsche Feld.

Mit Hilfe des eben konstruierten T-S-Diagramms ist die Temperaturabnahme bei adiabatischer Entmagnetisierung leicht zu finden. Sie

* Man findet hier ein Beispiel für den auf S. 25 genannten Zusammenhang zwischen Entropie und Existenzwahrscheinlichkeit. Gesteigerte Magnetisierung bedeutet gesteigerte Ordnung im System, also verringerte Existenzwahrscheinlichkeit, was einer kleineren Entropie entspricht.

** Bei MEISSNER [22] findet man eine Übersicht über die Quantenzahlen j, S und L verschiedener mit magnetischem Moment versehener Metallionen.

wird von der Differenz der Ordinaten der Punkte, welche Anfangs- und Endzustand repräsentieren, dargestellt. Man braucht nur eine der T-Achse parallele Gerade zu ziehen, da ein adiabatischer umkehrbarer Prozeß durch eine solche Gerade dargestellt wird. Es ergibt sich aber eine Schwierigkeit. Aus dem Diagramm ist ersichtlich, daß, wenn man die Anfangstemperatur unterhalb eines gewissen Wertes annimmt, durch Entmagnetisierung von einer gewissen Feldstärke an (Punkt A) bis zur Feldstärke Null die Temperatur auf den absoluten Nullpunkt sinkt. Das steht im Widerspruch zu dem Prinzip der Unerreichbarkeit des absoluten Nullpunktes (s. I. Kapitel), so daß augenscheinlich das Entropiediagramm nicht richtig ist. Die Lösung dieser Schwierigkeit findet man, indem man annimmt, daß durch irgendeine Ursache die Entartung sogar bei Abwesenheit eines äußeren Feldes aufgehoben wird durch eine magnetische Wechselwirkung zwischen den paramagnetischen Ionen [23]. Nach Lorentz gibt es im paramagnetischen Körper ein magnetisch-molekulares Feld, entsprechend dem inneren Feld bei ferromagnetischen Körpern; das Lorentz-Feld der paramagnetischen Stoffe ist jedoch viel schwächer und wird sich erst bei sehr niedrigen Temperaturen bemerkbar machen. Bei diesen Temperaturen wird also der paramagnetische Stoff ferromagnetisch. Der Curie-Punkt, der aus der inneren Feldstärke berechnet werden kann, liegt bei einigen Hundertsteln Grad. Die Erscheinung erhält jedoch im vorliegenden Falle große Wichtigkeit, da die erreichten Temperaturen bereits diese Größenordnung haben.

An die Stelle des äußeren Feldes H_0 setzt man nun das totale magnetische Feld als Summe des erstgenannten und des Lorentzschen Feldes H_L. In den Formeln soll also für a

$$\frac{\mu(H+H_L)}{kT} \tag{20}$$

eingesetzt werden.

Nach Lorentz ist H_L der Magnetisierung σ proportional, und zwar ist $H_L = \frac{4\pi}{3}\sigma$. Das Problem entspricht jetzt dem Langevin-Weissschen, d. h. die Suszeptibilität ändert sich mit der Temperatur gemäß der Beziehung

$$\chi = \frac{C}{T - \frac{4\pi}{3}C}. \tag{21}$$

Man kann folgende Überlegung anstellen.

Da σ nicht mehr eine Funktion von H und T im Verhältnis dieser beiden ist, kommt auf der rechten Seite von (15) noch ein Glied mit $(\partial \overline{U}/\partial\sigma)_T$ hinzu. Gl. (10) wird

$$\mathrm{d}Q = \mathrm{d}U - \left(H + \frac{4\pi}{3}\sigma\right)\mathrm{d}\sigma, \tag{22}$$

und dafür läßt sich schreiben:

$$\mathrm{d}Q = \mathrm{d}\left(U - \frac{1}{2}\cdot\frac{4\pi}{3}\sigma^2\right) - H\,\mathrm{d}\sigma \;(= \mathrm{d}\overline{U} - H\,\mathrm{d}\sigma). \tag{23}$$

Nun hat H wieder dieselbe Bedeutung wie in der ursprünglichen Gleichung (H ist nämlich das äußere Feld). Man kann sich die innere Energie $\overline{U}$ also aus zwei Teilen zusammengesetzt denken: aus der thermischen inneren Energie U und der magnetischen inneren Energie $-\frac{1}{2}\cdot\frac{4\pi}{3}\sigma^2$. Die innere Energie ist von der Magnetisierung abhängig, ebenso wie bei einem nichtidealen Gas auch die innere Energie vom Volumen abhängt.

Die Entropie ist sofort aus (23) zu berechnen, während die Energie $\overline{U}$ nun auch von σ abhängt. Die Integration läßt sich jedoch bequemer mit (22) ausführen, da in dieser Gleichung U nur temperaturabhängig ist. Man findet für die Entropie also denselben Ausdruck wie (19), wo man jedoch an die Stelle von H jetzt $\overline{H} = H + H_{\mathrm{L}}$ setzen muß, während der Zusammenhang zwischen der Größe $\overline{H}$ und der Magnetisierung z. B. durch die LENZsche Funktion gegeben wird. Das T-S-Diagramm wird jedoch verwickelter, sobald man Linien eines konstanten äußeren Feldes H zeichnen will. Linien konstanter Magnetisierung behalten dieselbe Form wie in Abb. 82, nur kommt ihnen unterhalb einer gewissen Temperatur — abhängig von der Magnetisierung — keine wirkliche Bedeutung mehr zu, da zu dieser Temperatur ein bestimmter Minimalwert der Magnetisierung (nämlich der für $H = 0$) gehört.

Integrieren wir Formel (19) (in der $\overline{H}$ an die Stelle von H gesetzt wurde), so finden wir:

$$S = \int_0^T \frac{C_{\sigma=0}}{T}\,\mathrm{d}T - R\,\{a\,\mathrm{Tgh}\,a - \ln \mathrm{Csh}\,a\} + R\ln 2, \tag{24}$$

wo a den Ausdruck (20) darstellt. Die Entropiekonstante wurde so gewählt, daß die Entropie stets positiv bleibt.

Will man nun ein Abb. 82 ähnliches Entropiediagramm konstruieren, so geht man in folgender Weise vor [24]. Man bestimmt bei konstantem Wert von H für verschiedene Temperaturen die Größe a aus dem Schnittpunkt der Magnetisierungskurve mit der Geraden durch den Punkt $-\frac{3}{4\pi}H$ (s. S. 167). Dieser Wert von a, in (24) eingesetzt, gibt nun für jede Temperatur einen gewissen Wert der Entropie, und diese Werte bilden eine Kurve für das Feld H, von dem man ausging. Nimmt man z. B. $H = 0$, so wird für Temperaturen oberhalb der CURIE-Temperatur die Magnetisierung Null sein, also $a = 0$. Die Entropie ist der des paramagnetischen Körpers gleich, und zwar

$$\int_0^T \frac{C_{\sigma=0}}{T}\,\mathrm{d}T + R\ln 2. \qquad (T > \Theta) \tag{25}$$

Für Temperaturen unterhalb des CURIE-Punktes nimmt a von Null verschiedene Werte an, die um so größer sind, je niedriger die Temperatur ist. Der magnetische Teil der Entropie [das zweite Glied in (24)], der oberhalb des CURIE-Punktes Null war, wird einen endlichen negativen Wert annehmen, der schließlich gleich $-R \ln 2$ wird, sobald $T = 0$ ist; in diesem Fall ist a unendlich groß. Gerade hier liegt der Unterschied zu dem paramagnetischen Stoff, für den beim Feld $H = 0$ bei endlicher Temperatur immer $a = 0$ bleibt.

Die Entropiekurve für $H = 0$ erhält die Form, die in Abb. 83 eingetragen ist. Bei dem CURIE-Punkt, wo die thermische Energie die Größenordnung der Wechselwirkungsenergie hat, zeigt sie eine starke Krümmung infolge des plötzlichen Eintretens einer Magnetisierung; diese bedeutet eine Ordnung und deshalb eine Abnahme der Entropie. Natürlich ist für das Feld $H = \infty$ die Kurvenform dieselbe wie in Abb. 82. Entmagnetisiert man nun von einer bestimmten Feldstärke und Temperatur an, so erniedrigt sich die Temperatur um einen Betrag, der von dem Abstande zwischen der Kurve für den Anfangswert H bei gegebener Anfangstemperatur und der Kurve für $H = 0$, z. B. von der Länge A—B, dargestellt wird. Diese Temperatursenkung ist am größten, wenn die Endtemperatur gleich der CURIE-Temperatur ist; je niedriger die Temperatur ist, um so kleiner ist die Senkung. Man sieht also, daß der absolute Nullpunkt durch Entmagnetisierung nur asymptotisch erreicht werden kann, was mit dem Prinzip der Unerreichbarkeit des Nullpunktes der Temperatur in Übereinstimmung ist.

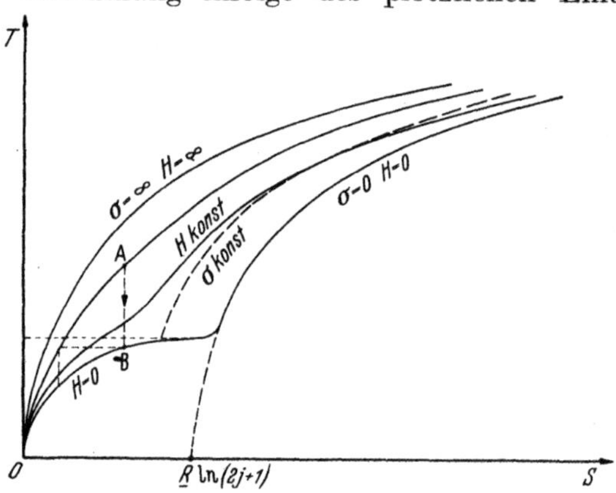

Abb. 83. T-S-Diagramm für ferromagnetische Stoffe (nach DEBYE).

Die Verhältnisse liegen so, daß, wenn man von der Temperatur des flüssigen Heliums ausgeht, die CURIE-Temperatur ein Mindestwert der Temperaturen ist, die durch Entmagnetisierung des Körpers zu erreichen sind. Je kleiner also die magnetische Wechselwirkung ist, um so niedriger wird die vom Körper erreichte Temperatur.

Nach der obigen Theorie muß bei den extrem niedrigen Temperaturen nach der Magnetisierung ein remanenter Magnetismus im Körper zurückbleiben, ein magnetisches Moment, das bei Erwärmung bis oberhalb der CURIE-Temperatur verschwindet.

Tatsächlich hat man an verschiedenen Substanzen einen Ferromagnetismus nachweisen können [25]. Bei Eisen-Ammonium-Alaun hat sich der CURIE-Punkt bei $T = 0{,}034^\circ$ K ergeben. Unterhalb dieses Punktes zeigte sich eine Remanenz von der Größenordnung 1 CGS. Auch der

χ-T-Verlauf entspricht schon im Temperaturgebiete des flüssigen Heliums besser dem CURIE-WEISSschen als dem CURIEschen Gesetz.

Es kommt also durch Einführung des LORENTZschen Feldes zu einer Übereinstimmung mit dem NERNSTschen Theorem. Ohne diese magnetische Wechselwirkung würde bei Abwesenheit eines äußeren Feldes beim absoluten Nullpunkt noch eine gewisse Entartung — mindestens eine zweifache, der parallelen bzw. antiparallelen Orientierung des magnetischen Momentes des Ions gegenüber einem möglichen Magnetfeld entsprechend — vorhanden sein. Durch Anlegen eines äußeren Feldes könnte man noch eine gewisse Ordnung zustande bringen und dieser Vorgang würde daher zu einer Entropieänderung Anlaß geben, was nach NERNST-PLANCK nicht möglich ist.

Beim absoluten Nullpunkt muß also jede Entartung aufgehoben sein. Bis jetzt ist es die LORENTZsche Wechselwirkung, die eine untere Grenze der mittels Entmagnetisierung erreichbaren Temperatur bedeutet. Aber es ist möglich, daß die von dieser Störung aufgespalteten Energiezustände insofern doch noch eine Entartung enthalten, als eine Energiedifferenz hervorgerufen werden kann durch eine Einwirkung, die viel kleiner ist als die LORENTZsche Wechselwirkung und deshalb erst bei Temperaturen weit unterhalb der CURIE-Temperatur sich bemerkbar machen würde. In diesem Falle würde man ein Mittel an der Hand haben, die Temperatur weiter herabzusetzen. Eine solche Möglichkeit liegt vielleicht im Kernmagnetismus [26].

6. Einfluß des elektrischen Feldes des Kristallgitters.

Einen mehr oder weniger großen Einfluß auf die mittels Entmagnetisierung erreichbaren Temperaturen hat eine zweite Störungsquelle, nämlich die Wirkung des elektrischen Feldes des Kristallgitters auf das paramagnetische Ion, weil auch diese in einem bestimmten Temperaturgebiete die Entropie herabsetzt. Dieses Temperaturgebiet liegt dort, wo die Störungsenergie und die thermische Energie kT dieselbe Größe annehmen, und zwar im allgemeinen oberhalb des Gebietes, wo die magnetische Kopplung sich bemerkbar macht. Dieser sog. STARK-Effekt ist meist sehr klein, weil die paramagnetischen Ionen der für die Entmagnetisierung in Betracht kommenden Salze fast alle in einem S-Zustand sind. Das elektrische Feld übt nur auf dem Weg über die schwache Kopplung zwischen Bahn und Spin des Elektrons (der für den Paramagnetismus verantwortlich ist) auf den letzteren seinen Einfluß aus. Die für diese elektrische Einwirkung charakteristische Temperatur hat die Größenordnung 0,1° K.

Der Einfluß des elektrischen Feldes läßt sich besonders gut an den von GIAUQUE und MACDOUGALL experimentell untersuchten Gadoliniumsalzen [27] studieren, weil bei diesen infolge der großen magnetischen Verdünnung (großer Abstand zwischen den paramagnetischen Ionen) die magnetische Kopplung sehr schwach ist und deshalb die Erscheinungen durch diese nicht verwickelt werden. So gibt es auch andere Salze, in denen gerade die elektrische Wirkung des Kristallgitters besonders klein ist, während eine merkbare magnetische Kopplung existiert, z. B. das Cäsium-Titan-Alaun. Bei Eisen-Ammonium-Alaun sind beide Effekte besonders deutlich im Verlaufe der von KÜRTI und SIMON gemessenen spezifischen Wärme mit der Temperatur zu erkennen. Wie das T-S-Diagramm (s. Abb. 84) dieser Substanz qualitativ aussieht, erkennt man folgendermaßen. Die fünf Elektronen in der D-Schale des Fe^{+++}-Ions befinden sich im ^6S-Zustand, d. h. das magnetische Spinmoment kann die sechs Energiewerte $\pm 5\,\mu_0 H$, $\pm 3\,\mu_0 H$ und $\pm\mu_0 H$ in einem Magnetfeld H aufweisen. Dieser Anzahl entspricht im Felde $H = 0$ der Entropiewert $R \ln 6$ (6fache Entartung). Wenn man den Beitrag der thermischen Bewegung zur Entropie vernachlässigt, wird die Entropie im T-S-Diagramm für das Feld $H = 0$ von der zur T-Achse parallelen Geraden A dargestellt, falls die Entartung nicht von irgendeiner Störung aufgehoben würde. Kommen jedoch den sechs Zuständen sogar im Felde $H = 0$ durch die Anwesenheit eines elektrischen Feldes jetzt verschiedene Energien zu, so bedeutet dies die Aufhebung der Entartung, d. h. es tritt eine mit sinkender Temperatur fortschreitende Ordnung ein, die dadurch zustande kommt, daß, je tiefer die Temperatur ist, die Besetzung der verschiedenen Energieniveaus sich auf eine um so geringere Anzahl dieser Niveaus beschränkt.

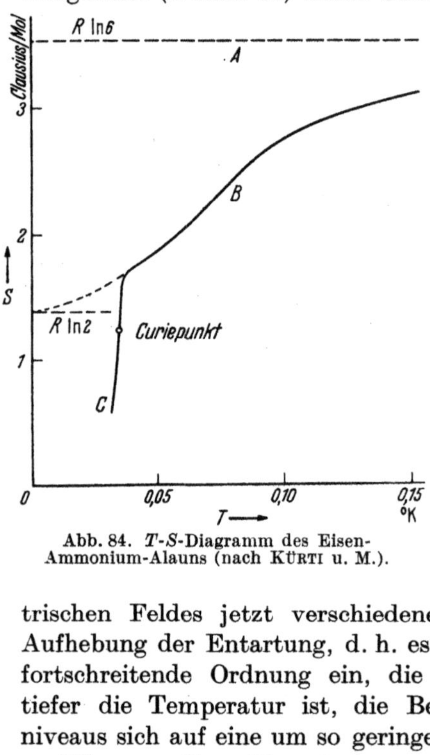

Abb. 84. T-S-Diagramm des Eisen-Ammonium-Alauns (nach KÜRTI u. M.).

Wie nun diese Energieniveaus liegen, d. h. wie die Entropiekurve aussehen wird, ist gerade das Problem, das Theoretiker wie BETHE, v. VLECK, KRAMERS, PENNEY sich gestellt haben. Im Falle des Eisen-Ammonium-Alauns kommt man z. B. im Felde $H = 0$ zu einer Spaltung in zwei Niveaus, von denen das obere vierfach, das untere zweifach entartet ist [28]. Selbstverständlich wird durch ein äußeres Feld auch diese Entartung aufgehoben. Die Folge dieser Spaltung ist, daß in einem gewissen Temperaturgebiete bei $H = 0$ die Besetzung der Niveaus, die bei hohen Temperaturen gleichmäßig über die beiden Niveaus verteilt ist, sich mehr und mehr auf das tiefere Niveau beschränkt. Bei $T = 0$ wird nur das untere Niveau, das noch 2fach entartet ist, besetzt sein. Die Entropie wird daher in diesem Temperaturgebiete von dem Wert $R \ln 6$

bei höherer Temperatur bis zu $R \ln 2$ bei $T = 0$ sinken (Kurve B). Die zurückbleibende Entartung, die den beiden Zuständen gleicher Energie im elektrischen Felde (parallele und antiparallele Orientierung des Spins zu einem möglichen Magnetfelde) entspricht, kann bei Abwesenheit eines äußeren Feldes nur von der LORENTZ-Magnetisierung aufgehoben werden (Kurve C) (s. KRAMERS [29]).

Experimentell hat man die Anomalie in der spezifischen Wärme bei $T = 0{,}07°$ K festgestellt. Im Rahmen der Theorie entspricht diesem Wert ein Abstand der beiden Niveaus, wie ihn DEBYE [30] berechnet, gleich $0{,}25 \cdot 10^{-16}$ erg, oder als Temperaturwert ausgedrückt:

$$\frac{0{,}25 \cdot 10^{-16}}{k} = \frac{0{,}25 \cdot 10^{-16}}{1{,}38 \cdot 10^{-16}} = 0{,}18°\,\mathrm{K}$$ (k ist die BOLTZMANNsche Konstante),

das ist gleich der Energie eines Bohr-Magnetons in dem Felde 2800 G. Von CASIMIR und Mitarbeitern [31] wurde die Entropiekurve für $H = 0$ bis zu $T = 0{,}5°$ K herab aus Entmagnetisierungsversuchen dadurch ermittelt, daß die Entropieabnahme bei Magnetisierung gemäß dem CURIE-Gesetz $\chi T = 9{,}0 \cdot 10^{-3}$ (je g) (mit Berücksichtigung einer Sättigungskorrektur) berechnet wurde; diese Entropieabnahme findet auch statt, wenn man bei $H = 0$ die Temperatur bis zu der im Entmagnetisierungsversuch erhaltenen Endtemperatur erniedrigt, so daß die zu diesen Temperaturen gehörenden Entropiewerte bekannt sind. Die Ergebnisse führten gemäß der HEBB- und PURCELLschen Theorie [32] ebenfalls zu der oben genannten Aufspaltungsenergie.

Auch andere Salze, wie Gadoliniumsulfat, Kalium-Chrom-Alaun [33], Gadoliniumnitrobenzinsulfonat $Gd(C_6H_4NO_2SO_3)_3 7\,H_2O$ zeigen denselben Habitus. Im allgemeinen ist dieser ziemlich gut quantitativ zu deuten. Die magnetische Wechselwirkung wird meistens mit dem LORENTZ-Feld interpretiert. Für Eisen-Ammonium-Alaun findet DEBYE den CURIE-Punkt bei $T = 0{,}038°$ K, also in guter Übereinstimmung mit dem von KÜRTI [34] beobachteten Wert. Eine genauere Behandlung hat ONSAGER [35] ausgeführt, dessen Theorie aber nicht zu einem CURIE-Punkt führt. V. VLECK [36] sieht die magnetische Kopplung als eine Kopplung zwischen zwei magnetischen Dipolen an und berechnet die Entropie als Funktion des Verhältnisses τ/T einer für die Kopplung charakteristischen Temperatur τ und der KELVIN-Temperatur T. Für Eisen-Ammonium-Alaun ist $\tau = 0{,}047$; für Cäsium-Titan-Alaun ist diese Temperatur nur 0,0038 wegen des kleinen magnetischen Momentes ($S = s = 1/2$). Weil bei dieser Substanz das Kristallgitter keinen Einfluß ausübt, ist es also bis zu sehr niedrigen Temperaturen als ideal-paramagnetisch zu bezeichnen.

7. Die spezifische Wärme der paramagnetischen Salze.

Finden infolge des Vorhandenseins störender elektrischer oder magnetischer Felder in einem gewissen Temperaturgebiet Übergänge von einem Zustande des Ions in einen anderen Zustand statt, der bezüglich des

Feldes energetisch von ihm verschieden ist, so wird sich dies unmittelbar in einer Vergrößerung der spezifischen Wärme zeigen [37]. Ein derartiges Ansteigen der spezifischen Wärme trifft man z. B. an beim CURIE-Punkt eines ferromagnetischen Körpers, in dem die magnetischen Momente beim Überschreiten der CURIE-Temperatur aus einer mehr oder weniger gerichteten Lage plötzlich in eine andere mit größerer potentieller Energie übergehen.

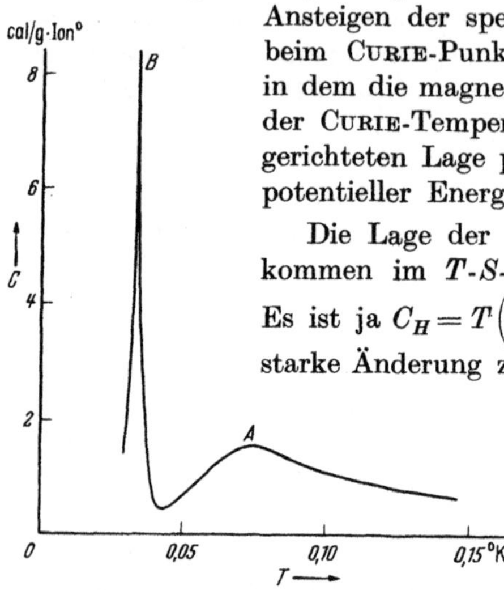

Abb. 85. Spezifische Wärme des Eisen-Ammonium-Alauns (nach KÜRTI u. M.).

Die Lage der Gebiete höherer spezifischer Wärme kommen im T-S-Diagramm deutlich zum Ausdruck. Es ist ja $C_H = T\left(\frac{\partial S}{\partial T}\right)_H$. Dort, wo die Entropie eine starke Änderung zeigt, wird sich also im Verlaufe der spezifischen Wärme eine Spitze ergeben. In einer solchen Spitze ist die spezifische Wärme viele Male so groß wie bei der thermischen Bewegung, die bei den hier in Rede stehenden sehr tiefen Temperaturen besonders klein ist. In Abb. 85 erkennt man den Verlauf der spezifischen Wärme des Eisen-Ammonium-Alauns auf Grund der Messungen von KÜRTI, LAINÉ und SIMON [38], nachdem die Temperatur korrigiert

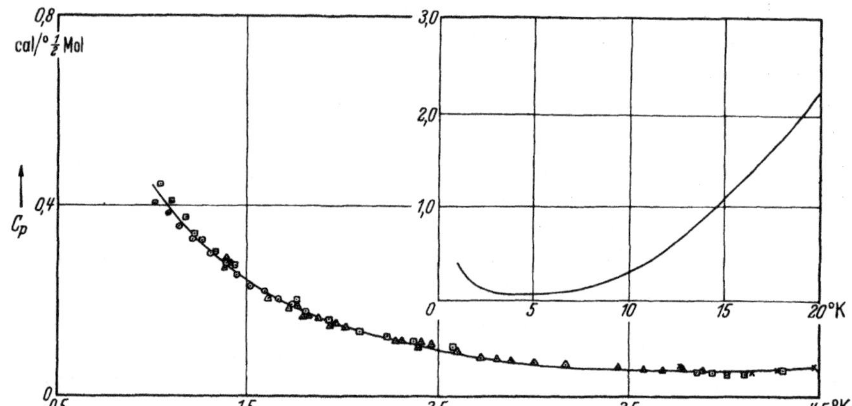

Abb. 86. Spezifische Wärme des Gadoliniumsulfats (je $^1/_2$ Mol) (nach CLARK und KEESOM).

wurde (s. Ziff. 8). Aus der Abbildung wird das Gebiet einer höheren spezifischen Wärme entsprechend dem Kristallgittereinfluß in der Nähe von 0,07° K (s. S. 183) deutlich ersichtlich. Der Anstieg unterhalb 0,05° K ist die Folge des Eintretens der spontanen Magnetisierung [39]. Dasselbe Bild zeigt auch das Kalium-Chrom-Alaun [40]. Die Kurve der spezifischen

Wärme des Cäsium-Titan-Alauns [41] zeigt nur einen einzigen Anstieg, da allein der Einfluß der magnetischen Kopplung sich bemerkbar macht. Der Verlauf der $^1/_2$-Molwärme des Gadoliniumsulfats [42] zeigt den Einfluß des Gitters schon bei 5° K (s. Abb. 86).

8. Die Temperaturmessung.

Wir bemerkten bereits, daß die mittels Entmagnetisierung erhaltenen niedrigen Temperaturen nicht mehr mit Hilfe eines Helium-Gasthermometers gemessen werden konnten, da die Dampfdrucke hier bis zu unmeßbar kleinen Werten abgenommen haben. Es war also ein anderes Verfahren nötig. Nun ist eine vorläufige Bestimmung der Temperatur durch die Messung der Suszeptibilität möglich [43]. Man verfährt so:

An einem bestimmten Stoffe mißt man die Temperaturabhängigkeit der magnetischen Suszeptibilität bei möglichst niedrigen, mit dem Gasthermometer noch meßbaren Temperaturen. Kann man nun auf Grund theoretischer Betrachtungen schließen, wie der Verlauf der Suszeptibilität χ mit der Temperatur sich bei niedrigeren Temperaturen verhalten wird, d. h. läßt sich mit genügender Sicherheit dieser Verlauf extrapolieren, so ist es möglich, aus dem Werte der Suszeptibilität bei der unbekannten Temperatur T diese Temperatur innerhalb gewisser Grenzen zu ermitteln. Das Curiesche Gesetz sagt z. B., daß χT einen konstanten Wert C hat. Bestimmt man nun diese Konstante in einem höheren Temperaturgebiet, in dem noch mit dem Gasthermometer gearbeitet werden kann, so ist es möglich, aus der gemessenen Suszeptibilität die Temperatur zu berechnen, wenn die Annahme zulässig ist, daß keine Abweichungen vom Curieschen Gesetze vorliegen. Es kann sich jedoch auch zeigen, daß Abweichungen von dem idealen Verhalten durch die im vorigen Paragraphen genannten Einflüsse eintreten; dann hat es große Schwierigkeit, die Suszeptibilität in Abhängigkeit von der Temperatur genügend genau aus der Theorie vorherzusagen. Durch das elektrische Feld des Kristallgitters wird die Suszeptibilität verringert; dagegen wird im Falle des Vorhandenseins einer magnetischen Wechselwirkung die Suszeptibilität größer sein und also die wirkliche Kelvin-Temperatur T höher als die idealisierte Temperatur T^*, die man durch Extrapolieren nach dem Curieschen Gesetz erhält. Bei dem Curie-Punkt wird die Suszeptibilität sogar unendlich groß, also $T^* = 0$. Solange nicht feststeht, welche Interpretation (Onsager, Lorentz u. a.) die magnetische Kopplung befriedigend darstellt, ist es nicht möglich, die Temperatur aus einer Suszeptibilitätsmessung festzustellen, und dann wird man einen anderen Weg einschlagen müssen.

a) Bei Keesom [44] findet sich folgender Gedankengang:

Man führt zweimal eine adiabatische Entmagnetisierung mit demselben Stoff aus, indem man in beiden Fällen von einer und derselben bekannten absoluten Temperatur ausgeht, jedoch mit einer Differenz ΔH

im Magnetfeld. Wenn man aus Messungen die Magnetisierung in Abhängigkeit von der absoluten Temperatur kennt, so kann man die Entropiedifferenz ΔS in den Anfangszuständen beider Experimente berechnen. Aus Gl. (11) und (12) folgt für die Entropieänderung bei einem isothermischen Prozeß:

$$\mathrm{d}S = -\left(\frac{\partial H}{\partial T}\right)_\sigma \mathrm{d}\sigma = -\left(\frac{\partial H}{\partial T}\right)_\sigma \left(\frac{\partial \sigma}{\partial H}\right)_T \mathrm{d}H = \left(\frac{\partial \sigma}{\partial T}\right)_H \mathrm{d}H. \quad (26)$$

Führt man nun in beiden Fällen die adiabatische Entmagnetisierung bis zu einer und derselben Feldstärke aus, so werden sich die Endtemperaturen um Δt unterscheiden, während der Temperaturindikator (z. B. die Suszeptibilität) die Endtemperatur t anzeigt. Indem man nun die Wärmemenge mißt, die für das Überführen des Stoffes aus dem einen Endzustand in den anderen erforderlich ist (dessen Temperatur um Δt höher liegt), so kennt man von diesen beiden Zuständen sowohl die Differenz ΔQ des Wärmeinhalts als auch die Entropiedifferenz ΔS, da diese Entropiedifferenz derjenigen der beiden Anfangszustände gleich ist. Das Verhältnis dieser beiden Bestimmungsstücke $\mathrm{d}Q/\mathrm{d}S$ ist die (mittlere) absolute Temperatur.

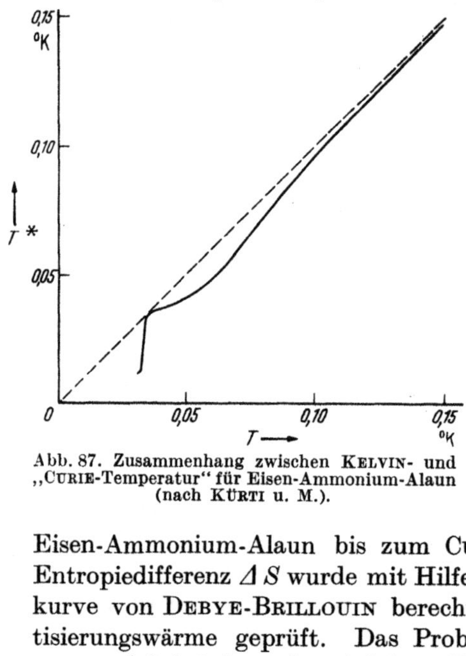

Abb. 87. Zusammenhang zwischen KELVIN- und „CURIE-Temperatur" für Eisen-Ammonium-Alaun (nach KÜRTI u. M.).

Gemäß dieser Methode haben KÜRTI und Mitarbeiter die thermodynamische Temperatur mit Eisen-Ammonium-Alaun bis zum CURIE-Punkt herab bestimmt. Die Entropiedifferenz ΔS wurde mit Hilfe der theoretischen Magnetisierungskurve von DEBYE-BRILLOUIN berechnet und an Messungen der Magnetisierungswärme geprüft. Das Problem der Bestimmung der Wärmemenge ΔQ bei der sehr niedrigen Temperatur hat man in recht sinnreicher Weise gelöst. Die Erwärmung geschah durch Bestrahlung des Präparats mit γ-Strahlen*. Man hatte also eine konstante Wärmezufuhr je Zeiteinheit, deren Absolutwert bei höheren Temperaturen (wo die KELVIN-Temperatur bekannt war) bestimmt werden konnte. Die Messung von ΔQ wurde also zu einer Zeitmessung. Die Genauigkeit war etwa 10 vH.

Das Ergebnis findet man in Abb. 87 [47]. Bei dem CURIE-Punkt sinkt die Temperatur t plötzlich, was zu erwarten ist, wenn t die aus dem CURIE-Gesetz und der Suszeptibilitätsmessung gefundene Temperatur

* Diese Methode der Erwärmung wurde auch von GIAUQUE und MACDOUGALL [45] benutzt. Eine andere Möglichkeit, ebenfalls von diesen Forschern angewandt, bietet die Induktionserwärmung [46].

T^* ist. Mit Hilfe des zwischen T^* und T gefundenen Zusammenhanges wurden die nach Abb. 84 bzw. 85 dargestellten Messungen der Entropie und der spezifischen Wärme korrigiert.

Eine Anwendung der in Rede stehenden Methode findet man auch bei CASIMIR [48] und Mitarbeitern, die ein neues Verfahren für Wärmezufuhr angegeben haben, welches allerdings nur unter speziellen Umständen ausführbar ist. Wenn das Salz eine magnetische Hysterese zeigt, so ist es möglich, eine Wärmeerzeugung mittels eines oszillierenden magnetischen Feldes hervorzurufen. Aus der Messung der Phasenverschiebung der Suszeptibilität gegenüber dem angelegten Feld läßt sich die Größe der Wärmeentwicklung ermitteln. Diese Methode hat den Vorteil, daß die Wärmezufuhr möglichst gleichmäßig ist und unmittelbar dem Spinsystem zugeführt wird. Auf diese Weise hat man auch die spezifische Wärme des Eisen-Ammonium-Alauns in der Nähe des CURIE-Punktes gemessen.

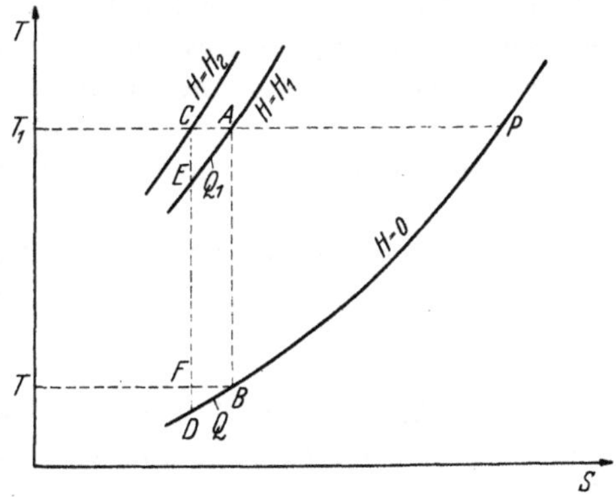

Abb. 88.

b) Offensichtlich wird im obenstehenden Verfahren die Kenntnis der Abhängigkeit der Größe σ von der Temperatur verlangt, und zwar so genau, daß auch die Neigung der Kurve $\partial\sigma/\partial T$ noch mit genügender Genauigkeit festliegt. Um davon abzukommen, hat KEESOM [49] eine andere Methode vorgeschlagen, die von der Kenntnis der σ-T-Kurve unabhängig ist.

In Abb. 88, die das T-S-Diagramm des zu benutzenden Körpers darstellt, findet man drei Linien, die sich auf ein konstantes äußeres Feld beziehen. Man kann sich eine adiabatische Entmagnetisierung denken von der Feldstärke H_1 bis zu der Feldstärke Null, und eine zweite von der Feldstärke H_2 ebenfalls bis zu der Feldstärke Null, wobei in beiden Fällen von denselben Temperaturen T_1 ausgegangen wird. Der Kreislauf $ACFB$ stellt einen CARNOT-Kreislauf dar, so daß man schreiben kann:

$$T = T_1 \frac{Q_{FB}}{Q_{CA}},$$

wenn Q_{CA} usw. die Wärmemenge bedeutet, die entweder zu- oder abgeführt werden muß, um von dem Zustande C nach A oder umgekehrt zu gelangen. Wenn $(H_2 - H_1)$ nur klein ist, kann man schreiben

$$T = T_1 \frac{Q_{DB}}{Q_{EA}} = T_1 \frac{Q}{Q_1}.$$

Diese Methode beschränkt sich also auf die Messung der beiden Wärmemengen.

Q_{EA} findet man als die Wärmemenge, die erforderlich ist, um den Stoff nach adiabatischer Entmagnetisierung von H_2 bis zu H_1, wenn man von T_1 ausgeht, wieder bis zu dieser Anfangstemperatur zu erwärmen. Q_{DB} ist die Differenz der Wärmemengen, die notwendig sind, um den Stoff nach adiabatischer Entmagnetisierung von H_2 bzw. H_1 bis zu $H = 0$, ebenfalls wieder bis auf die Anfangstemperatur T_1 zu erwärmen. Man sieht, daß man nur ein Hilfsthermometer zu benutzen braucht, um zu erkennen, ob die Anfangstemperatur nach der Entmagnetisierung und Erwärmung wieder erreicht ist; die Temperatur braucht nach der Entmagnetisierung nicht besonders gemessen zu werden. Ist sie jedoch sehr niedrig, so empfiehlt es sich, ein Sekundärthermometer zu benutzen, damit die Wärme Q_{DB} unmittelbar gemessen werden kann. Ein derartiges Thermometer genügt, um die Temperaturen, die man in den beiden Entmagnetisierungsversuchen erreicht hat, wieder herstellen zu können.

c) Ein experimentell besonders einfaches Verfahren zur Bestimmung des Verhältnisses der Wärmemengen Q und Q_1 wurde von KÜRTI und SIMON [50] vorgeschlagen.

Mit Hilfe eines willkürlichen Thermometers (Suszeptibilitätsmessung) wird eine Aufwärmungskurve aufgenommen, nachdem die Substanz adiabatisch entmagnetisiert und einer γ-Strahlenquelle ausgesetzt wurde. Der Zustandspunkt im T-S-Diagramm nähert sich allmählich dem Punkte D (Abb. 88). Dann wird während einer bestimmten Zeitdauer ein Magnetfeld H_1 angelegt, und unterdessen findet bei einer höheren Temperatur eine Erwärmung von E bis A statt. Nachdem das Feld wieder ausgeschaltet ist, wird die Erwärmungskurve weiter aufgenommen, also von B aufwärts. Die Zeit, die nötig wäre, um die Substanz unmittelbar von D bis B zu erwärmen, kann durch Extrapolieren aus dem ersten Teil der Erwärmungskurve, und zwar zum zweiten Teil parallel, oder mit Hilfe einer gesonderten Meßreihe ermittelt werden. Das Verhältnis dieser Zeit zu der Zeitdauer der Aufrechterhaltung des Magnetfeldes H_1 liefert unmittelbar das Verhältnis der Wärmemengen Q/Q_1 und damit das Verhältnis der absoluten Temperaturen T/T_1. Wenn man die Temperatur T_1 im Gebiete des flüssigen Heliums wählt, wo die Skala festliegt, so läßt sich der Proportionalitätsfaktor ermitteln.

d) Daß DE HAAS und WIERSMA [51] versucht haben, die Temperaturskala nach einem anderen Verfahren festzulegen, beruht auf der Tatsache, daß sie im Cäsium-Titan-Alaun einen Stoff fanden [52], der sich bis zu der Temperatur 0,0055° K in folgendem Sinne nahezu ideal verhält (s. Ziff. 3): die Magnetisierung behält einen konstanten Wert bei, wenn man von der Feldstärke 24000 G bei der Temperatur 1,20° K bis zur Feldstärke 100 G entmagnetisiert. In Anbetracht des kleinen magnetischen Moments, der starken Verdünnung in magnetischer Hinsicht und der als Folge einer gewissen Symmetrie kleinen Gitterstörung der paramagnetischen Ionen [53] war dieses Verhalten zu erwarten. Durch diese Eigenart unterscheidet sich Cäsium-Titan-Alaun von anderen Stoffen; die Tatsache, daß die Magnetisierung bis zu einer so tiefen Temperatur konstant bleibt, macht den Stoff für thermometrisches Material besonders geeignet. Da dieser Stoff als ideal-paramagnetisch anzusehen ist, was einschließt, daß er dem CURIEschen Gesetze genügt, darf man also auch vermuten, daß das Verhältnis der Anfangs- zur Endtemperatur dem Verhältnis zwischen Anfangs- und Endfeld [Gl. (17)] nahezu gleich sein wird; und das ist tatsächlich der Fall. Aber gerade die Abweichung vom idealen Gesetz bestimmt man in einem Temperaturgebiet, in dem noch mit dem Gasthermometer gearbeitet werden kann.

Entmagnetisiert man bis zu einer Feldstärke, die niedriger als 100 G ist, so zeigt sich, daß die Magnetisierung sich ändert; sie wird um so kleiner, je niedriger die Feldstärke nach der Entmagnetisierung ist. Ursache hiervon ist eine Wechselwirkung. Folglich eignet sich Cäsium-Titan-Alaun unterhalb 0,0055° K nicht mehr für die Temperaturbestimmung nach der vorliegenden Methode.

Die Betrachtungen von DE HAAS und WIERSMA lauten wie folgt: Wenn man σ konstant annimmt, kann man mit Hilfe der Gl. (11) folgern, daß $(\partial U/\partial T)_\sigma = 0$ ist [anscheinend schließen die Verfasser die Möglichkeit $\mathrm{d}T = 0$ oder $(\partial U/\partial\sigma)_T - H = \infty$ aus]. Der Schluß, daß $\frac{\partial^2 U}{\partial\sigma\,\partial T} = 0$ ist, wird durch die experimentelle Tatsache bestätigt, daß auch ein anderer Wert von σ innerhalb der Meßgenauigkeitsgrenze bei der genannten Entmagnetisierung konstant bleibt. Nach Gl. (12) ist dann:

$$\frac{\partial}{\partial T}\left\{\frac{1}{T}\left(\frac{\partial U}{\partial\sigma}\right)_T - \frac{H}{T}\right\} = 0,$$

so daß man schließen kann:

$$\frac{1}{T}\left(\frac{\partial U}{\partial\sigma}\right)_T - \frac{H}{T} = -f(\sigma). \tag{27}$$

Weil nun $(\partial U/\partial\sigma)_T$ eine Funktion ist, die nicht von der Temperatur abhängig ist, kann man das Ergebnis durch

$$H = T\,f(\sigma) + g'(\sigma) \tag{28}$$

ausdrücken, wo $g'(\sigma) = \left(\frac{\partial U}{\partial\sigma}\right)_T = \frac{\mathrm{d}U}{\mathrm{d}\sigma}$ ist.

Wenn die innere Energie nicht von der Magnetisierung abhängig wäre, würde $g'(\sigma) = 0$ sein, und das Verhältnis der Feldstärke zur Temperatur vor und nach der Entmagnetisierung wäre dasselbe. Offenbar stellt sich also $g'(\sigma)$ als ein kleines Korrektionsglied heraus. Da bei der Entmagnetisierung σ konstant bleibt, kann man den Wert beider Funktionen $f(\sigma)$ und $g'(\sigma)$ aus zwei Messungen bei höheren Temperaturen bestimmen (wobei σ denselben Wert hat, den man bei der unbekannten Temperatur gemessen hat). Sind die Werte beider Funktionen bekannt, so kann man aus der Feldstärke nach der Entmagnetisierung die zugehörige absolute Temperatur finden.

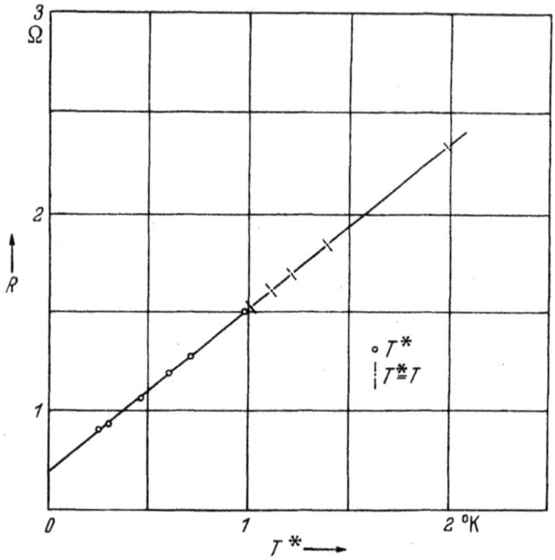

Abb. 89. Widerstandsverlauf eines Phosphorbronzethermometers (nach v. Dyk u. M.).

Natürlich wird auch hier eine große Genauigkeit der Messungen verlangt, da $g'(\sigma)$ nur klein ist, so daß die Meßgenauigkeit viel größer sein muß als dieses Korrektionsglied.

Inwiefern die Möglichkeit, daß σ nicht genau konstant ist, auf diese Betrachtung Einfluß hat, wird in der Veröffentlichung nicht erwähnt. Die Genauigkeitsgrenze, innerhalb der σ konstant blieb, war ungefähr 5%.

e) Selbstverständlich würde es eine Vereinfachung der Meßtechnik bedeuten, wenn man die durch Entmagnetisierung erhaltenen Temperaturen ebenso wie die höheren Temperaturen mit Hilfe eines Widerstandsthermometers messen könnte [54]. Es hat sich herausgestellt, daß ein für das Gebiet des flüssigen Heliums geeignetes, im folgenden Kapitel zu beschreibendes Phosphorbronzethermometer seinen Widerstandsgradienten auch unterhalb 1° K beibehält, wie aus der Abb. 89 hervorgeht. Der Widerstand zeigt einen fast linearen Verlauf mit der Temperatur T^*, die mit Hilfe von Gadoliniumsulfat [55] bis auf 0,25° K herabgesetzt wurde. An anderer Stelle [56] ist sogar bis zu 0,027° K eine für Thermometerzwecke geeignete Temperaturabhängigkeit festgestellt worden.

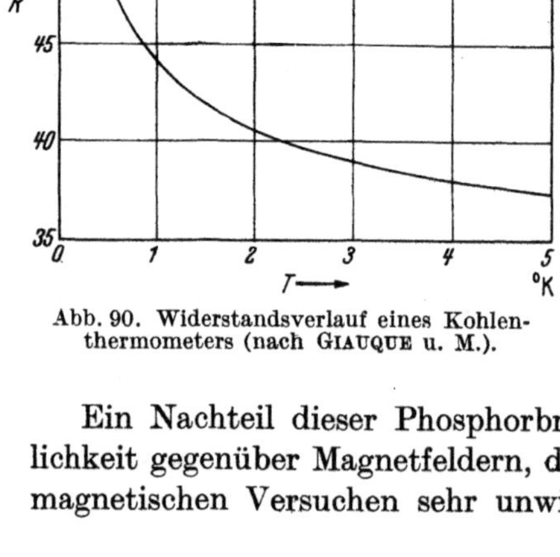

Abb. 90. Widerstandsverlauf eines Kohlenthermometers (nach Giauque u. M.).

Ein Nachteil dieser Phosphorbronze ist jedoch die große Empfindlichkeit gegenüber Magnetfeldern, die gerade bei den in Frage stehenden magnetischen Versuchen sehr unwillkommen ist. Nun hat man beobachtet, daß aus Kohle hergestellte Widerstände [57] und ebenso Widerstände aus Ostindien-Tinte diese Beeinträchtigung nicht zeigen, während ihr Widerstand im Gebiete des flüssigen Heliums nach den tieferen Temperaturen hin bedeutend ansteigt (s. Abb. 90). Doch ist der Widerstand dieser Stoffe abhängig vom Strom.

9. Temperaturgleichgewicht; paramagnetische Relaxation [58].

Zum Schluß dieser theoretischen Einführung wollen wir uns noch mit einem für die Temperaturmessung wesentlichen Punkte befassen, und zwar mit der Frage, ob man mit der Messung der Suszeptibilität „die“ Temperatur des Präparates mißt. Hierüber sei folgendes gesagt.

Man kann nur dann von „der“ Temperatur eines Systems reden, wenn man von vornherein Sicherheit darüber hat, daß eine vollständige Energieauswechslung zwischen den verschiedenen Freiheitsgraden des Systems möglich ist innerhalb einer Zeit, die sehr kurz ist im Vergleich zu den Zeiten, die in den Versuch eingehen. Wenn man z. B. ein Gas hat, dessen Moleküle außer der Translationsenergie auch noch eine Rotationsenergie besitzen können, so würde man bei Messung der mittleren Rotationsenergie aller Moleküle hierfür denselben Wert finden müssen wie für die mittlere Translationsenergie (beide je Freiheitsgrad gerechnet). Die Erfahrung lehrt, daß dies immer der Fall ist, wenn die Zeit, während der die äußeren Umstände dieselben bleiben, nicht sehr kurz ist*.

Im vorliegenden Falle besteht die eben erwähnte Sicherheit von vornherein nicht: es würde nicht unmöglich sein, daß die aus der Suszeptibilität gemessene Temperatur sich nur auf solche Freiheitsgrade bezieht, deren Energie vom äußeren Magnetfelde beeinflußt werden kann — also nur auf das Spinsystem — und die Temperatur des Kristallgitters von dieser Spintemperatur mehr oder weniger beträchtlich abweicht. Ein solches Verhalten ist von HEITLER und TELLER [59] auf Grund einer Abschätzung der Wechselwirkung zwischen Spinsystem und Gitter vorausgesagt worden. Infolge einer schlechten Energieauswechslung kommt es zu einer Relaxationszeit**, die für die gebräuchlichen Substanzen bei 1° K und der Feldstärke 2000 G auf 100 sec geschätzt wurde. So lange Relaxationszeiten würden ohne weiteres experimentell festzustellen sein durch Beobachtung der Suszeptibilität nach einer plötzlichen Änderung des Magnetfeldes [60]. Kurze Nachlaufzeiten zeigen sich deutlich auf folgende Weise.

* Bei den Schallwellen z. B. in einem Gase, in dem periodische Kompressionen und Expansionen auftreten, wird dieser letzten Bedingung nicht immer entsprochen (bei hohen Frequenzen).

** Die Relaxationszeit kann man sich etwa definiert denken als die Zeit, die zur Erwärmung des Spinsystems um 1° aus dem Wärmeinhalt des Gitters bei der Temperaturdifferenz 1 benötigt wird, unter Voraussetzung eines konstanten äußeren Feldes.

An ein konstantes Magnetfeld wird ein oszillierendes Feld parallel angelegt. Die mit Hilfe einer Spule gemessene Magnetisierung wird dann ebenfalls eine periodische Änderung zeigen, deren Größe und Phase von der Nachlaufzeit abhängig ist. Wenn nun bei einer gewissen Periodenzahl eine große Dispersion [61] auftritt, wird die Periode die Größenordnung der Nachlaufzeit haben. Tatsächlich hat man im Eisen-Ammonium-Alaun bei 1° bis 2° K eine starke Abhängigkeit der differentialen Suszeptibilität $\partial\sigma/\partial H$ von der Frequenz zwischen 0 und 40 Hz beobachtet [62]. Bei bestimmter Frequenz ist diese Suszeptibilität um so geringer, je größer der konstante Teil des Magnetfeldes ist. Die Messung wurde bis zu 2500 G ausgeführt. Im Felde $H = 0$ tritt keine Dispersion auf. Oberhalb der Frequenz 60 wird die Frequenzabhängigkeit klein, so daß schon bei diesem Werte das Spinsystem praktisch isoliert ist.

In diesen Versuchen wurde die Gittertemperatur auf einem konstanten Wert erhalten, indem man die paramagnetische Substanz in flüssiges Helium tauchte. Wenn man die Substanz im Vakuum anordnete, würde man kleinere Werte der Suszeptibilität finden infolge der größeren Temperaturschwankungen im Spinsystem, weil in diesem Falle die Wärmekapazität der Umgebung hinsichtlich der des Spinsystems klein ist. Bei 1° K ist das Verhältnis beider Wärmekapazitäten etwa 10^2 und steigt nach tieferen Temperaturen sehr schnell an (etwa 10^7 bei 0,1° K). Unter diesen Umständen wird dann auch die Nachlaufzeit der Gittertemperatur im Entmagnetisierungsexperiment vernachlässigbar klein sein.

Die Relaxationszeit, die offenbar bei diesen Versuchen wesentlich kleiner war, als sich bei HEITLER und TELLER herausgestellt hatte, zeigte in dem konstanten Teile H_0 des Magnetfeldes ein lineares Ansteigen, und zwar für $T = 1{,}22°$ K von $\tau = 0{,}002$ sec bei $H_0 = 0$ bis zu $\tau = 0{,}02$ sec bei $H_0 = 2200$ G.

Auch die Versuche von SHIRE und ALLEN [63], die die Gittertemperatur unmittelbar nach Ausschalten eines Magnetfeldes mittels eines Widerstandsthermometers registrierten, deuten auf eine sehr kurze Nachlaufzeit hin. Mit Cäsium-Titan-Alaun hat man einen noch 20mal so kleinen Wert der Relaxationszeit gefunden [64]. Die Nachlaufzeiten sind auch in Gadoliniumsulfat gemessen worden [65].

Die differentiale Suszeptibilität bei sehr hoher Frequenz (was auf ein isoliertes Spinsystem hindeutet) und diejenige bei der Frequenz Null (was sich auf ein isothermisches Spinsystem bezieht, wenn das Gitter auf konstanter Temperatur erhalten wird) stehen zueinander in einem Verhältnis, das sich so schreiben läßt*:

$$\frac{\chi_{\mathrm{ad}}}{\chi_T} = \frac{1}{1 + \frac{C}{a} H^2}\,.$$

* Diese Beziehung gilt nur, wenn keine Sättigung auftritt. C ist die CURIE-Konstante.

Hieraus kann die Größe a ermittelt werden, die in den Anteil des Spinsystems an der spezifischen Wärme eingeht [66], wenn man diesen durch den Ausdruck a/T^2 darstellt. Aus der Größe a läßt sich die STARK-Aufspaltung berechnen.

Verglichen mit der obengenannten Relaxationszeit, die infolge des schlechten Wärmeaustausches mit dem Gitter bei der Magnetisierung auftritt, ist die Zeit, die das Spinsystem für sich benötigt, um zu einem Gleichgewichte mit dem magnetischen Felde zu kommen, vernachlässigbar klein. Diese Relaxationszeit im Spinsystem wurde aus Messungen der Wärmeentwicklung im thermisch isolierten Eisen-Ammonium-Alaun (der Wärmeinhalt des Gitters spielte also keine Rolle) in einem oszillierenden Magnetfelde festgestellt. Sie betrug bei 0,1° K etwa 10^{-8} sec.

10. Apparatur.

a) Allgemeines.

Obwohl es möglich ist, durch einmalige Entmagnetisierung Temperaturen unterhalb 0,5° K mit Hilfe von festem Wasserstoff zu erhalten*, geht man — wenn möglich — von einer Temperatur im Gebiete des flüssigen Heliums aus, weil dann die magnetischen Felder eine viel größere Entropieerniedrigung bewirken, während die Entropie des Kristallgitters in diesem Gebiete nur noch eine sehr geringe Rolle spielt. Praktisch wird man also ab etwa 1,5° K als Anfangstemperatur entmagnetisieren können: man hat das Helium dann bis zu 4 mm abzupumpen.

Von einem Elektromagneten, dessen Polschuhe das Kryostatgefäß eng umschließen, wird ein magnetisches Feld erzeugt. In dieses Feld bringt man das Präparat, das mit dem Flüssigkeitsbad in thermischen Kontakt gebracht werden muß, da beim Magnetisieren eine Wärmemenge frei wird, die an die Umgebung abzugeben ist. Nachdem die Magnetisierung stattgefunden hat, wird die Substanz durch Evakuieren eines doppelwandigen Mantels thermisch isoliert.

Weil zur Isolierung des Heliumbades das Kryostatgefäß von einem Bad aus flüssigem Wasserstoff umgeben sein muß, gelangt man bald zu großen Spaltweiten des Elektromagneten, obwohl die für diese magnetischen Versuche üblichen Kryostatgläser unten über eine gewisse Länge hin schon einen verkleinerten Durchmesser haben. Die Spaltweite beträgt mindestens 2 bis 3 cm. So wird es ziemlich kostspielig, Feldstärken von einigen Zehntausend Gauß zu erregen. Die Grenze liegt bei etwa 50 kG, und solche Feldstärke kann nur von den größten Typen geliefert

* Es gelang KÜRTI und seinen Mitarbeitern [67], die Temperatur durch Entmagnetisierung von 75 g Eisen-Ammonium-Alaun von 8,5° K im Felde 28,8 kG bis auf 0,36° K zu erniedrigen.

werden. Abb. 91 veranschaulicht verschiedene Einzelheiten des großen Elektromagneten des Leidener Kältelaboratoriums *.

b) Das Präparat.

Die Substanz wird meistens in Form kleiner Kristalle in ein Glasrohr gebracht, das — von einem sehr dünnwandigen Glasgestell gehalten — in einem zweiten Glasgefäß angeordnet ist. Bei den ersten

Abb. 91. Der große Magnet des Leidener Kältelaboratoriums.

Versuchen von DE HAAS und Mitarbeitern [70], die derzeit noch mit kleinen Mengen der Substanz (60 mg) arbeiteten, war das Außengefäß abgeschmelzt, nachdem es bis zu etwa 10^{-4} mm Druck bei Zimmertemperatur mit Heliumgas gefüllt worden war. (Im erstgenannten Glas-

* Zur Veranschaulichung der Abmessungen des Magneten mögen folgende Angaben dienen. Durchmesser der Polschuhe 40 cm; Anzahl wassergekühlter Windungen 1440; maximaler Erregerstrom 560 A, größte Höhe 240 cm, größter Spulendurchmesser 110 cm, Gesamtgewicht 14000 kg.

Wie schwierig es ist, sehr hohe Feldstärken zu erhalten, geht aus folgendem hervor. Ein Magnetfeld von 24075 G zwischen zwei Poloberflächen mit 100 mm Durchmesser und 64 mm Abstand erfordert den Erregerstrom 400 A; der Strom 450 A bringt das Feld jedoch nur bis auf 25000 G.

Betreffs des von KÜRTI und Mitarbeitern [68] benutzten großen Magneten der „Academie des Sciences" in Bellevue, verweisen wir auf das Schrifttum [69 a].

Außerordentlich starke Felder, jedoch von sehr kurzer Dauer, erhält KAPITZA durch Kurzschluß eines Generators über eine Kupferspule [69 b].

röhrchen war eine kleine Öffnung angebracht.) Die Abkühlung dauerte dann zwar lange, aber man hatte die Sicherheit eines adiabatischen Vorganges beim Entmagnetisieren. Abb. 92 zeigt die ersten Präparatanordnungen. Für etwas größere Mengen war es vorteilhaft, dem Helium einige cm³ Wasserstoff hinzuzufügen. Bis zu Temperaturen des flüssigen Heliums wird die Wärmeleitung durch diese Mischung beträchtlich gesteigert, während unterhalb dieser Temperaturen der Dampfdruck des Wasserstoffs keine Rolle mehr spielte.

Als man später zu Mengen von 50 g und mehr überging, war es nötig, den Vakuumraum mit einer Pumpenanlage zu verbinden.

In einer ihrer ersten Veröffentlichungen erwähnen KÜRTI und SIMON [71], daß das mit dem paramagnetischen Salz gefüllte Gefäß sich nicht an der sofortigen Temperaturabnahme nach der Entmagnetisierung beteiligte, obgleich das Salz die Wand an vielen Stellen berührte. Daraus folgerten sie, daß man das Gefäß auch unmittelbar mit dem flüssigen Heliumbad in Berührung bringen könnte, so daß die Wärmeübertragung bei der Magnetisierung noch rascher vor sich gehen würde. Die Wärmeübertragung innerhalb der Substanz, die meistens schlecht ist zufolge der kleinen Wärmeleitfähigkeit [72], wurde von einer kleinen Menge Heliumgas, welche nach der Magnetisierung abgepumpt werden mußte, gesteigert. Die Tatsache, daß man nur über einen ziemlich kleinen Magneten verfügte, den man nicht gern überlasten wollte, gab Anlaß zu einer näheren experimentellen Untersuchung der Zeit des Abpumpens, die für eine hinreichende thermische Isolierung erforderlich war.

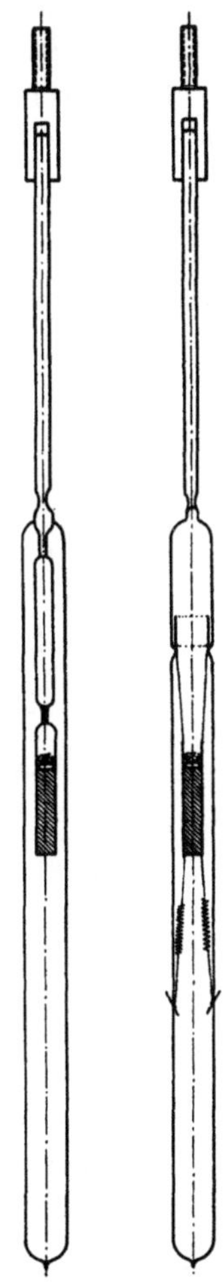

Abb. 92. Anordnung des Präparats (nach DE HAAS u. M.).

Das mit dem Präparat beschickte Rohr wurde bis ungefähr 0,01 mm mit Helium gefüllt. Bei der Magnetisierung entwickelte sich so viel Wärme, daß infolge der Desorption eine Gasmenge frei wurde, welche die Magnetisierungswärme rasch abführte, wenn zu gleicher Zeit schnell abgepumpt wurde. Mit dem Pumpen wurde sofort nach Einschaltung des Magneten angefangen. Es genügten schon 1 bis 2 Minuten, um ein hinreichendes Vakuum zu erzeugen. Wie sich herausstellte, war dieser Druck niedrig genug, da bei Entmagnetisierung die noch übrig bleibende Heliummenge sich sofort kondensierte, während die hierbei frei werdende Wärme keine Rolle spielte. Sogar bei Zurückführung des Füllungsdrucks bis auf 10^{-4} mm, wozu einige Sekunden Pumpenzeit genügten, erhielten KÜRTI und SIMON noch ein sehr gutes Ergebnis. Sie hielten es für nicht unmöglich, die Zeit für das Abpumpen aufs neue weiter so abzukürzen, daß der Elektromagnet unterdessen stark überlastet werden dürfte, so daß man von einer viel größeren Feldstärke vor der Entmagnetisierung ausgehen konnte.

Selbstverständlich ist diese Anordnung des Präparates nur dann möglich, wenn die durch Entmagnetisierung erhaltene Temperatur nicht während längerer Zeit aufrechterhalten zu werden braucht.

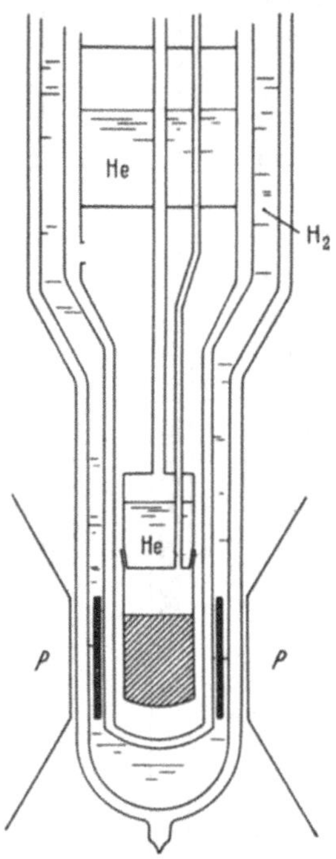

Abb. 93. Entmagnetisierungsapparatur von KÜRTI und SIMON (nach KÜRTI und SIMON).

Die Apparatur (s. Abb. 93), welche KÜRTI und SIMON [73] benutzten, war im wesentlichen dieselbe wie die bereits im vorigen Kapitel als Heliumverflüssiger beschriebene. Der Behälter, in dem das flüssige Helium gesammelt wurde, war jedoch nach unten hin durch einen Metallmantel verlängert; darin war das Salzgefäß aufgehängt. Dieses Gefäß war aus zwei Teilen zusammengesetzt: der obere enthielt flüssiges Helium (dieses Helium verflüssigte sich in einem durch das Heliumgefäß geführten Rohr), der untere Teil enthielt das paramagnetische Salz. Dieser Teil des Behälters stand mit einer Pumpe in Verbindung. Das Ganze befand sich im Vakuum, während der Außenmantel des Vakuumraums in flüssigen Wasserstoff getaucht war *.

c) Die Suszeptibilitätsmessung.

I. Dynamometrische Methode. In Leiden geschah die für die Temperaturbestimmung notwendige Ermittlung der Suszeptibilität anfänglich durch Messung der Kraft, die auf das Präparat in einem nichthomogenen magnetischen Feld ausgeübt wird. Die Kräfte auf jeden Teil des Körpers sind dem Quadrate der Feldstärke proportional. Die Differenz der auf ein Volumenelement nach beiden Seiten ausgeübten Kräfte ist also proportional zu $2H\Delta H$, wo ΔH die Differenz der Feldstärken auf beiden Seiten des Elementes bedeutet. Aus diesem Grunde wird das Präparat nicht in

* Die Verfasser deuten darauf hin, daß an dem Teile des Apparates, der bis zu Temperaturen des flüssigen Heliums gekühlt wird, nicht mit Zinnlot gelötet werden darf, da dieser Lötstoff supraleitend wird und dann die Messungen der Suszeptibilität infolge des Auftretens persistierender Ströme gestört werden. Unterhalb 1° K ist dasselbe der Fall mit Cadmium, das für Lötung ebenfalls in Betracht kommt [74].

den homogenen Teil des Feldes gestellt, d. h. nicht in die Mittellinie der beiden Pole, sondern an diejenige Stelle, wo $H\frac{\mathrm{d}H}{\mathrm{d}x}$ am größten ist. Die unbekannten Faktoren, die in den Absolutwert der Kraft eingehen, werden durch Messung des Verhältnisses zweier Suszeptibilitäten eliminiert, davon eine bei bekannter Temperatur. Die Kraft auf das Präparat wurde gemessen mittels einer Waage A (s. Abb. 94), die elektromagnetisch (Spulen B und C) in ihrer (mit einem Fernrohr beobachteten) Gleichgewichtslage gehalten werden konnte. Das ganze Waagesystem war in einer geschlossenen Dose mit Glasstirnwand angebracht. Man mußte ja den Kryostatraum vom Außenraum abgesondert halten. Die Waage konnte mittels Gewichten kalibriert werden, so daß man aus dem Strome sofort die Kraft in Grammen kannte. Abb. 94 und 95 zeigen die in Leiden von DE HAAS, WIERSMA und KRAMERS gebaute Anordnung.

Die hier beschriebene Methode hat den Nachteil, daß die Temperaturverteilung im Präparat sehr ungleichförmig ist und das Präparatvolumen nicht groß sein darf, da man auf eine bestimmte Stelle im magnetischen Felde zwischen den Polschuhen beschränkt ist. Zur Beseitigung dieser Übelstände ist man zu einem ganz anderen Verfahren übergegangen.

II. Induktionsmethode. Das Präparat wurde in den homogenen Teil des Feldes gebracht (zwischen Poloberflächen von 10 cm Durchmesser mit dem Polabstand 6 cm), während die Messung der Suszeptibilität nach der Kühlung nicht mehr im Felde des Magneten geschah, sondern mit Hilfe einer Spule, die um den Kryostaten angebracht war. Dieses Verfahren* hatte außerdem den Vorteil, daß man mit großer Genauigkeit auf ein kleines Meßfeld einstellen konnte, was mit einem sehr großen Magneten schon allein wegen der Remanenz im langen Eisenkreis nicht gut möglich ist. Der Magnet wird dann instabil, und außerdem ist bei ganz kleinen Feldstärken die Verteilung über den Raum anders als bei größeren Feldern, so daß man für jedes Feld den ganzen Raum aufs neue durchmessen müßte, um den Wert von $H\frac{\mathrm{d}H}{\mathrm{d}x}$ zu erhalten; auch würde dies nicht genügend reproduzierbar sein in Abhängigkeit von dem Erregerstrom. Die Tatsache, daß man mit größeren Mengen Salz arbeiten konnte, ermöglichte es, kleinere Felder anzuwenden, wodurch eine noch etwas niedrigere Endtemperatur erzielt werden konnte. In den früheren Versuchen betrug das Meßfeld mindestens einige Hundert Gauß, mit dem abgeänderten Verfahren nur einige Gauß. Diese verhältnismäßig sehr niedrigen Feldstärken waren jedoch nicht mühelos exakt einzustellen und zu messen. Man mußte den Erdmagnetismus, der schon 0,7 G beträgt, und die Anwesenheit des großen Magneten in der Nähe berücksichtigen; letzterer mußte erst sorgfältig entmagnetisiert werden.

* Diese „Induktionsmethode“ wurde ebenfalls von GIAUQUE und MACDOUGALL angewandt [75].

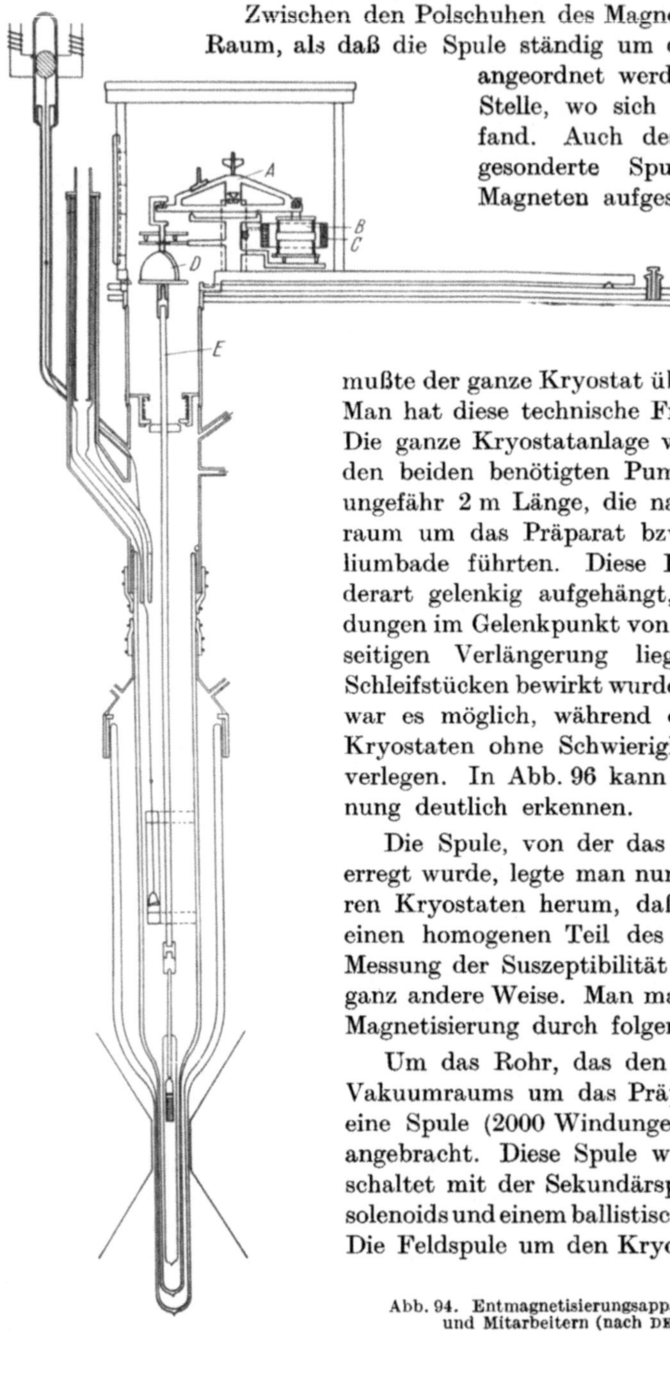

Zwischen den Polschuhen des Magneten war zu wenig Raum, als daß die Spule ständig um das Kryostatgefäß angeordnet werden konnte an der Stelle, wo sich das Präparat befand. Auch deshalb wurde eine gesonderte Spule seitlich vom Magneten aufgestellt (s. Abb. 91). Damit man nun das Präparat vom Magneten in die Spule bringen konnte, mußte der ganze Kryostat übergeführt werden. Man hat diese technische Frage so gelöst [76]. Die ganze Kryostatanlage wurde befestigt an den beiden benötigten Pumpenleitungen von ungefähr 2 m Länge, die nach dem Vakuumraum um das Präparat bzw. nach dem Heliumbade führten. Diese Leitungen wurden derart gelenkig aufgehängt, daß die Verbindungen im Gelenkpunkt von zwei in der gegenseitigen Verlängerung liegenden konischen Schleifstücken bewirkt wurden. Auf diese Weise war es möglich, während des Pumpens den Kryostaten ohne Schwierigkeit horizontal zu verlegen. In Abb. 96 kann man diese Anordnung deutlich erkennen.

Die Spule, von der das Feld im Präparat erregt wurde, legte man nun so um den äußeren Kryostaten herum, daß das Präparat in einen homogenen Teil des Feldes kam. Die Messung der Suszeptibilität geschah dann auf ganz andere Weise. Man maß unmittelbar die Magnetisierung durch folgendes Verfahren.

Um das Rohr, das den Außenmantel des Vakuumraums um das Präparat bildete, war eine Spule (2000 Windungen; 0,2 mm Draht) angebracht. Diese Spule wurde in Reihe geschaltet mit der Sekundärspule eines Normalsolenoids und einem ballistischen Galvanometer. Die Feldspule um den Kryostaten herum war

Abb. 94. Entmagnetisierungsapparatur von DE HAAS und Mitarbeitern (nach DE HAAS u. M.).

mit der Primärspule des Normalsolenoids in Reihe geschaltet. Mit Hilfe eines Kommutators konnte die Stromrichtung in beiden umgekehrt werden. Dieses Schema (s. Abb. 97) wirkt nun so [77]:

Infolge des magnetischen Feldes der Außenspule E entsteht im Präparat B eine gewisse, von der Temperatur abhängige Magnetisierung, die

Abb. 95. Anordnung der Apparatur im Magneten.

eine größere, der Magnetisierung proportionale Kraftliniendichte im Präparat bewirkt. Diese wurde gemessen mit Hilfe eines ballistischen Galvanometers G durch Kommutieren des primären Stromes. Um aus der totalen Feldstärke im Präparat die Feldstärke der Spule eliminieren zu können, wurde das Normalsolenoid benutzt, indem man sowohl die Außenspule wie die Präparatspule A mit der Primär- (D) bzw. Sekundärwicklung (C) des Normalsolenoids verband. Durch geeignete Wahl der Windungszahl auf der Sekundärspule des Normalsolenoids konnte man nämlich erreichen, daß die Fluxänderung in der Spule um das Präparat beim Kommutieren gerade aufgehoben wird durch die Fluxänderung in der Sekundärspule des Normalsolenoids, wenn das Präparat nicht vorhanden

Abb. 96. Drehbare Anordnung des Kryostats.

oder nicht nennenswert paramagnetisch ist. Diese Einstellung geschah, während das Präparat die Temperatur des flüssigen Wasserstoffs hatte und die Magnetisierung also noch sehr gering war.

Auf diese Weise konnte in jedem Augenblick die Magnetisierung in einem sehr kleinen Felde (minimal 1 G) gemessen werden. Man kann das Galvanometer kalibrieren, indem man z. B. bei einer bekannten

Temperatur die Magnetisierung bestimmt. Die Galvanometerablenkung ist der Magnetisierung proportional, und demnach ist die Temperatur, wenn sich das CURIEsche Gesetz anwenden läßt, der Ablenkung umgekehrt proportional, sobald mit konstanter Feldstärke gemessen wird. Man kann die Magnetisierung in absolutem Maße berechnen, indem man das ballistische Galvanometer mit dem Normalsolenoid kalibriert; notwendig ist das jedoch nicht.

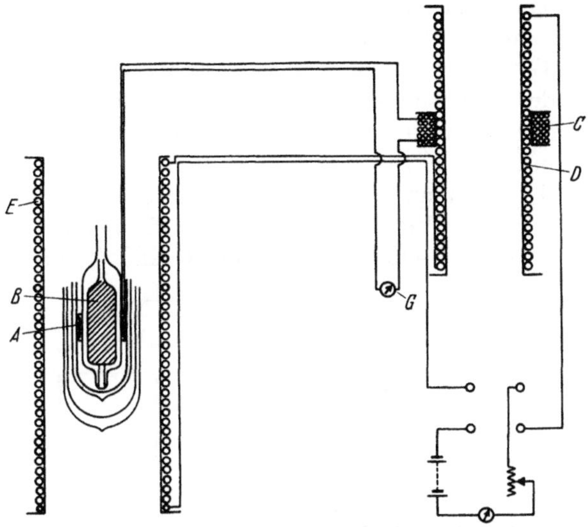

Abb. 97. Schaltung zur Messung der Suszeptibilität (nach DE HAAS und WIERSMA).

GIAUQUE und MAC DOUGALL [78] gingen auf folgende Weise zu Werke: Sie ermittelten das Zeitintegral der in einer um das Präparat herumgelegten Spule von Induktion hervorgerufenen elektromotorischen Kraft beim Entstehen oder Verschwinden der zu messenden Magnetisierung in der Substanz. Damit das Galvanometer die momentanen Spannungswerte richtig wiedergibt, soll die Änderung der Magnetisierung, die z. B. durch Erwärmung bei konstantem äußerem Magnetfelde hervorgerufen werden kann, genügend langsam vor sich gehen.

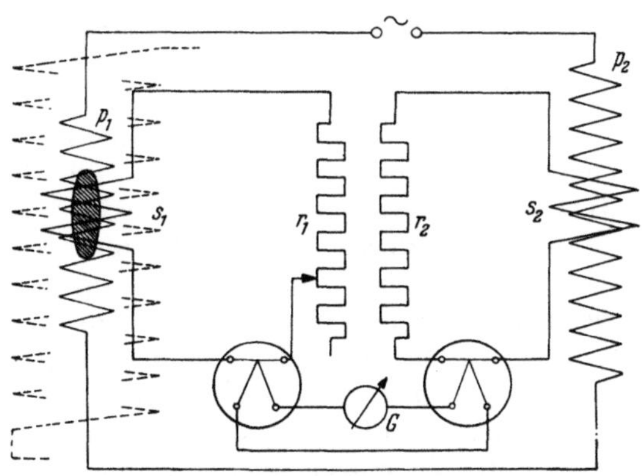

Abb. 98. Schaltbild der Wechselstrom-Induktionsmethode A (nach DE HAAS und DU PRÉ).

III. Wechselstrom-Induktionsmethode. Ein anderes Verfahren der Suszeptibilitätsmessung beruht auf der mittels Wechselstroms vorgenommenen Bestimmung der gegenseitigen Induktion von zwei um das Präparat herumgelegten Spulen [79]. Das Schaltdiagramm findet man in Abb. 98. Die beiden in Reihe geschalteten Spulen P_1 und P_2 sind an eine Wechselstromquelle angeschlossen. Die Sekundärspulen S_1 und S_2 sind jede für sich in Reihe mit einem Regulierwiderstand und dem Heizdraht eines Thermoelements verbunden. P_1 und S_1 befinden sich um das Präparat, P_2 und S_2 dagegen außerhalb des Kryostaten. Die beiden Thermoelemente sind in Reihe, jedoch entgegengesetzt an das Galvanometer G angeschlossen. Eine Kompensierung kann bei genügend hoher Temperatur (Temperatur des flüssigen Wasserstoffs) auch hier mittels der Widerstände r_1 und r_2 geschehen. Wenn nun die Magnetisierung zugenommen hat, kann man durch Vergrößerung des Widerstandes r_1 um Δr_1 die Ablenkung des Galvanometers wieder auf Null zurückbringen. Δr_1 ist dann ein Maß für die Magnetisierung.

Dieses Verfahren schließt die Möglichkeit ein, daß die Magnetisierung dem Wechselfelde nicht schnell genug folgt, was also zu Unsicherheiten

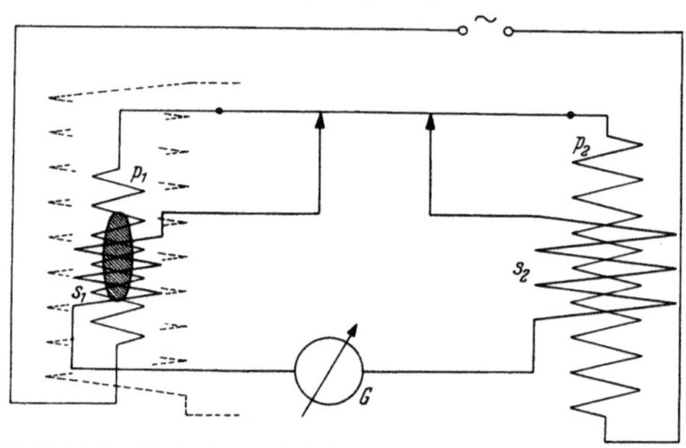

Abb. 99. Schaltbild der Wechselstrom-Induktionsmethode B (nach DE HAAS und DU PRÉ).

in den Ergebnissen führen muß. Wie wir schon bemerkt haben, können für dieses Verhalten zwei Einflüsse verantwortlich sein. Erstens entsteht die Relaxation dadurch, daß die Gittertemperatur gegenüber der Temperatur des Spinsystems zurückbleibt. Ausgenommen in magnetisch verdünnten Salzen, spielt der Wärmeinhalt des Gitters jedoch meistens eine sehr geringe Rolle. Zweitens macht sich die für die Orientierung des Spins erforderliche Zeit durch eine Relaxation in der Magnetisierung bemerkbar. Mit dieser Erscheinung hängt eine Erwärmung der Substanz im oszillierenden Felde zusammen. COOKE und HULL [80] haben diese Erwärmung in Eisen-Ammonium-Alaun beobachtet und gefunden, daß sie auf die Messungen an diese Substanz unterhalb 0,1° K einen merklichen Einfluß ausübt. Er kann dadurch verkleinert werden, daß man mit kleiner Frequenz und kleiner Amplitude arbeitet. Man vermeidet aber diese Schwierigkeiten durch Anwendung der ballistischen Methode, wenn nur die Schwingungsdauer des Galvanometers im Vergleich zur Nachlaufzeit genügend groß ist.

Zur Messung einer Dispersion ist diese Methode ohne weiteres geeignet. Jedoch hat es gewisse Vorteile, die Thermoelemente durch einen Oszillographen, z. B. einen Kathodenstrahloszillographen oder ein Vibrationsgalvanometer zu ersetzen. Die Sekundärspulen werden dann in Reihe geschaltet, und zwar so, daß die Spannungen einander aufheben. In diesem Fall ist es nötig, den Phasenunterschied, der in S_1 und S_2 infolge der Relaxation oder einer etwaigen Hysterese in der paramagnetischen Substanz oder auch wegen kleiner Kapazitätsdifferenzen der Spulen auftritt, zu kompensieren. Dies kann dadurch erreicht werden, daß man in den Sekundärkreis eine regulierbare Spannung einschaltet, die vom Primärkreis mittels eines Widerstandspotentiometers abgenommen wird [81] (s. Abb. 99). Auf diese Weise ist eine Nulleinstellung immer möglich durch gleichzeitige Einregulierung der gegenseitigen Induktion des Spulenpaares P_2-S_2 — dies kann z. B. durch geeignete Wahl der Windungszahl n der Sekundärspule geschehen — und des Potentiometers. Die Windungszahl hängt linear mit der gesuchten Suszeptibilität zusammen.

Wenn es nicht möglich ist, das Präparat aus dem Spulenpaar P_1-S_1 zu entfernen, so findet man den Nullpunkt der gegenseitigen Induktion des Spulenpaares, d. h. die Einstellung für den Fall, daß keine paramagnetische Substanz in P_1-S_1 anwesend ist, durch Extrapolieren der Kurve, die $(n—n_0)$ als Funktion von $1/T$ darstellt und die man aus einigen Messungen der Suszeptibilität und Temperatur ermittelt.

IV. Statische Methode. Zum Schluß sei erwähnt, daß noch andere Verfahren zur Messung der Magnetisierung entwickelt worden sind, wie z. B. von SCHULTZ [82], der sich das Ziel gesetzt hat, die Messung statisch und mit kleinen Substanzmengen in sehr kleinen und homogenen Feldern ausführbar zu machen. Das Verfahren beruht auf der Anwendung eines drehbar gelagerten, dem astatischen Nadelpaar ähnlichen Spulenpaares. Wenn die zu messende Substanz in einer der beiden Spulen angeordnet wird, kann das Gleichgewicht, das zuvor auftrat, als in jeder der beiden Spulen ein bestimmter Strom floß, durch Einregulierung eines der beiden Ströme aufs neue eingestellt werden. Um die Nullage des Spulenträgers beobachten zu können, ist dieser mit einem im oberen Teile des Kryostatglases angeordneten Spiegel mechanisch verbunden. Zur Ermittlung des Absolutwertes der Suszeptibilität braucht man nur eine von Temperatur und Feldstärke unabhängige Konstante zu berechnen oder durch Messung einer bekannten Suszeptibilität empirisch festzulegen.

d) Einfluß der Form des Präparates.

Wie bekannt, findet in einem magnetisierten Körper endlicher Länge eine Entmagnetisierung statt, welche die magnetische Feldstärke im Inneren des Körpers um einen der Intensität der Magnetisierung proportionalen Betrag herabsetzt. Ist die Magnetisierung von einer um den Körper herumgelegten Spule hervorgerufen, so läßt sich die innere Feldstärke H_i wie folgt schreiben:

$$H_i = H_s - M\sigma,$$

wo H_s die Feldstärke in der Spule ohne Präparat ist. M bedeutet den Entmagnetisierungskoeffzienten. Im allgemeinen ist dieser von dem Platz im Körper abhängig; nur wenn das Präparat die Form eines Rotationsellipsoids hat, ist er einheitlich und läßt sich dann in Abhängigkeit vom Verhältnis p der Länge zum Durchmesser des Ellipsoids berechnen. Für eine Kugel ist $M = \frac{4\pi}{3}$.

Die Folge dieser Tatsache ist, daß die durch σ/H_s definierte sog. scheinbare Suszeptibilität dann, wenn die Substanz das CURIEsche Gesetz befolgt, nicht eine lineare Funktion von $1/T$ sein wird, sondern von $1/(T+MC)$, wo C die CURIE-Konstante bedeutet. Bei Temperaturen des flüssigen Heliums ist für die in Betracht kommenden Substanzen das Zusatzglied im Nenner zu vernachlässigen. Bei tieferen Temperaturen ($< 1°$ K) hat sie, besonders für die größeren CURIE-Konstanten, wie z. B. beim Gadoliniumsulfat, einen beträchtlichen Einfluß. Die zur vorläufigen Temperaturbestimmung stets ausgeführte lineare Extrapolation der χ_s-$1/T$-Kurve aus zwei Kalibrierungspunkten im Temperaturgebiet des flüssigen Heliums (T^*-Skala), wo der Einfluß der Entmagnetisierung nicht bemerkbar ist, liefert bei Temperaturen von einigen Zehntelgraden verhältnismäßig große Unterschiede für die verschiedenen Werte p. KÜRTI und SIMON [83] haben diese für einige der in den Entmagnetisierungsversuchen meist gebräuchlichen Substanzen berechnet; die Kalibrierungspunkte wurden bei der Temperatur 2° K und 4° K angenommen.

In der Tabelle 12 ist die Differenz der Temperaturen, die durch lineare Extrapolation der χ_s-$1/T$-Kurve bis zu sehr tiefen Temperaturen ($T^*_{p=3} \approx 0$), einerseits für einen kugelförmigen Körper ($p=1$) und andererseits für ein Ellipsoid ($p=3$) erhalten wurden, angegeben.

Tabelle 12.

Substanz	CURIE-Konstante je cm³	Temperaturdifferenz $T^*_{p=1} - T^*_{p=3}$
Gadoliniumsulfat	$5{,}85 \cdot 10^{-2}$	0,166
Mangan-Ammoniumsulfat .	$2{,}00 \cdot 10^{-2}$	0,057
Eisen-Ammonium-Alaun .	$1{,}55 \cdot 10^{-2}$	0,044
Kalium-Chrom-Alaun . .	$0{,}66 \cdot 10^{-2}$	0,019
Cäsium-Titan-Alaun . . .	$0{,}13 \cdot 10^{-2}$	0,0037

Man sieht, daß die Nichtberücksichtigung des Entmagnetisierungsfaktors unterhalb einiger Zehntelgrad zu großen Temperaturfehlern führt.

Aus dem Gesagten folgt, daß eine gerade Linie im χ_s-$1/T$-Diagramm nur dann erhalten wird, wenn das Entmagnetisierungsfeld von einem positiven inneren Feld aufgehoben wird, z. B. vom LORENTZ-Feld. In diesem Falle wird ein kugelförmiges Präparat einen linearen Verlauf der Suszeptibilität in bezug auf die reziproke Temperatur zeigen.

Achtes Kapitel.

Kryostatentechnik.

Während in den vorigen Abschnitten unsere Betrachtungen sich auf die Realisierung tiefer Temperaturen bezogen, wollen wir uns im vorliegenden Kapitel mit der Frage befassen, wie diese Temperaturen der Experimentalphysik dienstbar gemacht werden können. Es handelt sich um die Verwendung der Kühlkörper im allgemeinen, was wir mit dem Worte „Kryostatentechnik" zusammenfassen wollen. Das begonnene Kapitel soll einen Eindruck von der Technik geben, die sich aus dem Arbeiten mit tiefen Temperaturen entwickelt hat; diese Technik, die sich auf das Laboratorium beschränkt, hat eine ganz besondere Eigenart. Wir wollen die Kryostatenaufstellung beschreiben mit allen Hilfsmitteln, die es möglich machen, Räume sehr konstanter und gleichmäßig verteilter tiefer Temperaturen herzustellen, auch in solchen Temperaturgebieten, die außerhalb derjenigen der verflüssigten Gase liegen, aber mit Hilfe dieser Gase erzielt werden. Dabei bleibt die Anwendung der Adsorption außer Betracht, da diese schon im VI. Kapitel ausführlich genug beschrieben worden ist. Auch das Temperaturgebiet unterhalb 0,7° K findet hier keinen Platz, weil in diesem neu erschlossenen Gebiete von einer Kryostatentechnik im genannten Sinne noch gar nicht gesprochen werden kann.

Wenn wir hier das allgemein Technische im Kältelaboratorium behandeln, so scheint es gerechtfertigt, uns die Methoden des Leidener Kälteinstituts als Muster vor Augen zu stellen [1]. Denn seine Gründung und Entwicklung war das Lebenswerk eines der Pioniere auf dem Gebiete der Technik tiefster Temperaturen Prof. H. Kamerlingh Onnes [2].

1. Der Kryostat im allgemeinen.

Das erste, was uns auffällt, wenn wir einen Experimentierraum des Kältelaboratoriums betreten, ist das blinkende Vakuumglas; es ist an der oberen Seite durch eine konische Kappe abgeschlossen, und daran ist ein weites Rohr gekoppelt, das durch eine Öffnung in der Mauer verschwindet. Dieses auf dem Lichtbilde des Laboratoriumsraumes (Abb. 100) deutlich zu unterscheidende Glas (links) enthält das Flüssigkeitsbad, das, an eine zentrale Pumpenanlage angeschlossen, bis auf jeden Druck reduziert werden kann und dessen Temperatur sich daher innerhalb gewisser Grenzen auf jeden gewünschten Wert einstellen läßt. Auf diese Weise wird es ermöglicht, in allen Experimentierräumen über ein Temperaturgebiet zu verfügen, das sich von Zimmertemperatur bis auf einige Grade oberhalb des absoluten Nullpunktes erstreckt. In ungefähr allen Versuchen, die im Laboratorium angestellt werden, ist das Kryostatglas sozusagen „das Herz" der Apparatur, da selbstverständlich alle Arbeit auf die Untersuchung bei mehr oder weniger niedrigen Temperaturen konzentriert ist.

Die Erfindung des Vakuumglases von DEWAR [3] und WEINHOLD im Jahre 1893 bedeutete einen wichtigen Fortschritt in der Kältetechnik. Seit dieser Zeit ist es möglich, einen Raum tiefer Temperatur auf einfache und zuverlässige Weise thermisch von der Umgebung zu isolieren. Das Vakuumglas besteht aus zwei ineinander angeordneten Glasrohren

Abb. 100. Ansicht eines Experimentierraums im Kältelaboratorium.

oder Glocken, die nur am oberen Rande zusammengeschweißt sind. Der Raum zwischen beiden Wänden ist derart hoch evakuiert, mindestens bis zum Druck 10^{-5} mm, daß die Wärmeleitung durch den kleinen Gasrest vernachlässigbar klein ist. Es findet also nur eine Wärmeleitung am oberen Rande des Glases entlang statt. Jedoch spielt auch die Wärmeeinstrahlung aus der Umgebung eine Rolle. Damit diese möglichst gut abgeschirmt wird, sind die Vakuumgläser versilbert, so daß ein großer Teil der Strahlung reflektiert wird. Vollkommen ist diese Abschirmung nie, da der Außenmantel selbst schon eine Wärmestrahlung nach innen verursacht, deren Intensität von der Temperatur abhängig ist (die Strahlung nimmt mit der vierten Potenz der absoluten Temperatur zu). Das ist der Grund, weshalb z. B. ein an sich sehr gutes, mit flüssigem Wasserstoff gefülltes Glas seinem Zweck besser entspricht, wenn man es mit einem flüssige Luft enthaltenden Gefäß umgibt; die äußere Glaswand ist dann gekühlt. Außerdem wird nun noch Strahlung aus der Umgebung in der äußeren Flüssigkeit absorbiert. In der Silberschicht, die man vor dem Auspumpen des Glases an der Innenseite der Glaswand anbringt, wird in den meisten Fällen ein 0,5 bis 2 cm breiter Spalt offen gelassen, damit man in das Glas hineinsehen kann, z. B. zur Feststellung der Höhe der Flüssigkeitsoberfläche.

Da das Innenrohr des Vakuumglases am Rande frei aufgehängt ist, kann das Ganze sich thermisch ausdehnen oder zusammenziehen; aber zur Vermeidung etwaiger Spannungen im Glase, die trotz des Glühens doch vorkommen können, ist es oft geboten, die Kühlung (z. B. durch Einbringen flüssiger Luft) nicht zu ungleichmäßig vor sich gehen zu lassen. Im Hinblick hierauf kommt sehr viel darauf an, aus welcher Glassorte das Vakuumglas hergestellt ist, z. B. aus hartem oder weichem Glas. Harte Gläser lassen sich viel ungleichmäßiger kühlen, ohne daß Sprunggefahr besteht. Doch soll man immer vorsichtig zu Werke gehen und z. B. vermeiden, daß harte Gegenstände Risse in der zu kühlenden Glasoberfläche hervorrufen, da die Möglichkeit des Zerspringens hierdurch vergrößert wird.

Anstatt gläserner Vakuumglocken werden in der Industrie auch sehr oft Metallglocken benutzt, die selbstverständlich geringerer Bruchgefahr ausgesetzt sind. Im allgemeinen ist es schwierig, diese Glocken gut vakuumdicht zu machen und zu erhalten, und oft wird noch Gas an der Metalloberfläche frei. Deshalb wird im Vakuumraum an der Innenwand der Glocke ein durchbrochenes Körbchen mit Adsorptionskohle oder, wenn dies z. B. bei flüssigem Sauerstoff nicht zulässig ist, mit Silicagel angebracht. Sobald die Innenglocke — und damit die Kohle — gekühlt wird, sorgt letztere für das Entstehen und Erhalten eines hinreichenden Vakuums, solange die Kohle wenigstens nicht infolge einer Undichtigkeit gesättigt ist.

Wie bereits bemerkt, ist das Vakuumglas, welches das verflüssigte Gas enthält, mit einer Metallkappe versehen, nicht nur weil in vielen Fällen die Flüssigkeit nicht frei im Raume verdampfen darf, sondern auch weil man im Versuch im allgemeinen auf die Konstanz der Temperatur Wert legt. Die Kappe ist konisch, damit einem einseitigen Druck von außen her Widerstand geleistet werden kann. Das Material ist meistens Neusilber von einigen Zehntelmillimetern Dicke. In der Kältetechnik wird dieses Material wegen seiner geringen Wärmeleitfähigkeit und seiner großen Festigkeit sehr viel angewandt. So werden z. B. alle Rohre, die bis in die Flüssigkeit reichen, aus Neusilber hergestellt, es sei denn, daß aus irgendeinem besonderen Grunde Glas oder ein anderes Material benutzt werden soll. Das Material läßt sich leicht löten, sowohl hart als weich. Auch können z. B. Neusilber- und Glasrohre aneinander gelötet werden, nachdem das Glas platiniert ist.

Das Kryostatglas wird in den zylindrischen Teil der Kappe geschoben (s. Abb. 101). Die Absperrung erfolgt durch eine Gummimuffe A, die an der Innenseite mit einer Gummilösung bestrichen ist. Da in den Kryostatgläsern nie mit Überdrucken gearbeitet werden darf, die größer als einige cm sind, genügt diese Abdichtung immer; bei dem Abpumpen des Flüssigkeitsbades wird die Gummimuffe gegen die Wand gedrückt.

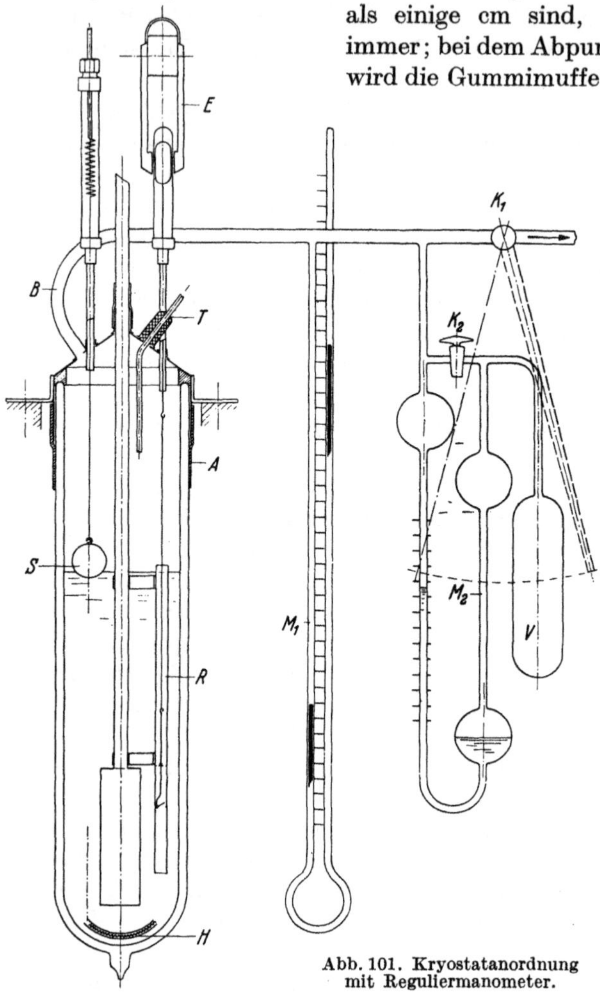

Abb. 101. Kryostatanordnung mit Reguliermanometer.

An einer Öffnung in der Kappe ist ein Rohr B von etwa 10 mm Durchmesser gelötet (das Rohr ist in besonderen Fällen weiter), mittels dessen der Kryostatraum mit der Pumpenleitung an die zentrale Pumpenanlage oder an den Gasbehälter angeschlossen werden kann. Die zentrale Pumpenleitung hat Abzweigungen nach jedem Experimentierraum; diese laufen bis dahin, wo der Kryostat aufgestellt ist (siehe z. B. in der Mitte der Abb. 100 oben). Es sind verschiedene Parallelleitungen angeordnet, so daß zu gleicher Zeit mehrere Versuche mit verschiedenen Flüssigkeitsbädern gemacht werden können. Diese Pumpenleitungen haben verschiedene Durchmesser, so daß man eine Leitung mit größerem Durchmesser benutzen kann, wenn ein niedrigerer Druck oberhalb der Flüssigkeit erhalten werden soll.

Die Kryostatkappe ist weiter noch mit einer Tülle T versehen, die zum Füllen des Kryostatglases dient. In Abb. 101 sieht man die Konstruktion; das Rohr, durch welches die Flüssigkeit strömt, ist möglichst gut mit Wolle isoliert. Auch diese Tülle ist aus dünnem Neusilber hergestellt.

Die Meßapparatur, die im Kryostatglas angebracht werden muß, wird an die Kryostatkappe gehängt. Meistens gibt es wohl ein oder mehrere Rohre, die zu der in die Flüssigkeit getauchten Apparatur führen und an denen diese so angebracht werden kann. An der Kryostatkappe sind auch die Ohren befestigt, mittels deren die ganze Anordnung in einem Gestell getragen wird.

2. Das Füllen des Kryostaten.

Wenn der Kryostat mit flüssiger Luft, Sauerstoff oder Stickstoff gefüllt werden muß, so kann dies ohne besondere Vorsichtsmaßregeln geschehen, indem man die Flüssigkeit in einen Trichter gießt, der mit einer Gummimuffe auf der Tülle angebracht ist. In dem Trichter steckt ein Wattepfropfen, damit Eis oder feste Kohlensäure zurückgehalten wird und so eine Verstopfung des engen Füllrohrs verhindert wird. Das Füllen kann etwas rascher geschehen, indem man gleichzeitig einen Unterdruck im Kryostaten bewirkt.

Das Füllen mit Wasserstoff oder Helium ist jedoch nicht ganz einfach. Der Wasserstoff befindet sich in einer Vakuumglocke (Inhalt etwa 6 l), die durch eine Kappe abgeschlossen ist. Durch die Kappe laufen drei Rohre, von denen eines, das Heberrohr, bis in die Flüssigkeit reicht; es ist am Außenende mit einem kleinen Stopfen verschlossen. Mittels des zweiten Rohrs steht die Wasserstoffglocke mit dem Gasbehälter in Verbindung, ausgenommen jedoch beim Transport, während dessen man eine Gummiblase anschließen kann. Bleibt dieses Rohr geöffnet, so ist das nur während einer möglichst kurzen Zeit gestattet; deswegen wird die Glocke im Experimentierraum sofort wieder an die Leitung nach dem Wasserstoffgasbehälter angeschlossen. Das dritte Rohr ist geschlossen. Die Kappe ist ganz mit Wolle isoliert, und ebenso die aus der Kappe hervorragenden Rohrteile. Das Heberrohr wird mit Hilfe einer kleinen Gummimuffe an die Tülle des Kryostatglases angeschlossen, worauf diese Verbindung mit einem Wollestreifen umwickelt wird. Wenn die Wasserstoffglocke zu diesem Zweck nicht nahe genug bei der Kryostatkappe aufgestellt werden kann, wird ein doppelwandiges Vakuumrohr zwischengeschaltet. Dessen Innenrohr hat einen Durchmesser von einigen mm (etwa 3 mm), die versilberte Außenwand einen solchen von etwa 12 mm. Ein derartiges Rohr soll immer eine oder mehrere Biegungen haben, damit es nicht zerspringt, sobald nur das Innenrohr gekühlt wird; auf diese Weise ist die Konstruktion einigermaßen elastisch. Sobald nun die Wasserstofftransportglocke an die Tülle angeschlossen ist, wird mit Hilfe einer Wasserstoffhochdruckflasche mit Reduzierventil, die an das dritte Rohr angeschlossen wird, der Druck in der Glocke auf einige cm oberhalb des atmosphärischen Druckes (Druck des Gasbehälters) gebracht, während die Verdampfungsleitung nach dem Gasbehälter (Gummischlauch) zugedrückt wird. Der Überdruck in der Glocke wird mittels eines kleinen geschlossenen Quecksilbermanometers kontrolliert. Auf diese Weise wird der flüssige Wasserstoff in den bereits leer gesaugten und mit Wasserstoff gespülten Kryostaten übergehebert. Durch den Spalt in der Versilberung kann die Höhe der Wasserstoffoberfläche beobachtet werden. Wenn das Kryostatglas keinen Spalt in der Silberschicht hat, wird der Stand des Niveaus mittels eines Schwimmers kontrolliert; das ist eine dünnwandige Glaskugel, die mit Helium oder Wasserstoff gefüllt, auf dem leichten flüssigen Wasserstoff (spezifisches Gewicht nur 0,07) schwimmt. Die Kugel ist an einer sehr empfindlichen, in einem über die Kappe hinausragenden Glasrohr sichtbaren Feder aufgehängt. Der Stand des unteren Endes der Feder gibt den Stand des Meniskus an, sobald die Feder frei hängt. Dies kann erreicht werden, indem man das obere Ende der Feder mittels eines Stäbchens durch eine Stopfbüchse auf und ab schiebt (s. Abb. 101).

Sobald der Kryostat gefüllt ist, läßt man den Wasserstoff-Überdruck aus der Glocke ab und koppelt diese los. Die Tülle wird mit einem kleinen Glasstopfen und einem Stückchen Gummischlauch abgeschlossen. Während des Füllens mit Wasserstoff ist es bisweilen nötig, die Kryostatkappe mit einem Heizluftventilator zu erwärmen, da die Kappe sich so abkühlen kann, daß eine Lötnaht undicht werden könnte. Diese Abkühlung ist die Folge einer starken Verdampfung, die lange anhält, wenn die im Kryostaten eingebaute Meßapparatur eine große Wärmekapazität besitzt und nicht vorher, z. B. mit Hilfe flüssiger Luft, vorgekühlt wurde. Die Abkühlung zeigt sich deutlich durch eine dicke Schneeschicht (Eis und Kohlensäure) an, die sich auf die Kappe und in ziemlich großer Länge auf die Verdampfungsleitung nach dem Gasbehälter erstreckt. Es kann vorkommen, daß flüssige Luft von diesem Rohr heruntertropft. Die Vorkühlung mit flüssiger Luft geschieht nur dann, wenn die Wärmekapazität der zu kühlenden Apparatur so groß ist, daß ein erheblicher Verlust an flüssigem Wasserstoff erwartet werden kann. Das Füllen ist dann weitläufiger, da die zur vollständigen oder teilweisen Füllung des Kroystaten dienende flüssige Luft wieder ganz verdampft sein muß, bevor man mit der Wasserstoffüllung anfangen kann. Auf keinen Fall darf der Wasserstoff durch Luft verunreinigt werden, damit man Schwierigkeiten mit dem Verflüssiger vermeidet; man muß also die flüssige Luft bis zum letzten Tropfen wieder entfernen. Dies geschieht, indem man unten im Kryostaten eine Heizspirale anbringt, welche die Verdampfung beschleunigt.

Wenn alle flüssige Luft verschwunden ist, muß der Kroystat noch leer gesaugt und mit Wasserstoffgas gespült werden. Das alles zusammen sind also ziemlich langwierige und weitläufige Handhabungen, die sich in gewissen Fällen jedoch nicht vermeiden lassen. Wenn die Apparatur einmal bis auf Temperaturen der flüssigen Luft vorgekühlt ist, so ist die Wärmekapazität erheblich kleiner geworden, und dann erfordert die weitere Kühlung einen viel kleineren Kälteaufwand. Sobald die Füllung beendet und die Apparatur ganz untergetaucht ist, hört die starke Verdampfung auf, und die Schneeschicht verschwindet von Kappe und Leitung. Ist das nicht der Fall, so deutet dies auf eine schlechte Wärmeisolierung hin, unter Umständen infolge eines nicht gut evakuierten Kryostatglases. Um eine bessere Isolierung zu erhalten, wird im allgemeinen ein Glas flüssige Luft um das Wasserstoffglas herum angeordnet (s. Ziff. 2).

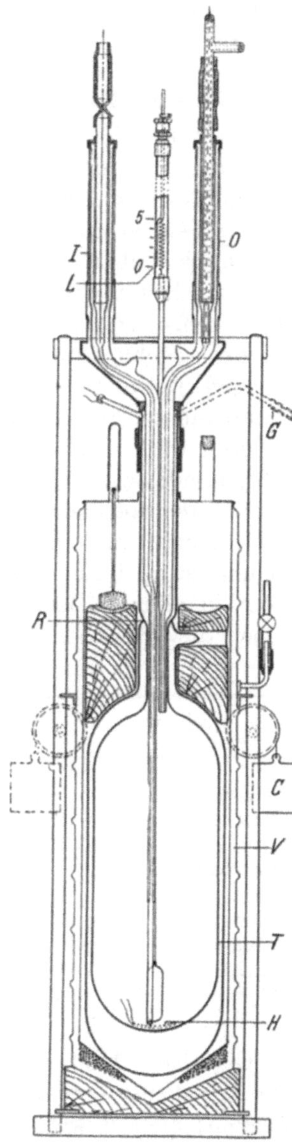

Abb. 102. DEWAR-Glas für den Transport von flüssigem Helium (nach KEESOM).

Das Füllen mit flüssigem Helium geschieht ganz entsprechend. Jedoch wird nun der Kryostat auf jeden Fall zuerst vorgekühlt, da man mit dieser Flüssigkeit sparsamer umgehen muß. Das Helium kann in einem eigens dazu konstruierten Transportglas vom Heliumverflüssiger nach den Experimentierräumen geschafft werden. Für die meisten Versuche wird jedoch die Kryostatanlage dicht bei dem Heliumverflüssiger aufgestellt und bleibt an diesen gekoppelt, so daß dann der Transport, der immer Verluste mit sich bringt, vermieden wird. Der Heliumverflüssiger hat zwei doppelwandige Heberrohre. Der Kryostat mit Kappe, in die ein genau um das Heberrohr passendes vertikales Röhrchen gelötet ist, wird über dieses Rohr geschoben; eine Gummimuffe sorgt für die Abdichtung. Bevor das flüssige Helium übergehebert wird, ist die Apparatur erst mit kaltem, vom Verflüssiger herrührenden Heliumdampf zu kühlen, so daß hier auch noch die zeitraubende Vorkühlung mit flüssiger Luft vermieden werden kann. In einigen Fällen, wie z. B. bei den Entmagnetisierungsversuchen, kann die Apparatur nicht beim Verflüssiger aufgestellt bleiben. Dann muß der Kryostat zwischen die Polschuhe des Magneten gestellt werden. Wenn möglich, wird unter diesen Umständen der Kryostat zum Füllen doch an den Verflüssiger gekoppelt und darauf wieder in den Experimentierraum zurückgebracht. Während des Transports wird der Heliumdampf in einem Gummiballon aufgefangen.

Nur wenn die Kryostatanordnung an ihren Platz im Experimentierraum gebunden ist, wird vom Helium-Transportglas, dessen Konstruktion wohl ohne Erläuterung aus der Abb. 102 ersichtlich ist [4], Gebrauch gemacht.

3. Das Einstellen der Temperatur im Kryostaten.

Nachdem das Kryostatglas mit dem verflüssigten Gase gefüllt ist, wird durch Einstellung des Druckes die Flüssigkeit nach einiger Zeit die mit diesem Druck gemäß der Dampfspannungskurve übereinstimmende Temperatur annehmen. Da die Kryostaten im allgemeinen nicht für Drucke gebaut werden, die höher als 1 at sind, ist man auf das Temperaturgebiet unterhalb des Siedepunktes beschränkt; nach unten wird die Grenze von der Pumpenkapazität bestimmt. Was diese untere Grenze angeht, so muß man aber bedenken, daß beim Tripelpunkt das Flüssigkeitsbad sich verfestigt und daher in dem Bad eine gleichmäßige Temperaturverteilung, die in der Flüssigkeit von Konvektionsströmen bewirkt wird und sich unter Umständen durch Rühren noch fördern läßt, mindestens zweifelhaft wird.

Aus der folgenden Tabelle ist zu ersehen, über welche Temperaturgebiete man mit einer siedenden Flüssigkeit verfügt. Zur Vervollständigung ist auch noch der Tripelpunktsdruck angegeben; dieser ist praktisch in allen Fällen leicht zu erreichen. Die beiden letzten Spalten geben die kritischen Größen T_k und p_k an [5].

Tabelle 13.

Stoff	Siedepunkt °K	Tripelpunkt °K	Tripelpunktsdruck (cm)	Kritische Temperatur °K	Kritischer Druck (at)
Helium	4,22	—	—	5,19	2,26
Wasserstoff . .	20,4	14,0	5,4	33,2	12,8
Neon	27,2	24,4	32,3	44,4	26,8
Stickstoff . . .	77,3	63,2	9,6	126,0	33,5
Argon	87,4	83,9	51,2	150,7	48,0
Sauerstoff . . .	90,1	54,7	0,2	154,3	49,7
Methan	111,7	90	7,0	191,0	45,8
Äthylen	169,3	104		282,6	50,6
Chlormethyl . .	249,7	170		416,1	65,8

Offenbar schließen sich die Temperaturgebiete nicht aneinander. Für die Zwischengebiete ist man also genötigt, besondere Hilfsmittel anzuwenden; hierauf werden wir später noch zurückkommen.

Im Leidener Kältelaboratorium werden von den obengenannten Gasen Helium, Wasserstoff, Sauerstoff und Stickstoff im allgemeinen verwendet, während Äthylen und Chlormethyl nur gelegentlich Anwendung finden; die übrigen kommen jedoch fast nie zur Benutzung. Man beherrscht mit den zuerst genannten Gasen ungefähr das ganze

Temperaturgebiet unterhalb Zimmertemperatur, ausgenommen zwei Lücken: zwischen den Gebieten des flüssigen Heliums und Wasserstoffs bzw. zwischen denen von Wasserstoff und Sauerstoff. Im zweiten Gebiete liegt das Neon. Dieses Gas kann mit Hilfe von flüssigem Wasserstoff verflüssigt werden; das Temperaturgebiet ist jedoch so klein, daß die Hinzufügung von Neon zu der Reihe der allgemein gebräuchlichen Gase in Rücksicht auf die damit verbundenen Kosten einer gesonderten Anlage nicht gerechtfertigt erscheint [6].

Der Druck im Kryostaten wird mittels eines Regelhahnes K_1 eingestellt (s. Abb. 101), der in die entweder zum Gasbehälter oder zur zentralen Pumpenanlage führende Verdampfungsleitung eingeschaltet ist. Er wird vom Quecksilbermanometer M_1 abgelesen. Es ist aber für das Einstellen einer Temperatur, die nur innerhalb enger Grenzen schwanken darf, nötig, daß der Druck genau konstant gehalten oder dem Temperaturverlauf entsprechend geregelt wird. Das Konstanthalten des Druckes ist mittels des Quecksilbermanometers nicht möglich; dazu sind die Druckschwankungen zu gering. Man hat deshalb noch ein Ölmanometer M_2 angebracht, dessen einer Fuß in eine ziemlich große Glasglocke hineinragt. Beide Füße sind über dem Öl durch ein Rohr mit einander verbunden, in dem ein Hahn K_2 angebracht ist. Man stellt zuerst den gewünschten Druck grob mit Hilfe von K_1 ein, während K_2 noch geöffnet ist; darauf schließt man K_2, so daß sich nun jede Druckänderung deutlich im Steigen und Sinken des Ölmeniskus im linken Fuß zeigt. In dem Lichtbild auf S. 206 ist das Einstellmanometer ganz links deutlich sichtbar. Wenn man mit flüssigem Helium arbeitet, so gebraucht man oft ein Ölmanometer, dessen Füße einen kleinen Winkel mit der Horizontalen bilden, so daß einer gewissen Höhendifferenz eine größere horizontale Verschiebung des Ölmeniskus entspricht.

Im allgemeinen ist es mit dieser Apparatur möglich, die Temperatur im Flüssigkeitsbad innerhalb 0,01° konstant zu halten. Die Schwankungen sind abhängig von der thermischen Isolierung, also vom mehr oder weniger regelmäßigen Kochen der Flüssigkeit und von der Temperaturverteilung infolge der Differenz des hydrostatischen Druckes an jeder Stelle in der Flüssigkeit. Wegen dieser letzten Ursache entsteht oben in der Flüssigkeit eine niedrigere Temperatur als unten. Auch die Verdampfungsgeschwindigkeit, die an der Oberfläche am größten ist, verursacht hier eine niedrigere Temperatur und wirkt daher in derselben Richtung. Jedoch werden durch die Tatsache, daß die Dichte um so größer wird, je niedriger die Temperatur ist (ausgenommen im Falle des flüssigen Heliums unterhalb des Umwandlungspunktes), die kälteren Flüssigkeitsschichten sinken, und es wird ein Wärmeaustausch und folglich ein Temperaturausgleich zustande kommen. Oft vermehrt man diese Strömungen in der Flüssigkeit noch mittels eines Rührers R (s. Abb. 101). Dieser besteht aus einem vertikalen, in die Flüssigkeit tauchenden Rohr, das über eine gewisse Länge (etwa 10 cm lang) als Pumpe ausgeführt ist. Der Sauger (in dem sich eine Klappe befindet, die sich nur nach oben öffnen kann) wird angetrieben mittels eines Schnürchens von einer eisernen Kugel, die sich in einem über die Kryostatkappe hinausragenden Glasrohr bewegt. Diese Kugel ist magnetisch an das Feld eines mittels eines kleinen Motors vertikal auf- und abwärts bewegten Elektromagneten gekoppelt (s. Abb. 95 ganz oben). Besonders in langen Kryostaten, in denen große hydrostatische Druckdifferenzen auftreten, oder für sehr genaue Untersuchungen, empfiehlt sich die Anwendung eines Rührers.

Wie schon gesagt, wird die Konstanz der Temperatur für einen großen Teil von der Qualität der Isolierung bestimmt. Es macht jedoch noch einen Unterschied, mit welcher Flüssigkeit gearbeitet wird. Die Praxis lehrt, daß in flüssigem Wasserstoff die Temperatur in hohem Maße „ruhig“ sein kann; in Sauerstoff und Stickstoff ist dies auch noch der Fall, allerdings weniger gleichmäßig. Es hängt davon ab, ob man das Bad noch durch ein Glas mit flüssiger Luft isoliert oder nicht. Mit den letztgenannten Bädern geschieht dies im allgemeinen nicht. Man muß bedenken, daß für dieselbe absolute Temperaturschwankung ΔT die relative Temperaturschwankung in diesem Temperaturgebiet schon viel kleiner ist als im Wasserstoffgebiet. Die Ergebnisse mit Chlormethyl und Äthylen sind weniger befriedigend. Im allgemeinen schwankt die Temperatur fortwährend um beträchtliche Beträge, die eine genaue Messung erschweren. Wahrscheinlich ist das die Folge von Verunreinigungen, die nicht leicht zu entfernen sind. Überdies erhält man die Flüssigkeiten in unterkühltem Zustand im Kryostaten, da sie mit Hilfe flüssiger Luft verflüssigt werden. Man muß dann oft noch lange warten, bis sie eine mit dem Dampfdruck übereinstimmende Temperatur angenommen haben. Wegen dieser Umstände ist es nicht angenehm, mit diesen Flüssigkeiten zu arbeiten. Auch schon deswegen hat man für genaue Messungen das betreffende Temperaturgebiet auf andere Weise verwirklicht.

Zum Schlusse sei noch etwas über das Arbeiten bei Heliumtemperaturen mitgeteilt. Im allgemeinen ist es hierbei weniger leicht, die Temperatur konstant zu halten, als mit Wasserstoff. Es hängt sehr davon ab, ob die Wärmezufuhr von außen her, z. B. längs der Zuleitungsrohre u. dgl., beträchtlich ist oder nicht, und auch die Qualität des Vakuumglases hat Bedeutung, obwohl das Heliumglas immer von einem Glase mit flüssigem Wasserstoff und dieses wieder von einem solchen mit flüssiger Luft umgeben ist. Wir werden im vorliegenden Kapitel (Ziff. 4c) noch sehen, weshalb wir im allgemeinen die Temperatur des Heliumbades aus demDampfdruck, der von einem geschlossenen Manometer abgelesen wird, berechnen. Wenn die Angaben des Manometers schwanken, so bedeutet das noch nicht, daß die Temperatur diesen Schwankungen direkt folgt; es ist viel wahrscheinlicher, daß nur die Temperatur der oberen Schicht der Flüssigkeit, wo die Verdampfung hauptsächlich stattfindet, sich ändert, wenn nicht eine unregelmäßige Verdampfung durch die ganze Flüssigkeit hindurch, z. B. infolge von Absorption der Wärmestrahlung, die Ursache der Inkonstanz des Dampfdruckes ist.

Umgekehrt darf man aus der Konstanz der Angaben des Gasthermometers nicht sofort auf absolute Temperaturkonstanz der Flüssigkeit schließen. Da die Wärmekapazität dieses Instrumentes bedeutend größer ist als die eines gewöhnlichen Widerstandsthermometers (mit dem im allgemeinen die Temperaturen gemessen werden), werden sich kleine Temperaturschwankungen nicht sofort bemerkbar machen, auch schon deswegen, weil das Gasthermometer noch eine gewisse Trägheit hat, die durch die enge Kapillare verursacht wird.

Wir kommen hiermit auf ein ganz anderes Arbeitsgebiet im Bereiche niedriger Temperaturen, nämlich auf das Gebiet der Temperaturmessung, worüber im folgenden Paragraphen berichtet werden soll.

4. Temperaturmessung.

a) Gasthermometer.

I. Allgemeines. Wenn man Temperaturen in absolutem Maße messen will, so muß die absolute Temperaturskala experimentell verwirklicht werden können [7]. Aus der Form der Zustandsgleichung eines idealen Gases geht hervor, daß man die absolute oder thermodynamische Skala sofort mit Hilfe eines solchen Gases festlegen könnte, indem man nämlich Druck und Volumen mißt (s. I. Kapitel). Man könnte das Gas in ein Gefäß konstanten Volumens einschließen, so daß man nur eine Druckmessung auszuführen hätte. Hierauf beruht das sog. Gasthermometer; dieses besteht im Prinzip aus einem Behälter, der in dem Raum angebracht wird, wo die zu messende Temperatur herrscht. Dieser Behälter steht mittels einer engen Kapillare mit einem (Quecksilber-)Manometer in Verbindung. Über ein ideales Gas verfügt man leider nicht. Man kann einem solchen jedoch am besten mit einem sehr verdünnten Gase nahe kommen. Füllt man also ein Thermometergefäß derart, daß ein sehr kleiner Druck herrscht, so mißt man angenähert die absolute Temperatur. Mit Hilfe der Abweichungen vom Gesetze der idealen Gase kann man die Ergebnisse verbessern. Für diesen Zweck muß also die Zustandsgleichung des Gases bekannt sein. Zu deren Messung ist allerdings ein absolutes Thermometer erforderlich; dieses kann man jedoch möglichst gut verwirklichen, indem man einen niedrigen Druck im Gasthermometer wählt. Schließlich kommt also in der Praxis die Festlegung der absoluten Skala auf eine sukzessive Näherung hinaus.

Für die Füllung des Gasthermometers kommt dasjenige Gas in Betracht, das die kleinste Abweichung vom idealen Zustand zeigt, das Gas also, dessen kritische Temperatur am niedrigsten ist. Denn je weiter der Zustand, in dem das Gas im Thermometer gebraucht wird, vom Koexistenzgebiet entfernt liegt, um so kleiner sind im allgemeinen die Abweichungen vom idealen Gasgesetz; im Hinblick darauf kommen besonders Wasserstoff und Helium in Betracht [8]. Es ist selbstverständlich, daß die am schwierigsten zu kondensierenden Gase sich am meisten ideal verhalten, da die Kondensation eine Folge von intermolekularen Anziehungskräften ist. In den schwer zu kondensierenden Gasen sind diese Kräfte klein, und daher ist die Annäherung an den idealen Zustand am größten [9].

Der Bau des Gasthermometers ist sehr einfach [10] (s. Abb. 103). Der Behälter T, dessen Inhalt möglichst groß gewählt werden muß, je nach der erwünschten Meßgenauigkeit und dem zur Verfügung stehenden

Raum, wird für Präzisionsmessungen aus Glas hergestellt. Der Ausdehnungskoeffizient dieses Glases muß genau bekannt sein, damit man die thermische Volumenänderung in Rechnung stellen kann. Mittels einer engen Metallkapillare, die oberhalb der Kryostatenkappe an eine zum Behälter führende Glaskapillare gekittet ist, steht der Behälter in Verbindung mit dem Manometer B—I, das meistens ein geschlossenes Quecksilbermanometer ist, jedoch durch jedes andere Manometer, z. B. ein Hitzdrahtmanometer, das besonders für die Messung niedriger Drucke geeignet ist (s. unten), ersetzt werden kann. Die Gasmenge in der Apparatur, welche nicht die zu messende Temperatur annimmt, der sog. schädliche Raum, muß natürlich möglichst klein sein; deswegen ist die Kapillare, deren Querschnitt von der noch zulässigen Trägheit des Thermometers bestimmt wird, eng und das Volumen über dem Quecksilbermeniskus in dem mit dem Thermometergefäß in Verbindung stehenden Manometerfuß möglichst klein [11]. Um dieses Volumen auf einem konstanten Wert zu erhalten, macht man die Höhe des Quecksilbermeniskus mittels des Quecksilberbehälters D einstellbar. Trotzdem ist eine Korrektur wegen des schädlichen Raumes erforderlich. Bei Präzisionsmessungen wird die Korrektion für das Volumen der Kapillare — deren Temperatur an verschiedenen Stellen ganz verschieden sein kann — experimentell dadurch bestimmt, daß man eine gleichförmige Hilfskapillare ohne Thermometergefäß anbringt (siehe z. B. Tha in Abb. 114). Diese Korrektionen müssen also zu der Berichtigung der Tatsache, daß das Gas nicht ideal ist, noch hinzugefügt werden.

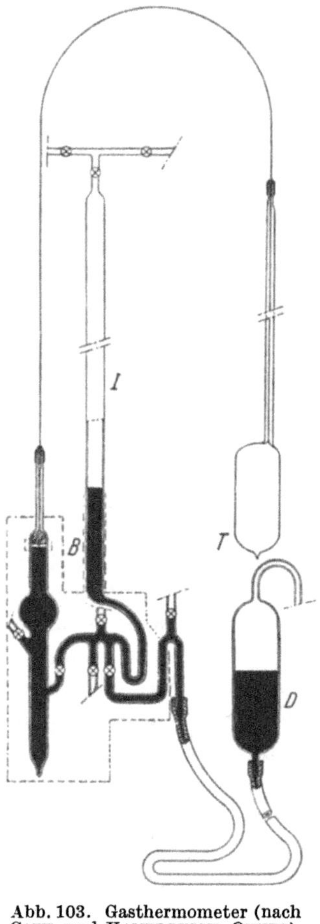

Abb. 103. Gasthermometer (nach CATH und KAMERLINGH ONNES).

Der Füllungsdruck des Thermometers kann innerhalb gewisser Grenzen willkürlich gewählt werden. Er muß jedoch so sein, daß man nicht zu nahe an das Sättigungsgebiet herankommt, da sonst die Abweichungen vom BOYLEschen Gesetz zu groß werden. Naturgemäß ist es erwünscht, den Füllungsdruck sehr niedrig zu wählen; dem wird jedoch eine Grenze gesetzt durch die Ablesegenauigkeit des Manometers. Der zu messende Druck muß weit über die Genauigkeitsgrenze der Druckmessung hinausgehen. Außerdem wird bei sehr kleinen Drucken auch die thermomolekulare Druckdifferenz noch eine Rolle spielen. Aus diesen Gründen wählt man den Füllungsdruck nach den vorliegenden Bedingungen. Die Zustandsgleichungen für Wasserstoff und Helium sind gut bekannt, so daß im Falle größerer Füllungsdrucke genaue Korrektionen vorgenommen werden können.

II. Anwendung des Hitzdrahtmanometers. Die Wirkung des Hitzdrahtmanometers, von dem wir eben sprachen, beruht auf der Tatsache, daß die Wärmeleitung in einem Gase bei niedrigen Drucken vom Druck abhängig ist. Deshalb kann die Wärmeleitung ein Maß für den Druck sein, und dann kommt die Druckmessung auf Messung der Wärmeleitfähigkeit hinaus. Das geschieht auf folgende Weise [12].

Ein dünner Draht (z. B. aus Wolfram) ist in einem Glasröhrchen ausgespannt; das Röhrchen steht in Verbindung mit dem Raum, in dem man den Druck messen will. Der Draht wird von einem elektrischen Strom geheizt. Bei einer gewissen Stromstärke wird sich die Temperatur so einstellen, daß die JOULEsche Wärme gerade die durch Wärmeleitung abgeführte Wärmemenge ist. Diese Gleichgewichtstemperatur des Drahtes, und mit ihr der elektrische Widerstand, wird also von der Wärmeleitung des Gases bestimmt. Wenn nun eine konstante elektrische Spannung in dem Draht besteht, wird die Stromstärke ein Maß für die Wärmeleitung und daher für den Druck sein. Je größer der Druck, um so größer ist die Stromstärke. Obwohl die Druckmessung also nicht eine absolute Messung ist und viele nicht genau bekannte Faktoren in den Zusammenhang zwischen Widerstand und Druck eingehen, kann man jedoch das Hitzdrahtmanometer für das Gas, für welches es benutzt wird, kalibrieren.

Augenscheinlich erfordert das Hitzdrahtmanometer eine ziemlich umfangreiche Nebenapparatur. Es hat jedoch den Vorteil, daß es selbst sehr wenig Platz einnimmt und auch in Rücksicht darauf leicht in einem Kryostaten untergebracht werden kann. Dadurch wird erreicht, daß — wie wir noch sehen werden — bei der Messung eines niedrigen Druckes in einem Raume niedriger Temperatur die thermomolekulare Druckdifferenz nicht auftritt (siehe z. B. das Manometer M in Abb. 115). Darüber soll jetzt einiges mitgeteilt werden [13a].

III. Thermomolekulare Druckdifferenz. Verbindet man zwei gasgefüllte Gefäße, die nicht dieselbe Temperatur haben, mittels eines Rohres, so wird im Gleichgewichtszustand eine Druckdifferenz in beiden Behältern vorhanden sein, deren Größe durch verschiedene Umstände bestimmt wird. Diese Erscheinung wurde zuerst von REYNOLDS im Jahre 1879 beobachtet. Er stellte fest, daß, wenn die beiden Gasräume, in denen anfänglich derselbe Druck herrschte, durch eine poröse Wand geschieden waren (z. B. Meerschaumplatte), Gas aus dem Gefäße niedrigerer Temperatur allmählich in das andere Gefäß gelangte, so daß eine Druckdifferenz entstand. REYNOLDS nannte diese Erscheinung „thermische Transpiration“. Mit Hilfe der kinetischen Gastheorie leitete er ab, daß, wenn der Durchmesser ($2R$) des Verbindungsrohres klein ist gegenüber der mittleren freien Weglänge (λ) der Moleküle, das Druckverhältnis in beiden Gefäßen durch die Beziehung

$$\frac{p_1}{p_2} = \sqrt{\frac{T_1}{T_2}} \tag{1}$$

bestimmt wird, wo T_1 und T_2 die absoluten Temperaturen beider Gasräume bedeuten. In seinen Versuchen bildeten die Kapillaren in dem porösen Körper die Verbindungsrohre, so daß der Durchmesser zuverlässig sehr klein war; die freie Weglänge hat unter normalen Umständen die Größenordnung 10^{-5} cm. Lange Zeit nachher (im Jahre 1910) gelang es KNUDSEN, die Beziehung (1) experimentell nachzuweisen*.

Je kleiner die Dichte eines Gases ist, um so größer wird die freie Weglänge. Es ist also verständlich, daß der Grenzbedingung $2R \ll \lambda$ um so mehr genügt wird, mit je niedrigeren Drucken und engeren Kapillaren man arbeitet. Dies ist der Fall bei Temperaturmessungen mit Hilfe des Gasthermometers mit sehr kleinem Druck, das z. B. für Messung bei den niedrigsten Heliumdampfspannungen notwendig ist. Wie groß in diesem Falle der Einfluß der Erscheinung auf die Ergebnisse der Messungen mit dem Gasthermometer ist, geht aus der folgenden Tabelle hervor. Zur Messung der Dampfspannungslinie des Heliums wurden von KEESOM und Mitarb. [14] zwei Heliumgasthermometer A und B benutzt, die beide mit einem Hitzdrahtmanometer versehen waren (Abb. 114 veranschaulicht die beiden Thermometer Th_1-Ma_1 bzw. Th_2-Ma_2). Bei $T = 1°$ K betrug der Druck im Behälter etwa 7 bzw. etwa 14 μHg, während der Durchmesser der Thermometerkapillare 0,2029 bzw. 0,3694 cm war.

Tabelle 14.

Dampfdruck cm	T_A	T_B	T_A korr.	T_B korr.
76,05	7,49	5,305	4,22	4,22
0,0120	2,68	1,765	0,970	0,983
0,00465	2,55	1,652	0,898	0,897

In dieser Tabelle bedeuten $T_{\text{korr.}}$ die Temperaturwerte nach ihrer auf den thermomolekularen Druckeffekt bezüglichen Korrektur; die übrigen T sind die Temperaturwerte vor der Korrektion. Man sieht, zu welchen großen Abweichungen der KNUDSEN-Effekt Anlaß gibt.

Dies ist zu erwarten, sobald die Bedingungen sich der genannten Grenzbedingung nähern, denn in diesem Fall ist das Druckverhältnis im Manometer (das auf Zimmertemperatur steht) und im Behälter

* Die Ursache der thermomolekularen Druckdifferenz, die man öfter als „KNUDSEN-Effekt" bezeichnet, muß in dem Vorhandensein von Tangentialdrucken längs der Verbindungsrohrwand gesucht werden; diese Drucke entstehen, sobald es einen Temperaturgradienten die Wand entlang gibt. Das Gas strömt längs der Wand von der Stelle niedrigerer nach einer solchen höherer Temperatur, und diese Strömung verursacht das Druckgefälle. Im Gleichgewichtszustand kehrt gleich viel Gas durch die Rohrmitte zurück [13 b].

(für eine sehr tiefe Temperatur des flüssigen Heliums, z. B. 1° K) gleich der Quadratwurzel aus dem Temperaturverhältnis [s. Formel (1)]. Das würde ein Druckverhältnis gleich 16,5 bedeuten! Der Effekt hat jedoch keinen so großen Einfluß, weil die Dichte bei der sehr tiefen Temperatur verhältnismäßig groß ist, was zur Folge hat, daß der oben genannten Grenzbedingung sicher nicht genügt wird in dem Teile des Kapillarrohres, der sich auf tiefer Temperatur (im Kryostaten) befindet.

Um sich eine Vorstellung von dem Einfluß der thermomolekularen Druckdifferenz auf die Druckmessung unter weniger extremen Umständen machen zu können, sei erwähnt, daß in einem mit einer Kapillare von 2 mm Querschnitt versehenen und bei 0° C bis zu 10 cm Druck gefüllten Helium-Gasthermometer bei Messung des Siedepunktes von Helium (4,2° K) die Druckdifferenz etwa 0,6% des Totaldrucks beträgt (1,5 mm), bei dem Dampfdruck 1 cm (1,7° K) etwa 4,5%.

IV. Adsorption. Noch eine zweite Schwierigkeit setzt der mit dem Gasthermometer zu messenden niedrigsten Temperatur eine Grenze. Als Keesom und Schmidt [15] einmal versuchten, Temperaturen unterhalb 1° K mit einem Gasthermometer zu messen, in dem der Nullpunktsdruck (d. i. der Druck im Behälter bei 0° C) 1 mm betrug, stellte sich heraus, daß unterhalb 4° K der Druck zu rasch mit der Temperatur abnahm, sogar so schnell, daß bei 0,73° K (bekannt aus dem Dampfdruckwert) der Druck im Thermometer nahezu Null geworden war. Die Ursache hiervon ist die Adsorption des Heliums an der Glaswand! In einem besonderen Versuche, bei dem man die Oberfläche der Glaswand künstlich — durch Anbringen einer großen Menge Glaskapillarrohre im Thermometergefäß — vergrößerte, wurde die Erscheinung quantitativ geprüft und eine Anzahl Adsorptionsisothermen (s. VI. Kapitel) bei Temperaturen des flüssigen Heliums aufgenommen. Diese zeigten ungefähr denselben Verlauf, der aus Abb. 75 für niedrige Drucke hervorgeht. Zum Beispiel: Die Anreicherung, d. h. das Verhältnis der Menge des adsorbierten Gases zu der Menge, die gerade eine monomolekulare Schicht auf der Glaswand bildet, betrug 0,57 bei einem bestimmten Versuch für $T = 1{,}13°$ K und $p = 0{,}01$ mm; bei $p = 0{,}20$ mm betrug es 0,73 (Gefäß und Kapillarrohre waren aus Thüringer Glas).

Die Größe des Einflusses der Erscheinung auf die Ergebnisse des Gasthermometers hängt natürlich vom Füllungsdruck, von der Temperatur und vom Verhältnis des Volumens zu der Oberfläche des Gefäßes ab. In einer Kugel mit dem Durchmesser 2 cm wird bei der Temperatur 0,9° K und dem Druck 0,0025 cm (d. i. die Hälfte des Sättigungsdruckes) $\pm 2{,}5\%$ der totalen Gasmenge an der Wand adsorbiert.

In den in Abschnitt III erwähnten Messungen der Dampfspannung des Heliums, bei denen die niedrigste Temperatur etwa 0,9° K betrug (und der Druck im Gasthermometer 0,002 cm), spielt die Erscheinung praktisch noch keine Rolle, da die Umstände günstiger waren (größeres

Gefäß). Bei der niedrigsten gemessenen Temperatur betrug die Korrektion $\pm 1{,}5\%$, ein Betrag, der ungefähr mit der Meßgenauigkeit übereinstimmte.

b) Platinthermometer.

I. Allgemeines. Aus Obigem geht hervor, daß es ziemlich umständlich ist, die Temperatur in absolutem Maße zu messen. Abgesehen von der durch die vielen anzubringenden Korrektionen umständlichen Berechnung erfordern die Aufstellung und die Ablesung eines Gasthermometers sehr viel Mühe und Zeit, wenn man die Temperatur genau feststellen will. Deshalb benutzt man für die Messungen im allgemeinen ein Hilfsthermometer, das jedoch zuerst mit dem Gasthermometer verglichen werden, also auf die absolute Skala bezogen sein muß. Das wichtigste Thermometer für Arbeiten bei niedrigen Temperaturen ist wohl das Widerstandsthermometer. Es beruht auf der Tatsache, daß der elektrische Widerstand eines Metalls von der Temperatur abhängig ist.

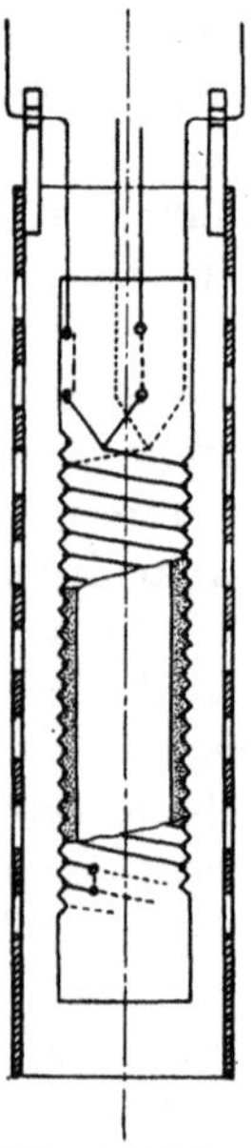

Abb. 104. Widerstands(Platin-)thermometer.

Die Konstruktion des Thermometers ist folgende [16]. Um einen Porzellan-, Quarz- oder Glimmerkern ist ein Platindraht von einigen Zehnteln Millimeter Dicke gewickelt. Wenn ein Porzellanrohr (Durchmesser etwa 10 mm) benutzt wird, liegen die Windungen in einer im Porzellan angebrachten doppelgängigen Spiralrille (s. Abb. 104). Der Quarz- oder Glimmerkern hat meistens ein kreuzförmiges Profil (ist aus vier Streifen aufgebaut) und der Draht liegt spiralisiert in einer rechteckigen Außenverzahnung der Streifen. Die beiden Drahtenden ragen oben heraus. An jedes dieser beiden Enden sind zwei Platindrähte geschweißt, so daß das Thermometer vier Kontakte hat. Der Widerstandsdraht wird durch einen Glas- oder Metallmantel um das Ganze beschützt. Das als Thermometermaterial anzuwendende Platin muß sehr rein sein. Ein Maß für die Reinheit ist der Temperaturkoeffizient des elektrischen Widerstandes (dieser beträgt $3{,}9 \cdot 10^{-3}\,\Omega$ je Grad und je Ω zwischen 0° und 100° C). Auch muß der Draht spannungsfrei gewickelt sein; deshalb „ältert“ man das Thermometer nach der Herstellung. Es wird in einem Ofen in einer Sauerstoff- bzw. Stickstoffatmosphäre erhitzt bis zu einer Temperatur, die von 450° bis 840° C reicht, und dann in flüssiger Luft abgekühlt; diese Bearbeitung wird einige Male wiederholt, bis keine Änderung des Widerstandes und des Temperaturkoeffizienten mehr auftritt. Sobald das Thermometer fertig ist, wird es kalibriert, d. h. mit dem Gasthermometer verglichen. Zu diesem Zwecke werden beide in ein Flüssigkeitsbad gebracht, z. B. in flüssigen Sauerstoff oder Wasserstoff, auf dieselbe Höhe eingestellt und unter Umständen zusammen mit Stanniol (Blattzinn) umwickelt, so daß man sicher ist, daß sie dieselbe Temperatur annehmen. Aus einer genügenden Anzahl Meßpunkten konstruiert man eine Kurve, die den Zusammenhang zwischen Widerstand und Temperatur angibt. In der Praxis wird aus den Meßpunkten eine algebraische Kurve berechnet, die diesen Zusammenhang möglichst gut wiedergibt. Es zeigt sich nun, daß im Gebiete des flüssigen Wasserstoffs der Widerstand am besten durch eine quadratische Kurve, im Gebiete des flüssigen Sauerstoffs durch eine lineare Kurve dargestellt wird. Ganz genau ist das jedoch nicht möglich, so daß man die berechneten Temperaturwerte noch einer kleinen Korrektion unterziehen muß. Deshalb wird jedem kalibrierten Platinthermometer eine Abweichungskurve beigegeben, welche die Differenz angibt zwischen den wirklichen Temperaturen und denjenigen, die aus der linearen oder quadratischen Kurve folgen. Wenn man den Verlauf des Widerstandes über das ganze Temperaturgebiet zwischen 0° C und der Temperatur des flüssigen Wasserstoffs durch eine einzige analytische Kurve darstellen will, so muß diese natürlich mehrere Koeffizienten enthalten und z. B. eine Kurve sein, in welche die Temperatur in der vierten Potenz eingeht.

II. Das Meßverfahren. Obwohl das Widerstandsthermometer die absolute Temperatur nur indirekt ergibt, kann es, als Einzelgerät mit dem Gasthermometer verglichen, letzteres bei der experimentellen Arbeit recht gut ersetzen. Im Leidener Laboratorium wird dieses Thermometer ganz allgemein benutzt. Man hat deshalb im Laboratorium Kabelverbindungen zwischen jedem Experimentierraum und einem zentralen Meßraum angelegt, wo die Widerstände der Thermometer gemessen werden können. Eine genaue Widerstandsmessung erfordert nämlich eine ziemlich umfangreiche und kostspielige Apparatur; aus diesem Grunde sind die Meßanlagen für das ganze Laboratorium zentralisiert worden. Eine besondere Schaltung macht es möglich, den Widerstand der Zuleitungsdrähte zu eliminieren. Derartige Schaltungen sind der „übergreifende Nebenschluß" und die „Kompensationsbank" [17]. Das Prinzip des übergreifenden Nebenschlusses beruht darauf, daß man, durch Einstelllung eines mit dem unbekannten Widerstande in Reihe geschalteten Widerstandes auf den Wert dieses letzteren, die Ablenkung eines in die Schaltung aufgenommenen Differentialgalvanometers derart erhält, daß sie sich beim Kommutieren des Stromes in den Widerständen nicht ändert. Das Differentialgalvanometer enthält zwei Spulen, in denen die Ströme entgegengesetzt gerichtet sind. Beim Kommutieren ändert sich die Stromrichtung in diesen Spulen nicht.

Um den Widerstand der Zuleitungsdrähte eliminieren zu können, wozu die vorliegende Methode wesentlich imstande ist, sind an jedes Ende des Widerstandsdrahtes zwei Verbindungen geschweißt; die eine davon ist der Stromdraht, die andere führt zu einer Galvanometerspule. Es handelt sich dann ausschließlich um den Widerstand zwischen den Punkten, wo Strom- und Meßdrähte zusammenkommen. Es empfiehlt sich, den Ausschlag des Galvanometers durch geeignete Wahl der beiden Ströme klein zu machen. Die Ablenkung wird mit Hilfe einer Skalenteilung optisch beobachtet.

Weil die kleinste Teilung in dem Widerstandssatze im allgemeinen für die Meßgenauigkeit nicht ausreicht, so muß der genaue Widerstandswert durch Interpolation ermittelt werden. Dazu mißt man die Empfindlichkeit der Schaltung für eine bestimmte Widerstandsänderung (0,1 Ω). Der unbekannte Widerstand kann dann aus dem Werte im Widerstandssatze und der Änderung der Galvanometerablenkung beim Kommutieren berechnet werden. Die Empfindlichkeit der Apparatur ist ungefähr so, daß die Temperaturänderung 0,01° eine Ablenkung der Größenordnung 1 cm auf der Galvanometerskala bedeutet (die relative Genauigkeit der Messung beträgt $\pm$ 0,0001).

Der eine Mitarbeiter, der im Galvanometerzimmer für die Temperaturmessung sorgt, steht in telephonischer Verbindung mit dem andern Mitarbeiter, der im Experimentierzimmer den Regulierungshahn der Verdampfungsleitung bedient und gibt ihm die Richtung an, in welcher der Druck geändert werden muß, sobald die Temperatur sich ändert. Auf diese Weise wird die Galvanometerablenkung innerhalb gewisser Grenzen konstant gehalten und aufgeschrieben.

Man sieht, daß die Temperaturbestimmung mittels einer fest aufgestellten Meßbrücke eine sehr einfache Sache ist; man braucht nur die Galvanometerablenkung zu beobachten und von Zeit zu Zeit die Empfindlichkeit zu kontrollieren. Außerdem bietet das Widerstandsthermometer den Vorteil, daß es nur einen geringen Raum im Kryostaten beansprucht; die Wärmekapazität des Drahtes ist klein, so daß er kleinen Temperaturschwankungen sofort folgt.

Indem man von Zeit zu Zeit den Eispunkt, d. h. den Widerstand bei 0° C bestimmt, hat man eine Kontrolle dafür, ob das Thermometer konstant bleibt. Wenn dieser Widerstand sich geändert hat, so muß aufs neue kalibriert werden.

c) Die Temperaturmessung im Gebiete des flüssigen Heliums.

Das Platin-Widerstandsthermometer ist bis einschließlich der Temperaturen des flüssigen Wasserstoffs anwendbar. Im Heliumgebiet jedoch ist der Temperaturkoeffizient des elektrischen Widerstandes so klein geworden, daß Platin nicht mehr verwendet werden kann. Es hat sich gezeigt, daß zwar Konstantan und Manganin einen Temperaturkoeffizienten haben, der diese Stoffe als Thermometermaterial geeignet erscheinen läßt, aber eine wesentliche Schwierigkeit besteht darin, daß der Widerstand überhaupt nicht konstant und besonders empfindlich für magnetische Felder ist. Man hat sich deshalb nach einem anderen Metall oder einer anderen Legierung umgesehen, mit dem Erfolg, daß man eine bestimmte Phosphorbronze fand, die einen genügend großen

Temperaturkoeffizienten zeigte und deren Widerstand auch gut konstant blieb, so daß dieser Stoff sich zu Thermometern eignete, abgesehen davon, daß der Widerstand auch von einem Magnetfelde beeinflußt wurde. Der Widerstand eines Thermometers aus diesem Material sank von 26 Ω bei 7° K auf 19 Ω bei 1° K. Aus der Tatsache, daß der Widerstand in gewissen Grenzen von der Stromstärke abhängig war, wurde die Schlußfolgerung gezogen, daß der große Temperaturkoeffizient seine Ursache hatte in Spuren eines Supraleiters, der zufällig vorhanden war, und das war Blei. Bei Prüfung einer neuen Sendung Draht stellte sich heraus, daß die Zusammensetzung des Materials in den kleinsten Einzelheiten nicht reproduzierbar war. Es zeigte sich ein zu kleiner Temperaturkoeffizient. Man hat darauf in Leiden versucht, eine geeignete Zusammensetzung selbst herzustellen, und zwar brachte man 2% Zinn und 0,05% Blei in die Bronze [18]. In der Tat erhielt man wieder einen großen Temperaturkoeffizienten (75% Widerstandsabnahme von 5° bis 1° K), jedoch zeigte sich zugleich eine viel stärkere Abhängigkeit von magnetischen Feldern. Dieser Draht kann also nur für Messungen gebraucht werden, in denen keine magnetischen Felder vorkommen, oder das Thermometer muß unter denselben Umständen so kalibriert werden, wie es gebraucht wird. In diesem Falle darf die Feldstärke nicht zu groß sein, da mit zunehmender Feldstärke der Temperaturkoeffizient kleiner wird und bei 1500 G ganz verschwindet. Die Ursache hiervon ist, daß oberhalb des Schwellenwertes des magnetischen Feldes die Supraleitfähigkeit

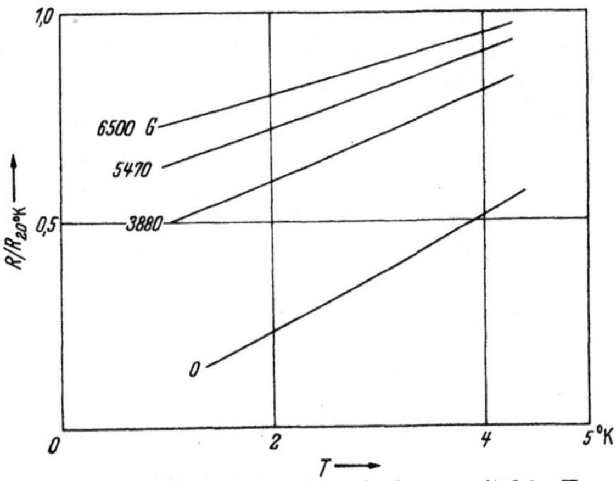

Abb. 105. Widerstand einer Phosphorbronze mit 0,1 v.H. Pb-Bi-Legierung (nach v. LAER und KEESOM).

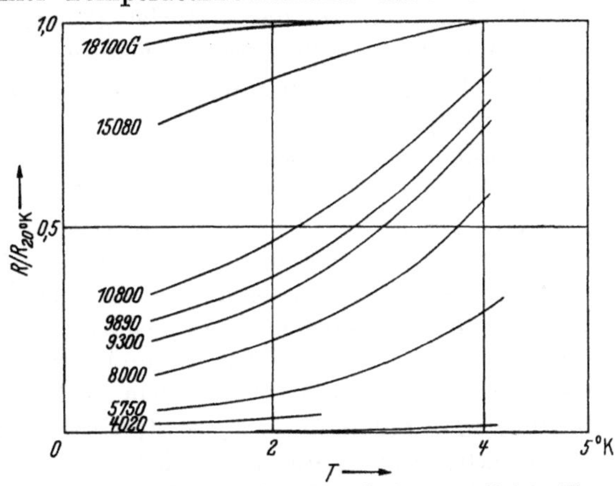

Abb. 106. Widerstand einer Phosphorbronze mit 0,2 v.H. Pb-Bi-Legierung (nach v. LAER und KEESOM).

zerstört wird. Fügt man daher nicht reines Blei, jedoch eine Legierung mit hohem Schwellenwert hinzu, so muß sich ein thermometrisches Material herstellen lassen, das auch für starke Magnetfelder geeignet ist. Mit einer Blei-Wismutlegierung, die 25 vH. Wismut enthielt, hatte man guten Erfolg [19]. Die Feldstärke, bis zu der die Temperaturabhängigkeit des Widerstandes genügend groß bleibt, ist von der Menge der Legierung abhängig. Dazu vergleiche man Abb. 105 und 106, die sich auf die Konzentrationen 0,1 bzw. 0,2 vH. beziehen. Mit 0,2 vH. Pb-Bi läßt sich sogar für 16000 G noch ein gutes Thermometer herstellen, bei dem jedoch im Felde $H = 0$ der Widerstand von der Temperatur nahezu unabhängig ist. Um ein für einen weit ausgedehnten Feldstärkebereich geeignetes Thermometer zu erhalten, kann man Drähte mit verschiedenem Legierungsgehalt in Reihe schalten.

5. Kryostate für die Temperaturgebiete zwischen denen der flüssigen Gase.

a) Dampfkryostate.

I. Wasserstoffdampfkryostat. Um Temperaturen in einem Gebiete herzustellen, das nicht erhalten werden kann mit Hilfe eines flüssigen Gases, welches unter einem niedrigeren Druck als 1 at siedet, hat man verschiedene besondere Kryostate konstruiert, die selbstverständlich verwickelter sind als der einfache Flüssigkeitskryostat. Nachstehend beschreiben wir einige dieser Kryostate.

Im VI. Kapitel sahen wir schon, daß das Desorptionsprinzip gute Dienste leisten könnte, wenn ihm nicht verschiedene Unvollkommenheiten anhafteten, sobald man an die Konstanz und die gleichmäßige Verteilung der Temperatur höhere Anforderungen stellt, als es im allgemeinen geschieht. Man fordert öfter eine große Meßgenauigkeit, z. B. wenn es sich um eine Kalibrierung handelt. Deswegen ist es sehr wichtig, über Kryostate zu verfügen, die es ermöglichen, konstante Temperaturen in den Zwischengebieten zu erzeugen. Diese Zwischengebiete erstrecken sich von 55° K bis 20° K und von 14° K bis 4° K. Es kann noch das Gebiet zwischen 0° C und dem Siedepunkt des Sauerstoffs (90° K) hinzugefügt werden, da, wie gesagt, das Arbeiten mit Gasen wie Äthylen, Chlormethyl usw wenig angenehm ist.

Ein Prinzip, auf dem bestimmte Kryostate für die Zwischengebiete beruhen, ist folgendes.

Man geht aus von der Flüssigkeit, deren Siedepunkt das Gebiet an der unteren Seite begrenzt. Diese Flüssigkeit befindet sich entweder im Kryostaten selbst oder in einem Hilfskryostaten. Unter Benutzung einer Heizspirale, welche ein einstellbarer elektrischer Strom durchläuft, wird der aus der Flüssigkeit entweichende kalte Dampf bis auf die gewünschte Temperatur erhitzt und in den Raum geführt, in dem sich die Meßapparatur befindet. Dieser Gasstrom muß natürlich ununterbrochen im Gange sein, da seine Wärmekapazität viel kleiner ist als die eines Flüssigkeitsbades. Die Aufgabe ist nun, den Vorgang so stationär zu machen, daß die Temperatur im Meßraum konstant bleibt innerhalb der Grenzen, die für das Flüssigkeitsbad gelten, und auch die Temperaturdifferenz an den verschiedenen Stellen im Meßraum innerhalb dieser Grenzen zu erhalten. Diese Forderung ist leichter zu erfüllen, wenn die Meßapparatur nur einen kleinen Teil des zur Verfügung stehenden Raums einnimmt und außerdem aus gutleitenden Materialien zusammengesetzt ist. Man kann also bei der Konstruktion der Apparatur darauf Rücksicht nehmen, daß sie für den „Dampfkryostaten" bestimmt ist.

In Abb. 107 ist bis in alle Einzelheiten der Dampfkryostat mit dem Hilfskroystaten für das Temperaturgebiet zwischen flüssigem Wasserstoff und flüssiger Luft dargestellt [20]. Mit dieser Anlage ist es möglich, die Temperatur innerhalb 0,01° mit Hilfe einer automatischen Temperaturkontrolle konstant zu halten, solange wenigstens flüssiger Wasserstoff vorhanden ist.

Der rechte Kryostat V ist der Hilfskryostat, der den flüssigen Wasserstoff enthält. Er wird durch ein Glas mit flüssiger Luft isoliert. Bei b_1 tritt gasförmiger Wasserstoff ein unter dem Druck von einigen cm oberhalb 1 at. Der Wasserstoff durchläuft eine Spirale, die durch den gasförmigen Wasserstoff, der aus dem Meßkryostaten zurückströmt und zuvor dahin seine „Kälte" zum Teil abgegeben hat, gekühlt wird. Der vorgekühlte Wasserstoff wird durch die Spirale bis in die Flüssigkeit hinunter geführt, so daß er durch die Flüssigkeit hindurch sprudelt. Alsdann entweicht dieses Gas, zugleich mit dem verdampften Wasserstoff, durch eine in die Flüssigkeit getauchte Spirale und durch das Vakuumrohr b_6 nach dem eigentlichen Dampfkryostaten B. Auf diese Weise wurde eine effektive und mittels der Wasserstoffzufuhr einstellbare Verdampfung erhalten, die etwa 80 l Gas je Stunde betrug (d. h. etwa 0,1 l Flüssigkeit).

Der kalte Wasserstoffdampf, dessen Temperatur also etwas oberhalb des Siedepunktes des Wasserstoffs liegt, gelangt, sobald er bei b_7 aus dem Vakuumrohr austritt, in die Heizkörper E_1 und E_2. Der Bau dieser Heizelemente ist ziemlich verwickelt. Unten wird der Wasserstoff durch eine Spirale geführt, damit die Berührungsfläche mit dem Metall möglichst groß ist. In der Mitte tritt der Wasserstoff in den eigentlichen Heizkörper, mit dem die untere Spirale thermischen Kontakt hat. In diesen Heizkörper (linker Durchschnitt in der Abbildung) sind die Heizelemente W_2 derart eingebaut, daß noch verschiedene Spulen eingeschaltet werden können. Außerdem ist hier noch der wulstförmige Behälter H_r eines Gasthermometers angeordnet, das eine automatische Temperaturkontrolle auf folgende Weise ermöglicht. Das Thermometergefäß ist mittels einer Stahlkapillare C mit einem Quecksilbermanometer verbunden, in dessen einen

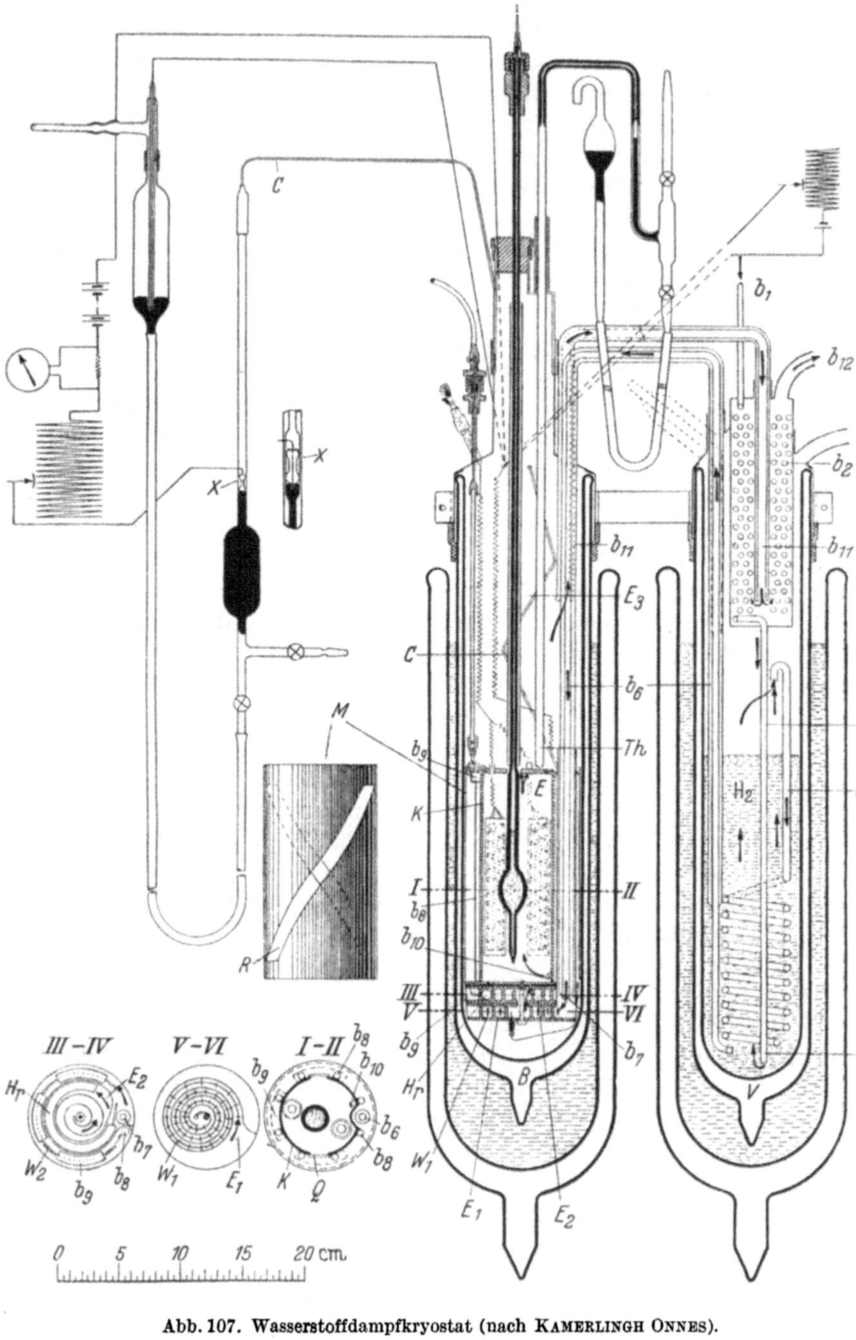

Abb. 107. Wasserstoffdampfkryostat (nach KAMERLINGH ONNES).

Fuß (den rechten) ein Platin-Quecksilber-Kontakt X eingeschmelzt ist. Der andere Fuß läßt sich in vertikaler Richtung verschieben, so daß also immer dafür gesorgt werden kann, daß für jede Temperatur im Kryostaten der Quecksilbermeniskus im rechten Fuß in der Höhe des Platindrahtes steht. Der Quecksilberkontakt ist in Reihe mit den Heizspiralen in die Schaltung aufgenommen, und zwar so, daß ein kleiner Teil des durch die Heizspirale fließenden Stromes von diesem Kontakt geregelt wird. Die Größe dieses Teiles ist abhängig von der Empfindlichkeit des Gasthermometers in Verbindung mit dem Manometer.

Bei b_8 (in Schnitt III—IV) tritt das Gas aus dem Heizkörper E_2 in das erste der mit dem Kupfermantel K des Meßraumes E zusammengelöteten Vertikalrohre b_8. Es kehrt durch ein solches Rohr wieder in b_9 (Schnitt III—IV) zurück, steigt dann aufs neue auf, usw., bis der auf eine bestimmte Temperatur erwärmte Wasserstoff bei b_{10} in den Meßraum eintritt. Dieser Raum ist von allen Seiten durch eine gut wärmeleitende Metallwand begrenzt. Die vertikale Zylinderwand hat einen spiralförmigen Spalt Q, der es ermöglicht, in den Meßraum zu sehen. Diese Wand ist wieder mit einem von außen drehbaren Mantel M umgeben, der ebenfalls einen spiralförmigen, den ersteren kreuzenden Spalt R hat, so daß sich die Öffnung einstellen läßt. Auf diese Weise ist nur eine kleine Oberfläche der Apparatur der von außen her kommenden Wärmestrahlung ausgesetzt. Der Wasserstoff verläßt den Meßraum durch den oberen Deckel und entweicht durch das Vakuumrohr b_{11} nach dem Hilfskryostaten, in dem er den eintretenden Wasserstoff vorkühlt. Bei b_{12} tritt der Wasserstoff schließlich aus der Apparatur aus. Die Temperatur im Raum E_3, die nach oben hin allmählich zunimmt, wird noch von einem Gasthermometer Th kontrolliert. Der ganze Kryostat B ist mit einem Bad aus flüssiger Luft umgeben.

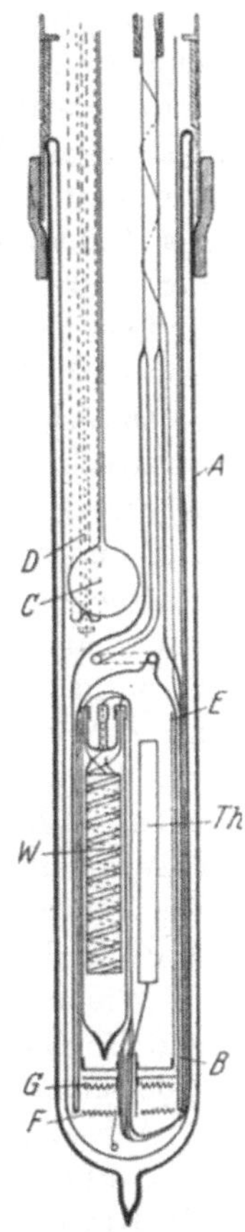

Abb. 108. Heliumdampfkryostat (nach KAMERLINGH ONNES und TUYN).

Wegen des ziemlich verwickelten Aufbaus der Anlage ist nur *eine* Ausführung davon im Kältelaboratorium vorhanden; damit können sämtliche Versuche, die Temperaturen zwischen 20° und 55° K erfordern, ausgeführt werden.

II. Heliumdampfkryostat. Auf demselben Prinzip wie die vorhergehende Anlage beruht der Dampfkryostat für die Temperaturlücke oberhalb des Gebietes des flüssigen Heliums. Ein solcher Kryostat wurde gebaut für Messung elektrischer Widerstände verschiedener Metalle unterhalb 14° K [21]. Der Bau ist beträchtlich einfacher als bei dem beschriebenen Wasserstoffdampfkryostaten, da nicht ein einzelner Flüssigkeitskryostat benutzt wird, sondern die beiden Kryostate sozusagen ineinander angeordnet sind. (s. Abb. 108).

Im ganz versilberten Kryostaten A ist ein zweiter B angebracht, mit der Öffnung nach unten. An der oberen Seite geht B in ein doppelwandiges Rohr über, das schließlich einwandig wird. Dieses Rohr steht über einen Regulierhahn K (nicht gezeichnet) mit dem Gasbehälter in Verbindung. In Rücksicht auf die Differenz der thermischen Kontraktion der Innen- und Außenwand ist die erstere mittels einer Glasspirale mit der letzteren verbunden. Unten in B befinden sich zwei Heizspiralen F und G. Der Meßraum ist mit einem Rotkupfermantel E umgeben, der mit etwas Spielraum in B paßt. An der unteren Seite ist dieser Mantel abgeschlossen; nur die Zuleitungsdrähte nach der in E angeordneten Meßapparatur gehen durch den Boden. Die Wirkung ist folgende. Das Kryostatglas A wird durch das doppelwandige Rohr D mit flüssigem Helium gefüllt; das Flüssigkeitsniveau zeigt der Schwimmer C an. Bei geöffnetem Hahn K füllt sich auch der Innenraum von B. Schließt man nun den Hahn und leitet durch die Heizspirale F einen elektrischen Strom, so wird infolge der starken Verdampfung das Niveau in B sofort bis zum unteren Rande von B sinken. Nun stellt man den Durchlaß von K derart ein, daß der richtige Überdruck in B aufrecht erhalten bleibt. Durch den eigenartigen Bau des Bodens von E ist der Dampf gezwungen, an der Außenseite am Mantel von E entlang zu strömen. Die Temperatur dieses Gasstromes wird durch Erwärmung mittels der Heizspirale reguliert.

Wie man sieht, sind im Meßraum ein Widerstandsthermometer W und ein Gasthermometergefäß Th angebracht. Das Kapillarrohr und die Zuleitungsdrähte sind an der unteren Seite von B angeordnet.

Inwiefern die Temperaturverteilung im Meßraum eines derartigen Kryostaten genügend gleichmäßig ist, fragt sich noch. Später wurde ein Kryostat von prinzipiell derselben Konstruktion gebaut, jedoch mit dem Unterschiede, daß der innere Vakuummantel nicht aus Glas, sondern aus Metall hergestellt wurde. Die Messungen, die vom Verfasser mit diesem Kryostaten gemacht wurden, deuteten in keiner Weise auf eine ungleichmäßige Temperaturverteilung hin. Es handelte sich hier um Messungen der Schallgeschwindigkeit in Neongas bei der Temperatur 28° K. Der Kryostat war in diesem Falle mit flüssigem Wasserstoff gefüllt. Ein genaues Bild von der Temperaturverteilung im Meßraum hat man sich jedoch nicht machen können, da die Apparatur, die hauptsächlich aus einem Resonator von etwa 20 cm Länge bestand, einen großen Teil des Meßraumes einnahm. Dieser Resonator bestand aus einem Rotkupferrohr von 25 mm Durchmesser mit 1 mm Wandstärke, so daß die Wärmeleitung etwaige Temperaturgradienten in vertikaler Richtung vermutlich sehr stark herabsetzen würde. Trotzdem ist eine gleichmäßige

Temperaturverteilung auch ohne diese Maßnahmen zu erwarten, wenn man nur über einen gut isolierenden Vakuumraum B mit einer genügend großen Innenwandstärke verfügt. Nur durch örtliche Bestimmung der Temperatur mit Hilfe eines Widerstandsthermometers mit kleinem Umfang kann man dies kontrollieren.

b) Druckkryostate.

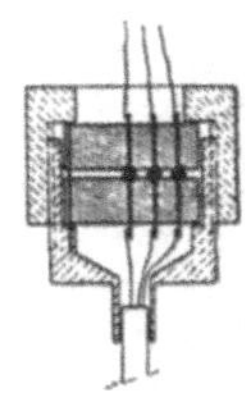

I. Wasserstoffdruckkryostat. Auf einem anderen Prinzip beruht der Kryostat, der für den unteren Teil des im vorigen Paragraphen zuerst erwähnten Temperaturgebietes, nämlich für Temperaturen von 20° K bis etwa 27° K (Siedepunkt des Neons), konstruiert wurde [22]. Daß es empfehlenswert ist, für Temperaturen zwischen diesen Grenzen einen Wasserstoffkryostaten zu bauen, rührt, wie wir bereits bemerkten, daher, daß das Temperaturgebiet des flüssigen Neons sich nicht an das des Wasserstoffs anschließt. Der Kryostat, um den es sich handelt, ist der sog. Druckkryostat, in dem Wasserstoff unter einem Druck siedet, der auf einige Atmosphären oberhalb des normalen Siedepunktes gesteigert werden darf. Die Ausführung ist folgende (s. Abb. 109).

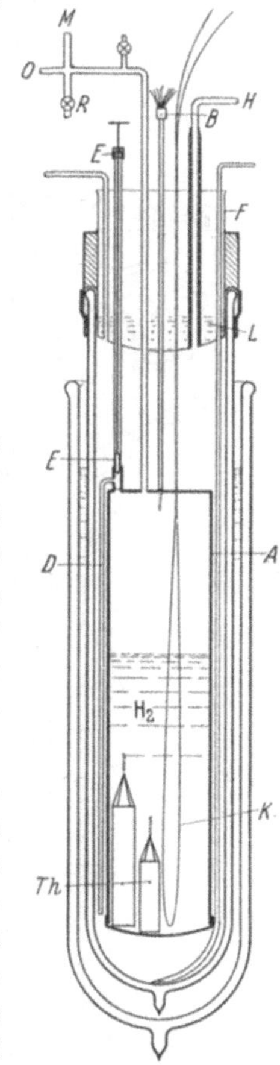

Abb. 109. Wasserstoffdruckkryostat (nach KEESOM und LISMAN).

Der flüssige Wasserstoff befindet sich in einem zylinderförmigen Gefäß A mit genügender Wandstärke, um dem Überdruck Widerstand leisten zu können. Das Gefäß ist im Vakuumglas angeordnet in einer Wasserstoffatmosphäre. Der Behälter wird gefüllt, indem man den flüssigen Wasserstoff, der zuerst in das Vakuumglas gebracht wurde, überhebert, was mittels eines kleinen Überdruckes im Glase geschehen kann. Darauf wird der Hochdruckhahn E im Heberrohr D geschlossen, und der Druck im Gefäß beginnt zu steigen, nachdem auch die Verdampfungsleitung O vom letzteren abgeschlossen ist. Der Temperaturanstieg kann noch beschleunigt werden, indem man eine kleine Menge Wasserstoffgas von Zimmertemperatur in das Glas einströmen läßt. Die Zuleitungsrohre nach dem Hochdruckgefäß — die Verdampfungsleitung, das zum Hinausführen der Thermometerdrähte dienende Rohr und das Rohr, durch welches die Achse des Hochdruckhahns läuft — werden alle von flüssiger Luft L gekühlt, die in die Kryostatenkappe F hineingegossen werden kann, so daß die Wärmezufuhr längs dieser Rohre möglichst klein bleibt. Die Rohre sind außerdem aus Neusilber hergestellt.

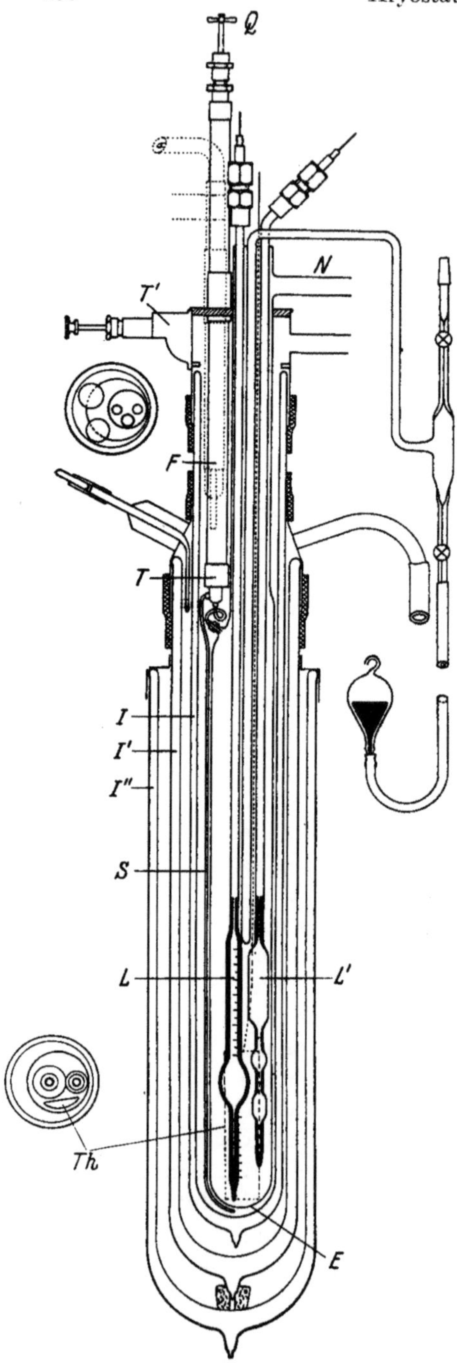

Abb. 110. Heliumdruckkryostat (nach MATHIAS u. M.).

Mit diesem Kryostaten war es möglich, als Höchstwert der Temperatur 27,5° K zu erzielen, indem man den Druck im Behälter auf 5 at ansteigen ließ. Das Gebiet des flüssigen Wasserstoffs erstreckt sich also von 14° K bis 27,5° K. Dieser Kryostat hat gute Dienste geleistet für die Messung der Schmelzlinie von Wasserstoff bis zu dem Druck 600 at (mit der Temperatur 27,66° K übereinstimmend). Um diese messen zu können, wurde in den flüssigen Wasserstoff ein Kapillarrohr K getaucht, in dem sich der Wasserstoff unter hohem Druck verfestigte. Indem man diesen Druck in Abhängigkeit von der Temperatur maß, erhielt man die Schmelzlinie, die wir im III. Kapitel bereits erwähnten. Das Festwerden wurde auf dieselbe Weise wie beim festen Helium beobachtet.

II. Heliumdruckkryostat. Ein Kryostat von grundsätzlich derselben Konstruktion wurde 1925 für das Temperaturgebiet zwischen Siedepunkt und dem kritischen Punkte des Heliums gebaut [23]. Der Dampfdruck bei dem kritischen Punkte beträgt 2,26 at, die Temperatur 5,25° K. Da der Siedepunkt des Heliums bei 4,2° K liegt, wurde dieser Kryostat also für ein Temperaturgebiet entwickelt, das sich nur über 1° erstreckt. Es handelte sich hier um die Bestimmung der Dichte des flüssigen Heliums und des gesättigten Heliumdampfes, wozu im Kryostaten (s. Abb. 110) zwei Dilatometer L und L' angeordnet waren. Der Unterschied von dem im vorhergehenden Paragraphen beschriebenen Aufbau besteht nur darin, daß der Behälter E, in dem das Helium unter erhöhtem Druck siedet, in besonderer Absicht aus Glas hergestellt wurde. S ist das Heberrohr, durch welches das sich in 1 befindende flüssige Helium nach E übergehebert wird, indem man den Hahn T öffnet (mit Hilfe von Q). Unterhalb T ist ein Stahlkapillarrohr an das Glas geschweißt *. Der Hals des Gefäßes ist an die Kryostatkappe gekittet. Das Rohr N führt nach dem Gasbehälter über einen Expansionshahn und ein Druckreguliermanometer, wie schon auf S. 213 beschrieben wurde. Die Konstruktion des Manometers wurde dahin abgeändert, daß es dem Druck 2,25 at ausgesetzt werden konnte. Die weiteren Einzelheiten in der Abbildung sind für den Hochdruckkryostaten unwesentlich.

c) Flüssigkeitskryostat für Temperaturen von 0° bis —180° C.

An fünfter Stelle in der Reihe besonderer Kroystate wollen wir noch eine Apparatur beschreiben, die es möglich macht, das Temperaturgebiet zwischen 0° C und dem Siedepunkt des Sauerstoffs zu erreichen, ohne mit Flüssigkeiten wie Äthylen, Chlormethyl und ähnlichen arbeiten zu müssen; die mit diesen Flüssigkeiten verbundenen Nachteile haben wir bereits erwähnt. Der in Rede stehende Kryostat hat überdies den Vorteil, daß man das ganze Temperaturgebiet durchlaufen kann, ohne daß die Füllung geändert zu werden braucht, was in vielen Fällen, z. B. bei Kalibrierungen, großen Nutzen hat. Der Kryostat im Leidener Kältelaboratorium wurde von der Abteilung Thermometrie [24] nach einer Veröffentlichung der Entwerfer SCOTT und BRICKWEDDE [25] gebaut, hauptsächlich für die Kalibrierung von Platinthermometern im obengenannten Temperaturgebiete. Bei der Entwicklung des Kryostaten hat man berücksichtigt, daß in bezug auf die Konstanz und Gleichmäßigkeit der Temperatur ein Flüssigkeitsbad wegen der viel größeren Wärmekapazität und besserer Wärmeleitung den Vorzug vor einer Dampfatmosphäre hat.

Das Prinzip, das der Konstruktion zugrunde liegt, läßt sich so kennzeichnen: man kühlt das Bad derart mittels einer Kühlflüssigkeit, daß im Hinblick auf die Möglichkeit einer Temperaturregulierung die ,,Kältezufuhr“ die nicht zu vermeidende Wärmezufuhr von außen her ein wenig übertrifft. Um nun ein Gleichgewicht zu erhalten, führt man mit Hilfe einer Heizspirale noch einige Wärme zu, so daß man also die Temperaturregulierung in der Hand hat. Bei dem Bau des Kryostaten hat man berücksichtigt, daß es günstig ist, die Kälte- und Wärmezufuhr zu dem Bad über eine möglichst große Oberfläche zu verteilen; man braucht dann nur kleine Temperaturgradienten entstehen zu lassen, so daß die Temperaturverteilung von vornherein viel gleichmäßiger ist. Diese Betrachtungen haben zu der Konstruktion geführt, die Abb. 111 zeigt.

* Das Glas wird dazu erst platiniert und kann nachher auf die Platinschicht gelötet werden.

Das Flüssigkeitsbad befindet sich im Kryostatglas V_1, dessen Wärmekontakt zwischen Innen- und Außenwand mittels des Gasdruckes (Füllung mit Wasserstoff oder Helium) im „Vakuumraum“ reguliert werden kann.

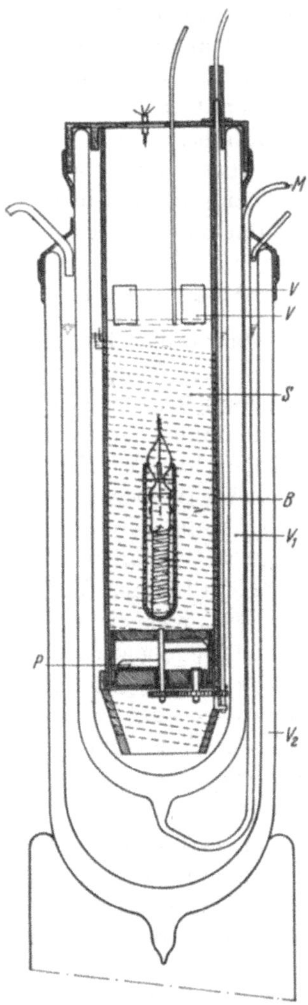

Abb. 111. Flüssigkeitskryostat für Temperaturen zwischen 0° und —180° C (nach KEESOM und DAMMERS).

Zu dem Zweck ist dieser Raum durch ein Rohr M über einen Hahn mit einer Pumpenanlage verbunden. Die Kältezufuhr nach dem Bade wird durch flüssige Luft bewirkt, die man in das Glas V_2 um das Glas V_1 herumgebracht hat. In dem Flüssigkeitsbad befindet sich ein vertikales Bakelitrohr B, um welches über eine große Länge eine Heizspule S herumgelegt ist. In der ursprünglichen Ausführung war diese jedoch so um einen einzelnen Rahmen gewickelt, daß der Draht nicht die Wand berührte, sondern allseitig von der Flüssigkeit umgeben war. Mit Hilfe eines Propellers P wird die Flüssigkeit durch das Bakelitrohr nach oben gepumpt, fließt durch vier Fenster V im Rohr und kehrt an der Außenseite die Heizspirale und die kühlende Oberfläche entlang wieder zurück. Eine Eigenart der Konstruktion ist, daß die erwärmende und die kühlende Oberfläche einander ganz bedecken; dies ist für eine gleichmäßige Temperaturverteilung wichtig. Deshalb ist es auch nötig, daß der Meniskus der flüssigen Luft im äußeren Glas immer nahezu an derselben Stelle bleibt. In der ursprünglichen Veröffentlichung ist hierfür eine selbsttätige Einrichtung vorgesehen; sobald das Niveau zu tief sinkt, schaltet ein Schwimmer einen elektrischen Strom ein. Dieser Strom betätigt ein Relais, wodurch ein Hahn geöffnet wird, so daß durch einen kleinen Überdruck flüssige Luft aus dem Vorratsglas in den Kroystaten hineinfließen kann. Auch die Temperatur wird automatisch konstant gehalten, und zwar auf folgende Weise.

Der Temperaturindikator (Thermoelement oder Widerstandsthermometer) ist an ein Galvanometer geschaltet, so daß eine Temperaturänderung sich in einer Drehung des Galvanometerspiegels äußert. Das Spiegelchen reflektiert das Licht einer Lampe auf eine lichtempfindliche Zelle, die an das Gitter einer Triode angeschlossen ist. In deren Anodenkreis befindet sich ein Relais, das den Heizstrom (ganz oder teilweise) ein- und ausschalten kann. Der Thermostat kann dann sich selbst überlassen bleiben. Die Temperaturschwankungen sind von der Empfindlichkeit der automatischen Einstellung und von der Reaktionsgeschwindigkeit abhängig, d. h. von der Zeit, die verläuft zwischen der Temperaturänderung an der Stelle des Thermometers und dem Augenblick, wann die zwischen Heiz- und Kühlungsoberfläche etwas erhitzte oder abgekühlte Flüssigkeit hier eintrifft. Es ist gelungen, die Temperaturschwankungen innerhalb 0,001° zu halten. Selbst die maximale Temperaturdifferenz von Stelle zu Stelle lag innerhalb dieser Grenze.

Die Wahl der Flüssigkeit ist im allgemeinen für die Wirkung des Thermomostaten nicht wesentlich. Es muß gefordert werden, daß der Gefrierpunkt genügend niedrig liegt und die Flüssigkeit nicht so zähe ist, daß man nur schwer rühren kann. Die Verfasser fügen noch hinzu, daß die Flüssigkeit unverbrennbar sein muß. Darauf beruht ihre Wahl des eutektischen Gemisches von CCl_4 und $CHCl_3$ für Temperaturen bis —75° C (Gefrierpunkt —81,4° C). Für Temperaturen von —75° bis —140° C gebrauchen sie ein Gemisch von fünf Flüssigkeiten mit dem Gefrierpunkt —150° C. Unterhalb dieser Temperatur findet man keine unverbrennbare Flüssigkeit, die den gestellten Forderungen genügt, und daher gebraucht man Propan, das bis zu Temperaturen der flüssigen Luft flüssig bleibt. Der Siedepunkt ist —44° C. Ein Nachteil jeder dieser Flüssigkeiten ist, daß hiermit nicht das ganze Gebiet von 0° C bis —180° C umfaßt werden kann. Deshalb verwendet man in Leiden Pentan, mit dem dies wohl möglich ist, da der Siedepunkt 36° C beträgt und der Gefrierpunkt unterhalb —190° C liegt.

Je mehr die Temperatur des Bades von derjenigen der flüssigen Luft verschieden ist, um so größer ist die „Kältezufuhr". Damit diese innerhalb gewisser Grenzen gehalten werden kann, muß das Vakuum im „Vakuummantel" gesteigert werden. Für Temperaturen, die in der Nähe von 0° C liegen, ist das natürlich am dringlichsten, obwohl es möglich ist, die „Kältezufuhr" durch den Heizstrom zu kompensieren; wenn aber beide Effekte zu groß werden, wird das Konstant- und Gleichmäßighalten der Temperatur schwieriger.

6. KEESOMscher Meßkryostat für Temperaturen unterhalb 1° K.

Sofort nachdem er das Helium zum erstenmal in den flüssigen Zustand gebracht hatte, hat KAMERLINGH ONNES versucht, es zu verfestigen, indem er den Druck über der Flüssigkeit reduzierte. Der Versuch scheiterte, und als eine geraume Zeit später die technische Ausstattung bedeutend verbessert worden war, blieb die Mühe doch fruchtlos. Aber die niedrigste Temperatur war in diesen Versuchen bis zu 0,82° K heruntergegangen [26]. Das bis zu dieser tiefen Temperatur abgepumpte Helium befand sich in einem kleinen Kryostatgläschen mit einem Inhalt, der sich auf einige zehn cm³ belief, und dieses Gläschen war in ein Bad aus flüssigem Helium getaucht. Mit Rücksicht auf das kleine Volumen konnte dieser Anlage jedoch keine unmittelbare praktische Bedeutung zugeschrieben werden. Darum hat KEESOM die Technik weiter entwickelt in der Absicht, dieselben niedrigen Temperaturen in einem Raume zu erhalten, in welchem ein Meßapparat — wenn auch mit bescheidenen Abmessungen — untergebracht werden konnte. Das sehr tiefe Temperaturgebiet würde auf diese Weise auch wissenschaftlichen Untersuchungen zugänglich sein. Ohne besondere Hilfsmittel, ganz einfach durch Reduzieren des Dampfdruckes auf 0,5 mm, war es schon möglich, die Temperatur 1,16° K zu erhalten. Es war jedoch unbedingt notwendig, sowohl für die Messung der Dampfdruckkurve wie für andere Messungen, z. B. die der Supraleitung, das Temperaturgebiet unterhalb dieser Grenze herabzudrücken.

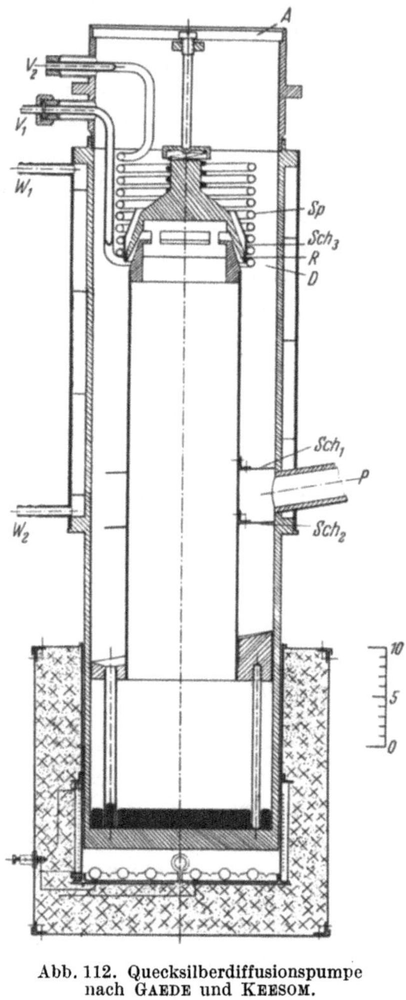

Abb. 112. Quecksilberdiffusionspumpe nach GAEDE und KEESOM.

Die wichtigste Verbesserung der Apparatur war das Steigern der Saugkapazität der Hochvakuumdiffusionspumpen; dies war im Hinblick auf das Abpumpen eines größeren Flüssigkeitsbades notwendig. Eine zweite Verbesserung wurde durch das Herabsetzen des Widerstandes in der Verbindung zwischen Diffusionspumpe und Kryostatraum erzielt. Obwohl wir uns im Rahmen dieses Buches mit der Vakuumtechnik im allgemeinen nicht näher befassen können — wir beschränken uns auf Schrifttumshinweis [27] —, wollen wir dieser Entwicklung doch einige Worte widmen.

Die Kapazität der LANGMUIR-Diffusionspumpen, welche KAMERLINGH ONNES benutzte, betrug 40 l/sec bei dem Druck 0,005 mm. KEESOM plante jedoch, diese Kapazität beträchtlich zu steigern; er stellte als Forderung die Kapazität 400 l/sec bei dem Druck 0,001 mm auf, vielleicht durch Parallelschaltung von zwei Pumpen. Auf seine Bitte hat GAEDE einen Entwurf dazu angefertigt. Sobald die Pumpe ausgeführt war, wurde sie im Kältelaboratorium ausprobiert. Es zeigte sich, daß die Kapazität über alle Erwartungen hinaus 270 l/sec bei 0,001 mm Druck betrug. Hierauf wurde eine noch größere Pumpe gebaut.

In Abb. 112 sieht man den Durchschnitt dieser Pumpe [28]. Außer der normalen Wasserkühlung W_1-W_2 um das Rohr, in dem sich das Quecksilber kondensiert, hat man noch eine gesonderte Kühlspirale Sp an der Einlaßseite der Pumpe, also gerade über dem Schlitz, angebracht. Die

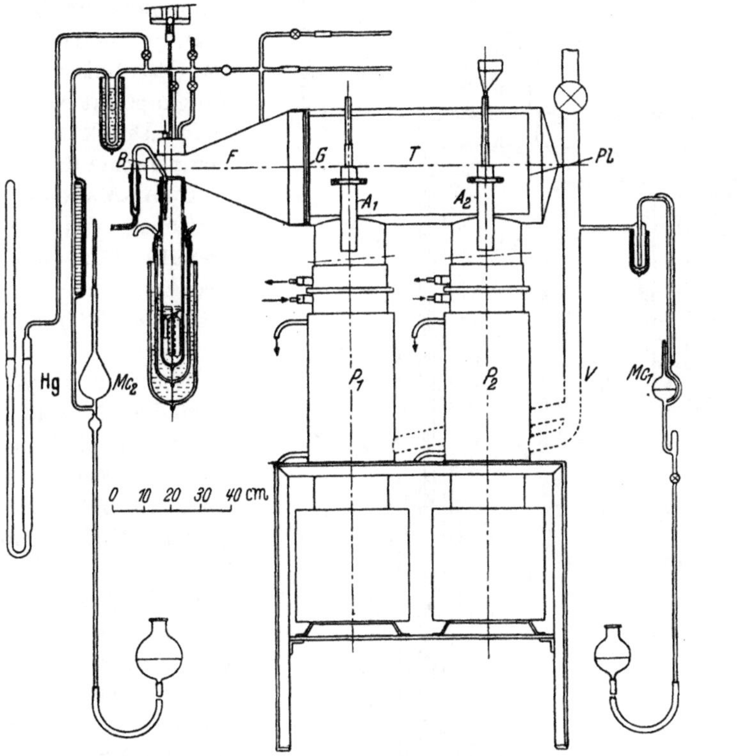

Abb. 113. Die Kryostatanordnung KEESOMs zur Erzielung von Temperaturen unterhalb 1° K in einem 300 cm³ fassenden Raume (nach KEESOM).

Spirale wird mittels eines Gemisches von Wasser und Alkohol, das selbst in flüssiger Luft abgekühlt ist, auf —10° bis —20° gekühlt. Der Schlitz R, der einen gerichteten Quecksilberdampfstrahl entstehen läßt, hat an der oberen Seite den Durchmesser 93 mm und die Weite 0,5 mm; an der unteren Seite ist er 5 mm weit. Der Schirm Sch_3 ist angebracht, um zu vermeiden, daß kondensiertes Quecksilber auf die warme Kappe fällt und dort im Hochvakuum verdampft. Die Schirme Sch 1 und 2 verhindern das Wegsaugen von Quecksilberdampf durch die Vorvakuumpumpe, die bei P angeschlossen ist. Der Durchmesser des Einlaßrohrs bei A beträgt 18 cm. Die Pumpe ist mit 7 kg Quecksilber gefüllt. Die Größe des Ganzen ersieht man aus einer Vergleichung mit der Zentimeterskala.

Zum Ausproben der Pumpe war an der Einlaßseite eine Leitung angeschlossen, in die ein Strommesser eingebaut war, während man an dieser Seite den Druck mit einem McLeod-Manometer maß. Sowohl mit Helium wie mit Luft wurde die Pumpe ausgeprobt. Das Vorvakuum betrug 0,15 mm. Das Ergebnis war, daß die Saugkapzität in Litern (normaler Druck und normale Temperatur) dem Druck im McLeod-Manometer proportional war; das verdrängte Gasvolumen war also konstant. Für Helium betrug es 422 l/sec, für Luft 130 l/sec.

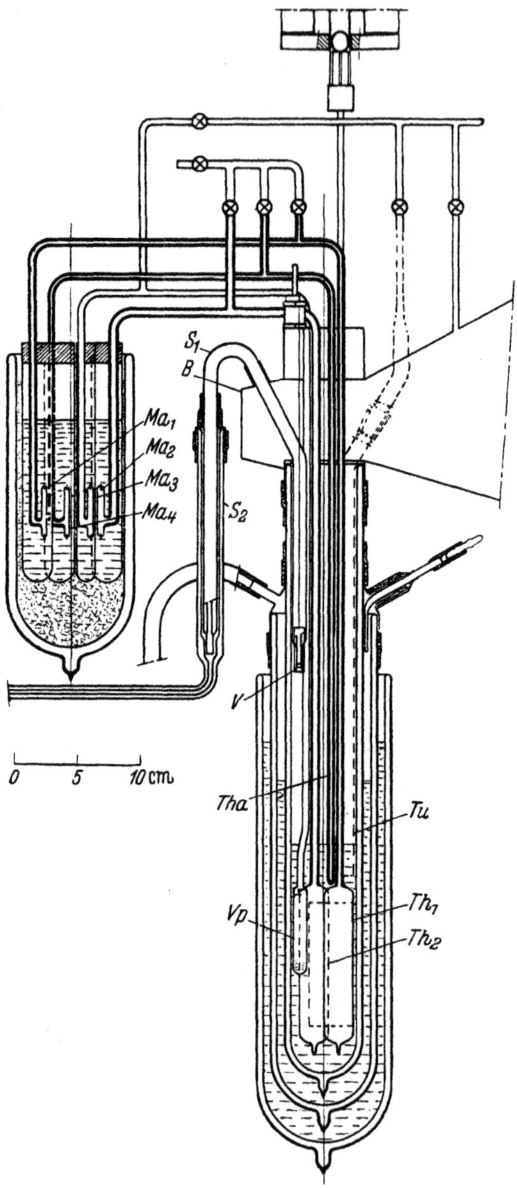

Abb. 114. Teilansicht aus Abb. 111.

Wie die zweite Frage (bezüglich des Widerstandes der Pumpenleitung) gelöst wurde, ersieht man aus Abb. 113 [29]. Die beiden großen Diffusionspumpen, P_1 und P_2 welche zusammen die Ansaugekapazität 675 l/sec haben, werden parallel geschaltet und durch ein sehr weites Rohr T miteinander verbunden. Der Durchmesser dieses Rohrs beträgt 30 cm. In diesem Rohre sind zwei zylindrische Rohre A_1 und A_2 angeordnet, die mit flüssiger Luft gefüllt werden, damit der unter Umständen aus der Diffusionspumpe entweichende Quecksilberdampf sich hier kondensiert. Außerdem ist für denselben Zweck noch eine Gaze G angebracht, die mittels einer wärmeleitenden Platte Pl mit den Kühlern A_1 und A_2 verbunden ist. Das Rohr V führt zu den Vorvakuumpumpen.

Wie die Verbindung zwischen dem Pumpenrohr T und dem Kryostatenraum hergestellt wird, ist aus der Abbildung deutlich ersichtlich; der Durchlaß ist nirgends kleiner als im Kryostaten. Ein System von Rohren und Hähnen ermöglicht es, den Druck an verschiedenen Stellen mit demselben McLEOD-Manometer MC_2 zu messen.

Für einen bestimmten Versuch, nämlich für die Messung der Dampfspannungslinie des Heliums [30], waren in dem Kryostaten, welchen die einen Ausschnitt aus Abb. 113 wiedergebende Abb. 114 darstellt, zwei Gasthermometer Th_1 und Th_2, eine kleine Glocke Vp für die Dampfspannungsmessung und ein Hilfskapillarrohr Tha untergebracht. Man sieht außerdem, wie die Hitzdrahtmanometer Ma, jedes in einem auf 0° C gehaltenen Bade von Vaselinöl, angeordnet sind. Die Glocke Vp oder das offene Rohr Tu konnten gleichfalls mit dem McLEOD-Manometer oder mit dem Quecksilbermanometer zur Bestimmung der Dampfspannung in Verbindung gebracht werden.

Zur Veranschaulichung der mit dieser Anlage erzielten Erfolge erwähnen wir die Ergebnisse eines bestimmten Versuches. Der Druck im Absaugrohr B betrug 0,0068 mm. Aus einer Schätzung des Druckabfalls infolge der Reibung im Kryostatenglas beim Hindurchströmen von etwa 22 l Gas je Stunde (bei normalem Druck und normaler Temperatur gemessen) kam man zu dem Druck 0,03 mm oberhalb der Flüssigkeit. Hierzu gehört die Temperatur 0,85° K. Der Raum, in dem diese sehr tiefe Temperatur herrschte, war nicht weniger als 300 cm³ groß.

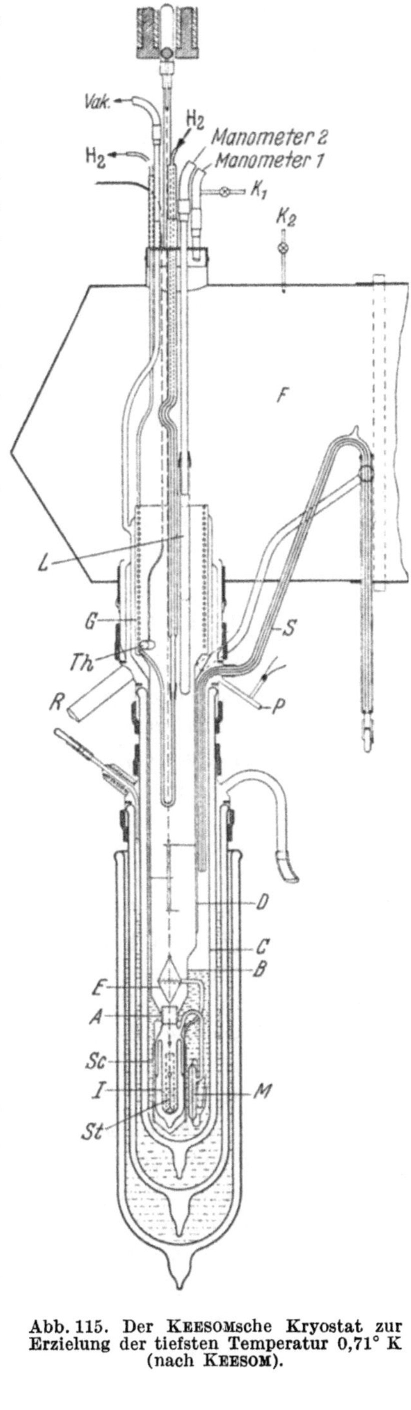

Abb. 115. Der KEESOMsche Kryostat zur Erzielung der tiefsten Temperatur 0,71° K (nach KEESOM).

Mit Hilfe dieser Apparatur war es also möglich, das für Messungen zur Verfügung stehende Temperaturgebiet wieder um 0,3° näher an den absoluten Nullpunkt heranzubringen. Schon bald nach Fertigstellung dieser Anlage zeigte sich ihr Nutzen, indem man einen neuen Supraleiter entdeckte, nämlich das Gallium, das bis dahin nicht weit genug abgekühlt werden konnte.

Der Kryostat wurde mit Helium mittels des schon genannten Transportglases gefüllt.

Die Höchstleistung der beschriebenen Apparatur beträgt 0,71° K, allerdings in einem weniger großen Raum, da bei dem betreffenden Versuch ein einzelnes Kryostatengläschen im Heliumglas so angebracht war, wie es aus der Abb. 115 hervorgeht. Man hat den Druck oberhalb der Flüssigkeit auf 3,6 μ herabsetzen können; diesem Werte entspricht die genannte Temperatur. Das ist der niedrigste Druck, der je oberhalb des flüssigen Heliums erreicht wurde. Der Druck im Absaugrohr an der Kryostatenkappe betrug 0,75 μ [31]. Vielleicht könnte man durch Maßnahmen mit Rücksicht auf die Transporterscheinung (Kap. V, 6f) das Druckgefälle im Absaugrohr innerhalb des Kryostaten weiter herabsetzen.

7. Kryostat zur Messung von Kristallstrukturen.

Zum Schlusse dieses Kapitels sei noch eine ganz besondere Konstruktion eines Kryostaten beschrieben. Dieser Kryostat, der für die Untersuchung von Kristallstrukturen verfestigter Gase mit Hilfe von Röntgenstrahlen verwendet wird [32], ist ganz aus Metall hergestellt. Die Schwierigkeit bei solcher Untersuchung besteht darin, daß der Kristall (in unserem Fall fester Wasserstoff oder festes Neon) und der Film, auf dem die reflektierten Röntgenstrahlen photographiert werden, nicht durch Glaswände geschieden sein dürfen, so daß der Kristall, der nur bei der Temperatur des flüssigen Heliums oder bei einer etwas höheren Temperatur existieren kann, außerhalb des Kryostatenraumes angeordnet werden muß. Man hat diese Aufgabe so gelöst (s. Abb. 116). Im inneren doppelwandigen Metall(Vakuum-)gefäß G befindet sich das flüssige Helium. Dieses Gefäß ist in flüssigen Wasserstoff getaucht. An den Boden der Innenwand des Heliumgefäßes ist ein dicker Rotkupferstab R gelötet, an dessen unterem Ende ein kleines Kupferstäbchen Q befestigt ist. Auf diesem im Mittelpunkt der Kamera befindlichen Stäbchen wird sich, wenn man in die Kamera Wasserstoff einläßt (über C), eine dünne Schicht von verfestigtem Wasserstoff absetzen, da die Temperatur des Stäbchens niedrig genug dazu ist. Der Außenmantel des Heliumgefäßes, das die Temperatur des flüssigen Wasserstoffs hat, ist in Rücksicht auf geringe Wärmeleitung durch ein sehr dünnwandiges Neusilberrohr S_1 mit dem unteren Ende des Stabes R verbunden. Das Stäbchen Q wird noch von zwei Schirmen Sc_i und Sc_e vor Wärmestrahlung geschützt. Der erste Schirm hat eine Temperatur, die zwischen derjenigen des flüssigen Wasserstoffs und der des flüssigen Heliums liegt; der zweite hat die Temperatur des flüssigen Wasserstoffs, da er über ein

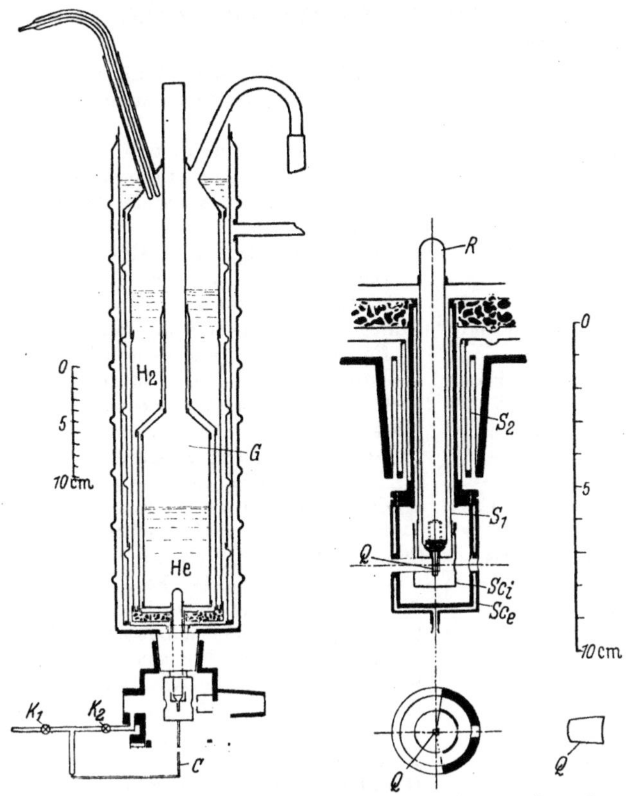

Abb. 116. Kryostat zur Messung der Kristallstruktur fester Gase (nach DE SMEDT u. M.).

dickwandiges Rotkupferrohr mit dem Raum in Verbindung steht, der flüssigen Wasserstoff enthält. Der Innen- und Außenmantel des Gefäßes mit flüssiger Luft sind an der unteren Seite durch ein System dünnwandiger Neusilberrohre S_2 miteinander verbunden.

Die Kamera muß natürlich evakuiert sein. Die Dampfspannung des auf dem Stäbchen Q niedergeschlagenen festen Wasserstoffs ist so gering, daß die Wärmeleitung durch das Gas keine Rolle spielt.

Schrifttumverzeichnis.

Abkürzungen.

Acta phys. polon.	Acta Physica Polonica (Warschau).
Actes 7. Congr. int. Froid	Actes du 7. Congrès international du Froid (La Haye) 1936.
Ann. Phys., Lpz.	Annalen der Physik, Leipzig.
Ber. Sächs. Akad. Wiss.	Berichte der mathematisch-physischen Klasse der Sächsischen Akademie der Wissenschaften (Leipzig).
Bull. int. Acad. Polon.	Bulletin international de l'Académie Polonaise des Sciences et des Lettres, Ser. A; Sciences mathématiques (Krakau).
Bull. int. Inst. int. Froid	Bulletin international de Renseignements Frigorifiques, Institut international du Froid.
Bull. mens. l'Inst. int. Froid	Bulletin mensuel de l'Institut international du Froid; Travaux de la Commission Kamerlingh Onnes.
Bur. Stand. J. Res., Wash.	Siehe J. Res. Nat. Bur. Stand.
Canad. J. Res.	Canadian Journal of Research (Ottawa).
Cim.	Il Nuovo Cimento (Bologna).
Commun. phys. Lab. Univ. Leiden (Suppl.)	Communications from the Kamerlingh Onnes- (Physical) Laboratory of the University of Leiden.
C. R. Acad. Sci., Paris	Comptes Rendus hebdomadaires des Séances de l'Académie des Sciences, Paris.
Current Sci.	Current Science (Bangalore, India).
Enz. math. Wiss.	Enzyklopädie der mathematischen Wissenschaften mit Einschluß ihrer Anwendungen, Bd. V (Physik).
Ergebn. exakt. Naturw.	Ergebnisse der exakten Naturwissenschaften (Leipzig).
Forsch.-Arb. Ing.-Wes.	Forschung auf dem Gebiete des Ingenieurswesens (Berlin).
Göttinger Nachr.	Göttinger Nachrichten.
Hdb. d. Exp.-Phys.	Handbuch der Experimentalphysik (W. Wien und F. Harms). Leipzig: Akad. Verlagsgesellschaft.
Hdb. d. Phys.	Handbuch der Physik (H. Geiger und K. Scheel). Berlin: Julius Springer.
Hdb. d. Phys. (Winkelm.)	Handbuch der Physik (A. Winkelmann). Leipzig: Johann Ambrosius Barth.
Industr. Engng. Chem.	Industrial and Engineering Chemistry (Washington).
J. Amer. chem. Soc.	Journal of the American Chemical Society (Easton).
J. chem. Phys.	The Journal of Chemical Physics (New York).
J. chem. Soc.	Journal of the Chemical Society (London).
J. Chim. phys.	Journal de Chimie physique (Paris).
J. de Phys.	Journal de Physique théorique et appliquée (Paris).
J. phys. Chem.	Journal of Physical Chemistry (London).
J. Phys. Radium	Journal de Physique et le Radium (Paris).
J. Res. Nat. Bur. Stand.	Journal of Research of the National Bureau of Standards (bis 1935: Bureau of Standards Journal of Research) (Washington).

J. sci. Instrum.	Journal of scientific Instruments (London).
Kolloid-Z.	Kolloid-Zeitschrift (Dresden-Blasewitz).
Maschinenbau	Maschinenbau (Berlin).
Nature, Lond.	Nature, London.
Naturwiss.	Die Naturwissenschaften (Berlin).
Nederl. Tijdschr. Natuurk.	Nederlandsch Tijdschrift voor Natuurkunde ('s-Gravenhage).
Phil. Mag.	The London, Edinburgh and Dublin philosophical Magazine and Journal of Science (London).
Phil. Transact.	Philosophical Transactions of the Royal Society of London.
Physica, Haag	Physica (The Haque).
Phys. Rev.	The Physical Review (New York).
Phys. Z.	Physikalische Zeitschrift (Leipzig).
Phys. Z. Sowjet.	Physikalische Zeitschrift der Sowjetunion, Charkow.
Proc. Amer. Acad.	Proceedings of the American Academy of Arts and Sciences (Boston).
Proc. Cambridge philos. Soc.	Proceedings of the Cambridge Philosophical Society (London).
Proc. Kon. Akad. Amst.	Proceedings of the Section of Sciences of the Koninklijke Akademie van Wetenschappen te Amsterdam.
Proc. phys. Soc., Lond.	Proceedings of the Physical Society (London).
Proc. roy. Inst.	Proceedings of the Royal Institution of Great Britain (London).
Proc. roy. Soc., Lond.	Proceedings of the Royal Society of London, Ser. A, Mathematical and Physical Sciences (London).
Rapp. Comm. Congr. int. Froid	Rapports et Communications présentés au Congrès international du Froid par le Président de la première Commission de l'Institut international du Froid.
Rep. Comm. 4. int. Congr. Refr.	Reports and Communications presented by the President to the fourth international Congres of Refrigeration (London).
Rev. Mod. Phys.	Reviews of Modern Physics (New York).
Rev. sci. Instrum.	Review of Scientific Instruments (New York).
Sci. Pap. Bur. Stand.	(bis 1928) Scientific Papers of the Bureau of Standards (Washington); (nach 1928 siehe J. Res. Nat. Bur. Stand.).
Techn. Phys. USSR.	Technical Physics of the USSR (Leningrad).
Trans. Faraday Soc.	Transactions of the Faraday Society (London).
Trav. Mem. Bur. int. Poids et Mesures	Travaux et Mémoires du Bureau international des Poids et Mesures (Paris).
Verh. dtsch. phys. Ges.	Verhandlungen der deutschen physikalischen Gesellschaft (Braunschweig).
Versl. Kon. Akad. Amst.	Verslagen van de gewone vergaderingen der afdeeling Natuurkunde van de Koninklijke Akademie van Wetenschappen te Amsterdam.
Wied. Ann. d. Phys. u. Chem.	WIEDEMANNS Annalen der Physik und Chemie (Leipzig).
Wiener Ber.	Sitzungsberichte der Akademie der Wissenschaften in Wien.
Wis-en Natuurk. Tijdschr.	Wis-en Natuurkundig Tijdschrift (Gent).
Z. Elektrochem.	Zeitschrift für Elektrochemie und angewandte physikalische Chemie (Berlin).

Z. ges. Kälteind.	Zeitschrift für die gesamte Kälteindustrie zugleich Zeitschrift des deutschen Kältevereins (Berlin).
Z. Instrumentenkde	Zeitschrift für Instrumentenkunde (Berlin).
Z. kompr. flüss. Gase	Zeitschrift für komprimierte und flüssige Gase sowie für die Preßluftindustrie (Weimar).
Z. Phys.	Zeitschrift für Physik (Berlin).
Z. phys. Chem.	Zeitschrift für physikalische Chemie (Leipzig).
Z. techn. Phys.	Zeitschrift für technische Physik (Leipzig).
Z. VDI	Zeitschrift des Vereins deutscher Ingenieure (Berlin).

Einführung.

[1] KEESOM, W. H., H. v. D. HORST u. K. W. TACONIS: Commun. phys. Labor. Univ. Leiden *230*d; Physica, Haag *1*, 324 (1933/34).
[2] Siehe auch L. GRÄTZ: Hdb. d. Phys. (WINKELM.) *III*, 869 (1906).
[3a] RUHEMANN, M. and B.: Low temperature Physics. Cambridge Univ. Press 1937.
[3b] DIXIT, K. R.: Current Sci. *6*, 589 (1938).

Erstes Kapitel.

Thermodynamik.

[1] SCHOTTKY, W.: Thermodynamik. Berlin: Julius Springer 1929.
[2] KAMERLINGH ONNES, H. u. W. H. KEESOM: Commun. phys. Lab. Univ. Leiden, Suppl. *23*; Enz. math. Wiss. *5*, 615 (1912) (s. S. 727).
[3] EHRENFEST-AFANASSJEWA, T. / J. E. VERSCHAFFELT: Wis-en Natuurk. Tijdschr. *8*, 29-35-38 (1936).
[4] KEESOM, W. H. u. D. J. HOUTHOFF: [7b] Kap. III; [10] Kap. IV; [12] Kap. V.
[5] Siehe J. R. ROEBUCK: [7a] Kap. III.
[6] Siehe H. HAUSEN: [7a] Kap. III.
[7] LAAR, J. J. v.: Die Thermodynamik einheitlicher Stoffe und binarer Gemische mit Anwendung auf verschiedene physikalisch-chemische Probleme. Groningen: Noordhoff 1935.
[8] CLARK, A. L. and L. KATZ: Canad. J. Res. *16*, 41 (1938).
[9] NERNST, W.: Göttinger Nachr. Heft *1*, 1906.
[10] Siehe K. BENNEWITZ: Hdb. d. Phys. *IX*, 141 (1926). — SIMON, F.: Hdb. d. Phys. *X*, 350 (1926). — Ergebn. exakt. Naturw. *9*, 227 (1930).
[11] SIMON, F.: Physica, Haag *4*, 1089 (1937). — Z. Phys. *41*, 806 (1927).
[12] SCHMOLKE, H.: Z. Phys. *104*, 221 (1937); *108*, 183 (1938). — REDLICH, O.: Z. Phys. *106*, 539 (1937).

Zweites Kapitel.

Der Gegenströmer.

[1] SOLVAY, E.: C. R. Acad. Sci., Paris *21*, 1141 (1895).
[2] LINDE, C.: Z. ges. Kälteind. *4*, 23 (1897).
[3] COOK, J. W.: Sci. Pap. Bur. Stand. *17*, 277 (1922).
[4] BICHOWSKI, F. R.: Industr. Engng. Chem. *14*, 62 (1922).

[5] *Allgemeines Schrifttum:*
GRÖBER, H. u. S. ERK: Die Grundgesetze der Wärmeübertragung. Berlin: Julius Springer 1933. — HIRSCH, M.: Die Kältemaschine, S. 181. Berlin: Julius Springer 1924. — TEN BOSCH, M.: Die Wärmeübertragung. Berlin: Julius Springer 1936. — GRÖBER, H.: Wärmeübertragung, S. 84. Berlin: Julius Springer 1926. — SCHIROKOW, M.: Techn. Phys. USSR. *3*, 956 (1936).

[6] NUSSELT, W.: Z. VDI *53*, 1750-1808 (1909); *54*, 1154 (1910); *57*, 197 (1913); *61*, 685 (1917). — Phys. Z. *12*, 285 (1911).
[7] HOFMANN, E.: Z. ges. Kälteind. *44*, 99 (1937).
[8] PRANDTL, L.: Phys. Z. *11*, 1072 (1910).
[9] Siehe auch L. PRANDTL: Phys. Z. *29*, 487 (1928).
[10] HOFMANN, E.: Z. VDI *82*, 741 (1938).
[11] Siehe auch W. MEISSNER: Hdb. d. Phys. *XI*, 293 (1926).
[12] BRADLEY, W. P. and C. F. HALE: Phys. Rev. *19*, 387 (1904).

Drittes Kapitel.

Die Luftverflüssigung.

[1] PICTET, R.: C. R. Acad. Sci., Paris *85*, 1214 (1877). — CAILLETET, L.: C. R. Acad. Sci., Paris *85*, 1213-1270 (1877); *94*, 1224 (1882).
[2] KAMERLINGH ONNES, H.: Commun. phys. Lab. Univ. Leiden *158*; Versl. Kon. Akad. Amst. *35*, 862 (1926).
[3] KEESOM, W. H.: Commun. phys. Lab. Univ. Leiden, Suppl. *76*a; Bull. int. Inst. int. Froid 1. Comm., Ann. (8. Ser.) *2* (1933).
[4] LINDE, C.: Wied. Ann. d. Phys. u. Chem. *57*, 328 (1896). — SCHRÖTER, M.: Z. VDI *39*, 1157 (1895).
[5] Siehe auch F. POLLITZER: Z. kompr. flüss. Gase *22*, 70 (1922).
[6] LINDE, C.: Z. ges. Kälteind. *4*, 23 (1897). — LORENZ, H.: Z. ges. Kälteind. *4*, 44 (1897).
[7a] HAUSEN, H.: Forsch.-Arb. Ing.-Wes. Heft *274* (1926). Auszug: Z. VDI *70*, 266 (1926). — Der THOMSON-JOULE-Effekt und die Zustandsgrößen der Luft. Diss. Berlin 1926. — Z. techn. Phys. *7*, 371-444 (1926). — ROEBUCK, J. R.: Proc. Amer. Acad. *64*, 287 (1930); *60*, 537 (1925). — Siehe auch J. J. v. LAAR: [7] Kap. I. — BRADLEY, W. P. and C. F. HALE: Phys. Rev. *29*, 258 (1909). — NOËLL, F.: Forsch.-Arb. Ing.-Wes. Heft *184* (1916).
[7b] Für Stickstoff siehe: ROEBUCK, J. R. and H. OSTERBERG: Phys. Rev. *48*, 450 (1935). — KEESOM, W. H. u. D. J. HOUTHOFF: Commun. phys. Lab. Univ. Leiden, Suppl. *65*c; Bull. mens. de l'Inst. int. Froid, Annexes (2. Ser.) *2* (1927). — GUSAK, I. M.: Phys. Z. Sowjet. *11*, 60 (1937).
[8] JAKOB, M.: Phys. Z. *22*, 65 (1921). — Siehe auch J. R. ROEBUCK [7a] und H. HAUSEN [7a]. — OLSZEWSKI, K.: Phil. Mag. *13*, 722 (1907).
[9] PICKERING, S. F.: J. phys. Chem. *28*, 97 (1924).
[10] MEISSNER, W.: Z. Phys. *18*, 12 (1923).
[11] POLLITZER, F.: Z. ges. Kälteind. *28*, 125 (1921).
[12] Siehe auch Hütte II, S. 670 (26. Aufl.).
[13] HAUSEN, H.: Maschinenbau Heft *20*, 731 (1923/24).
[14] DODGE, B. F. and A. K. DUNBAR: J. Amer. chem. Soc. *49*, 591 (1927).
[15] JAKOB, M.: Z. techn. Phys. *4*, 460 (1923). — Siehe auch H. HAUSEN [7a] und J. R. ROEBUCK [7a]. — SCHEEL, K. u. W. HEUSE: Ann. Phys. *40*, 473 (1913).
[16] CLAUDE, G.: C. R. Acad. Sci., Paris *131*, 500 (1900); *134*, 1568 (1902). — Liquid Air, Oxygen, Nitrogen. London 1913. (Übersetzung des ursprünglichen Werkes von H. E. P. COTTRELL.)
[17] SELIGMANN, A.: Z. ges. Kälteind. *29*, 77-99-122-146 (1922).
[18] HAUSEN, H.: Z. ges. Kälteind. *32*, 93-114 (1925).
[19] LINDE, R.: Z. VDI *65*, 1356 (1921). — CLAUDE, G. [16]. — Siehe auch A. SELIGMANN [17].
[20] Siehe J. W. COOK: Sci. Pap. Bur. Stand. *17*, 277 (1922).

Viertes Kapitel.

Flüssiger Wasserstoff.

[1] Wroblewski, S. v.: C. R. Acad. Sci., Paris *98*, 149-304 (1884); *100*, 979 (1885). — Wiener Ber. *97*, 1321 (1885).
[2] Olszewski, K.: C. R. Acad. Sci., Paris *98*, 365-913 (1884); *101*, 238 (1885). — Wied. Ann. d. Phys. u. Chem. *25*, 371 (1885). — Phil. Mag. *40*, 202 (1895).
[3] Dewar, J.: J. chem. Soc. *73*, 528 (1898).
[4] — Proc. roy. Soc., Lond. *63*, 256 (1898); *68*, 360 (1901). — C. R. Acad. Sci., Paris *126*, 1408 (1898). — J. chem. Soc. *73*, 528 (1898).
[5] Keesom, W. H., A. Bijl u. H. v. d. Horst: Commun. phys. Lab. Univ. Leiden *217*a. — Proc. Kon. Akad. Amst. *34*, 1223 (1931).
[6] Kamerlingh Onnes, H. u. W. H. Keesom: Commun. phys. Lab. Univ. Leiden *137*d; Versl. Kon. Akad. Amst. *22*, 389 (1913).
[7] — C. A. Crommelin u. P. G. Cath: Commun. phys. Lab. Univ. Leiden *151*c; Versl. Kon. Akad. Amst. *26*, 124 (1917). — Pickering, F. S.: J. phys. Chem. *28*, 97 (1924).
[8] — — — [7]. — Mathias, E., C. A. Crommelin u. H. Kamerlingh Onnes: Comm. phys. Lab. Univ. Leiden *154*b; Versl. Kon. Akad. Amst. *24*, 935 (1921). — Heuse, W.: Z. phys. Chem. A *147*, 282 (1931).
[9] Keesom, W. H. u. J. H. C. Lisman: Commun. phys. Lab. Univ. Leiden *213*e; Proc. Kon. Akad. Amst. *34*, 598 (1931). — Simon, F., M. Ruhemann u. W. A. M. Edwards: Z. phys. Chem. B *6*, 331 (1930).
[10] — u. D. J. Houthoff: Commun. phys. Lab. Univ. Leiden, Suppl. *65*d; Rapp. Comm. 5. Congr. int. Froid 1928.
[11] Jakob, M.: Phys. Z. *22*, 65 (1921). — Siehe auch W. H. Keesom: Commun. phys. Lab. Univ. Leiden, Suppl. *39*a; Versl. Kon. Akad. Amst. *24*, 614 (1915). — Olszewski, K.: Phil. Mag. *13*, 722 (1907).
[12] Meissner, W.: Z. Phys. *18*, 12 (1923).
[13a] Siehe für neuere Messungen: Commun. phys. Lab. Univ. Leiden *164* (1923); *165*b (1923); *172*a (1924); *188*d (1927); *188*e (1928).
[13b] Für ältere Messungen: Commun. phys. Lab. Univ. Leiden *97*a (1906); *99*a (1907); *100*a (1907); *100*b (1907); *127*c (1912); *146*b (1915) u. *151*c (1917).
[14] Kamerlingh Onnes, H.: Commun. phys. Lab. Univ. Leiden *158*; Versl. Kon. Akad. Amst. *35*, 862 (1926). — Siehe auch C. A. Crommelin: Commun. phys. Lab. Univ. Leiden, Suppl. *45*; Trans. Faraday Soc. *18*, 175, (1922).
[15] Keesom, W. H.: Commun. phys. Lab. Univ. Leiden, Suppl. *65*f; Rapp. Comm. 5. Congr. int. Froid 1928.
[16] Meissner, W. [12].
[17] Keyes, F. G., H. T. Gerry and J. F. G. Hicks: J. Amer. chem. Soc. *59*, 1426 (1937).
[18] Meissner, W.: Z. VDI *76*, 580 (1932). — Siehe auch W. Meissner: Phys. Z. *29*, 610 (1928).
[19] Clusius, K.: Z. ges. Kälteind. *39*, 94 (1932).
[20] Kamerlingh Onnes, H.: Commun. phys. Lab. Univ. Leiden *109*b; Versl. Kon. Akad. Amst. *18*, 934 (1909). — Siehe auch W. M. Latimer u. M. [24].
[21] Nusselt, W.: Z. VDI *66*, 203-938 (1922).
[22] Nernst, W.: Z. Elektrochem. *17*, 735 (1911). — Siehe auch W. Meissner: Verh. dtsch. phys. Ges. *15*, 540 (1913).
[23] Siehe auch J. E. Lilienfeld: Z. kompr. flüss. Gase *13*, 165 (1911).
[24] Latimer, W. M., R. M. Buffington and H. D. Hoenshel: J. Amer. chem. Soc. *47*, 1571 (1925).

[25] RUHEMANN, M.: Z. Phys. *65*, 67 (1930).
[26] AHLBERG, J. E., J. ESTERMANN and W. O. LUNDBERG: Rev. sci. Instrum. *8*, 422 (1937). — Phys. Rev. *51*, 1028 (1937).
[27] KEYES, F. G., H. T. GERRY and J. F. G. HICKS [17].
[28] SIMON, F., A. H. COOKE and H. H. PEARSON: Proc. phys. Soc., Lond. *47*, 678 (1935).
[29] HAAS, W. J. DE and R. HADFIELD: Phil. Transact. A *232*, 297 (1933).

Fünftes Kapitel.

Flüssiges Helium.

[1] DEWAR, J.: Proc. roy. Soc., Lond. *68*, 360 (1901).
[2] KAMERLINGH ONNES, H.: Commun. phys. Lab. Univ. Leiden *108* (1908); *112* (1909); *119* (1911).
[3] Siehe auch J. SATTERLY: Rev. Mod. Phys. *8*, 347 (1936).
[4] SCHMIDT, G. u. W. H. KEESOM: Commun. phys. Lab. Univ. Leiden *250* b; Physica, Haag *4*, 963 (1937).
[5] PICKERING, S. F.: J. phys. Chem. *28*, 97 (1924). — KAMERLINGH ONNES, H.: Commun. phys. Lab. Univ. Leiden *124* b; Versl. Kon. Akad. Amst. *20*, 793 (1911).
[6] SCHMIDT, G. u. W. H. KEESOM: Commun. phys. Lab. Univ. Leiden *250* c; Physica, Haag *4*, 971 (1937). — KEESOM, W. H.: Commun. phys. Lab. Univ. Leiden, Suppl. *71* d; Rapp. Comm. 6. Congr. int. Froid 1932. — BLEAKNEY, B. and F. SIMON: Trans. Faraday Soc. *35*, 1205 (1939).
[7] DANA, L. I. u. H. KAMERLINGH ONNES: Commun. phys. Lab. Univ. Leiden *179* c; Proc. Kon. Akad. Amst. *29*, 1051 (1926). — SATTERLY, J.: Nature, Lond. *139*, 472 (1937). — NEWTON FRIEND, J.: Nature, Lond. *138*, 1102 (1936).
[8] KAMERLINGH ONNES, H. u. J. D. A. BOKS: Commun. phys. Lab. Univ. Leiden *170* a, *170* b; Rapp. Comm. 4. Congr. int. Froid 1924. — (Theoretisches): KIRKWOOD, J. G. and F. G. KEYES: Phys. Rev. *37*, 839 (1931).
[9] KEESOM, W. H.: [6] Kap. VIII.
[10] BUCKMANN, E.: Z. phys. Chem. A *163*, 461 (1933).
[11] ROEBUCK, J. R. and H. OSTERBERG: Phys. Rev. *43*, 60 (1933). — PERRY, J. H.: J. phys. Chem. *28*, 1108 (1924).
[12] KEESOM, W. H. u. D. J. HOUTHOFF: Commun. phys. Lab. Univ. Leiden Suppl. *65* e; Rapp. Comm. 5. Congr. int. Froid 1928.
[13] Für den Verflüssiger der PTR. (Berlin) siehe: MEISSNER, W.: Phys. Z. *29*, 610 (1928). — Hdb. d. Phys. *XI*, S. 321. — LENZ, H.: Hdb. d. Exp.-Phys. *IX*, S. 149.
[14] KAMERLINGH ONNES, H.: Commun. phys. Lab. Univ. Leiden *159*; Trans. Faraday Soc. *18*, 145 (1922).
[15] — Commun. phys. Lab. Univ. Leiden *158*; Versl. Kon. Akad. Amst. *35*, 862 (1926).
[16] KEESOM, W. H.: Commun. phys. Lab. Univ. Leiden, Suppl. *65* f; Rapp. Comm. 5. Congr. int. Froid 1928.
[17] KAMERLINGH ONNES, H.: Commun. phys. Lab. Univ. Leiden *112*; Versl. Kon. Akad. Amst. *18*, 168 (1909).
[18] MEISSNER, W.: Z. Phys. *36*, 325 (1926). — Siehe auch W. MEISSNER: Naturwiss. *13*, 695 (1925). — Phys. Z. *26*, 689 (1925).
[19] KAPITZA, P.: Proc. roy. Soc., Lond. *147*, 189 (1934). — Nature, Lond. *133*, 708 (1934). — Siehe auch J. D. COCKCROFT: Actes 7. Congr. int. Froid *1*, 373 (1936).
[20] Siehe auch S. ZAMENHOF: Acta phys. polon. *7*, 125 (1938).

[21] SIMON, F.: Z. ges. Kälteind. *39*, 89 (1932). — Phys. Z. *34*, 232 (1933). — Proc. roy. Inst. *22*, 524 (1935). — Actes 7. Congr. int. Froid *1*, 367 (1936).

[22] DAUNT, J. G. and K. MENDELSSOHN: Proc. phys. Soc., Lond. *50*, 525 (1938). — COOKE, A. H., B. V. ROLLIN and F. SIMON: Rev. sci. Instrum. *10*, 251 (1939). — ITTERBEEK, A. v.: Physica, Haag *6*, 728 (1939). — SIMON, F. u. J. E. AHLBERG: Z. Phys. *81*, 816 (1933).

[23] KEESOM, W. H.: Commun. phys. Lab. Univ. Leiden *184*b; Versl. Kon. Akad. Amst. *35*, 794 (1926).

[24] Siehe auch F. SIMON, M. RUHEMANN u. W. A. M. EDWARDS: Z. phys. Chem. B *6*, 62 (1929). — Z. Elektrochem. *35*, 618 (1929). — Siehe auch F. SIMON: Naturwiss. *17*, 256 (1929).

[25] SIMON, F. u. F. STECKEL: Z. phys. Chem., BODENSTEIN-Festbd. *1931*, 737.

[26] KEESOM, W. H. u. A. P. KEESOM: Commun. phys. Lab. Univ. Leiden *240*b; Physica, Haag *3*, 105 (1936). — KAISCHEW, R. and F. SIMON: Nature, Lond. *133*, 460 (1934).

[27] — u. K. W. TACONIS: Commun. phys. Lab. Univ. Leiden *250*e; Physica, Haag *5*, 161 (1938).

[28] KAMERLINGH ONNES, H. u. J. D. A. BOKS: Commun. phys. Lab. Univ. Leiden *170*b; Rep. Comm. 4. int. Congr. Refr. 1924.

[29] KEESOM, W. H. u. N. WOLFKE: Commun. phys. Lab. Univ. Leiden *190*b; Versl. Kon. Akad. Amst. *36*, 1204 (1927).

[30] — u. K. CLUSIUS: Commun. phys. Lab. Univ. Leiden *216*b; Proc. Kon. Akad. Amst. *34*, 605 (1931).

[31] SCHMIDT, G. u. W. H. KEESOM [6]. — LAAR, J. J. v.: Proc. Kon. Akad. Amst. *39*, 822 (1936).

[32] KEESOM, W. H.: Commun. phys. Lab. Univ. Leiden, Suppl. *80*b; Rapp. Comm. 7. Congr. int. Froid 1937. — BIJL, A.: Physica, Haag *4*, 329 (1937). — WOLFKE, N.: Acta phys. polon. *6*, 68 (1937).

[33] — u. K. CLUSIUS: Commun. phys. Lab. Univ. Leiden *219*e; Proc. Kon. Akad. Amst. *35*, 307 (1932). — KEESOM, W. H.: Commun. phys. Lab. Univ. Leiden Suppl. *71*e; Rapp. Comm. 6. Congr. int. Froid 1932. — KEESOM, W. H. u. A. P. KEESOM: Commun. phys. Lab. Univ. Leiden *221*d; Proc. Kon. Akad. Amst. *35*, 736 (1932). — Commun. phys. Lab. Univ. Leiden *235*d; Physica, Haag *2*, 557 (1935). — DANA, L. I. u. H. KAMERLINGH ONNES: Commun. phys. Lab. Univ. Leiden *179*d; Proc. Kon. Akad Amst. *29*, 1061 (1926).

[34] EHRENFEST, P.: Commun. phys. Lab. Univ. Leiden, Suppl. *75*b; Proc. Kon. Akad. Amst. *36*, 153 (1933).

[35] KEESOM, W. H.: Commun. phys. Lab. Univ. Leiden, Suppl. *75*a; Proc. Kon. Akad. Amst. *36*, 147 (1933).

[36] — u. A. P. KEESOM: Commun. phys. Lab. Univ. Leiden, Suppl. *76*c; Physica, Haag *1*, 161 (1933/34).

[37] — — Commun. phys. Lab. Univ. Leiden, Suppl. *76*b; Physica, Haag *1*, 128 (1933/34).

[38] — — Commun. phys. Lab. Univ. Leiden *224*d-e; Proc. Kon. Akad. Amst. *36*, 482-612 (1933).

[39] Theoretisches: MICHELS, A., A. BIJL and J. DE BOER: Physica, Haag *5*, 121 (1938).

[40] KEESOM, W. H. u. A. P. KEESOM [33] (*1935*).

[41] — — Commun. phys. Lab. Univ. Leiden *242*g; Physica, Haag *3*, 359 (1936).

[42] — — u. B. F. SARIS: Commun. phys. Lab. Univ. Leiden *252*d; Physica, Haag *5*, 281 (1938). — KEESOM, W. H. u. B. F. SARIS: Commun. phys. Lab. Univ. Leiden *257*d; Physica, Haag *7*, 241 (1940). — ALLEN, J. F., R. PEIERLS and M. ZAKI UDDIN: Nature, Lond. *140*, 62 (1937).

[43] KEESOM, W. H., A. P. KEESOM u. G. E. MACWOOD: Commun. phys. Lab. Univ. Leiden *254*a; Physica, Haag *5*, 737 (1938). — BURTON, E. F.: Nature, Lond. *135*, 265 (1935); *142*, 72 (1938). — GIAUQUE, W. F., J. W. STOUT and R. E. BARIEAU: Phys. Rev. *54*, 147 (1938). — WILHELM, J. O., A. D. MISENER and A. R. CLARK: Proc. roy. Soc., Lond. *151*, 342 (1935). — Siehe auch P. KAPITZA: Nature *141*, 74 (1938) und J. F. ALLEN and A. D. MISENER: Nature, Lond. *141*, 75 (1938).
[44] ALLEN, J. F. and E. GANZ: Proc. roy. Soc., Lond. *171*, 242 (1939).
[45] ROLLIN, B. V.: Actes 7. Congr. int. Froid *1*, 187 (1936). — ROLLIN, B. V. u. F. SIMON: Physica, Haag *6*, 219 (1939).
[46] DAUNT, J. G. and K. MENDELSSOHN: Nature, Lond. *141*, 911 (1938); *142*, 475 (1938). — KIKOIN, A. K. and B. G. LASAREW: Nature, Lond. *141*, 912 (1938). — DAUNT, J. G. and K. MENDELSSOHN: Proc. roy. Soc., Lond. *170*, 423-439 (1939).
[47] Theoretisches: TISZA, L.: Nature, Lond. *141*, 913 (1938).
[48] COOKE, A. H. and R. A. HULL: Nature, Lond. *143*, 799 (1939). — BLAISSÉ, B. S., A. H. COOKE u. R. A. HULL: Physica, Haag *6*, 231 (1939).
[49] ALLEN, J. F. and H. JONES: Nature, Lond. *141*, 243 (1938).
[50] JONES, H.: Proc. Cambridge philos. Soc. *34*, 253 (1938). — FRÖHLICH, H.: Physica, Haag *4*, 639 (1937).
[51] SIMON, F.: Ergebn. exakt. Naturw. *9*, 235-247 (1930). — Nature, Lond. *133*, 529 (1934).
[52] KEESOM, W. H. u. K. W. TACONIS: Commun. phys. Lab. Univ. Leiden *252*c; Physica, Haag *4*, 28-256 (1937); *5*, 270 (1938).
[53] LONDON, F.: Proc. roy. Soc., Lond. *153*, 576 (1936). — Siehe auch F. LONDON: Nature, Lond. *141*, 643 (1938).
[54] BENNEWITZ, K. u. F. SIMON: Z. Phys. *16*, 183 (1923).

Sechstes Kapitel.

Desorption als kälterzeugender Vorgang.

[1] SIMON, F.: Phys. Z. *27*, 790 (1926).
[2] DEWAR, J.: C. R. Acad. Sci., Paris *139*, 261 (1904).
[3] Siehe A. GLASER: Hdb. d. Exp.-Phys. *VIII/2*, S. 403. — HUSUNG, E.: Z. techn. Phys. *17*, 289 (1936).
[4] SIMON, F.: Z. ges. Kälteind. *34*, 217 (1927).
[5] BRIGGS, H.: Proc. roy. Soc., Lond. *100*, 88 (1922).
[6] Siehe auch die Veröffentlichungen von O. RUFF u. M.: Kolloid-Z. *32*, *34*, *36* u. *38* (1923/26).
[7] LEMON, H. B.: Phys. Rev. *14*, 281 (1919). — BAERWALD, J. L.: Ann. Phys., Lpz. *23*, 84 (1907).
[8] HEMPEL, W. u. G. VATER: Z. Elektrochem. *18*, 724 (1912).
[9] ITTERBEEK, A. v. u. W. v. DINGENEN: Physica, Haag *5*, 529 (1938).
[10] — — Physica, Haag *4*, 389 (1937).
[11] SIMON, F.: Physica, Haag *4*, 879 (1937).
[12] WILLIAMS, A. M.: Proc. roy. Soc., Lond. *96*, 287-298 (1920).
[13] Siehe A. EUCKEN: Hdb. d. Exp.-Phys. *VIII*, 652 (1929).
[14] ITTERBEEK, A. v. u. W. v. DINGENEN: J. Phys. Radium *11*, 25 (1940).
[15] DE BOER, J.: Diss. Leiden 1935.
[16] MENDELSSOHN, K.: Z. Phys. *73*, 482 (1931/32).
[17] SIMON, F.: Z. phys. Chem. *132*, 456 (1928).
[18] — u. F. LANGE: Z. phys. Chem. B *16*, 72 (1931).
[19] MENDELSSOHN, K.: Z. phys. Chem. B *15*, 121 (1931); *19*, 291 (1932).
[20] ITTERBEEK, A. v. u. W. VERREYCKEN: Physica, Haag *3*, 666 (1936); *3*, 954 (1936).

[21] Justi, E.: Z. Instrumentenkde *52*, 204 (1932); *53*, 294 (1933).
[22] Siehe auch A. v. Itterbeek u. W. v. Dingenen: Physica, Haag *6*, 951 (1939).
[23] Siehe z. B. F. Simon u. M.: Naturwiss. *18*, 34 (1930).
[24] Justi, E.: Ann. Phys., Lpz. *9*, 570 (1931); *10*, 983 (1931).
[25] Simon, F. [11].
[26] — [1].
[27] Justi, E.: Z. Phys. *87*, 273 (1933/34). — Simon, F.: Z. Phys. *87*, 815 (1933/34).

Siebentes Kapitel.

Adiabatische Entmagnetisierung.

[1] Siehe W. H. Keesom: [31] Kap. VIII.
[2] Langevin, P.: J. Chim. phys. *5*, 70 (1904). — J. de Phys. *4*, 678 (1905). — C. R. Acad. Sci., Paris *140*, 1171 (1905).
[3] Weiss, P. and A. Piccard: J. Phys. Radium *2*, 161 (1921). — Siehe auch C. R. Acad. Sci., Paris *166*, 352 (1918). — Weiss, P., A. Piccard et A. Carrard: J. de Phys. *7*, 87 (1917).
[4] Meissner, W.: Z. VDI *66*, 845-876 (1922).
[5] Debeye, P.: Ann. Phys., Lpz. *81*, 1154 (1926).
[6] Giauque, W. F.: J. Amer. chem. Soc. *49*, 1864-1870 (1927).
[7] Siehe auch W. F. Giauque: Actes 7. Congr. int. Froid *1*, 527 (1937). — Woltjer, H. R. u. H. Kamerlingh Onnes: Commun. phys. Lab. Univ. Leiden *167*c; Versl. Kon. Akad. Amst. *32*, 772 (1923).
[8] Kürti, N. u. F. Simon: Naturwiss. *21*, 178 (1933). — Kürti, N.: Z. phys. Chem. B *20*, 305 (1933).
[9] Giauque, W. F. and D. P. MacDougall: Phys. Rev. *43*, 768 (1933).
[10] de Haas, W. J., E. C. Wiersma u. H. A. Kramers: Naturwiss. *21*, 467-732 (1933). — Nature, Lond. *131*, 719 (1933); *132*, 372 (1933).
[11] Kramers, H. A.: Leipziger Vorträge 1933 (Magnetismus).
[12] de Haas, W. J. u. E. C. Wiersma: Commun. phys. Lab. Univ. Leiden, Suppl. *81*c; Rapp. Comm. 7. Congr. int. Froid 1936.
[13] Siehe W. H. Keesom: [6] Kap. V (1932).
[14] Debye, P.: Phys. Z. *35*, 923 (1934). — Proc. roy. Inst. *28*, 515 (1935).
[15] Woltjer, H. R. u. H. Kamerlingh Onnes [7].
[16] Weiss, P.: C. R. Acad. Sci., Paris *156*, 1674-1836 (1913).
[17] Giauque, W. F. and C. W. Clark: J. Amer. chem. Soc. *54*, 3135 (1932).
[18] de Haas, W. J. u. E. C. Wiersma: Commun. phys. Lab. Univ. Leiden *236*a; Physica, Haag *2*, 81 (1935).
[19] Debye, P. [5].
[20] — [14] (1934).
[21] Siehe auch W. F. Giauque u. C. W. Clark [17].
[22] Meissner, W.: Phys. Z. *35*, 303 (1934).
[23] Debye, P.: Ber. Sächs. Akad. Wiss. *86*, 105 (1934); [20].
[24] — Les Températures voisines du Zéro absolu. Editions EDK, Liège 1934.
[25a] Kürti, N., P. Lainé et F. Simon: C. R. Acad. Sci., Paris *202*, 1576 (1936); *204*, 675 (1937).
[25b] — — B. V. Rollin et F. Simon: Actes 7. Congr. int. Froid *1*, 558 (1936).
[26] Siehe Diskussionsbemerkung C. J. Gorter [20]. — P. Debye: Verh. dtsch. phys. Ges. *18*, 124 (1937).
[27] Siehe W. F. Giauque u. D. P. MacDougall: [42] (1935); [81].
[28] de Laer Kronig, R. u. C. J. Bouwkamp: Physica, Haag *6*, 290 (1939).
[29] Kramers, H. A.: Proc. Kon. Akad. Amst. *32*, 1176 (1929).
[30] Debye, P.: Ann. Phys., Lpz. *32*, 85 (1938).

[31] CASIMIR, H. B. G., W. J. DE HAAS u. D. DE KLERK: Commun. phys. Lab. Univ. Leiden *256*a; Physica, Haag *6*, 241 (1939).
[32] HEBB, M. H. and E. M. PURCELL: J. chem. Phys. *5*, 338 (1937).
[33] CASIMIR, H. B. G., W. J. DE HAAS u. D. DE KLERK: Commun. phys. Lab. Univ. Leiden *256*c; Physica, Haag *6*, 365 (1939).
[34] KÜRTI, N., P. LAINÉ u. F. SIMON: [25] (1937).
[35] Siehe J. H. v. VLECK [36].
[36] VLECK, J. H. v.: J. chem. Phys. *5*, 320 (1937).
[37] WALLAR, I.: Z. Phys. *104*, 132 (1937).
[38] KÜRTI, N., P. LAINÉ et F. SIMON: C. R. Acad. Sci., Paris *204*, 754 (1937). — Siehe auch H. B. G. CASIMIR, W. J. DE HAAS u. D. DE KLERK: Commun. phys. Lab. Univ. Leiden *256*b; Physica, Haag *6*, 255 (1939) u. [31]. — KÜRTI, N. u. F. SIMON [47].
[39] Siehe auch M. H. HEBB u. E. M. PURCELL [32].
[40] Siehe N. KÜRTI u. Mitarb. [25b]. — Siehe M. H. HEBB u. E. M. PURCELL [32].
[41] HEBB, M. H. u. E. M. PURCELL [32].
[42] CLARK, C. W. u. W. H. KEESOM: Commun. phys. Lab. Univ. Leiden *240*a; Physica, Haag *2*, 1075 (1935). — GIAUQUE, W. F. and D. P. MACDOUGALL: J. Amer. chem. Soc. *57*, 1175 (1935); *58*, 1032 (1936). — GIAUQUE, W. F. and D. P. MACDOUGALL: Phys. Rev. *44*, 235 (1933).
[43] Siehe H. R. WOLTJER u. H. KAMERLINGH ONNES [7].
[44] KEESOM, W. H.: J. Phys. Radium *5*, 373 (1934). — Phys. Z. *35*, 928 (1934).
[45] GIAUQUE, W. F. and D. P. MACDOUGALL: Phys. Rev. *47*, 885 (1935).
[46] — — J. Amer. chem. Soc. *60*, 376 (1938). — GIAUQUE, W. F. and J. W. STOUT: J. Amer. chem. Soc. *60*, 388 (1938).
[47] KÜRTI, N., P. LAINÉ u. F. SIMON [38]. — Siehe auch N. KÜRTI u. F. SIMON: Proc. roy. Soc., Lond. *152*, 21 (1935).
[48] CASIMIR, H. B. G., W. J. DE HAAS u. D. DE KLERK [38].
[49] KEESOM, W. H.: Commun. phys. Lab. Univ. Leiden, Suppl. *77*c; Physica, Haag *2*, 805 (1935). — JACYNA, W., L. MALES u. A. OBNORSKY: Bull. int. Acad. Polon. *6/8*, 260 (1937); *1/2*, 33 (1938).
[50] KÜRTI, N. and F. SIMON: Phil. Mag. *26*, 840 (1938).
[51] DE HAAS, W. J. u. E. C. WIERSMA: Commun. phys. Lab. Univ. Leiden *241*c; Physica, Haag *3*, 491 (1936).
[52] — — Commun. phys. Lab. Univ. Leiden *236*c; Physica, Haag *2*, 438 (1935).
[53] VLECK, J. H. v.: J. chem. Phys. *6*, 81 (1938).
[54] GIAUQUE, W. F.: Industr. Engng. Chem. *33*, 743 (1936).
[55] DIJK, H. v., W. H. KEESOM u. J. P. STELLER: Commun. phys. Lab. Univ. Leiden *252*g; Physica, Haag *5*, 625 (1938). — DE HAAS, W. J., H. B. G. CASIMIR u. G. J. v. D. BERG: Commun. phys. Lab. Univ. Leiden *251*c; Physica, Haag *5*, 225 (1938).
[56] ALLEN, J. F. and E. S. SHIRE: Nature, Lond. *139*, 878 (1937).
[57] GIAUQUE, W. F., J. W. STOUT and C. W. CLARK: J. Amer. chem. Soc. *60*, 1053 (1938).
[58] DE LAER KRONIG, R.: Physica, Haag *6*, 33 (1939). — Phys. Z. *39*, 823 (1938). — Z. techn. Phys. *19*, 509 (1938).
[59] HEITLER, W. and E. TELLER: Proc. roy. Soc., Lond. *155*, 629 (1936). — FRÖHLICH, H., W. HEITLER et E. TELLER: Actes 7. Congr. int. Froid *1*, 549 (1936).
[60] KÜRTI, N., B. V. ROLLIN u. F. SIMON: Physica, Haag *3*, 266 (1936).
[61] GORTER, C. J. u. F. BRONS: Physica, Haag *4*, 579 (1937); *5*, 60 (1938). — DEBYE, P.: Phys. Z. *39*, 616 (1938).
[62] DE HAAS, W. J. u. F. K. DU PRÉ: Commun. phys. Lab. Univ. Leiden *253*a; Physica, Haag *5*, 501 (1938).

[63] SHIRE, E. S. and J. F. ALLEN: Proc. Cambridge philos. Soc. *34*, 301 (1938).
[64] DE HAAS, W. J. u. F. K. DU PRÉ: Commun. phys. Lab. Univ. Leiden *253*c; Physica, Haag *5*, 969 (1938).
[65] — — Commun. phys. Lab. Univ. Leiden *258*a; Physica, Haag *6*, 705 (1939).
[66] — — [65].
[67] KÜRTI, N., P. LAINÉ et F. SIMON: C. R. Acad. Sci., Paris *208*, 173 (1939).
[68] — — B. V. ROLLIN et F. SIMON: C. R. Acad. Sci., Paris *202*, 1421 (1936) und [25b].
[69a] COTTON, A.: C. R. Acad. Sci., Paris *187*, 77 (1928). — COTTON, A. et G. DUPOUY: C. R. Acad. Sci., Paris *190*, 544 (1930). — COTTON, A. et T. BELLING: C. R. Acad. Sci., Paris *198*, 1645 (1934).
[69b] COCKCROFT, J. D.: Cim. *15*, 35 (1938).
[70] DE HAAS, W. J., E. C. WIERSMA u. H. A. KRAMERS: Commun. phys. Lab. Univ. Leiden *229*a; Physica, Haag *1*, 1 (1933/34).
[71] KÜRTI, N. u. F. SIMON: Physica, Haag *1*, 1107 (1934).
[72] Siehe N. KÜRTI u. Mitarb. [60]. — KÜRTI, N., B. V. ROLLIN et F. SIMON: Actes 7. Congr. int. Froid *1*, 551 (1936). — FRÖHLICH, H. and W. HEITLER: Proc. roy. Soc., Lond. *155*, 640 (1936).
[73] KÜRTI, N. and F. SIMON: Proc. roy. Soc., Lond. *149*, 152 (1935).
[74] — — Nature, Lond. *133*, 907 (1934). — Proc. roy. Soc., Lond. *151*, 610 (1935).
[75] GIAUQUE, W. F. u. D. P. MACDOUGALL: [42] (1935).
[76] DE HAAS, W. J. u. E. C. WIERSMA: Commun. phys. Lab. Univ. Leiden *231*e; Physica, Haag *1*, 779 (1933/34).
[77] — — Commun. phys. Lab. Univ. Leiden *236*b; Physica, Haag *2*, 335 (1935).
[78] GIAUQUE, W. F. u. D. P. MACDOUGALL [46].
[79] DE HAAS, W. J. u. F. K. DU PRÉ: [62].
[80] COOK, A. H. and R. A. HULL: Proc. roy. Soc., Lond. *162*, 404 (1937).
[81] DE HAAS, W. J. u. F. K. DU PRÉ [65].
[82] SCHULTZ, B. H.: Commun. phys. Lab. Univ. Leiden *253*d; Physica, Haag *6*, 137 (1939).
[83] KÜRTI, N. and F. SIMON: Phil. Mag. *26*, 849 (1938).

Achtes Kapitel.

Kryostatentechnik.

[1] Siehe W. H. KEESOM: Commun. phys. Lab. Univ. Leiden, Suppl. *57*; Nederl. Tijdschr. Natuurk. *6*, 81 (1926).
[2] CROMMELIN, C. A.: Commun. phys. Lab. Univ. Leiden, Suppl. *45*; Trans. Faraday Soc. *18*, 175 (1922).
[3] DEWAR, J.: Proc. roy. Inst. (1893).
[4] KEESOM, W. H.: Commun. phys. Lab. Univ. Leiden *219*a; Proc. Kon. Akad. Amst. *35*, 136 (1932). — Siehe auch W. MEISSNER: Z. Phys. *66*, 483 (1930).
[5] Siehe auch S. F. PICKERING: J. phys. Chem. *28*, 97 (1924). — Siehe auch J. J. v. LAAR: [7] Kap. I.
[6] KAMERLINGH ONNES, H.: Commun. phys. Lab. Univ. Leiden *147*c; Versl. Kon. Akad. Amst. *24*, 384 (1915).
[7] KEESOM, W. H.: Commun. phys. Lab. Univ. Leiden, Suppl. *80*a; Rapp. Comm. 7. Congr. int. Froid 1936. — Commun. phys. Lab. Univ. Leiden, Suppl. *71*d; Rapp. Comm. 6. Congr. int. Froid 1932. — Commun. phys. Lab. Univ. Leiden *219*a; Proc. Kon. Akad. Amst. *35*, 136 (1932). — Commun. phys. Lab. Univ. Leiden, Suppl. *67*b; Physica, Haag *9*, 385 (1929). — KEESOM, W. H. u. H. KAMERLINGH ONNES: Commun. phys. Lab. Univ. Leiden, Suppl. *51*a; Rep. Comm. 4. int. Congr. Refr. 1924.

[8] Keesom, W. H. u. W. Tuyn: Commun. phys. Lab. Univ. Leiden, Suppl. *78*; Trav. Mem. Bur. int. Poids et Mesures *20* (1936).
[9] Siehe auch J. R. Roebuck u. H. Osterberg: Phys. Rev. *45*, 332 (1934).
[10] Cath, P. G. u. H. Kamerlingh Onnes: Commun. phys. Lab. Univ. Leiden *152*a; Versl. Kon. Akad. Amst. *26*, 437-490 (1917).
[11] Siehe auch A. H. Woodcock: Canad. J. Res. *16*, 133 (1938).
[12] Knudsen, M.: Ann. Phys., Lpz. *83*, 835 (1927); *35*, 391 (1911).
[13a] Weber, S. u. W. H. Keesom: Commun. phys. Lab. Univ. Leiden *223*b; Rapp. Comm. 6. Congr. int. Froid 1932.
[13b] — Commun. phys. Lab. Univ. Leiden, Suppl. *71*b; Rapp. Comm. 6. Congr. int. Froid 1932.
[14] Keesom, W. H., S. Weber u. G. Nørgaard: Commun. phys. Lab. Univ. Leiden *202*b; Proc. Kon. Akad. Amst. *32*, 864 (1929). — Keesom, W. H., S. Weber u. G. Schmidt: Commun. phys. Lab. Univ. Leiden *202*c; Proc. Kon. Akad. Amst. *32*, 1314 (1929).
[15] Keesom, W. H. u. G. Schmidt: Commun. phys. Lab. Univ. Leiden *226*b; Proc. Kon. Akad. Amst. *36*, 832 (1933).
[16] Hall, J. A.: J. sci. Instrum. *1*, 4 (1933). — Sligh, F. S.: Sci. Pap. Bur. Stand. *17*, 49 (1921). — Henning, F.: Ann. Phys., Lpz. *40*, 635 (1913).
[17] Jaeger. W.: Elektrische Meßtechnik. Leipzig: Johann Ambrosius Barth 1922.
[18] Keesom, W. H : [7] (1936). — Siehe auch Keesom, W. H. u. J. N. v. d. Ende: Commun. phys. Lab. Univ. Leiden *203*c; Proc. Kon. Akad. Amst. *32*, 1171 (1929).
[19] Laer, P. H. v. u. W. H. Keesom: Commun. phys. Lab. Univ. Leiden *252*f; Physica, Haag *5*, 541 (1938).
[20] Kamerlingh Onnes, H.: Commun. phys. Lab. Univ. Leiden *151*a; Versl. Kon. Akad. Amst. *25*, 1214 (1917). — Kamerlingh Onnes, H. u. C. A. Crommelin: Commun. phys. Lab. Univ. Leiden *154*c; Versl. Kon. Akad. Amst. *29*, 945 (1921). — Crommelin, C. A. [2].
[21] Kamerlingh Onnes, H. u. W. Tuyn: Commun. phys. Lab. Univ. Leiden *160*b; Versl. Kon. Akad. Amst. *31*, 475 (1922).
[22] Keesom, W. H. u. J. H. C. Lisman: Commun. phys. Lab. Univ. Leiden *213*f; Proc. Kon. Akad. Amst. *34*, 602 (1931).
[23] Mathias, E., C. A. Crommelin, H. Kamerlingh Onnes u. J. C. Swallow: Commun. phys. Lab. Univ. Leiden *172*b; Versl. Kon. Akad. Amst. *34*, 334 (1925).
[24] Keesom, W. H. u. B. G. Dammers: Commun. phys. Lab. Univ. Leiden *239*e; Physica, Haag *2*, 1080 (1935).
[25] Scott, R. B. and F. G. Brickwedde: Bur. Stand. J. Res., Wash. *6*, 401 (1931).
[26] Kamerlingh Onnes, H.: Commun. phys. Lab. Univ. Leiden *159*; Trans. Faraday Soc. *18*, 145 (1922).
[27] Goetz, A.: Physik und Technik des Hochvakuums. Braunschweig: Fr. Vieweg & Sohn A.G. 1926. — Dunoyer, L.: La technique du vide. Paris 1924, Libr. Scient. — Newman, F. H.: The production and measurement of low pressures. London: Ern. Benn Lmt. 1925. — Fortschritte der Vakuumtechnik. Glas u. Appar. *17*, 117-127-149 (1936).
[28] Gaede, W. u. W. H. Keesom: Commun. phys. Lab. Univ. Leiden *195*a; Versl. Kon. Akad. Amst. *37*, 819 (1928).
[29] Keesom, W. H.: Commun. phys. Lab. Univ. Leiden *195*c; Proc. Kon. Akad. Amst. *32*, 710 (1929).
[30] — u. Mitarb. [14].
[31] — Commun. phys. Lab. Univ. Leiden *219*a; Proc. Kon. Akad. Amst. *35*, 136 (1932).
[32] de Smedt, J., W. H. Keesom u. H. H. Mooy: Commun. phys. Lab. Univ Leiden *203*e; Proc. Kon. Akad. Amst. *33*, 255 (1930).

Namen- und Sachverzeichnis.

Druck der Universitätsdruckerei H. Stürtz A.G., Würzburg.

GPSR Compliance

The European Union's (EU) General Product Safety Regulation (GPSR) is a set of rules that requires consumer products to be safe and our obligations to ensure this.

If you have any concerns about our products, you can contact us on ProductSafety@springernature.com

In case Publisher is established outside the EU, the EU authorized representative is:

Springer Nature Customer Service Center GmbH
Europaplatz 3
69115 Heidelberg, Germany

Batch number: 10682323

Printed by Printforce, the Netherlands